JN446302

PHYSICAL CONSTANTS

Symbol	Name	Value
q	Magnitude of electronic charge	1.602×10^{-19}C
m_0	Electron rest mass	9.109×10^{-31}kg
m_p	Proton rest mass	1.673×10^{-27}kg
c	Speed of light in vacuum	2.998×10^{8} m/s
ε_0	Permittivity of vacuum	8.854×10^{-12} F/m
k	Boltzmann's constant	1.381×10^{-23} J/K
		8.617×10^{-5} eV/K
h	Planck's constant	6.625×10^{-34} J-s
		4.135×10^{-15} eV-s
A_0	Avogadro number	6.022×10^{26} molecules/kg-mole
kT	Thermal energy	0.02586 eV (T = 27°C) 0.02526 eV (T = 20°C)
E_g	Bandgap of silicon at 300K	1.12 eV
K_s	Relative permittivity of silicon	11.7
K_0	Relative permittivity of silicon dioxide	3.9
n_i	Intrinsic carrier density in silicon at 300K	10^{10}/cm^3

CONVERSION FACTORS

1 Å	$= 10^{-8}$ cm	1 mil^2	$= 645.2\ \mu$m^2
	$= 10^{-10}$ m		$= 6.45 \times 10^{-6}$ cm^2
1μm	$= 10^{-4}$ cm	1 eV	$= 1.602 \times 10^{-19}$ J
	$= 10^{-6}$ m	λ	$= 1.24/E\ \mu$m (E in eV)
1 mil	$= 10^{-3}$ in		
	$= 25.4\ \mu$m		

IIB	IIIA	IVA	VA	VIA
	5 10.811 **B** Boron	6 12.01115 **C** Carbon	7 14.0067 **N** Nitrogen	8 15.9994 **O** Oxygen
	13 26.9815 **Al** Aluminum	14 28.0864 **Si** Silicon	15 30.9738 **P** Phosphorus	16 32.064 **S** Sulfur
30 65.37 **Zn** Zinc	31 69.72 **Ga** Gallium	32 72.59 **Ge** Germanium	33 74.922 **As** Arsenic	34 78.96 **Se** Selenium
48 112.40 **Cd** Cadmium	49 114.82 **In** Indium	50 118.69 **Sn** Tin	51 121.75 **Sb** Antimony	52 127.60 **Te** Tellurium
80 200.59 **Hg** Mercury	81 204.37 **Tl** Thallium	82 207.19 **Pb** Lead	83 208.980 **Bi** Bismuth	84 (210) **Po** Polonium

VOLUME V

2nd Edition

반도체공정개론

INTRODUCTION TO MICROELECTRONIC FABRICATION

Richard C. Jaeger 지음

이상렬 · 명재민 · 윤일구 옮김

역자약력

이상렬

가천대학교 차세대반도체 전공 교수

명재민

연세대학교 신소재공학과 교수

윤일구

연세대학교 전기전자공학부 교수

VOLUME V

INTRODUCTION TO MICROELECTRONIC FABRICATION

2nd Edition 반도체 공정개론

본문에서 빠져 있는 그림과 표

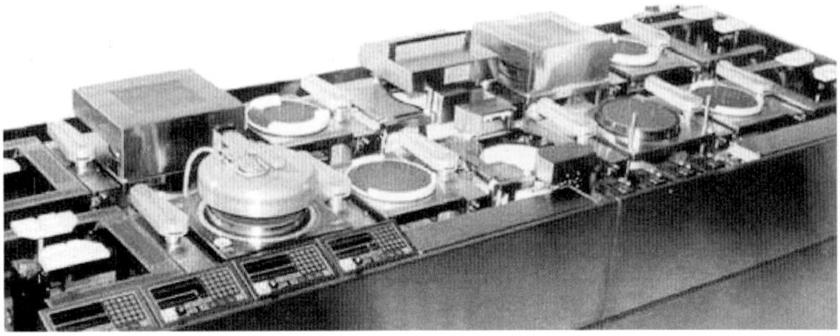

FIGURE 2.4

Rite Track 88e wafer processing system. (Courtesy of Rite Track Equipment Services, Inc.)

FIGURE 2.17

SEM image of a three-dimensional micromechanical system (MEMS) structure (Courtesy Sandia National Laboratories)

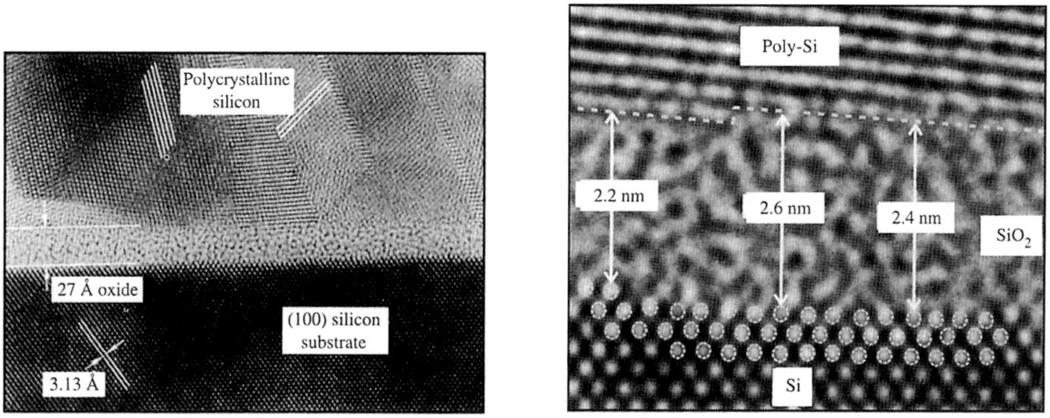

(a) (b)

FIGURE 2.18

Cross-sectional high-resolution transmission electron microscope images for MOS structures with (a) 27-Å and (b) 24-Å image. The polysilicon grains are easily noticeable in (a); the Si/SiO_2 and poly-Si/SiO_2 interfaces are shown in part (b). On a local, atomic scale, thickness variations of 2-3 Å are found which are a direct result of atomic silicon steps at both interfaces. Copyright 1969 by International Business Machines Corporation; reprinted with permission from Ref. [9].

FIGURE 3.8

Wet oxide growth at increased pressures. Reprinted with permission of Solid State Technology, published by Technical Publishing, a company of Dun and Bradstreet, from Ref. [12].

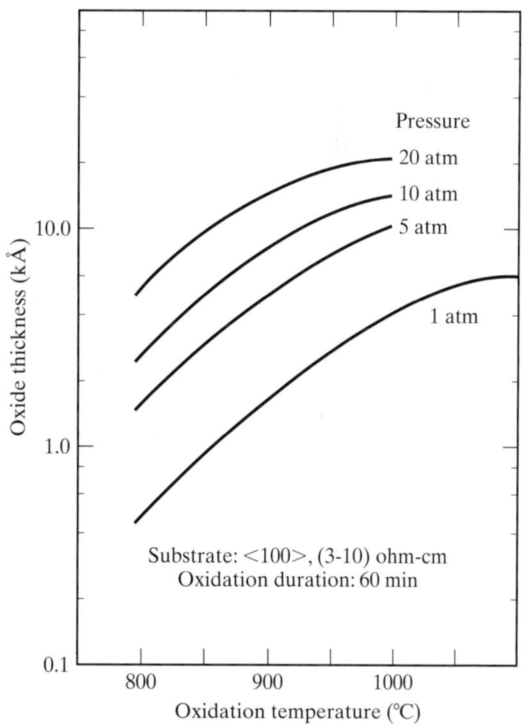

FIGURE 3.9

The effects of oxidation on impurity profiles. (a) Slow diffusion in oxide (boron); (b) fast diffusion in oxide (boron with hydrogen ambient); (c) slow diffusion in oxide (phosphorus); (d) fast diffusion in oxide (gallium). C_B is the bulk concentration in the silicon. Copyright John Wiley & Sons, Inc. Reprinted with permission from Ref. [5].

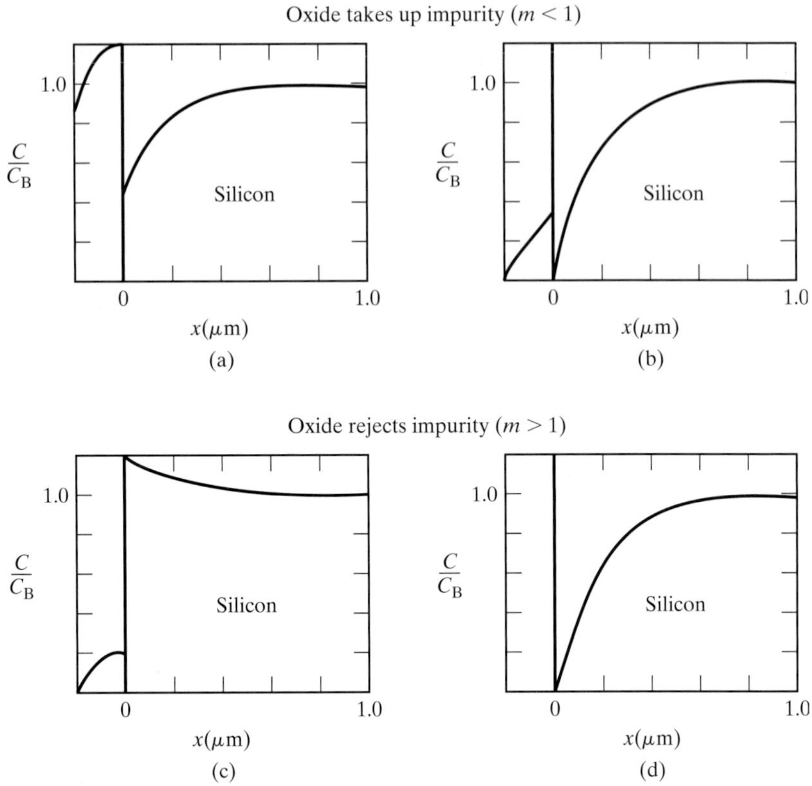

FIGURE 3.11

Furnaces used for oxidation and diffusion. (a) A three-tube horizontal furnace with multizone temperature control; (b) vertical furnace. Courtesy of Crystec, Inc.

TABLE 3.2 Color Chart for Thermally Grown SiO_2 Films Observed Perpendicularly Under Daylight Fluorescent Lighting. Copyright 1964 by International Business Machines Corporation; reprinted with permission from Ref. [11].

Film Thickness (μm)	Color and Comments
0.05	Tan
0.07	Brown
0.10	Dark violet to red violet
0.12	Royal blue
0.15	Light blue to metallic blue
0.17	Metallic to very light yellow green
0.20	Light gold or yellow; slightly metallic
0.22	Gold with slight yellow orange
0.25	Orange to melon
0.27	Red violet
0.30	Blue to violet blue
0.31	Blue
0.32	Blue to blue green
0.34	Light green
0.35	Green to yellow green
0.36	Yellow green
0.37	Green yellow
0.39	Yellow
0.41	Light orange
0.42	Carnation pink
0.44	Violet red
0.46	Red violet
0.47	Violet
0.48	Blue violet
0.49	Blue
0.50	Blue green
0.52	Green (broad)
0.54	Yellow green
0.56	Green yellow
0.57	Yellow to "yellowish" (not yellow but is in the position where yellow is to be expected; at times appears to be light creamy gray or metallic)
0.58	Light orange or yellow to pink
0.60	Carnation pink
0.63	Violet red
0.68	"Bluish" (not blue but borderline between violet and blue green; appears more like a mixture between violet red and blue green and looks grayish)
0.72	Blue green to green (quite broad)
0.77	"Yellowish"
0.80	Orange (rather broad for orange)
0.82	Salmon
0.85	Dull, light red violet
0.86	Violet
0.87	Blue violet
0.89	Blue
0.92	Blue green
0.95	Dull yellow green
0.97	Yellow to "yellowish"
0.99	Orange
1.00	Carnation pink
1.02	Violet red
1.05	Red violet
1.06	Violet
1.07	Blue violet
1.10	Green
1.11	Yellow green
1.12	Green
1.18	Violet
1.19	Red violet
1.21	Violet red
1.24	Carnation pink to salmon
1.25	Orange
1.28	"Yellowish"
1.32	Sky blue to green blue
1.40	Orange
1.45	Violet
1.46	Blue violet
1.50	Blue
1.54	Dull yellow green

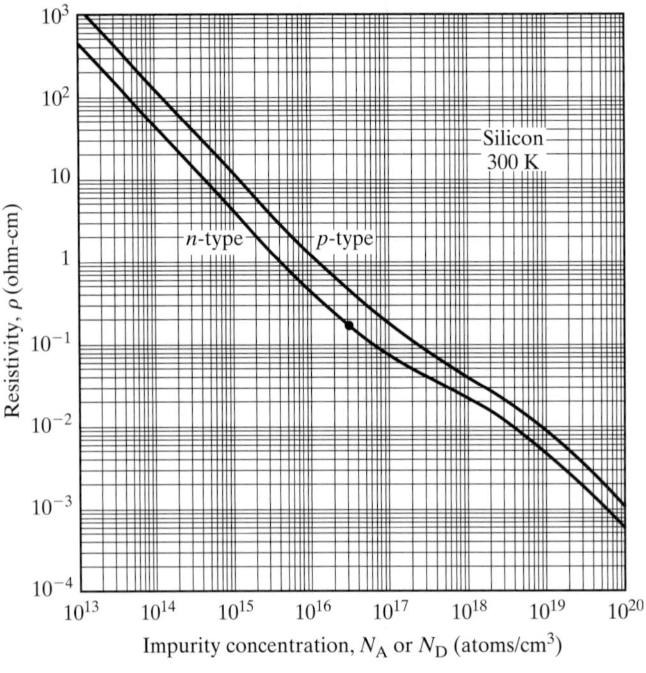

FIGURE 4.8

Room-temperature resistivity in *n*- and *p*-type silicon as a function of impurity concentration. (Note that these curves are valid for either donor or acceptor impurities but not for compensated material containing both types of impurities.) Copyright 1987 Addison-Wesley Publishing Company. Reprinted with permission from Ref. [3].

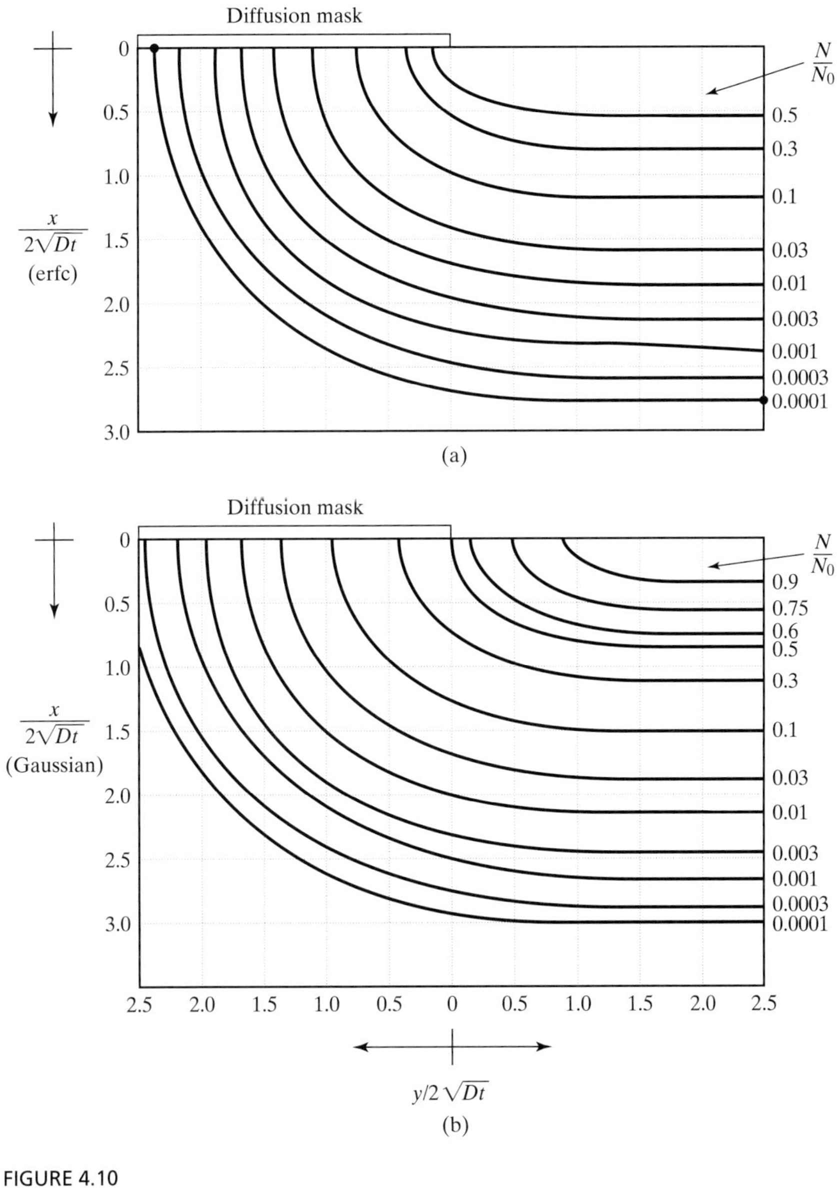

FIGURE 4.10

Normalized two-dimensional complementary error function and Gaussian diffusions near the edge of a window in the barrier layer. Copyright 1965 by International Business Machines Corporation; reprinted with permission from Ref. [4].

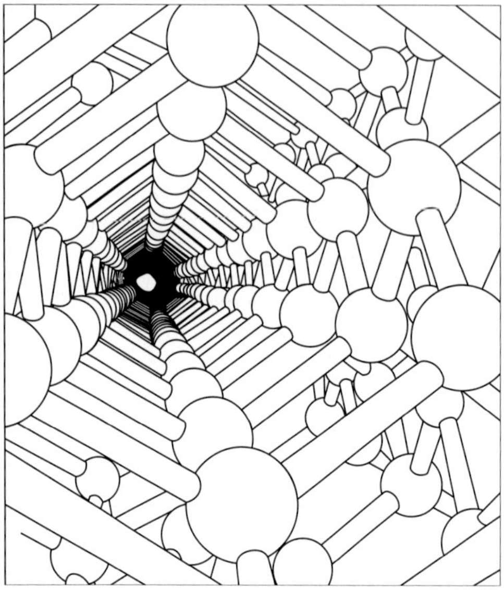

FIGURE 5.7

The silicon lattice viewed along the <110> axis. From *The Architecture of Molecules* by Linus Pauling and Roger Hayward. Copyright © 1964 W. H. Freeman and Company. Reprinted with permission from Refs. [4a] and [4b].

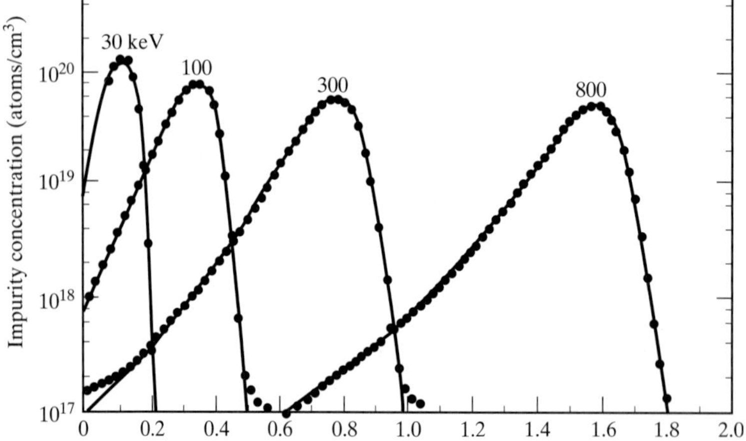

FIGURE 5.10

Measured boron impurity distributions compared with four-moment (Pearson IV) distribution functions. The boron was implanted into amorphous silicon without annealing. Reprinted with permission from Philips Journal of Research [8].

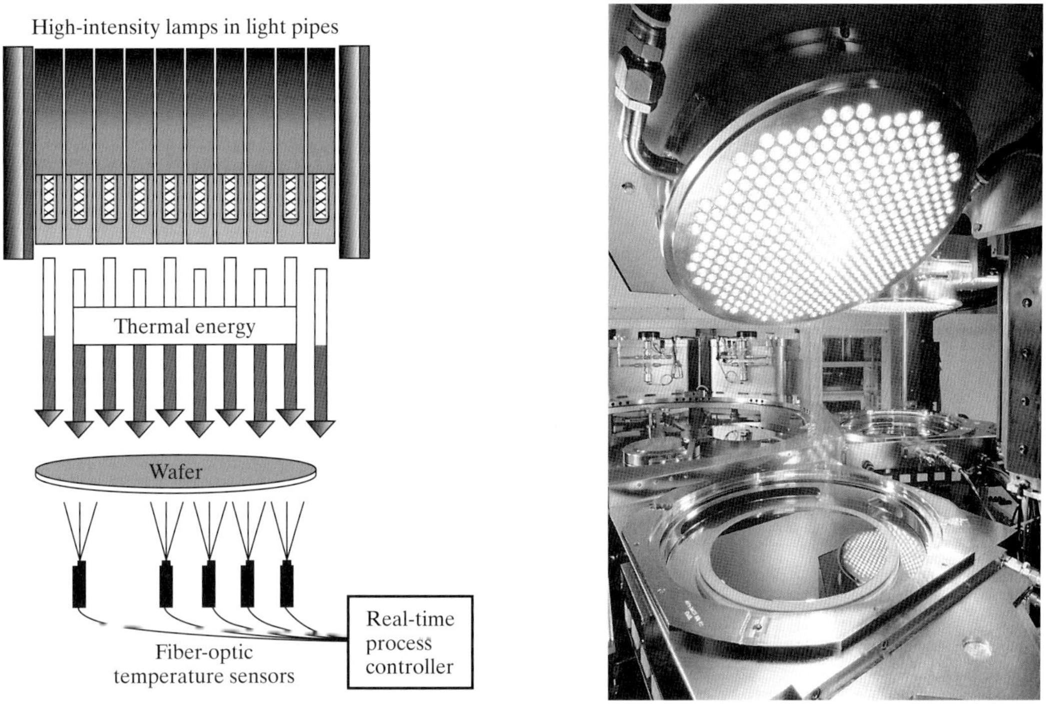

(a)

(b)

FIGURE 5.12

(a) Concept of a rapid thermal processing (RTP) system. (b) Applied Materials 300 mm RTP System. (Courtesy Applied Materials, Inc.)

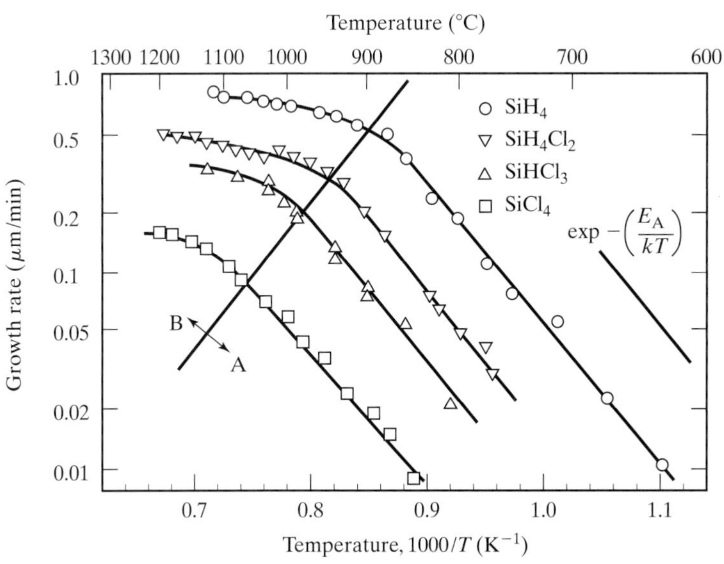

FIGURE 6.10

Temperature dependence of the silicon epitaxial growth process for four different sources. The growth rate is surface-reaction-limited in region A and is mass-transfer-limited in region B. Reprinted with permission from Philips Journal of Research from Ref. [3].

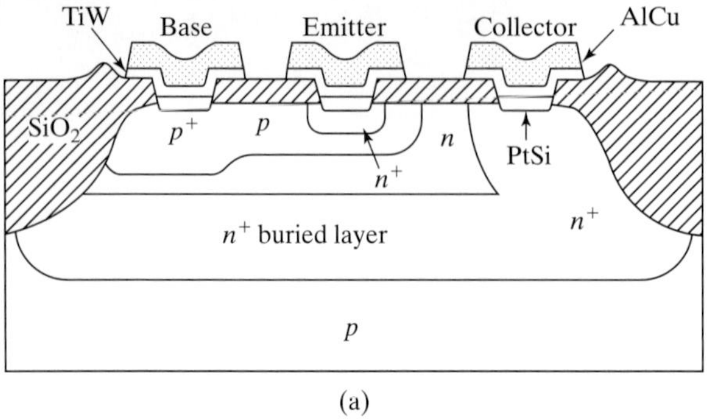

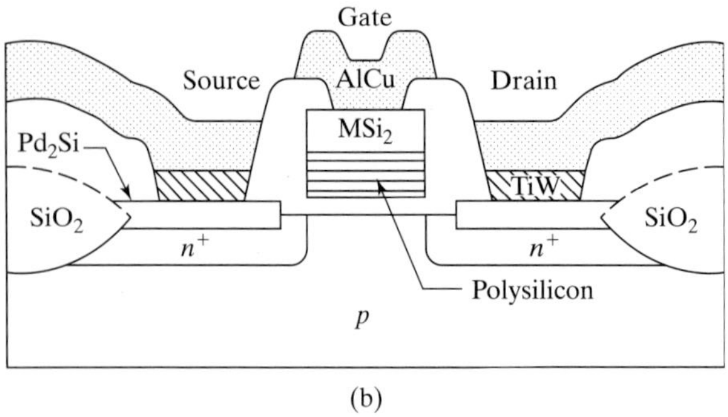

FIGURE 7.14

Device cross sections showing the use of silicide contacts in (a) bipolar and (b) MOS devices. Reprinted with permission from *Semiconductor International* magazine, August 1985[5]. Copyright 1985 by Cahners Publishing Co., Des Plaines, IL.

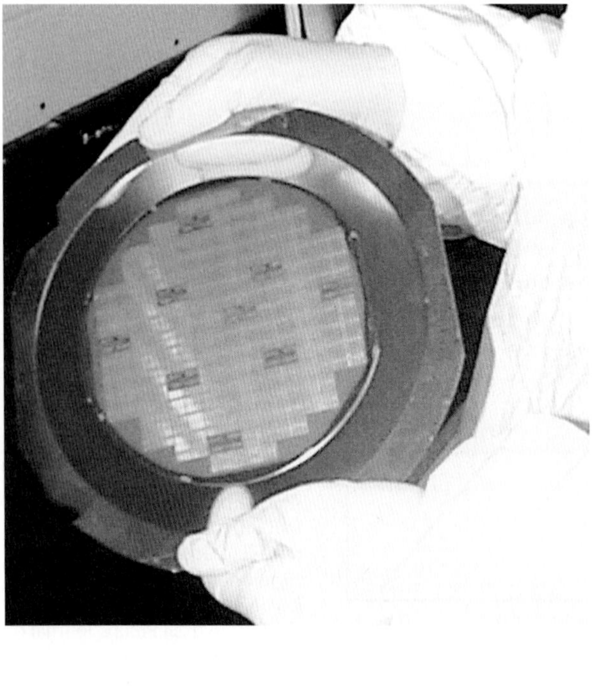

FIGURE 8.1

150-mm wafer mounted and ready for the dicing saw.

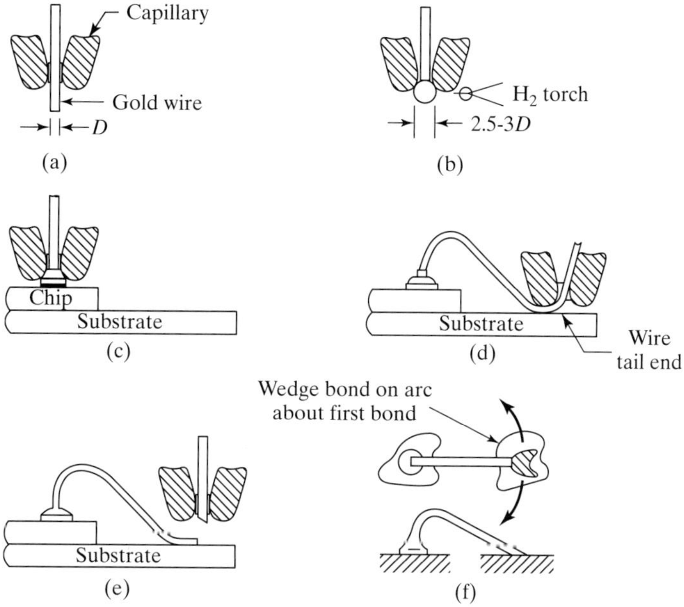

FIGURE 8.4

Thermosonic ball-wedge bonding of a gold wire. (a) Gold wire in a capillary; (b) ball formation accomplished by passing a hydrogen torch over the end of a gold wire or by capacitance discharge; (c) bonding accomplished by simultaneously applying a vertical load on the ball while ultrasonically exciting the wire (the chip and substrate are heated to about 150 °C); (d) a wire loop and a wedge bond ready to be formed; (e) the wire is broken at the wedge bond; (f) the geometry of the ball-wedge bond that allows high-speed bonding. Because the wedge can be on an arc from the ball, the bond head or package table does not have to rotate to form the wedge bond. Reprinted with permission from *Semiconductor International* magazine, May 1982 [1]. Copyright 1982 by Cahners Publishing Co., Des Plaines, IL.

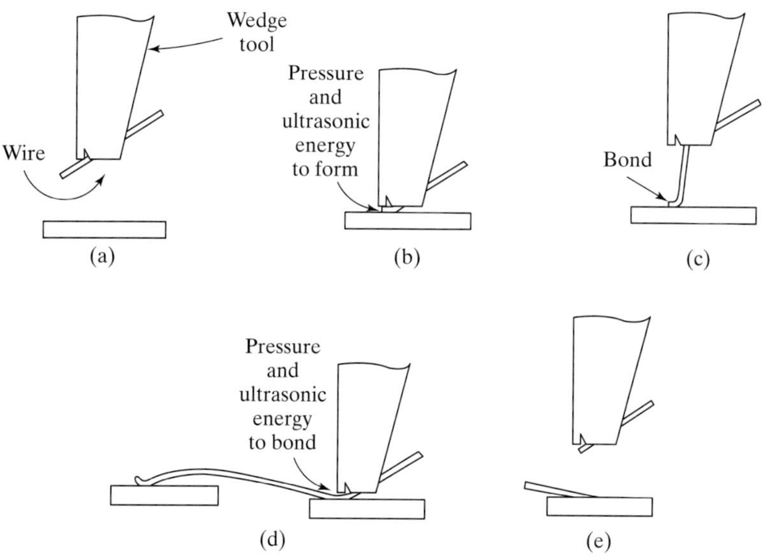

FIGURE 8.5

(a) In ultrasonic bonding, the tool guides wire to the package terminal; (b) pressure and ultrasonic energy form the bond; (c) and (d) the tool feeds out wire and repositions itself above the IC chip. The tool lowers and ultrasonically forms the second bond; (e) tool lifts, breaking the wire at the bond. Reprinted with permission from *Circuits Manufacturing*, January 1980. Copyright Morgan-Grampian 1980.

FIGURE 8.7

An example of a PGA in which the chip faces upward in the cavity.

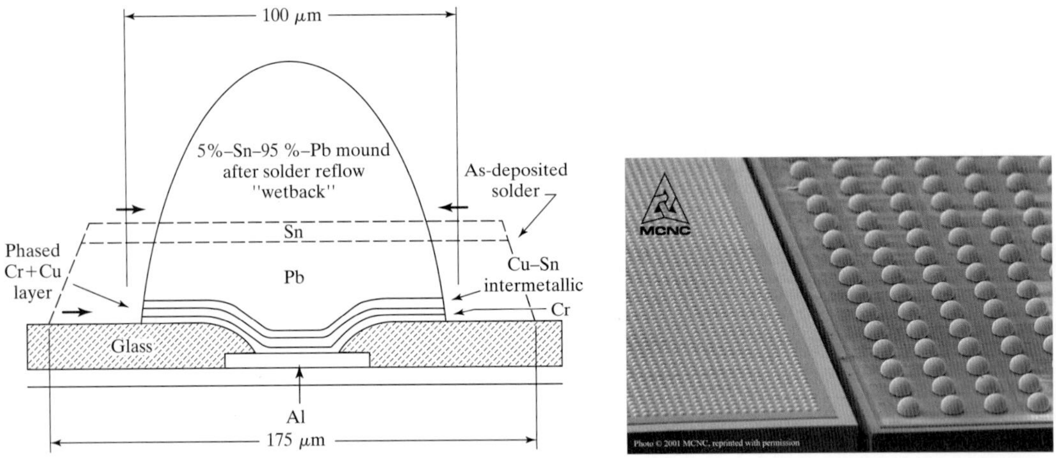

(a) (b)

FIGURE 8.10

(a) Cross section through a solder ball before and after reflowing. Copyright 1969 by International Business Machines Corporation. Reprinted with permission from Ref. [4]. (b) Flip-chip Pb/Sn solder bumps in standard 250 μm pitch (right) and 50 μm. Courtesy of MCNC Optical and Electronic Packaging Group.

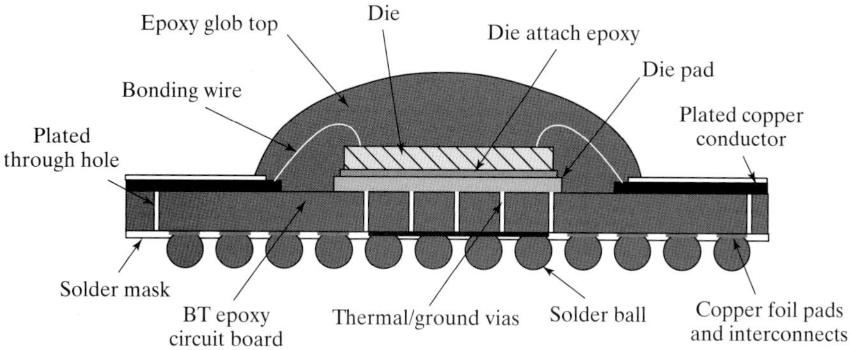

(a)

(b)

FIGURE 8.12

(a) Ball grid array cross section. (b) Intel microprocessor packaged using a BGA. Courtesy of Intel Corp.

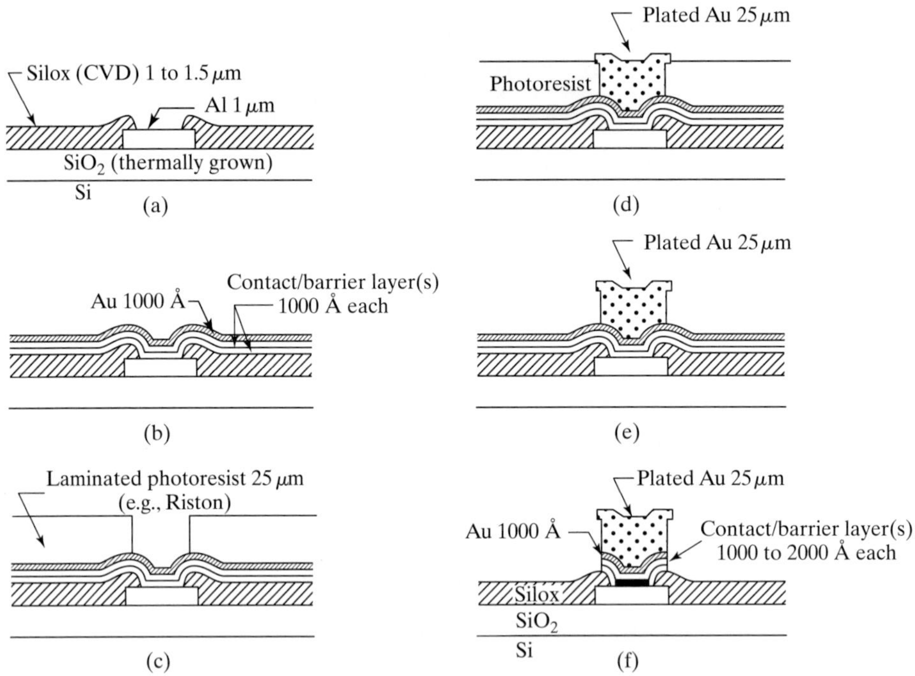

FIGURE 8.13

Process sequence for making gold bumps on aluminum metallurgy devices. (a) The wafer is cleaned and sputter-etched; (b) a contact/barrier layer (which also serves as a conductive film for electroplating) is sputter-deposited with a layer of gold for oxidation protection; (c) a thick-film photoresist (25 μm) is laminated and developed; (d) gold is electroplated to a height of approximately 25 μm to form the bumps; (e) the resist is stripped; (f) the sputter-deposited conductive film is removed chemically or by back-sputtering. Reprinted with permission of *Solid State Technology*, published by Technical Publishing, a company of Dun & Bradstreet, from Ref. [5].

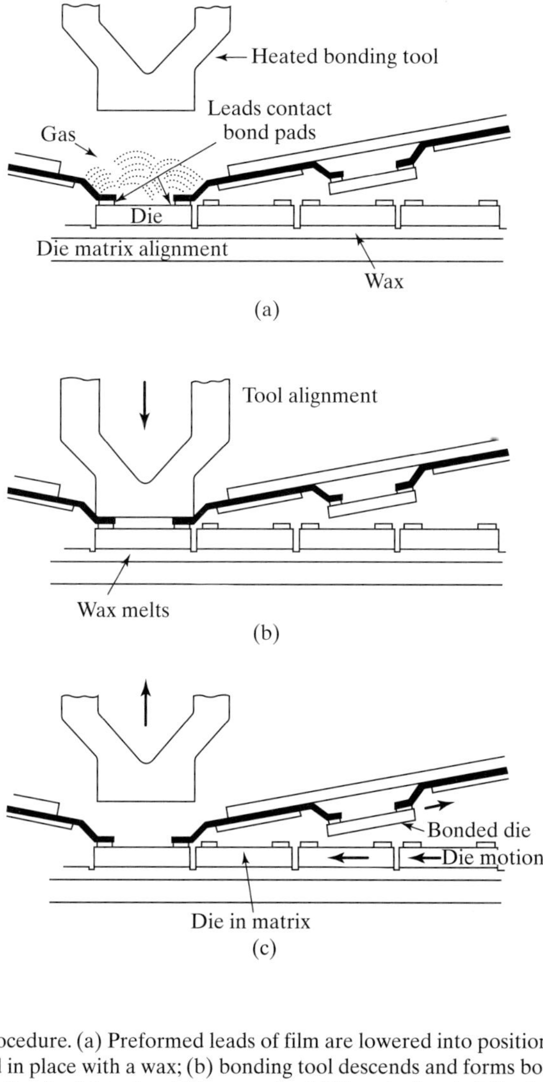

FIGURE 8.14

Tape-automated-bonding procedure. (a) Preformed leads of film are lowered into position and aligned above bonding pads on the die, which is held in place with a wax; (b) bonding tool descends and forms bond with pressure and heat; heat melts the wax, releasing the die; (c) tool and film are raised, lifting the bonded die clear so a new die can be moved into position and the process can be repeated. Reprinted with permission from *Small Precision Tools Bonding Handbook*. Copyright 1976.

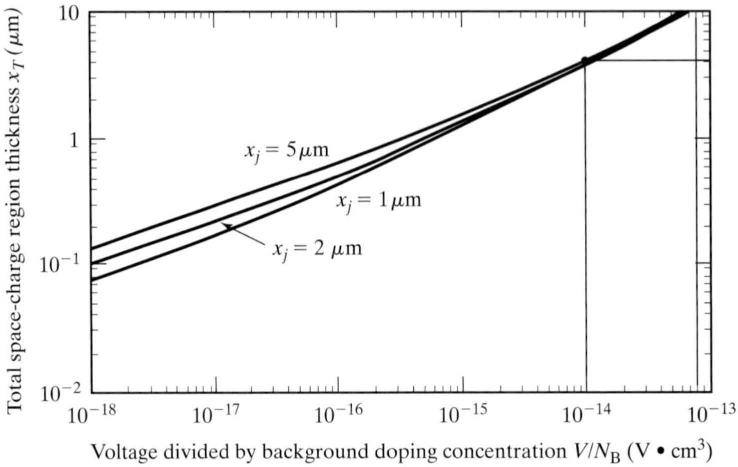

(a)

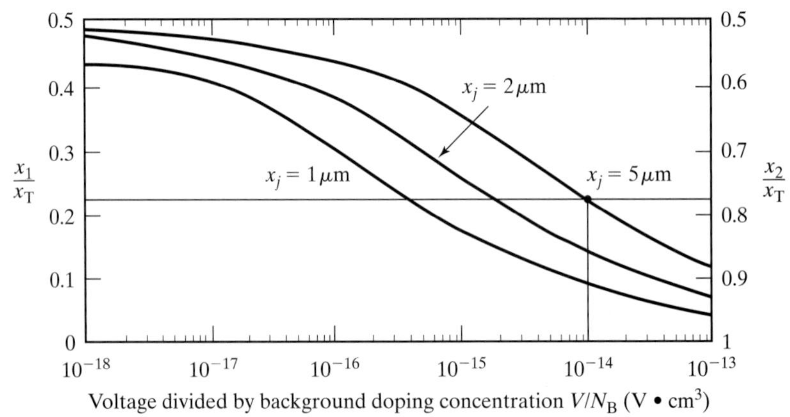

(b)

FIGURE 10.4

The space-charge region width as a function of voltage and doping for a *pn* junction formed by a Gaussian diffusion into a uniformly doped substrate. (a) Total space-charge region width x_T; (b) fraction of total space-charge region width extending on the heavily doped side, x_1, and on the lightly doped side, x_2, respectively. After Ref. [4]. Reprinted with permission from the *AT&T Technical Journal*. Copyright 1960 AT&T.

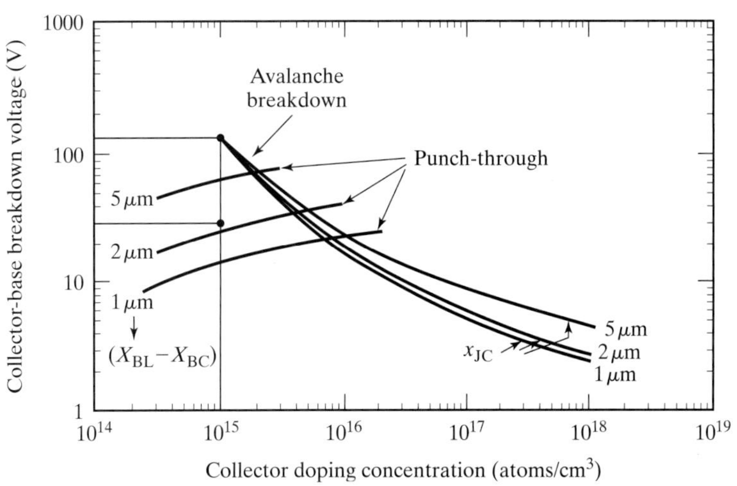

FIGURE 10.7

Collector-base junction breakdown voltage as a function of collector-doping concentration with collector-base junction depth and punch-through limits as parameters. After Ref. [4]. Reprinted from the *Journal of the Electrochemical Society*, Volume 113 (1966), pages 508–510, by permission of the publisher, The Electrochemical Society, Inc.,[19] and Pergamon Press, Ltd.[20]

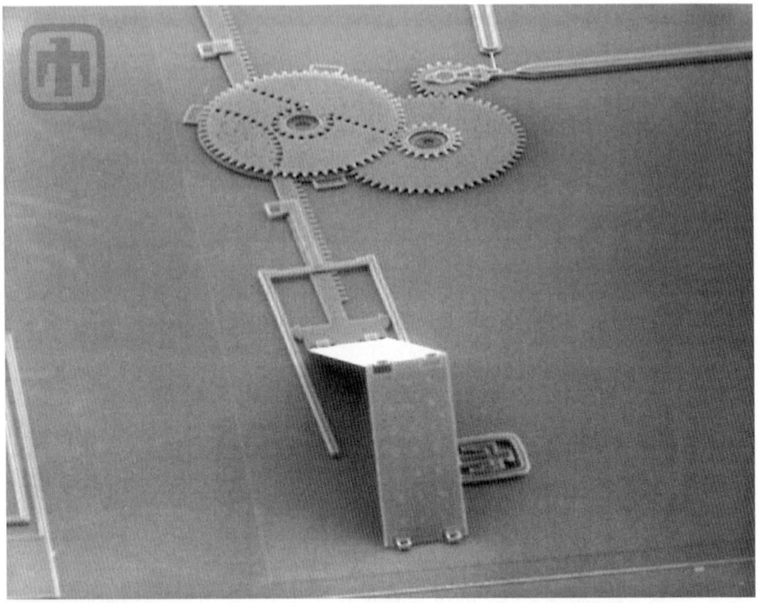

(a)

(b)

FIGURE 11.14

(a) SEM photograph of hinged structure raised with gear drive. (b) Close-up of one of the hinges. (Courtesy of Sandia National Laboratories. [23])

VOLUME V

2nd Edition

반도체공정개론

INTRODUCTION TO MICROELECTRONIC FABRICATION

Richard C. Jaeger 지음

이상렬 · 명재민 · 윤일구 옮김

Modular Series on Solid State Devices

Gerold W. Neudeck · Robert F. Pierret, Series Editors

Pearson

경문사

Pearson Education South Asia Pte Ltd
63 Chulia St
#15-01
Singapore 049514

Pearson Education offices in Asia: *Bangkok, Beijing, Ho Chi Minh City, Hong Kong, Jakarta, Kuala Lumpur, Manila, Seoul, Singapore, Taipei, Tokyo*

3 2 1
24 23 22

공급처: ㈜경문사(02-332-2004/kms2004@kyungmoon.com)
ISBN: 978-981-3350-63-2(93560)
가격: 26,000원

Pearson

http://pearson.com/asia

지은이 머리말

집적회로(IC) 기술의 발전과 응용은 미소전자 공정 공학이라는 독립적인 학과를 탄생시켰다. 또한, 집적회로를 폭넓게 응용하기 위해서는 IC의 특성과 한계에 대한 기본적인 이해가 필요하며 이를 위해서는 전자공학과 연관된 산업의 공학자들의 넓은 시야가 필요하다. 이 책의 목적 중의 하나는 다양한 개개인들의 교육적인 필요에 부응하는 것이다.

이 책은 IC 기술에 일반적인 기본 공정들을 소개하며, 보다 진보된 공정과 디자인 과정의 이해에 대한 기초를 제공한다. 물질에 대한 범위를 좁히기 위해, 우리는 실리콘 공정과 패키징과 연관된 물질만을 다루었다. 각 장의 끝에 실린 문제는 이 책의 다양한 관점을 보여주고 있으며, 반노체에 관한 국제 기술 로드맵이 적절히 논의되어 있다. 특히 VLSI/ULSI 공정과 연관된 많은 문제의 자세한 내용들이 진보된 공정에 관하여 설명하고 있다.

제1장은 IC 공정에 관한 개관을 제시하며, 제2~6장들은 리소그래피, 산화, 확산, 이온 주입과 박막공정 그리고 에칭을 포함한 제작공정에 사용되는 기본적 단계들에 초점을 맞추었다. 접합기술, 패키징과 수율은 제7장과 8장에서 다루고 있다. 공정 디자인과 소자 디자인, 그리고 소자 레이아웃 사이의 상관관계를 이해하는 것은 중요하다. 이러한 이유로, 제9장과 10장에서는 MOS와 바이폴라 공정 집적에 관한 내용이 포함되었다. 제11장은 미소 전자기계 시스템(MEMS)이라는 활기찬 영역에 관한 폭넓은 정보를 실었다.

두 번째 개정본인 이 책의 주요 변화는 새롭거나 확장된 리소그래피와 노출 시스템, 트렌치 아이솔레이션, 화학적 기계적 폴리싱, 섀도우 접합, 트랜전트-인핸스드 확산, 구리 상감공정, 그리고 프로세스 시뮬레이션을 포함하고 있다. MOS와 바이폴라 공정 집적에 관한 장은 사실상 수정되었으며, MEMS에 관한 장은 새롭게 추가되었다. 문제들이 더 폭넓게 제시되었으며 측정기술에 관한 추가적인 정보들이 포함되었다.

노트에 전개된 이론은 상급생에게는 소개를 위해, 그리고 고체상의 소자와 집적회로를 제작하는 대학원생의 시작 과정을 위해 기술되었다. 실리콘의 물성에 관한 기본적인 지식이 필요하며, 이 시리즈의 제1권을 지침서로서 사용하였다. 저항, 다이오드 그리고 MOS와 바이폴라 트랜지스터와 같은 전자소자에 관한 개괄적 지식이 또한 유용하다.

이 책은 한 학기 동안 사용할 수 있도록 분량을 안배했다. 우리의 경우 미소전자 공정 코스에는 연구실의 공동 작업이 필요하다. 학생들은 그들의 개인적인 능력에 기초하여 간단한 소자나 회로를 설계하고, 그 설계들은 다목적 폴리실리콘 게이트 NMOS 칩에 연결된다. 설계, 제작, 그리고 검사가 한 학기 내에 완료된다. 전기, 기계, 화학 그리고 재료공학, 컴퓨터 과학, 물리학 등 다양한 학과에서 온 학생들이 제작 수업에 참여한다.

끝맺음에 앞서 나는 이 책을 준비하는 데 영향을 주었던 다수의 많은 책들에 감사한다. 그 책들은 다음과 같다. S. K. Ghandi의 *The Theory and Practice of Microelectronics and VLSI Fabrication Principles*, D. J. Hamilton과 W. G. Howard의 *Basic Integrated Circuit Engineering*, A. H. Glaser와 G. E. Subak-Sharpe의 *Integrated Circuit Engineering*, R. A. Colclaser의 *Microelectronic Processing and Device Design*, S. M. Sze의 *Semiconductor Devices-Physics and Technology*, W. R. Runyon과 K. E. Bean의 *Semiconductor Integrated Circuit Processing Technology*, 그리고 Stephen A. Cambell의 *The Science and Engineering of Microelectronic Fabrication* 등이다.

새 개정판을 만드는 데 용기를 북돋아 주고 조언을 해준 많은 동료들에게 감사하며 특히 우리의 과정에 실험실 섹션을 형성하는 데 도움을 주신 연구실 매니저인 Charles Ellis에게 감사를 드린다.

RICHARD C. JAEGER

Auburn, Alabama

역자 머리말

전기전자 분야의 기술은 비약적으로 발전하였으며, 모든 산업 분야에 대해 영향을 미치고 있다. 특히 미소전자소자 기술은 이러한 전기전자 분야의 토대가 되어 온 핵심기술이다. 1945년부터 1970년에 이르는 동안 미소전자소자에 대한 기본적인 발견 및 개발이 시작되었으며, 1970년 이후에는 소자 미세화 및 성능 향상을 위한 다양한 단위 공정 및 집적화 공정이 개발되었다. 이러한 기술들은 현대 물리학, 재료과학 및 전기전자공학 등의 다양한 학문을 바탕으로 이루어져 있다.

이 책에서는 이러한 점을 염두에 두고, 미소전자소자 제조의 기초가 되는 개개의 단위 공정을 초반에 소개한 후 후반부에 이 단위 공정들로부터 이루어진 실제적인 MOS, MEMS 등의 소자와 집적 기술을 다루었다. 또한, 각 공정마다 이론적인 내용과 함께 공정에 사용되는 실제적인 응용을 깊이 있게 다루었으며, 각 장의 끝에는 학생들이 해당 내용을 완벽하게 이해할 수 있도록 돕는 문제를 수록하였다.

역자 일동은 원문에 충실하고 국내 상황에 맞는 용어를 선택하여 정확한 의미를 전달하려고 나름대로 노력하였다. 그러나 이 분야의 학문적 기술적 발전이 시간을 다투어 빠르게 진행되고 있으므로 간혹 무리한 용어 선택이나 부적절한 개념이 발견될 수도 있을 것이다. 독자 여러분의 아낌없는 충언을 부탁드린다.

끝으로 본 역서가 미소전자소자를 공부하는 학생들에게 유익한 길잡이가 되기 바라며, 이 번역본이 나오기까지 노고를 아끼지 않으신 출판사 관계자 여러분들께 깊이 감사드린다.

2002. 10

역자 씀

차 례

제3장 실리콘 산화막 57

제4장 확산 85

제5장 이온 주입법 131

제6장 박막 증착 155

제7장 상호접속과 접촉 181

제8장 패키징 및 수율 209

제9장 MOS 공정 집적화 235

제10장 양극 공정 집적화 273

1장

미소전자 제조 공정

1.1 역사적 관점

이 책에서는 단결정 집적회로(IC) 공정에서 사용되는 기본적인 공정에 대하여 다루려고 한다. 오늘날 실리콘은 집적회로 공정에서 널리 쓰이는 주된 재료로, 여기에서는 실리콘 공정에 관해서만 다루고자 한다. 그러나 여기에서 언급한 이런 기본적인 과정은 갈륨비소 집적회로나 후막과 박막의 수산화 ICs 공정에까지 널리 사용된다.

게르마늄은 반도체 소자 제작에 필요한 재료 중 하나로 주목받았지만 1960년대 초기에 이르러 실리콘으로 급속히 대체되었다. 이는 쉽게 이산화실리콘으로 산화시킬 수 있어서 집적회로 제작에 필요한 선택적 확산 경계의 훌륭한 장벽뿐만 아니라 우수한 품질의 부도체로도 쓰인다.

실리콘은 자연적으로 풍부하여 낮은 비용으로 초기 재료를 만들 수 있고 게르마늄보다 넓은 대역폭을 가지고 있어서 보다 높은 온도에서 작동할 수 있는 등의 장점이 있다.

초기에는 1~2mm 크기의 실리콘 다이(die)에 한 개의 트랜지스터를 제작하였다. 초기의 집적회로에서는 간단한 논리회로와 증폭기회로를 만들기 위해 여러 개의 트랜지스터와 저항들을 집적하였다. 이렇게 시작된 집적 기술 능력은 1, 2년마다 배로 증가하여, 오늘날에는 20-mm × 20-mm 크기 위에 수백만 개의 성분들을 집적하기에 이르렀다.[1-3] 예를 들어, 1메가 DRAM칩은 메모리 어레이(array)에 각각 10^9 트랜지스터와 캐패시터를 가지고 있다. 뿐만 아니라 엑세스 디코딩 회로에는 부수적으로 수백만 개의 트랜지스터도 가지고 있다. 오늘날에는 0.13~0.18 ㎛ 선폭의 1Gb RAM을 생산하고 있다. 0.05 ㎛ 이하의 MOS 트랜지스터는 이미 여러 연구소에서 성공적으로 개발되었으며, 이런 소자들은 끊임없이 더 작은 미시적 모델들로 계승될 것이다.

웨이퍼의 지름이 크면 한번에 더 많은 집적회로 다이를 만들 수 있다. 많은 웨이퍼들을 동시에 처리하여, 주어진 웨이퍼 크기에 가능한 한 많은 실리콘 칩들을 복제하게 된다. 웨이퍼의 크기는 점차 증가하여 1, 2, 3, 4, 5, 6인치에서부터 8인치(200mm) 웨이퍼까지 현재 사용되고 있다.(그림 1.1a) 지름 300mm 웨이퍼가 곧 나올 예정이고, 450mm 웨이퍼도 10년 안에 나올 것이다. 웨이퍼의 두께는 대략 350~1250 ㎛ 정도인데, 지름이 큰 웨이퍼는 IC 공정의 여러 단계를 거치는 동안 자체 구조를 지탱하기 위해 두꺼워질 수밖에 없다.

그림 1.1(c)는 주어진 지름에 대한 10mm × 10mm 다이의 수이다. 웨이퍼 처리에 드는 비용의 경우, 웨이퍼에 다이 수가 많을수록 각각의 다이에 드는 비용은 작아진다. 그러므로 경제원리에 의해 점점 더 큰 웨이퍼 쪽으로 IC 산업이 가고 있는 실정이다.

그림 1.2[1-3]에 IC 집적화를 나타냈다. 메모리와 마이크로 프로세서 집적화는 시간에 따라 기하급수적으로 증가하고 있다. 그림 1.2(a)에서 보듯이 1965년부터 30년간 메모리 집적화는 64bit 칩으로부터 1Gb 메모리칩까지 1000만 배나 증가했다. 이와 비슷하게 마이크로프로세서 칩의 트랜지스터 수는 1970년 이후로 5000배나 증가했다.(그림 1.2b)

집적회로의 상업적 도입 이후 이런 밀도의 증가는 그림 1.3에서와 같이 집적회로의 표면에 표시할 수 있는 최소화된 사이즈와 선폭의 축소로 가능하게 되었다. 오늘날 세계적으로 유명한 반도체연구소에서는 사람의 머리카락 두께의 1000분의 1 정도인 0.1 ㎛보다도 작은 선폭을 갖는 서브마이크로 공정을 하고 있다.

이런 추세와 경향은 표 1.1에 요약해놨다. 이것은 반도체산업협회의 International Technology Road map for Semiconductors(ITRS)를 발췌한 것이다.[4] 이 ITRS는 3년마다 수정 증보된다. 이것에 따르면, 2011년에는 MOS 트랜지스터의 게이트 길이는 30 nm(0.03 μm)이고, 다중 기가 바이트 DRAM칩이 일반화될 것이다. 마이크로프로세서는 1인치 다이에 수억 개의 트랜지스터를 갖게 될 것이다.

역사적으로 묘사된 집적회로의 측정 단위는 문제를 가지고 있다. 수평치수는 원래 mils(1 mil=0.001 in)로 상술되는 반면에 수직적 치수는 일반적으로 미터법을 사용하였다. 오늘날에는 대부분 미터법을 사용하지만, 영국식 단위를 사용하기도 한다. 이 책에서는 미터법 단위를 사용하려 한다.

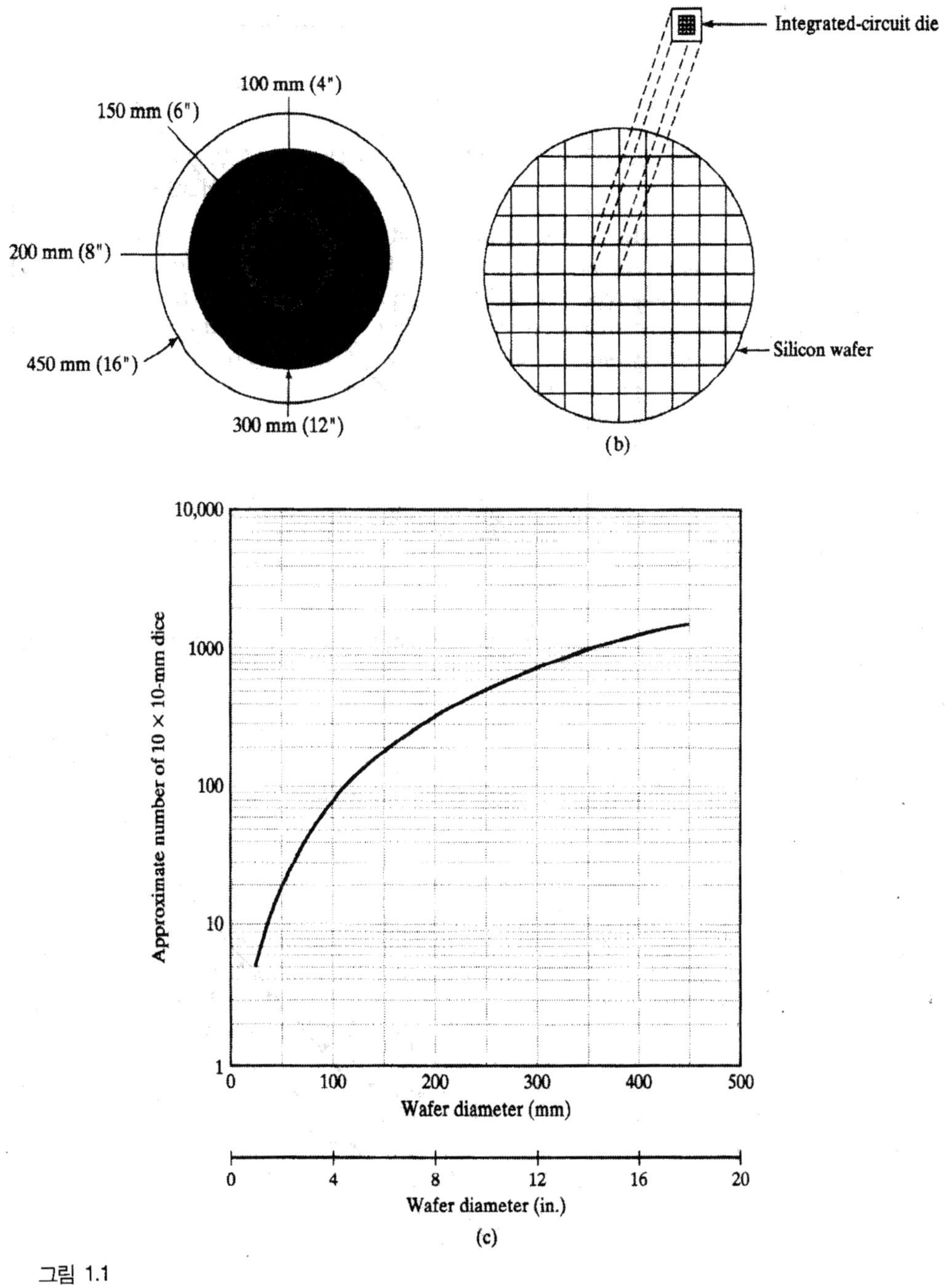

그림 1.1

(a) 지름이 100에서 450 범위를 갖는 웨이퍼들의 비교 크기 (b) 똑같은 집적회로 다이를 일반적인 실리콘 웨이퍼 위에 수백 번 복제한다. (c) 여러 가지 지름의 웨이퍼 위에 존재할 수 있는 10×10 mm 다이의 대략적인 수치를 나타내는 그림

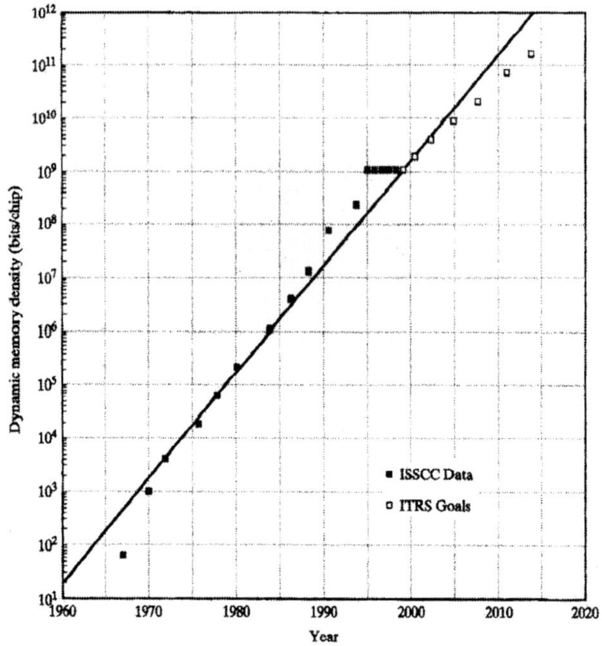

그림 1.2

(a) 1960년대 이후의 Dynamic 메모리 밀도

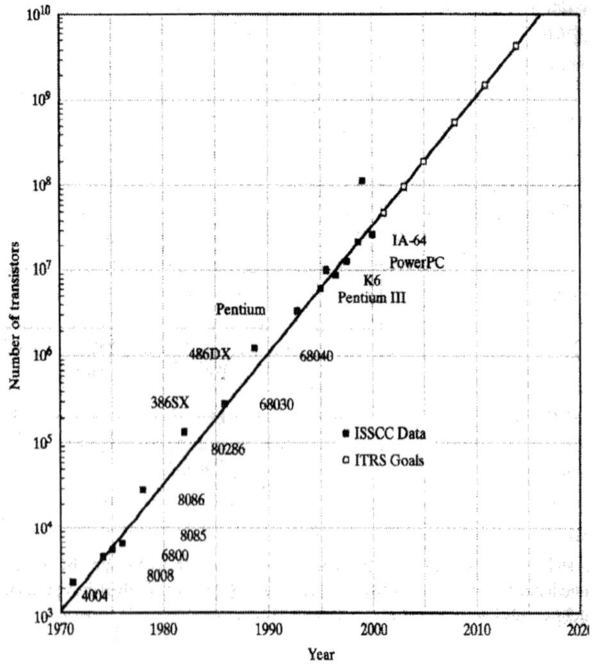

그림 1.2

(b) 연도별 마이크로 프로세서 내의 트랜지스터 수

1.2 단결정 제조 공정과 구조의 개요

그림 1.4와 1.5에 있는 MOS와 바이폴라 트랜지스터의 기본적인 단면을 보면 단소자 IC 공정을 설명할 수 있다. n채널 MOS 트랜지스터는 p형 기판에 형성하는데, 소스 드레인 영역은 n형 물질 표면에 선택적으로 얇은 영역을 바꿔 줌으로 만들 수 있다. 얇고 두꺼운 실리콘 산화막은 트랜지스터의 게이트 절연층으로 사용하거나 다른 소자와의 분리막으로 사용한다. 다결정 실리콘 박막은 트랜지스터의 게이트를 형성하는 데 사용하고, 알루미늄 같은 금속은 소스와 드레인의 접합을 만드는 데 사용한다. 소자간의 내부 연결은 확산과 다결정 실리콘층 그리고 금속을 사용하여 만든다.

그림 1.5의 바이폴라 트랜지스터는 p형 기판 위에 n형과 p형 영역을 선택적으로 제작한다. 실리콘 산화막은 다시 절연막으로 사용되고, 알루미늄은 트랜지스터의 에미터, 베이스, 컬렉터를 전기적으로 접합하는 데 사용한다.

MOS나 바이폴라 구조 모두 기본적인 공정 몇 가지를 반복함으로 만들어진다.

- 산화
- 사진식각법
- 에칭
- 확산
- 열 증착법과 스퍼터
- 화학기상법(CVD)
- 이온 주입법
- 에피택셜
- 어닐링

이산화실리콘은 실리콘 웨이퍼를 산소 분위기에서 높은 온도(1000~1200℃)로 가열함으로써 형성된다. 이 과정을 산화라고 부른다. 금속막들은 진공 상태에서 금속의 녹는점 이상의 열로 기화시켜 증착하게 된다. 질화실리콘, 이산화실리콘, 다결정 실리콘의 박막은 화학기상법(CVD)으로 형성시킨다. 화학기상법은 웨이퍼 표면에 혼합 가스를 사용하여 증착하는 것이다. 금속과 절연체들은 스퍼터라 불리는 방법으로 증착하게 된다.

얇은 n형, p형 층은 실리콘에 억셉터나 도너의 불순물을 높은 온도 (1000~1200℃)에서 확산시키거나 이온 주입법으로 형성시킨다. 이온 주입법은 높은 전압의 입자가속기로 높은 에너지를 갖는 도너나 억셉터를 발생시켜 웨이퍼에 주입시키는 것이다.

소자나 회로를 형성할 때는 n형, p형 영역을 웨이퍼 표면에 선택적으로 형성해야만 한다. 이산화실리콘, 질화실리콘, 다결정 실리콘, 그리고 다른 물질들은 확산이나 이온 주입법을

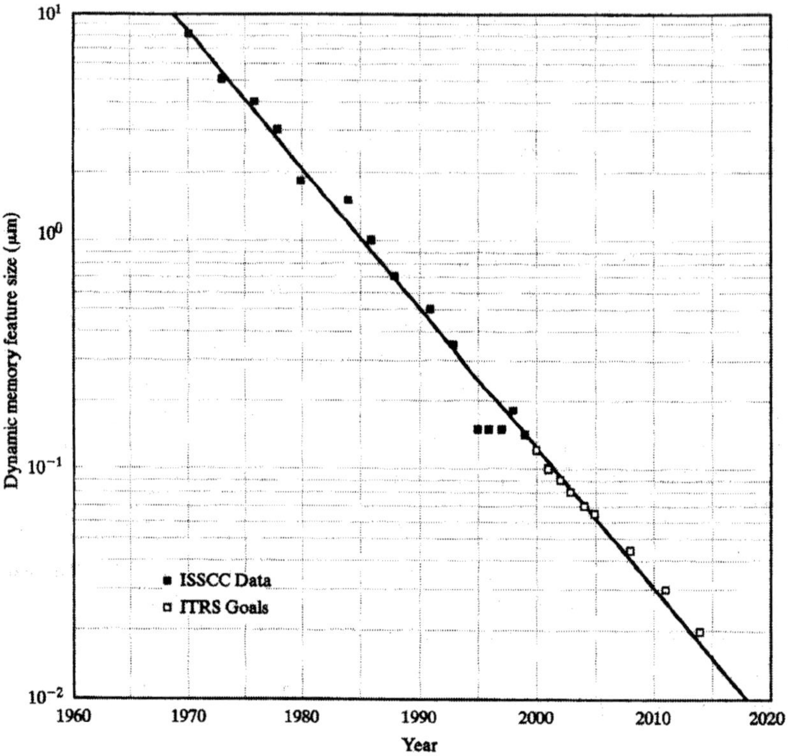

그림 1.3
시간에 따른 dynamic 메모리 제작의 크기

표 1.1 반도체의 국제적인 기술 지도 표(ITRS)[4]

Selected Projections

Year of First Product shipment	2001	2003	2005	2008	2011	2014
DRAM Metal Line Half-Pitch(nm)	150	120	100	70	50	35
Microprocessor Gate Widths(nm)	100	80	65	45	30	20
DRAM(G-bits/chip)	2.2	4.3	8.6	24	68	190
Microprocessor(M-transistors/chip)	48	95	190	540	1500	4300
DRAM Chip Area: Year o fIntroduction (mm^2)	400	480	526	600	690	790
DRAM Chip Area: Production(mm^2)	130	160	170	200	230	260
MPU Chip Size at Introduction(mm^2)	340	370	400	470	540	620
MPU Chip Area: Second "Shrink"(mm^2)	180	210	230	270	310	350
Wafer Size(mm)	300	300	300	450	450	450

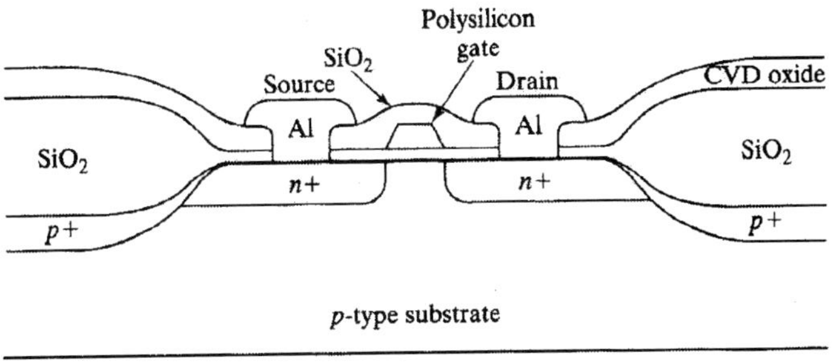

(a)

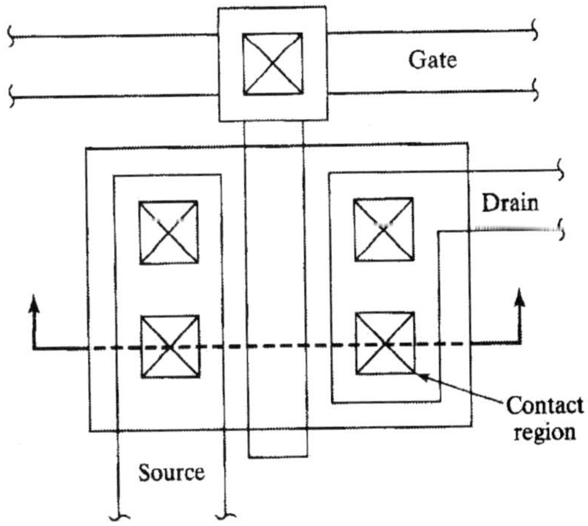

(b)

그림 1.4
n 채널 금속-산화-반도체(NMOS) 트랜지스터 구조의 기본 구조 (a) 트랜지스터의 단면 구조 (b) (a) 트랜지스터 제작에 사용되는 마스크의 평면도. 트랜지스터는 게이트 금속처럼 다결정 실리콘으로 강하게 도핑되어 있다.

하는 동안 불순물의 오염을 막기 위해 웨이퍼 표면에 마스크 영역을 사용한다. 창은 마스크 물질에 플라즈마나 산에칭으로 뚫는다. 창 모양은 광학기법으로 마스크로부터 웨이퍼 표면에 전사시키며 마스크는 축소사진 기법으로 만든다.

사진식각법은 마스크 제작 공정과 마스크로부터 웨이퍼 표면에 전사하는 과정을 포함한다. 사진식각법은 집적회로 생산에 중요하다. 그리고 제작 공정을 비교해 보면 사진식각법은 복잡한 편이며, 보통 여러 개의 마스크 과정이 사용된다.

1.3 금속-산화-반도체(MOS)과정

1.3.1 기본 NMOS 과정

그림 1.6과 1.7은 기본적인 n채널 과정을 위한 공정(NMOS)이다. 초기 웨이퍼에 실리콘 표

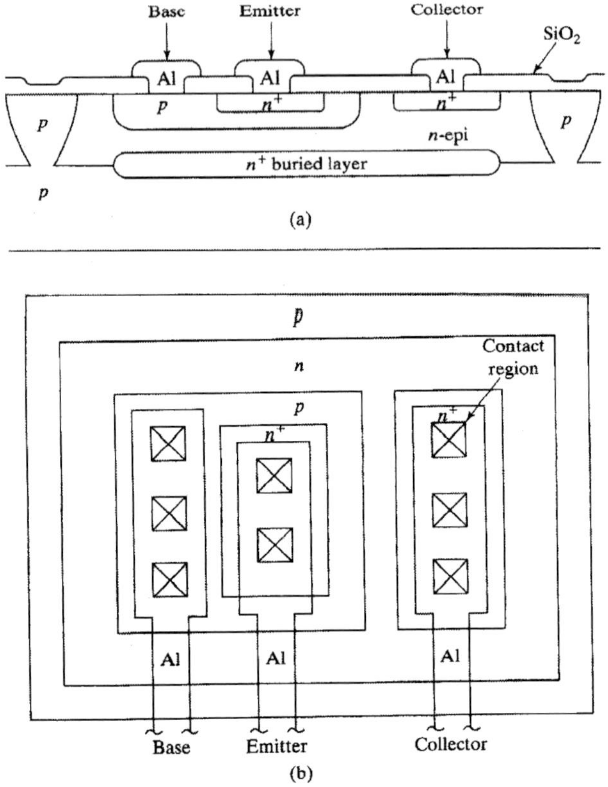

그림 1.5
이종접합 트랜지스터의 기본 구조 (a) 트랜지스터의 단면도 (b) (a) 트랜지스터에 필요한 마스크의 평면도

면을 보호하기 위해 실리콘 산화막(SiO_2)으로 얇은 막을 형성한다. 그 위에 질화실리콘을 낮은 압력의 화학기상법(LPCVD)으로 증착하고, 마스크 1번으로 트랜지스터의 활성 영역을 형성한다. 질화물/산화막은 트랜지스터가 형성되는 곳을 제외하고 모두 에칭한다. 붕소 이온 주입법을 행하고, 산화 과정을 거친다. 질화물은 이온 마스크나 산화막 마스크로 사용된다. 질화물과 얇은 산화막층을 제거한 후에 새로운 얇은 산화막을 MOS 트랜지스터의 게이트 산화막으로 성장시킨다. 다음의 게이트 산화막 성장에서 붕소 이온 주입법은 임계전압을 조절하여 널리 사용한다.

다결정 실리콘은 CVD법을 이용하여 전체 웨이퍼에 증착시킨다. 두 번째 마스크는 트랜지스터의 다결정 실리콘 게이트 영역을 만드는 데 사용한다. 다결정 실리콘 게이트 영역과 내부 연결에 사용되는 영역을 제외한 모든 영역에서 에칭한다. 다음으로, 얇은 산화막 영역에 소스/드레인 영역을 이온 주입한다. 불순물을 깊게 이온 주입하면 높은 온도에서 확산한 것과 같다. 많은 산화물이 표면에 증착되고, 접촉 부분을 끊기 위해 세 번째 마스크를 사용한다. 금속은 열 증착법과 스퍼터링으로 웨이퍼 표면에 증착한다. 네 번째 마스크는 내부 연결에서 금속

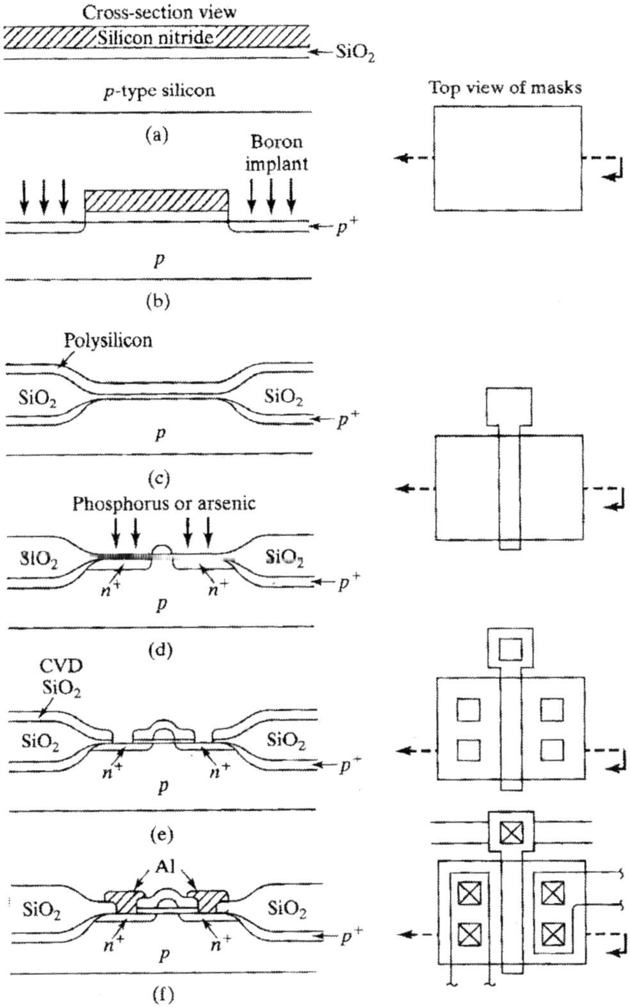

그림 1.6

NMOS 공정의 공정도 (a) 실리콘 웨이퍼를 실리콘 산화막으로 얇게 도포하고 그 위에 질화실리콘을 깐다. (b) 첫 번째 마스크를 사용하여 웨이퍼를 에칭한다. 산화 문턱을 조절하기 위해 붕소 임플랜트를 사용한다. (c) 산화, 질화물 제거, 다결정 실리콘 증착 후의 구조 (d) 두 번째 마스크를 사용하여 다결정 실리콘을 에칭한 후의 웨이퍼 (e) 세 번째 마스크는 실리콘 산화막을 증착한 후 접촉 창을 뚫기 위해 사용한다. (f) 네 번째 마스크를 사용하여 패턴하고 금속을 증착한 최종 구조

을 에칭하기 위해 쓰인다. 웨이퍼 표면을 보호하기 위해 포스포실리케이트 유리로 증착한다. 마지막 마스크는(5번째) IC 다이에 연결선을 위한 창을 뚫는 데 쓰인다.

이렇게 단순한 공정에는 5개의 마스크 과정이 필요하며 이런 마스크 과정은 추출을 이용한 과정들이다. 웨이퍼 전체 표면을 원하는 물질로 도포하고 대부분의 물질을 플라즈마나 화학 에칭으로 제거한다.

1.3.2 기본 MOS(CMOS) 과정

그림 1.8은 기본적인 MOS(CMOS) 과정의 마스크 순서이다. NMOS 과정에서 보였듯이, 첫

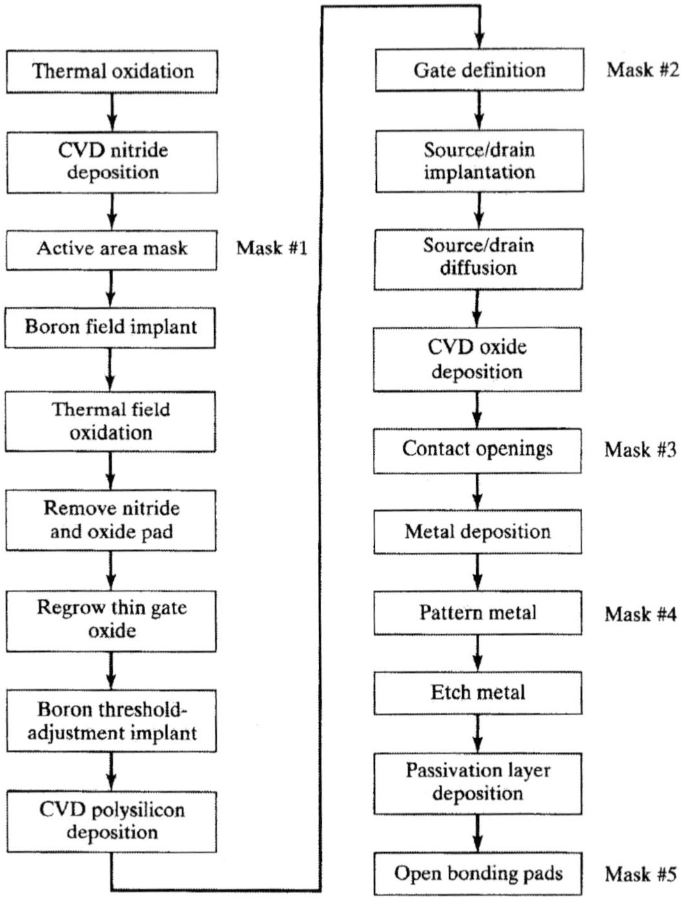

그림 1.7
NMOS 공정의 기본 흐름도

번째 마스크는 p채널 트랜지스터의 n우물과 n통을 만드는 데 사용되며 이것은 p형 소자들의 기판 대신 사용된다. 두 번째 마스크는 n채널의 트랜지스터에 소스/드레인 영역을 만드는 데 사용된다. 그 밖의 마스크들은 MOS 트랜지스터의 임계전압을 조절하기 위해 사용되고 NMOS와 CMOS 공정의 일반적인 단계이다.

과거에는 CMOS 공정에서 p우물 대신 n우물을 사용했다. 그러나 최근에는 두 개의 우물을 같이 쓰는 이중구조 공정이 개발되었다. p우물과 n우물은 기판을 약간만 도핑하면 만들 수 있어서 n채널과 p채널 소자들이 높은 성능을 발휘할 수 있도록 각각을 최적화할 수 있다. CMOS 실패를 막기 위해 이중구조 VLSI(very large scale integration) 공정은 강하게 도핑된 기판 위에 약하게 도핑된 층을 사용하는데 이것을 래치업(latchup)이라 부른다.

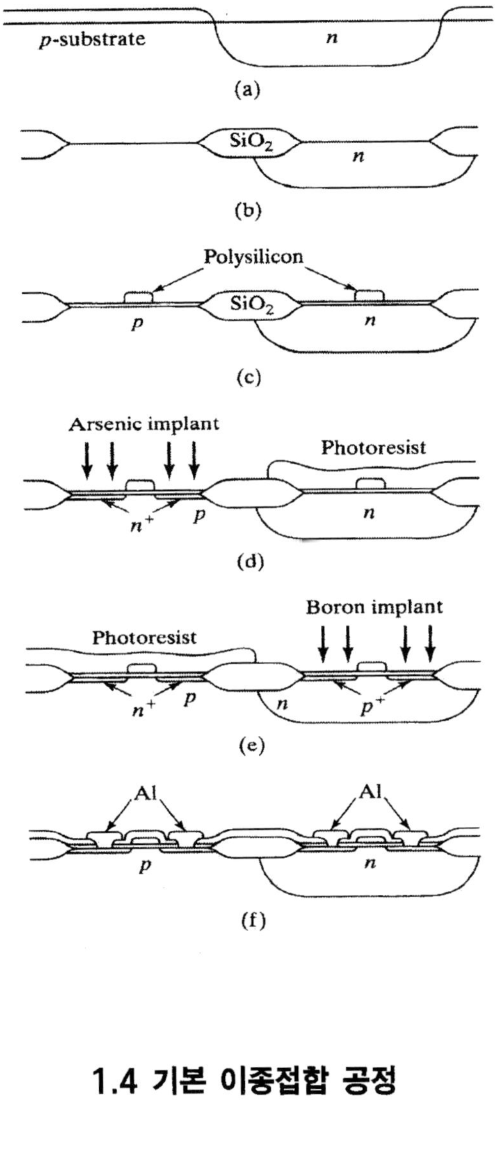

그림 1.8

기본적인 CMOS 공정의 주요 단계의 단면도 (a) n우물 확산 (b) 선택적 산화 (c) 게이트 산화층과 다결정 실리콘 게이트 제작 (d) NMOS 소스/드레인 주입 (e) PMOS 소스/드레인 주입 (f) 금속 마스크 단계와 접촉 구조

1.4 기본 이종접합 공정

기본 이종접합 제작은 그림 1.9와 1.10에서 보이듯이 단채널 MOS 과정보다 다소 복잡하다. p형 실리콘 웨이퍼를 산화시키고, **매립층**과 **서브컬렉터**라 부르는 영역을 확산시키기 위해 첫 번째 마스크를 사용한다. 이런 확산은 이종접합 트랜지스터에서 컬렉터 저항을 감소시킨다. 다음으로 매립층 확산은, 실리콘 웨이퍼의 윗면에 n형 단결정 실리콘을 성장시키기 위해 에피택셜 공정을 한다. 에피택셜 성장 공정은 높은 품질의 실리콘층을 초기 실리콘 웨이퍼와 같은 결정구조로 성장시키는 것을 말한다. 두 번째 마스크는 한 개의 이종접합

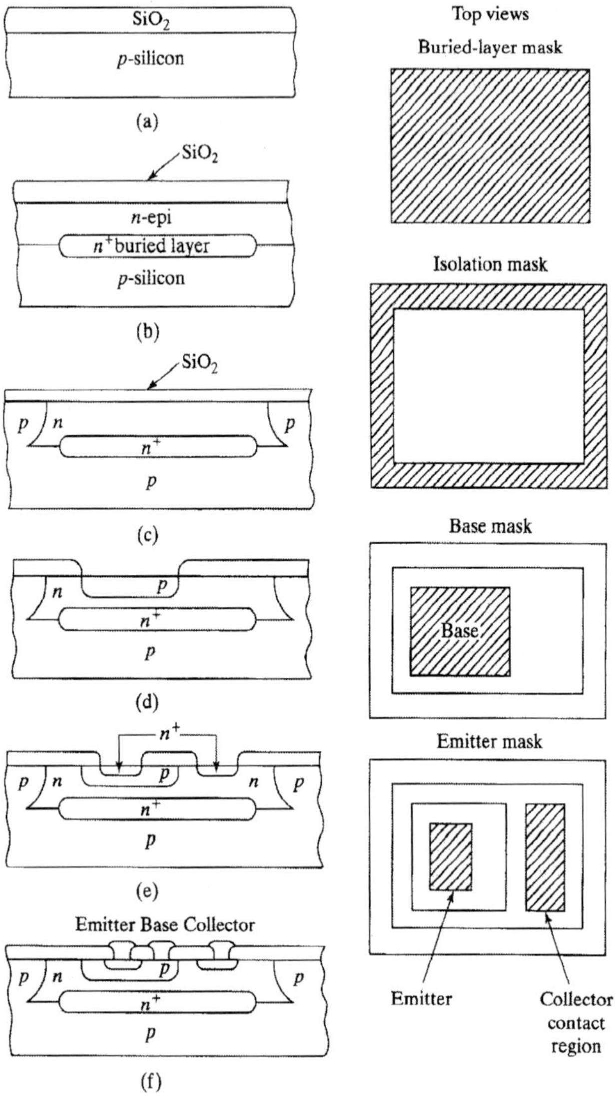

그림 1.9

기본적인 이종접합 공정의 주요한 단계의 단면도 (a) 실리콘 산화막을 갖는 웨이퍼 (b) 첫번째 마스크를 사용하여 확산층을 매입하고 에피택셜한 층을 성장시키고 산화시킴 (c) 두번째 마스크를 사용하여 깊은 격리 확산층 형성 (d) 세번째 마스크를 사용하여 붕소 확산 (e) 네번째 마스크로 에미터와 컬렉터 접촉을 만듦 (f) 금속 마스크 과정과 접촉을 한 최종 구조

트랜지스터로부터 다른 것을 격리시키기 위한 깊은 p 확산창을 만드는 데 사용한다. 격리를 위한 확산 과정 다음에 산화 과정을 한다. 세 번째 마스크는 p형 베이스 확산을 위해 산화막에 창을 뚫는 데 사용된다. 웨이퍼는 보통 베이스 확산 과정 동안 산화시킨다. 그리고 네 번째 마스크는 에미터 확산을 위한 창을 뚫는 데 사용된다. 같은 방법의 확산 과정으로 컬렉터 접합 아래에 n+영역을 만든다. 이것은 전극화하는 동안 저항 접합을 잘할 수 있게 한다. 다섯 번째, 여섯 번째, 일곱 번째 마스크는 전극층의 패턴을 위한 접촉창과 1.3절에서

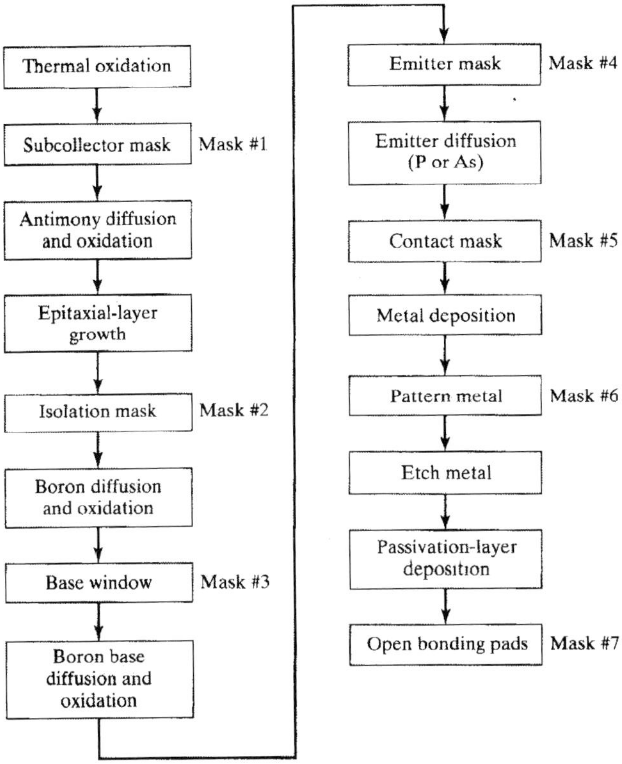

그림 1.10
기본적인 이종접합 공정의 흐름도

보인 것처럼 NMOS 과정에서의 보호막을 위한 창을 만드는 데 사용된다. 따라서 NMOS 공정이 5개의 마스크가 필요한 데 비해 기본 이종접합 공정은 7개의 마스크가 필요하다.

MOS 또는 이종접합 공정을 마친 후 웨이퍼 위 각각의 다이를 테스트한다. 그리고 불량한 다이는 잉크로 표시하고 나서 각각을 절단한다. 좋은 다이는 마지막 테스트를 위해 다양한 패키지에 장착한 후에 사용하거나 판다.

1.5 안전

여기에서는 IC 제작 공정 동안에 반드시 지켜야 할 주의점에 대하여 기술하였다. 공정 중에 우리는 다양한 산과 부식성이 매우 강한 시약, 유기물과 무기물 용제들, 그리고 발암성 물질들뿐만 아니라 극히 위험한 가스들을 접하게 될 것이다. 그러므로 어떠한 반도체 공정이든 주의를 기울여 실험해야 할 것이다. 이러한 물질들은 매우 위험하므로, 거의 대부분의 연구실에서는 실험을 하기 전에 반드시 개개인 모두가 안전 검사를 한다.

특히 에칭이나 클리닝의 습식 과정에서는 다양한 산과 시약들을 사용한다. 만약 이러한 물질들이 피부에 닿으면 심각한 화상을 입을 수 있다. 그리고 증기 물질은 피부에 자극을 주거나 눈에 심각한 문제를 유발할 수 있다. 이러한 물질을 다룰 때는 고무장갑, 앞치마, 보안경을 반드시 착용해야 한다. 그러나 장갑의 경우 액체에 담그고 하는 작업에서는 구멍이 생길 수 있으므로 신뢰할 수 없다. 이러한 액체를 처분하거나 섞거나 취급할 때는 매우 주의해야 한다. 환경규약에는 이러한 물질의 폐기 방법에 제약을 둔다.

산과 시약들은 폐기 과정에서 섞어 버리면 안 된다. 희석한 시약 또는 산, 농축된 화학약품이 물에 섞이면 다시 분리할 수 없기 때문이다. 많은 산성물질들은 피부를 탈색시키거나 접촉 부위에 화상을 입힌다. 그러나 불화수소(HF)는 잠행성질병을 일으킨다. 비록 약산이긴 하지만, HF는 쉽게 피부로부터 깊숙이 침투해 들어가서 상처가 생길 때까지 발견되지 않을 뿐만 아니라 상당히 고통스럽다. 이럴 때는 빨리 응급조치를 해야 한다.

이온 주입과 낮은 압력의 화학기상증착법 그리고 에피택셜 성장에는 극히 위험하거나 폭발성인 공정은 몇 개 안 된다. 예를 들어 극히 조심해야 할 실험은 AsH_3, PH_3, GeH_4, SiH_4를 다루는 실험 등이다. 그 밖에는 이온 주입 장치, 플라즈마 반응기, 증착 시스템의 전자빔 등은 전압이 높으므로 감전사에 주의해야 한다.

새로운 화학약품을 취급하기 전에는 유해성 여부, 안전한 조작법, 그 물질이 어떤 물질과 반응하여 생성된 물질이 어떤 반응을 하는지 등을 확실하게 알아두어야 한다.

이 책의 나머지 부분에는 단순 집적회로에 사용되는 기본적인 공정에 대해 설명했다. 2장, 8장은 마스크를 만드는 것과 패턴 정의, 산화, 확산, 이온 주입, 막 증착, 내부 연결과 접합, 패키징, 양산에 대해 다루었다. 마지막 9~11장에서는 MOS와 이종접합 기술, MEMS에 대한 소자의 디자인, 설계, 집적 공정을 소개하였다.

참고문헌

[1] *Digest of the IEEE International Solid-State Circuits Conference,* held in February of each year.(http://www.sscs.org/isscc)

[2] *Digest of the IEEE International Electron Devices Meeting,* held in December of each year. (http://www.ieee.org/conference/iedm)

[3] *Digests of the International VLSI Technology and Circuits Symposia,* co-sponsored by the IEEE and JSAP, held in June of each year.(http://www.vlsisymposium.org)

[4] *The International Technology Roadmap for Semiconductors,* The Semiconductor Industry Association(SIA), San Jose, CA, 1999. (http://www.semichips.org)

문제

1.1 주변에서 흔히 볼 수 있는 물건 중에서 IC 칩이 들어갔다고 생각되는 제품들을 열거해 보라. PC와 주변기기들은 한 제품이라고 간주하라. (일반적으로 건조기나 단순한 온도 조절장치의 전자회로에 있는 전기기계 타이머들과 혼돈하지 말라)

1.2 (a) 25, 50, 75, 100, 125, 150, 200, 300, 450mm 지름의 웨이퍼의 면적을 비교하여 표를 만들어라.

(b) 450-mm 웨이퍼에 1-mm × 1-mm 다이스를 제작하면 몇 개를 만들 수 있나?

(c) 25-mm × 25-mm 다이스는 몇 개를 만들 수 있나?

1.3 (a) 웨이퍼 전체 면적과 다이스 면적으로 계산하여 300-mm 웨이퍼에 20-mm × 20-mm 다이스를 만든다면 몇 개나 만들 수 있는지 계산하라.

(b) 실제로 300-mm 웨이퍼에 20-mm × 20-mm 다이스를 만든다면 정확히 몇 개를 만들 수 있는지 계산하라.(그림을 그려 보면 도움이 될 것이다)

1.4 그림 1.2(a)의 실선은 $B = 19.97 \times 10^{0.1977(Y-1960)}$ bits/chip을 사용하여 만든 것이다. 만약 이와 같은 식으로 2020년까지 계산한다면 메모리 bits/chip 수는 얼마가 되겠는가?

1.5 그림 1.2(b)의 실선은 $N = 1027 \times 10^{0.1505(Y-1970)}$ 트랜지스터 식을 사용하여 만든 것이다. 2020년까지 선을 확장하면 2020년에 프로세서에 들어가는 트랜지스터의 수는 얼마가 되겠는가?

1.6 (a) 문제 1.4의 식을 사용하면 메모리칩의 밀도가 2배가 되기까지는 몇 년이 걸리겠는가?

(b) 10배가 되기까지는 몇 년이 걸리는가?

1.7 (a) 문제 1.5의 식을 사용하여 마이크로 프로세서 회로의 밀도가 2배가 되는 데는 몇 년이 걸리는가?

(b) 10배가 되는 데는 몇 년이 걸리는가?

1.8 만약 그림 1.3의 실선을 확장하면 2020년에는 집적회로의 크기가 얼마로 축소되겠는가? 이 곡선은 $F = 8.214 \times 10^{-0.06079(Y-1970)}$ ㎛에 의한 것이다. 이것이 가능한지 한번 생각해 보라. 이것이 가능하겠는가 아니면 불가능하겠는가? 그 이유는 무엇인가.

1.9 작은 진공관에 사용되는 필라멘트의 전력이 거의 0.5W이다. 256-Mb 메모리를 만드는 데 이런 관들이 3억 개가 사용된다고 가정하면 이 메모리에 사용되는 전력은 얼마인가? 만약 220-V의 전원을 사용하면 얼마의 전류가 필요한가?

1.10 18-mm × 25-mm 다이에 0.25-㎛선폭을 갖는 전극을 0.25-㎛ 간격으로 배열한다고 가정하자.

(a) 이 다이에 사용된 총 전극의 길이는 얼마이겠는가?

(b) 선폭과 간격이 0.1-㎛라면 이때 전극의 길이는?

1.11 그림 1.1(b)의 곡선은 주어진 웨이퍼 지름에 따른 칩의 개수이다. 10×10mm 다이스를 지름 200mm 웨이퍼 위에 만들 때 들어가는 정확한 개수는?(이 곡선이 지시하는 숫자는 314이다)

1.12 특정한 공정에서 웨이퍼 처리에 들어가는 비용은 1,000달러이다. 다이스 제작에서 35%만이 상태가 양호할 때, 다이스의 개수를 밝혀라. (그림 1.1b 사용)

(a) 150mm 웨이퍼의 경우 양호한 다이스 하나를 제작하는 데 들어가는 비용은?

(b) 20mm 웨이퍼의 경우는?

1.13 어떤 실리콘 게이트 NMOS 트랜지스터가 차지하는 면적은 $25\lambda^2$이다. λ는 리소그래피 할 수 있는 최소의 크기이다.

(a) 얼마나 많은 MOS 트랜지스터를 5 × 5mm 다이스에 제작할 수 있겠는가? λ = 1 ㎛이다.

(b) 0.25 ㎛일 때는?

(c) 0.10 ㎛일 때는?

1.14 그림 P1.14에 단순한 pn 접합 다이오드의 단면을 나타내었다. 이런 구조를 만들기 위해 가능한 마스크 단계를 포함하여 흐름도를 그려라.

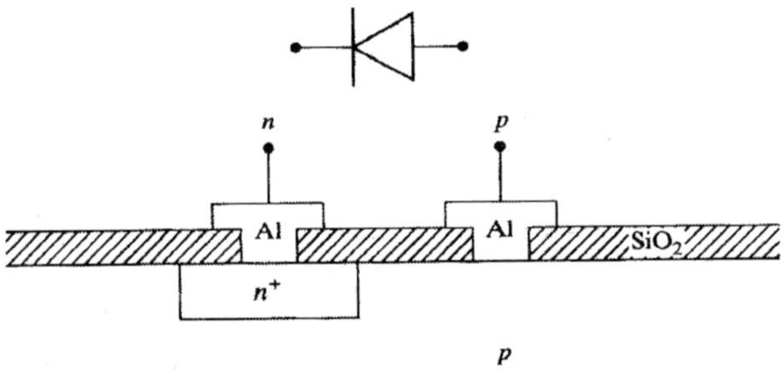

그림 p1.14

1.15 그림 1.9의 이종접합 트랜지스터의 금속 마스크와 접합을 그려라. 정사각형의 접합 창을 사용하여 에미터에 1개의 접합과 베이스와 컬렉터 영역에 2개의 접합을 하라.

2장

리소그래피

집적회로를 생산하기 위해서는 확산이나 불순물 원자들의 주입 방법으로 다양한 물질의 박막을 장벽 또는 전도체와 실리콘 기판 사이의 절연체로 사용한다. 또한 불순물 침투나 접합이 필요한 곳 어디나 이런 장벽물질에 구멍이나 창을 뚫게 된다.

패턴 창을 가지는 마스크는 포토리소그래피라 불리는 과정을 통하여 실리콘 웨이퍼 표면에 전사된다. 포토리소그래프는 매우 개량된 사진인쇄술로서, 패턴은 마스크로부터 감광제라 불리는 빛에 민감한 물질로 전사된다. 화학적 에칭이나 플라즈마 에칭은 그때 감광제로부터 웨이퍼 표면의 장벽물질에 패턴을 전사할 때 사용한다. 각 마스크 공정은 수많은 과정마다 정교하게 해야 한다. 그리고 집적회로의 복잡성은 제조 공정 중 사용되는 마스크 수로서 측정한다. 이 장에서는 리소그래피 과정에 대해 살펴보고, 마스크 제작, 감광 처리, 에칭에 대해서도 다루고 있다.

2.1 포토리소그래피 과정

포토리소그래피는 마스크로부터 실리콘 웨이퍼 표면에 패턴을 전사하는 모든 과정을 포함한다. 그림 2.1과 2.2에서 보여준 기본적인 포토리소그래피의 다양한 과정들에 대해서 아래에 자세히 다루기로 하겠다.

리소그래피는 매우 청결한 곳에서 작업이 이루어져야 한다. 공정을 하는 동안 어떠한 먼지 입자가 기판에 있으면 최종 감광제 코팅 작업에서 문제가 될 수 있다. 만약 각 마스크 공정에서 칩의 10%에 결함이 생겼다면 7개의 마스크 공정을 거치고 났을 때는 50% 이하의 칩만이 동작할 것이다. 청정실에는 제조 공정 동안 입자의 오염을 막기 위해 수직 층류 후

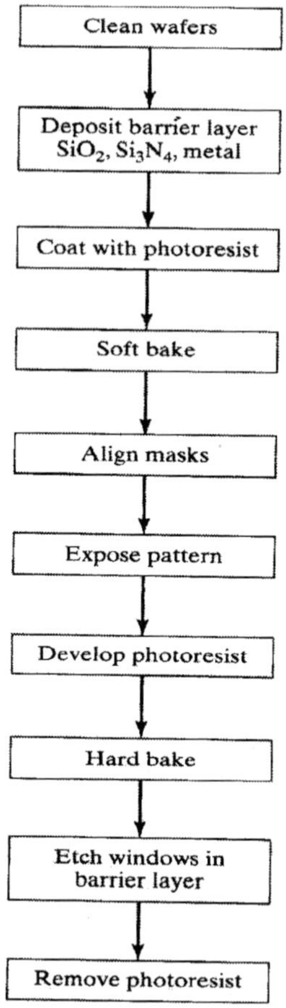

그림 2.1
포토리소그래피 공정 흐름도

표 2.1 클린룸의 효과적인 필터 등급

Class	Number of 5-㎛ particles per $ft^3(m^3)$	Number of 5-㎛ particles per $ft^3(m^3)$
10,000	10,000(350,000)	65(23,000)
1,000	1,000(35,000	6.5(2,300)*
100	100(3,500)	0.65(230)*
10	10(350)	0.065(23)*
1	1(35)*	0.0065(2.3)*

*It is very difficult to measure particulate counts below 10 per ft3

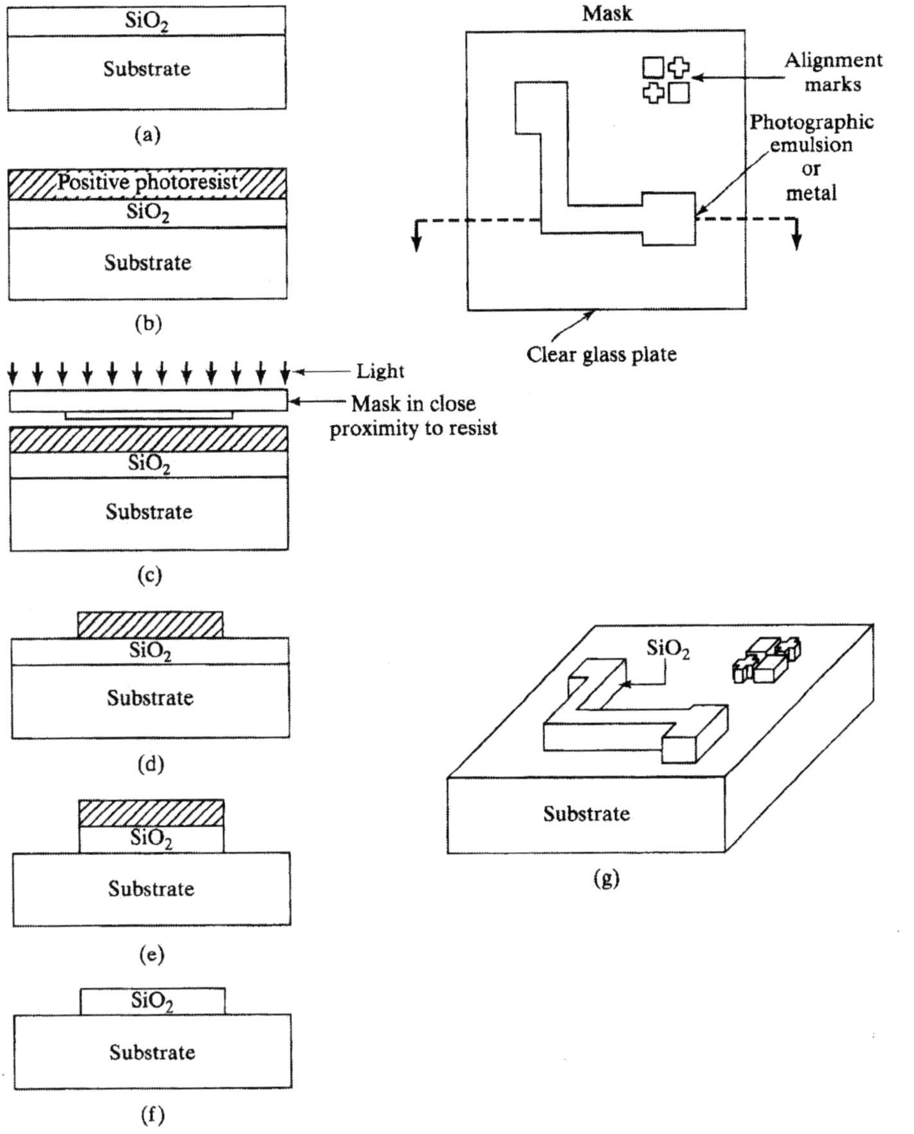

그림 2.2

포토리소그래피 공정의 다양한 단계를 거친 웨이퍼의 그림 (a) 기판을 실리콘 산화막층으로 도포 (b) 양감광제를 웨이퍼 표면에 도포한다. (c) 감광제를 도포한 웨이퍼 표면에 마스크를 거의 근접시킨다. (d) 기판의 감광제를 노출시킨 후 현상한다. (e) 산화막층을 에칭한 기판 (f) 웨이퍼의 감광제를 제거한 산화막 (g) 표면에 실리콘 산화막 패턴을 가지는 기판의 그림

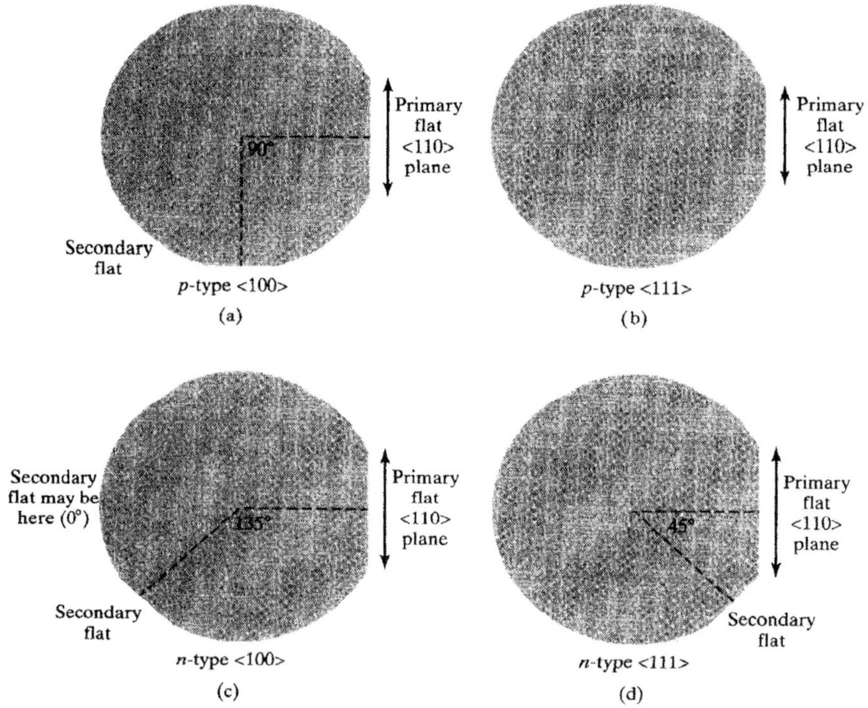

그림 2.3
100mm 웨이퍼의 구별 표준 표식

드를 사용한다. 청정실에서 공기 중의 입자를 필터로 걸러 표 2.1과 같이 공기의 단위 미터 또는 단위 피트당 입자의 최대수를 제한한다. 청정실은 VLSI 과정을 위해서 class 10,000부터 class 10까지, 어느 때는 class 1까지 나뉜다. 이를 일반적인 공기와 비교해 보자, 일반 공기 중에는 0.5㎛ 크기 이상의 입자들이 단위 피트당 수백만 개가 존재한다.

2.1.1 웨이퍼와 웨이퍼 세척

IC 제작은 특별한 저항을 갖는 n형 또는 p형 실리콘 웨이퍼를 가지고 시작한다. 웨이퍼의 두께는 250~500㎛이다. 지름이 200mm(8inch)인 웨이퍼는 현재 광범위하게 사용되고 있으며 300mm(12inch) 웨이퍼를 이용할 수 있는 장비들도 벌써 개발되었다. 1, 1.5, 2, 3, 4, 5, 6inch 웨이퍼들은 과거에 사용되었고, 표 1.1에서와 같이 금세기 말에는 450-mm도 사용하게 될 것이다.

실리콘 웨이퍼들은 표준규약에 의해 웨이퍼 끝부분을 잘라냄으로써 구별할 수 있다. 이런 평면은 웨이퍼로 잘라 내기 전에 실리콘 덩어리의 한쪽 면을 갈아내어 만든다. 그리고 이러한 평면은 그림 2.3에서와 같이 실리콘 웨이퍼의 형 및 표면의 방향성을 결정한다(<100> 또는<111>). 웨이퍼의 1차 평면은 <110> 결정을 나타낸다(이런 인식 표식이 항상 사용되는 것은 아니다. 특히 지름 150mm 웨이퍼나 그 이상이 되는 웨이퍼에서는 더욱 그러하다). 사용하기에 앞서 웨이퍼 표면의 입자 문제뿐만 아니라 유기물, 이온, 금속 불순물의 오염을 막기 위해 화학적으로 세척을 한다. HF 용액에 의한 세척 과정은 웨이퍼 표면에 형성되는 산화막을 제거하기 위하여 사용된다. 일반적인 세척 과정이 표 2.2에 나타나 있다.

표 2.2 실리콘 웨이퍼 세척 공정[7,8]

A. Solvent Removal
1. Immerse in boiling trichloroethylene(TCE) for 3 min.
2. Immerse in boiling acetone for 3 min.
3. Immerse in boiling methyl alcohol for 3 min.
4. Wash in DI water for 3 min.

B. Removal of Residual Organic/Ionic Contamination
1. Immerse in a(5:1:1) solution of H_2O–NH_4OH-H_2O_2; heat solution to 75～80℃ and hold for 10 min.
2. Quench the solution under running DI water for 1 min.
3. Wash in DI water for 5 min.

C. Hydrous Oxide Removal
1. Immerse in a (1:50) solution of HF–H_2O for 15 sec.
2. Wash in running DI water with agitation for 30 sec.

D. Heavy Metal Clean
1. Immerse in a (6:1:1) solution of H_2O–HCl–H_2O_2 for 10 min at a temperature of 75～80℃
2. Quench the solution under running DI water for 1 min.
3. Wash in running DI water for 20 min.

웨이퍼 세척과 반도체 공정에 전반적으로 사용되는 중요한 화학물이 바로 DI water이다. DI water는 이온, 입자, 박테리아 같은 오염물질을 제거한 매우 순수한 물이다. 이론적으로 순수한 물의 저항은 25℃에서 18.3 Mohm-cm이다. 일반적인 DI water 시스템은 0.25㎛보다 큰 입자가 없고, 밀리미터당 박테리아 수가 1.2보다 적으면서 저항이 18 Mohm-cm이 되어야 한다.

청정도와 오염도 조절은 VLSI/ULSL 공정에서 매우 중요한 요소이다.

2.1.2 장벽 형성

세척 후, 실리콘 웨이퍼에 장벽층으로 사용할 물질들을 도포한다. 가장 일반적인 물질은 실리콘 산화막(SiO_2)이며 이 절에서는 그것에 대해 다루도록 하자. 공정 순서도를 보면 각각의 부분에 장벽물질로 질화실리콘(Si_3N_4), 다결정 실리콘, 금속을 사용한다. 다음 장에서는 이런 물질들로 박막을 제조하는 열적 산화 과정, 화학기상법, 스퍼터, 그리고 진공증착 과정들에 대해서 다룬다.

초기 실리콘 웨이퍼는 금속성 회색을 띤다. 여기에 실리콘 산화막층이 형성되면 표면은 실리콘산화막층 두께에 따라 다른 색깔을 띠게 된다. 공정을 다 마친 웨이퍼의 경우는 부위별로 다양하게 두께가 달라지는데 각각의 영역이 다른 색깔을 갖게 되어, 책이나 잡지의 사진에서 보듯이 다양한 색깔의 IC 영상을 볼 수 있다.

2.1.3 감광 처리

실리콘 산화막층을 형성한 후에, 웨이퍼 표면에 빛에 민감한 감광제를 도포한다. 표면은 깨끗해야 하고 감광제가 잘 붙어 있도록 건조해야 한다. 깨끗하게 산화 처리된 웨이퍼들은 곧바로 코팅한다. 그러나 웨이퍼가 방치되어 있었다면, 감광 처리하기 전에 조심스럽게 세척하고 말린다. 감광 처리하기 전에 접착을 좋게 하기 위해서 접착 촉진제를 사용하기도 한다.

그림 2.4
라이트 트랙 88e 공정 시스템

감광제와 필름 표면의 접착이 제대로 되지 않으면 실리콘 공정에서 문제가 생긴다. 접착력을 증진시키기 위해, 실리콘 표면은 hexamethyldisilazane(HMDS)라는 접착력을 증진시키는 물질을 사용하여 처리하게 된다. 이 처리는 다양한 박막, 실리콘산화막(SiO_2), 인을 포함한 산화막, 다결정 실리콘, 질화실리콘(Si_3N_4)과 알루미늄에 대해 감광제의 접착력을 향상시킨다.

감광제는 일반적으로 액체 상태로 사용하는데, 웨이퍼를 진공 척에 물리고, 얇고 균일한 막을 얻기 위해 높은 속도에서 30~60초 정도 회전시킨다. 1000~5000rpm 정도로 회전시키면 두께는 2.5~0.5 ㎛ 범위가 된다. 감광제의 실제적인 두께는 그것의 점도에 따라 달라지며 회전속도의 제곱근에 반비례한다.

그림 2.4는 자동화된 카세트 웨이퍼 트랙 시스템이다. 이 시스템은 자동적으로 정량의 감광제를 각 웨이퍼에 분산시켜 감광제의 두께를 항상 일정하게 만들어 낼 수 있도록 회전속도를 조절한다.

일반적으로 각 카세트에는 25개의 웨이퍼를 넣을 수 있다.

2.1.4 소프트 베이킹

소프트 베이킹이라 불리는 건조 과정은 감광제의 용제를 제거하고, 접합을 향상시키는 데 사용된다. 오븐의 온도는 60~100℃로 공기나 질소 가스 분위기에서 5~10분 정도 건조시킨다. 소프트 베이킹 과정은 제작자들이 데이터 시트를 잘 만들어 놓아서 그것을 면밀히 따라 하면 된다. 소프트 베이킹 후, 마스크를 배열하고 노출시킨다.

2.1.5 마스크 배열

포토마스크는 한쪽 면이 감광 유제나 금속막으로 패턴이 되어 있는 사각형의 유리판이다.

각각의 마스크는 전 공정에 따라 웨이퍼의 패턴에 조심스럽게 배열되어야만 한다. 대다수의 정렬기기에는 조작 설명서가 있다. VLSI 최소 크기가 1.25㎛인 경우에 배열의 허용오차는 ±0.25 ㎛이다. 컴퓨터로 조절되는 배열 장치는 이런 정교한 배열까지 할 수 있을 정도로 발전해 있다.

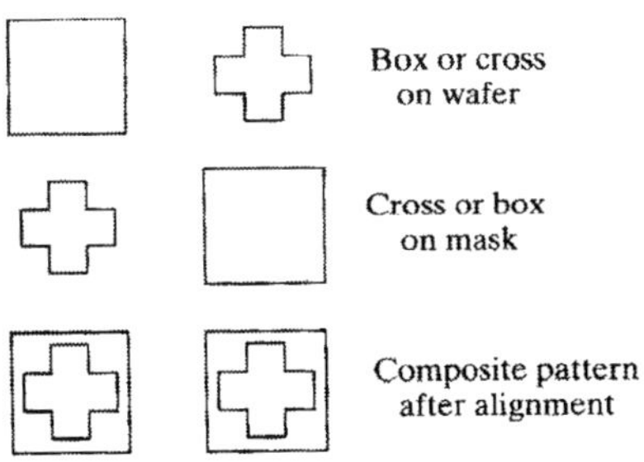

그림 2.5
단순한 마스크의 배열 배치도. 어떤 경우는 십자가를 네모에 위치시키기도 하고, 또는 네모를 십자가에 위치시키기도 한다. 이것은 주어진 마스크 단계에 사용된 감광제의 종류에 따라 정해진다.

수작업 배열 장치는 마스크 밑에 있는 웨이퍼를 진공 척에 물리고 조심스럽게 x-y 이동장치를 조절하여 원하는 위치를 조절한다. 마스크는 배열작업을 하는 동안 웨이퍼 표면과 25 ~ 125 ㎛ 정도 공간을 둔다. 만약 접촉한 상태로 노광을 하게 되면 마스크는 배열 후 웨이퍼와 붙어 버리게 된다.

배열 표시는 각 마스크마다 하고 집적회로 각 부분의 패턴을 웨이퍼 위에 전사한다. 표시는 전 공정의 마스크와 새로운 마스크를 배열시키는 데 사용한다. 그림 2.3에 배열 표시의

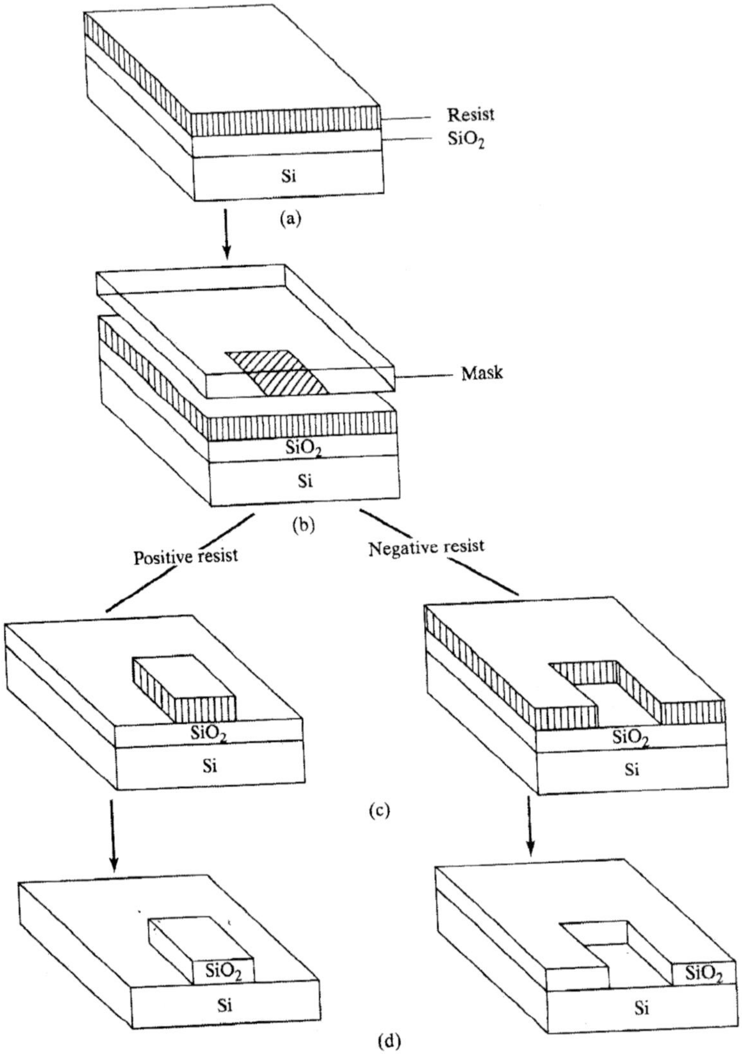

그림 2.6
양과 음의 레지스트를 가지고 포토리소그래피했을 때의 레지스트와 실리콘 산화막 패턴

예를 들었다. 어떤 마스크 준위의 경우는 웨이퍼 위에 사각형 표시를 해서 그 위에 다른 마스크의 십자가 표시를 위치시키거나, 반대로 웨이퍼 위에 십자가 표시를 하고 그 위에 다른 마스크의 사각형을 위치시키기도 한다. 어느 쪽을 선택할 것인지는 포토리소그래피 과정 동안 사용되는 감광제에 따라 결정된다. 웨이퍼의 두 개의 분리된 영역을 동시에 배열하기 위해서는 분리된 광학장치를 사용한다.

2.1.6 감광제 노출과 현상

배열한 후에 마스크를 통해 높은 밀도의 높은 자외선을 감광제에 노출한다. 감광제가 노출된 실리콘 산화막은 제거된다. 감광제는 일반적인 사진관에서 사용하는 현상과 비슷한 방법으로 현상액을 사용하여 현상한다. 자외선에 노출된 감광제는 씻겨져 나가 그림 2.6(d)에서처럼 실리콘 산화막이 남게 된다. 이런 감광제를 양**감광제**라 하고 마스크는 웨이퍼에 남기려는 패턴이 되어 있다. 창은 빛이 마스크를 통과하여 노광하려는 부분이 뚫려 있다.

음감광제는 노출된 부분이 표면에 남게 된다. 그림 2.6은 같은 마스크로 양과 음의 감광제를 사용했을 때 실리콘 산화막에 패턴이 전사되는 예이다. 음감광제는 초기 집적회로 공정에서 널리 사용되었다. 그러나 양감광제가 작은 구조에서 보다 나은 공정을 할 수 있어서 현재는 VLSI 공정에서 주로 사용한다.

2.1.7 하드 베이킹

노출과 현상을 마친 후, 감광제를 굳게 하고 기판에 잘 접합시키기 위해 굽는 작업을 한다. 일반적인 과정은 오븐의 온도를 120~180℃로 하고 20~30분간 굽는다. 과정의 자세한 사항은 감광제 데이터지에 상세히 나타나 있다.

2.2 에칭

액체나 가스 상태의 화학적 에칭은 딱딱한 감광제로 보호되지 않은 부분의 장벽물질을 제거하는 데 사용한다. 약품의 선택은 에칭하고자 하는 물질에 따라 달라진다. 에칭액은 감광층이 보호하고 있는 부분보다 비보호 부분을 신속히 제거하기 위해 높은 선택도가 요구된다.

2.2.1 습식 화학 에칭

실리콘 산화막에 창을 내기 위해 버퍼 산화 에칭(BOE 또는 BHF)을 주로 사용한다. BOE는 불화수소(HF)를 함유한 용매이고 이 용매에 웨이퍼를 담가 에칭을 하게 된다. 실온에서 HF는 감광제나 실리콘을 에칭하는 것보다 더 빨리 실리콘 산화막을 에칭한다. BOE의 에칭률 범위는 25℃에서 10 ~ 100 nm/min이고 이는 실리콘산화막의 밀도에 의존한다. 에칭률은 온도에 따라 달라지므로 에칭하는 동안 온도를 잘 점검해야 한다. 그 밖에도 에칭률은 산화막의 타입에 의존한다. 건조한 산소 분위기에서 성장한 산화막은 수증기가 있는 상태에서 성장한 막보다 천천히 에칭된다. 산화막에 인이 높게 함유되어 있으면 에칭률이 증가하는

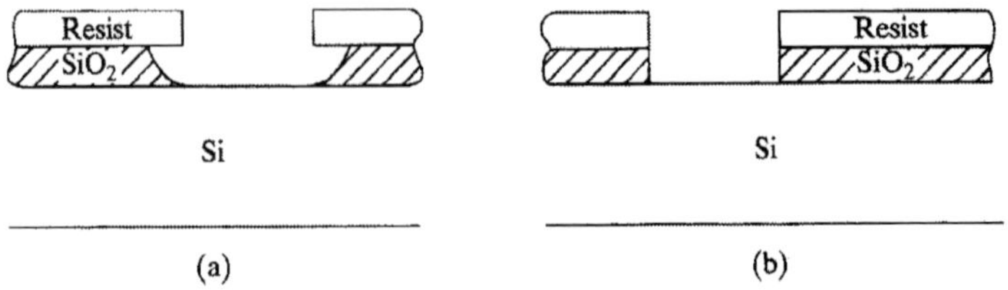

그림 2.7

(a) 등방성 습식 화학 에칭을 사용했을 때 (b) 플라즈마 또는 반응 이온 에칭 시스템으로 비등방성 건식 에칭을 했을 때의 단면도

반면, 비소가 높게 함유된 막에서는 에칭률이 감소한다. 이런 원소들이 많이 함유되어 있으면 SiO_2막을 비소화 또는 인화 한다.

HF와 물은 습식 실리콘 산화막이지 습식 실리콘이 아니다. 에칭 공정의 깊이는 실제 IC 웨이퍼들과 같이 에칭이 되는 테스트 웨이퍼를 눈으로 관찰하여 조절한다.

조절하고자 하는 웨이퍼에 소수성 조건이 생기면 에칭 과정이 완료된 것이다.

습식 화학 에칭은 모든 방향으로 똑같이 에칭되는 등방성 공정이다. 그림 2.7(a)는 실리콘 산화막의 좁은 선을 등방성으로 에칭하는 것을 보여준다. 이 에칭 과정은 막의 두께만큼 감광막 아랫부분을 에칭한다. 이런 비스듬한 에칭은 막의 두께만큼의 선폭을 요구하는 공정에서는 심각한 문제를 일으킨다.

2.2.2 건식 에칭

건식 에칭은 VLSI 제작 공정에서 널리 쓰인다. 그림 2.7b에서 보이듯이 습식 에칭의 문제점을 피할 수 있는 이방성 에칭을 할 수 있다. 건식 에칭은 반응 가스가 적게 필요한 반면 습식 에칭은 상대적으로 많은 액체 화학 폐기물을 발생시킨다.

플라즈마 에칭은 진공상태의 RF 여기장치에 의해 발생시킨 가스 상태의 플라즈마 속에 웨이퍼를 담근다. 플라즈마는 불소와 염소 이온들을 함유하고 있는데, 이것이 실리콘 산화막을 에칭하게 된다. RF 전력원은 일반적으로 주파수 13.56MHz에서 동작한다.

스퍼터 에칭은 에너지를 가지는 Ar^+ 같은 희귀 가스로 웨이퍼 표면에 충격을 가하므로, 웨이퍼 표면의 원자들을 물리적으로 뜯어내면서 에칭한다. 이것은 높은 이방성 에칭을 할 수 있으나 선택도는 떨어지는 편이다. 에칭할 때 웨이퍼를 보호하기 위한 장벽물질로 금속을 사용한다.

반응 이온 에칭은 플라즈마와 스퍼터 에칭 과정의 복합이다. 반응 가스들을 이온화하기 위해 플라즈마 시스템을 사용하고, 표면에 충격을 가하기 위해 이온들을 가속화시킨다. 에칭은 화학적 반응과 에칭 원소들의 운동량 전달에 의해 이루어진다.

표 2.3 에칭 압력 범위

에칭 방법	압력(Torr)
Ion Milling	10^{-4}–10^{-3}
Reactive Ion Etching/Ion Milling	10^{-3}–10^{-1}
Plasma Etching	10^{-1}–5

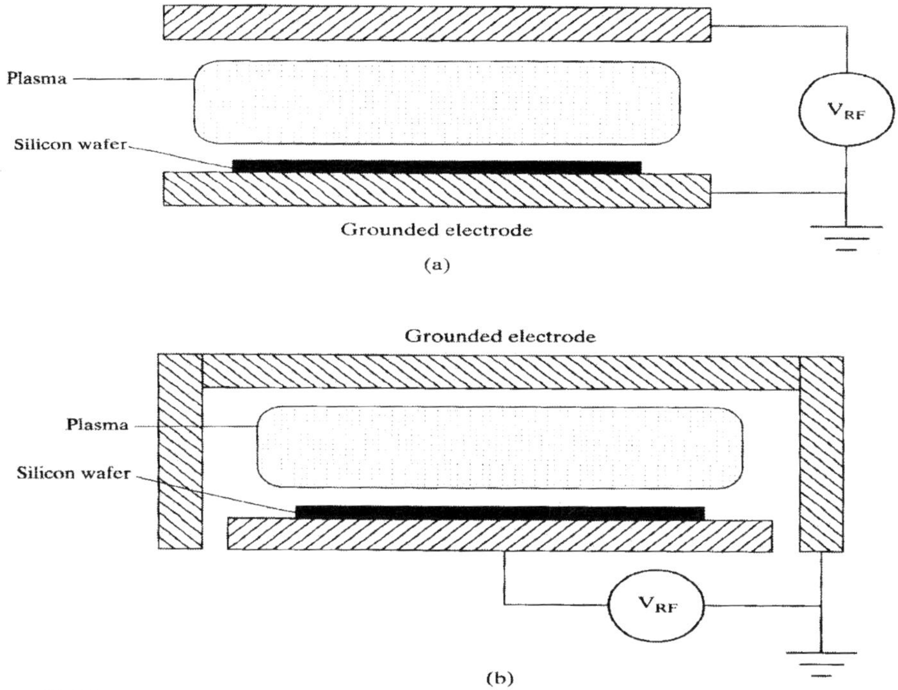

그림 2.8

(a) 평형 플라즈마 에칭도 (b) 비동기 반응 이온 에칭(RIE) 시스템

표 2.4 플라즈마 에칭원

물질	소스 가스
Organic materials	O_2, SF_6, CF_4
Polysilicon	CCl_4, CF_4, NF_3, SF_6
Silicon Dioxide	CF_4, C_2F_6, C_3F_8, CHF_3
Silicon Nitride	CF_4, C_2F_6. CHF_3, SF_6
Aluminum	CCl_4, Cl_2, BCl_3
Titanium	C_2ClF_4, CF_4
Tungsten	Cl_2

2.2.3 감광막 제거

실리콘산화막에 창을 뚫은 후, 표면에서 감광막을 제거한다. 감광막을 제거할 때는 일반적으로 액체 감광제 스트리퍼를 사용하는데. 이것은 감광막을 기판으로부터 부풀어 오르게 하고 접착력을 약화시킨다. 건식 과정은 산소 플라즈마 시스템 안에서 감광제를 산화시켜 (태워서) 제거한다. 이 과정을 감광제태우기라 부른다.

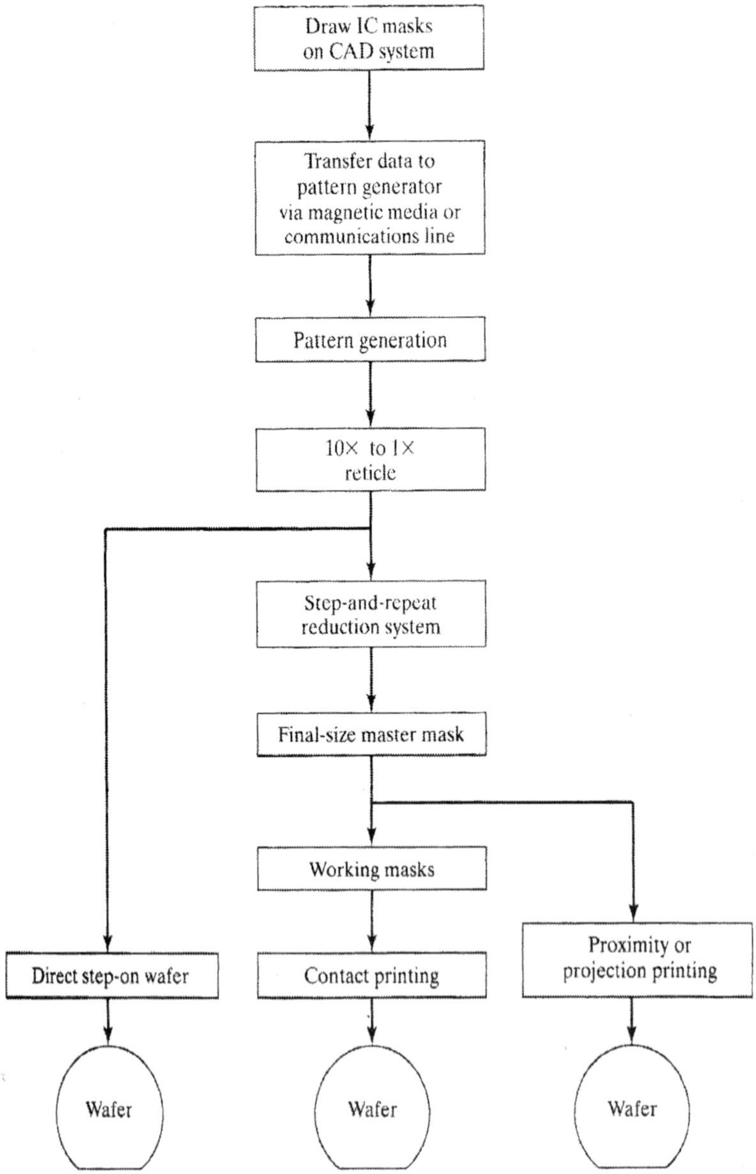

그림 2.9
마스크 제작 공정의 개요도

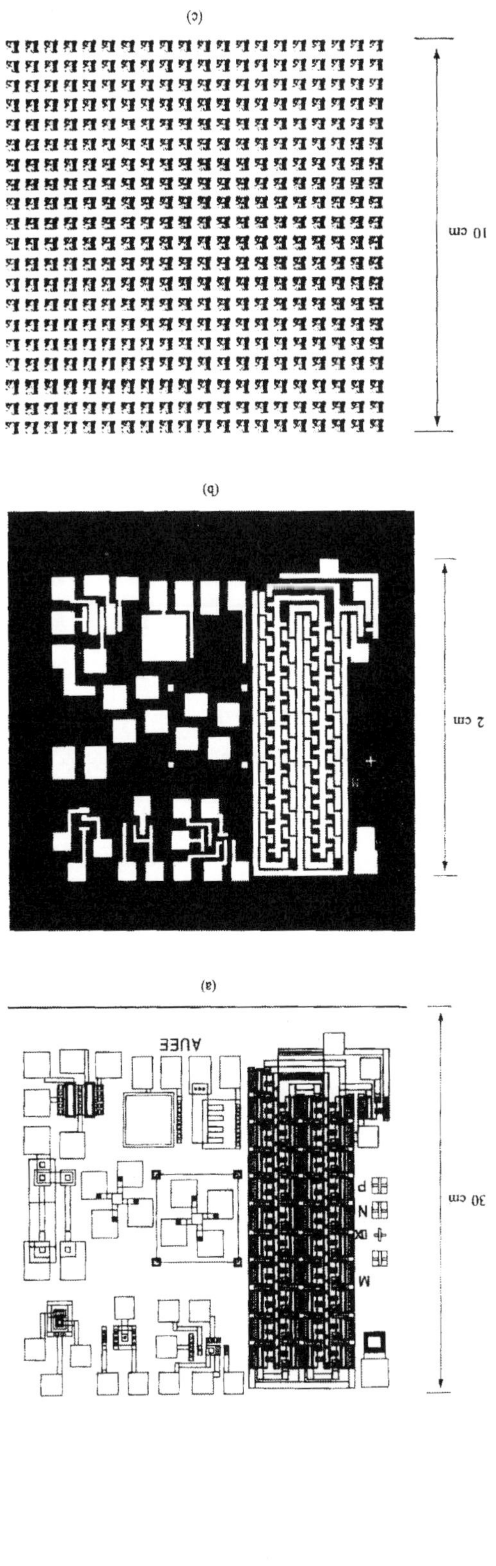

그림 2.10

마스크 제작 (a) 단순한 집적회로를 구성하기 위한 총 마스크들의 컴퓨터 그래픽 도면 (b) 10× 금속 마스크 래티클 (c) (a)의 집적회로 400본을 갖는 최종 유액 마스크

2.3 광마스크 제조

광마스크는 그림 2.9에 나타난 것처럼 일련의 사진 공정을 거쳐 제작한다. 집적회로의 마스크는 각각의 마스크를 확대 사이즈로 그리는 작업을 하게 된다. 초기의 광마스크는 빨간색의 얇은 폴리에스테르 필름과 뒷면에 투명한 필름이 포개져 있는 구조로 된 루비듐을 손으로 잘라냈다. 붉은색의 원하는 패턴을 남겨 두고 나머지 부분을 잘라내서 벗겨낸다. 이것은 집적하고자 하는 크기보다 100~1000배 정도 커서 원본의 루비듐을 광학 기술을 사용하여 축소 제작하였다.

오늘날에는 컴퓨터 그래픽 시스템과 광학 패턴 발생기를 사용하여 루비듐을 대체하였다. 원하는 마스크의 그림을 컴퓨터 그래픽 시스템으로 그리고, 그림이 완성되면 패턴 발생기를 동작시키는데 필요한 명령이 담긴 파일을 자기 테이프나 디스크로 만들면 된다. 패턴 발생기는 플래시 램프를 사용하여 래티클이라 불리는 사진판 위에 마스크 이미지를 직접 노광시킨다.

래티클 이미지는 최종 크기보다 1~10배 정도 크다. 래티클 이미지를 최종 크기로 축소하고 최종 마스크의 원판본 위에 이미지를 2차원적으로 배열하기 위해 단계별 축소 카메라를 사용하는데 이것은 200-mm 웨이퍼 위에 거의 5×5-mm IC 칩 1,200개의 복사본을 만들 수 있다. 그림 2.10은 컴퓨터 그래픽 구성도와 래티클 이미지, 단순한 집적회로의 최종 마스크의 예이다.

마스크의 최종 원판본은 항상 유리판 위에 크롬과 같은 얇은 금속막으로 만든다. 마스크의 이미지는 감광제에 전사되고, 이 이미지는 크롬처럼 에칭 마스크로 사용된다. 유액의 감광 마스크 작업은 크롬 원판으로 만드는데, 마스크는 실리콘 웨이퍼 표면과 접촉되면 될수록 패턴이 손상되기 때문에 유액의 감광 마스크들은 버리기 전에 몇 번의 노출에만 사용될 뿐이다.

2.4 노광 시스템

마스크와 웨이퍼가 붙은 상태에서 인쇄되면 표면에 흠집이 생길 수 있다. 그래서 공정 라인에서는 그림 2.11에서와 같이 근접하거나 주사 방식의 프린트 시스템을 이용한다. 그러나 지름이 큰 웨이퍼의 경우, 최종 웨이퍼에 각각의 마스크를 배열하기가 어렵다. 특히 크기가 1㎛의 경우는 더욱 그렇다. 요즘은 웨이퍼에 직접 높은 해상도를 갖는 시스템을 사용한다. 웨이퍼 위에 바로 집적회로의 다이 패턴을 조사하기 위해 1× 또는 10× 대물렌즈가 있는 주사 장치를 사용하기 때문에 단계별 축소 마스크는 사용하지 않는다. 패턴을 배열한 후에

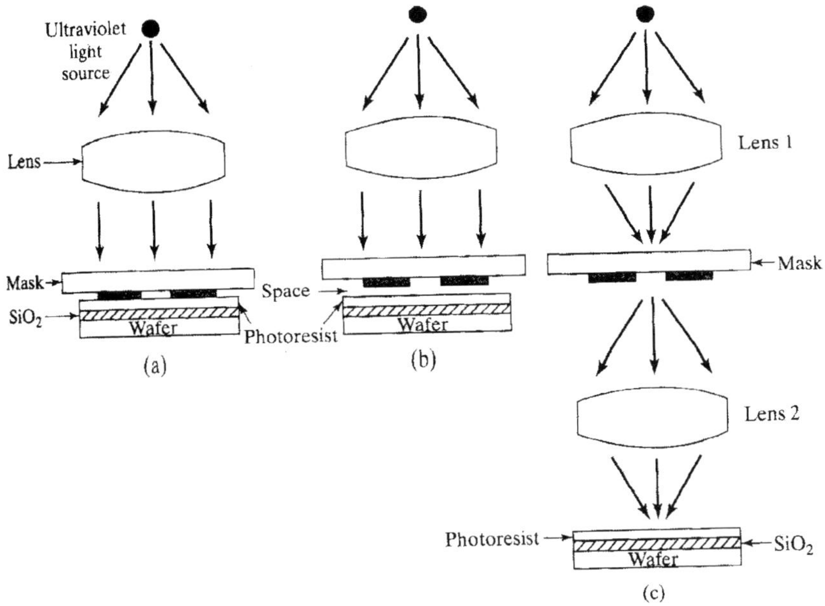

그림 2.11

여러 가지 인쇄 기법 (a) 접점 인쇄, 웨이퍼가 마스크와 접촉되어 있다. (b) 근접 인쇄, 웨이퍼와 마스크가 거의 근접해 있다. (c) 주사 인쇄, 빛이 마스크를 통과하여 웨이퍼위에 집중되어 있다. 참조[5]

각각의 다이에 노광시킨다.

그림 2.12는 스텝온 웨이퍼 시스템이다(일명 스텝퍼). 웨이퍼 표면에 직접 한 개의 다이 이미지를 주사한다. 래티클 패턴의 크기는 최종 크기보다 1~10배 크다. 웨이퍼를 움직여 웨이퍼 위의 한쪽 다이에서 다른쪽 다이로 이동하여 패턴을 배열하고 각각을 노광시킨다. 그림 2.13의 스텝퍼 시스템에서 볼 수 있듯이 그림 2.12의 장치는 시스템 속에 감추어져 있다. 이런 시스템은 작업환경을 조절할 수 있는 청정실 안에 둔다.

각각의 다이의 패턴이 너무 클 때는 다른 방법을 사용한다. 단계별 스캔 방법은 웨이퍼 위에 좁은 사각형의 줄무늬 래티클을 투영한다. 완전한 래티클 패턴이 웨이퍼에 전사할 때까지 웨이퍼와 래티클을 나란히 주사한다. 그때 웨이퍼는 다음 과정의 지표로 사용되어 스캔하고 배열하는 과정을 반복한다. 큰 다이 이미지나 다중의 다이는 이런 기술을 사용하여 패턴한다.

광학 리소그래피 방법을 사용하여 재현할 수 있는 최소의 크기는 노출시 빛의 파장에 밀접하게 연관되어 있다. 오래전부터 전문가들은 광학 리소그래피는 조만간 수명이 다할 것이라고 예언했다. 그러나 이러한 예상과는 달리 리소그래피 기술은 초미세 영역으로 더욱

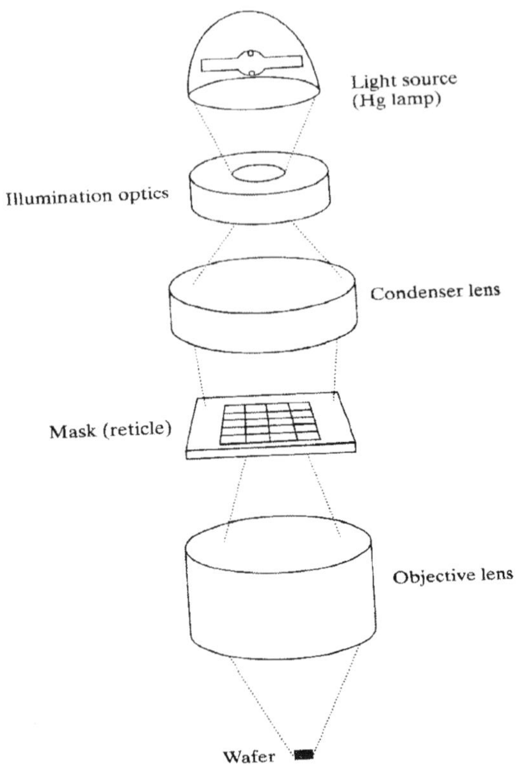

그림 2.12
웨이퍼 스텝퍼의 렌즈 체계

그림 2.13
복잡한 웨이퍼 스텝퍼의 내부 구성을 나타낸 그림

더 발전하고 있다.

간단히 웨이퍼 표면에 전사할 수 있는 최소의 크기 F(선이나 공간)를 구해 보면 다음과 같다.

$$F = 0.5\frac{\lambda}{NA} \tag{2.1}$$

λ는 조명의 파장이고 NA는 그림 2.14와 같이 수렴각을 정의하는 조리개의 수치이다.

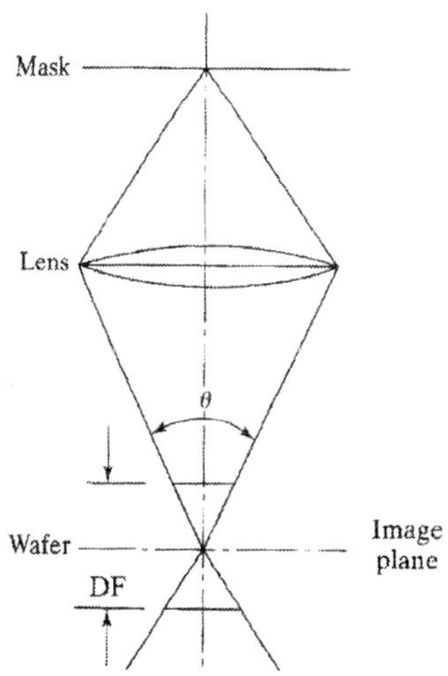

그림 2.14
광학 초점면과 초점 깊이

$$NA = \sin\theta \tag{2.2}$$

NA = 0.5의 경우 식 (2.1)은 광학 조명의 파장으로 최소의 형태와 크기를 가늠할 수 있다. 두 번째로 초점이 일정할 때, 필드의 깊이 DF는 다음과 같다.

$$DF = 0.6\frac{\lambda}{(NA)^2} \tag{2.3}$$

NA = 0.5일 때 식 (2.1)과 (2.3)으로부터 0.1 마이크로 기술(0.1 ㎛)은 100 nm의 조명원을 필요로 한다. 그리고 240 nm(0.24 ㎛)의 필드 깊이를 가진다. 따라서 각 노출 단계의 웨이퍼 평활도는 중요하다.

초점은 초점을 맞추려는 평면으로부터 ±0.12 ㎛ 거리에 위치한다.

2.5 노출원

수년 동안, 포토리소그래프의 조명원은 높은 압력의 Hg 또는 Hg-희귀가스 방전 램프를 사용하였다. 그림 2.15는 일반적인 Hg-Xe 램프의 발광 스펙트라이다. 200~300 nm 영역의 짧은 자외선 출력은 상대적으로 낮지만, 300~450 nm의 UV 영역은 몇 개의 강한 픽을 갖는다. 광학렌즈의 이러한 문제점들을 최소화하기 위해 분광 성분의 한 가지만을 거를 수 있는 필터를 출력부에 사용해야 한다. 가장 일반적인 단파장 영역에는 436 nm의 g-line과 365 nm의 i-line 성분을 사용한다.

표 2.3의 NTRS 리소그래피 주사 방식에서 그것을 관찰할 수 있다. 그러나 DUV(deep ultraviolet)원은 0.25 ㎛ 기술 또는 그보다 작은 기술의 리소그래피 방식에 사용되는데 248 nm 파장을 가지는 KrF 레이저와 193 nm ArF 레이저 같은 엑시머 레이저들을 사용한다. 130 nm 이하에서는 리소그래피 광원이 명확하지 않다.

위상변위 마스크 기술은 광학 리소그래피를 집약시켜 구동시키는 대표적인 발명품이다. 그림 2.16의 개념도는 두 개의 근접한 빛의 밀도를 비교한 그림이다. 그림 2.16(a)는 각각의 선의 이미지가 겹치기 때문에 해상도가 떨어진다. 그러나 그림 2.16(b)에서처럼, 마스크의 한쪽 부분에 위상을 180° 반전시키는 층을 인가하면 두 개의 선들은 각각 잘 분리되어 나타난다. 광원의 반파장을 갖는 작은 크기의 모양은 위상변위 마스크와 NA≥0.5를 사용한다. 매우 복잡한 IC 패턴에서, 위상변위 마스크 디자인은 중요한 기술이다.

1960년대 중반에 다양한 광학 리소그래피 방법들이 개발되었다. 전자빔은 0.1 ㎛의 점에 집중시킬 수 있어서 전자감광지에 IC 패턴을 바로 쓰는 데 사용한다. 그러나 이 방법은 상대적으로 느리다. 따라서 패턴은 각각의 다이면에 다시 써야 한다. 그리고 전자빔 시스템에 의한 처리량은 IC를 제조하기에는 충분치가 않다. 반면에 스텝퍼 시스템은 1-X에서 10-X를 생산하기에 훌륭한 기술이다. 그리고 e-beam 리소그래피는 마스크를 제작하는 데 매우 중요한 기술이다.

0.1~5 keV 범위의 에너지를 가지는 X-ray는 10~0.3 nm의 파장을 가진다. 따라서 X-ray 조명을 사용하면 표 2.3의 아주 정교한 크기라도 여러개의 파장을 사용하여 만들어 낼 수 있다. IC 제작에서 X-ray 리소그래피를 사용하는데 있어 마스크 제작은 어려운 문제 중의 한 가지이다. 금같은 무거운 금속들은 x-ray 리소그래피의 마스크 물질들로 사용된다. 그러나 실질적으로 X-ray 파장들은 0.4~2 nm로 제한되어 있다. 마스크 제작 외에 x-ray 리소그래피 역시 저항이나 조명 그리고 배열 기술 같은 새로운 장치들을 필요로 한다.

연구자들은 끝임없이 표 2.5의 요강처럼 전자빔이나 x-ray의 능력을 확장시키려고 노력하고 있다.

극자외선, e-beam으로 직접 쓰기 기술, e-beam 주사 방식, x-ray 근접 방식, 이온 주사 방식 등은 앞으로의 리소그래피 시스템의 가능성을 보여준다. 그러나 이러한 중요한 발명들은 ITRS 목표가 제대로 수행되어야만 쓸 수 있는 것이다.

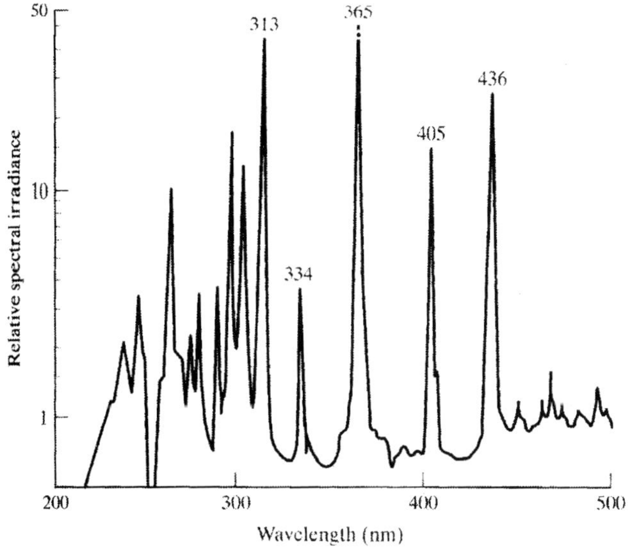

그림 2.15
Xe-Hg 램프의 스펙트럼

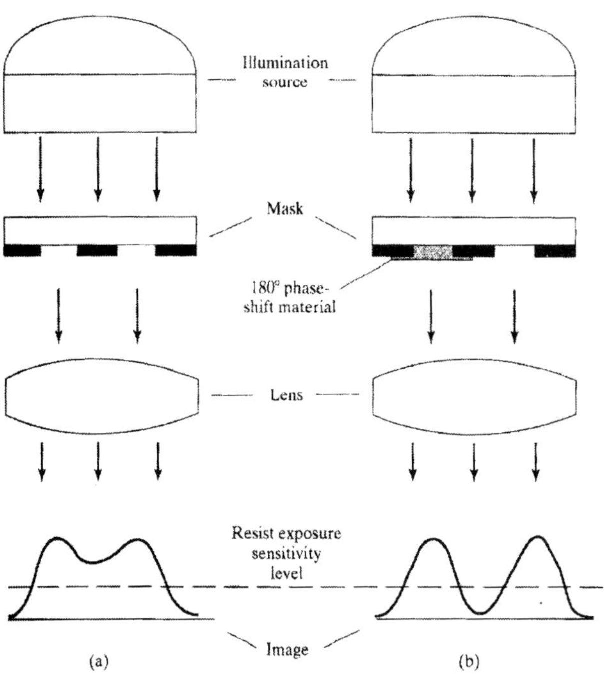

그림 2.16
근접한 두 개의 선의 패턴 전사 (a) 기존의 마스크 기술을 사용했을 때 (b) 위상 변위 마스크를 사용했을 때

표 2.5 ITRS 리소그래피 계획표

Year	2001	2003	2005	2008	2011	2014
Dense Line Half-Pitch(nm)	150	120	100	70	50	35
Worst-Case Alignment Tolerance Mean +3σ(nm)	52	42	35	25	20	15
Minimum Feature Size F(nm) Microprocessor Gate Width	100	80	65	45	30	20
Critical Dimension Control(nm) Mean+3σ-Post Etching	9	8	6	4	3	2
Equivalent Oxide Thickness(nm)	1.5-1.9	1.5-1.9	1.0-1.5	0.8-1.2	0.6-0.8	0.5-0.6
Lithography Technology Options	248 nm DUV	248nm+PSM 193 nm DUV	193 nm+PSM 157 nm E-beam projection Proximity x-ray Ion Projection	157 nm+PSN E-beam projection E-beam direct write EUV Ion Projection Proximity x-ray	EUV E-beam projection E-beam direct write Ion Projection	EUV E-beam projection E-beam direct write Ion Projection Innovation

DUV: deep ultraviolet EUV: extreme ultraviolet PSM: phase-shift mask

2.6 광학현미경과 전자현미경

백번 듣는 것보다 한번 보는 것이 낫다는 속담이 있다. 시각적으로 마스크들을 관찰하고 이어서 패턴들이 웨이퍼 표면에 잘 전사되었는지를 구조적으로 관찰하는 것은 VLSI 공정에서 매우 중요하다. 광학현미경, 전자현미경(SEM), 투시전자현미경(TEM)은 VLSI 구조를 시각적으로 관찰하는 데 널리 쓰이는 도구이다. 그리고 광학현미경에서 TEM으로 갈수록 배율이 더 높다.

2.6.1 광학현미경

광학현미경은 일반적으로 연구실에서 가장 많이 쓰고 있는 장비이고, 우리는 웨이퍼의 제작 공정을 육안이나 모니터를 통해서 관찰할 수 있다. 광학현미경으로 볼 수 있는 최소의 크기, 해상도는 2.4절에서 소개하였다. 중심 파장이 0.5 ㎛인 흰색 광원을 사용하여 조리개의 수치가 0.95일 때, 해상도는 거의 0.25 ㎛이다. 반면에 사람의 눈의 해상도는 그 자체가 0.25 ㎛이다. 따라서 광학현미경은 일반적으로 최대 1000×까지 확대할 수 있다. 일반적으로 낮은 범위의 확대는 1×에서 5×범위를 사용한다.

분석현미경은 일반적으로 양영과 음영을 사용할 수 있다. 양영 방식은 우리가 가장 많이 사용하는 방법으로 샘플을 빛과 수직으로 조사하여 현미경 광학렌즈와 일직선이 되게 한다. 그리고 샘플의 뒤에서 빛을 비춰 현미경 광학렌즈 안으로 비추게 한다. 음영 방식은 샘플을 비스듬히 조사하여 빛이 샘플 표면으로부터 반사되거나 굴절되어 현미경 렌즈로 들어가는 것이다. 샘플의 표면은 거의 어둡게 나타나고 표면의 형태는 어두운 배경에 비해 밝게 두드러져 보인다. 이런 식으로, 밝게 빛나는 부분을 보고 빛이 바랜 표면의 모양을 확실히 관찰할 수 있다.

2.6.2 전자현미경

전자현미경(SEM)은 샘플의 표면을 낮은 에너지(0.5~40 KeV)를 갖는 전자들로 때린다. 주입된 전자빔들은 낮은 에너지(0.50 eV)의 이차전자들을 발생시켜 조사하고자 하는 샘플 표면의 원자구조 내로 주사된다. 이렇게 하여 이차전자들의 전류의 밀도를 기록하고 샘플의 표면을 스캔하게 되면 영상을 얻을 수 있다. 이차전자 전류의 크기는 물질 표면의 곡률에 의존한다. 그리고 중요한 명암비는 다양한 표면의 구조와 물질에 의해서 얻어진다. SEM은 최대 30만배까지 확대할 수 있는데, 이때 최대 해상도는 20~30Å까지이다. 만약 10만배로 확대를 할 경우 SEM은 2~4 ㎛의 깊이를 관찰할 수 있고, 이것은 VLSI 구조를 조사하는 데 아주 유용하다. 그 한 예로, 그림 2.17은 SEM으로 관찰한 MEMS 구조이다. 이 사진은 선형 액추에이터에 의해 구동되어 표면을 들어올린 마이크로 거울이다.

어떤 유형의 SEMs는 전자빔을 샘플, 특히 절연체 표면에 전기적으로 충전시키는 데 어려움을 겪는다. 이럴 때는 금과 같은 얇은 도체층을 표면에 코팅시켜서 해결한다. 그러나 이것은 SEM 이미지를 얻기 전에 선 처리를 해야만 하는 어려움이 있다.

그림 2.17
3차원 구조의 마이크로 기계 구조(MEMS)의 SEM 사진

2.6.3 투시전자현미경

투시전자현미경(TEM)은 해상도가 2Å 정도로 이것은 대부분의 원자 반지름 이하이다. 이 장치는 60~400 KeV의 전자빔을 사용하여 0.5~2 ㎛ 두께의 샘플에 조사되는데 전자의 흐름은 샘플을 통과하여 증폭된 후 검출되고, 이렇게 샘플을 스캔하여 영상을 만들어 낸다. 예를 들어 MOS 구조를 보면, 그림 2.18처럼 실리콘 격자의 규칙적인 배열에서부터 실리콘산화막 게이트 절연체의 불규칙한 비정질층에 이르기까지 이미지를 관찰할 수 있다. TEM의 해상도는 매우 높지만 이것을 이용하려면 매우 얇은 샘플을 준비해야 하는 어려움이 있다.

매우 복잡한 IC 패턴들은 지름이 큰 웨이퍼의 경우, 최종 웨이퍼에 각각의 마스크들을 배열하는 것은 어렵다. 특히 크기가 1 ㎛인 경우는 더욱 그렇다. 요즘은 웨이퍼에 직접 높은 해상도를 갖는 시스템을 사용한다. 웨이퍼 위에 바로 집적회로의 다이 패턴을 조사하기 위해 1× 또는 10× 대물 렌즈가 부착된 주사장치를 사용하여 패턴을 배열한 후에 각각의 다이에 노광 시킨다.

그림 2.18

MOS 구조에서 고해상도 투시전자현미경의 단면 사진 (a) 27-Å (b) 24-Å 사진 다결정 그레인은 쉽게 보인다. (a) Si/SiO_2와 다결정 Si/SiO_2 계면 (b) 원자단위의 부분 사진, 양쪽 계면의 실리콘 원자를 볼 수 있다. 두께는 2~3Å이다.

1.25 ㎛보다 작은 크기가 요구되는 마스크들은 특별히 웨이퍼 위의 전자에 민감한 감광제에 전자빔으로 패턴을 인쇄한다. 전자빔 시스템은 직접 공정 웨이퍼 시스템을 위해 1× 대물 렌즈를 사용한다.

요약

포토리소그래피는 마스크로부터 실리콘 웨이퍼 표면 위 감광제에 패턴을 전사하는 데 사용된다. 감광제는 질화실리콘이나 금속, 산화실리콘 같은 장벽층에 창을 내는 과정에서 표면의 일부분을 보호한다. 창을 내는 것은 습식이나 건식 에칭법을 사용하는 데 습식 화학 에칭은 마스크의 가장자리 밑부분을 같이 에칭하여 작은 치수에서는 선폭의 손실을 야기하는 경향이 있다. 건식 에칭은 높은 이방성 에칭을 할 수 있어서 이것은 대부분의 VLSI공정에 사용된다.

에칭 후에 에칭된 창을 통해 이온 주입법이나 높은 온도의 확산법으로 불순물을 주입하거나 실리콘에 접합을 만들거나 금속을 증착한다. 마스크 작업은 IC 작업 동안에 여러 번 수행된다. 그리고 공정의 난이도는 사용된 마스크의 숫자로 알 수 있다.

마스크는 최종의 칩 이미지보다 100~2000배 정도 크게 컴퓨터 그래픽 시스템으로 만든다. 래티클은 광학 패턴 제작기 또는 전자빔 시스템으로 최종 크기보다 1~10배의 크기로 제작된다.

단계별 축소 카메라로 래티클들로부터 최종 마스크를 제작하거나 직접 주사 시스템으로 웨이퍼 위에 직접 패턴을 전사한다.

오늘날 광학기술은 한계에 도달했다. 현재의 장치들은 거의 0.15 ㎛의 폭을 만들어 낼 수 있다. (몇 년 전만 해도 전문가들은 1~2 ㎛로 한계일 거라고 예언했다) 빛의 파장은 간섭효과가 있기 때문에 아주 작은 형태를 만들기에는 너무 크다. 그러나 오늘날은 전자빔이나 X-ray 리소그래피 방법으로 0.1 ㎛보다 작은 기하학적인 모양들을 만들어 낸다. 최대 0.05 ㎛ 이하 형태를 가지는 리소그래피 테스트 구조도 재현해 낼 수 있다.

참고문헌

[1] *The International Technology Roadmap for Semiconductors*, The Semiconductior Industry Association (SIA), San Jose, CA: 1999. (http://www.semichips.org)

[2] S. Nonogaki, T. Ueno, and T. Ito, *Microlithography Fundamentals in Semiconducotr Devices and Fabrication Technology*, Marcel Dekker, Inc. New York, 1998.

[3] W. R. Runyon and K. E. Bean, *Semiconductor Integrated Circuit Processing Technology*, Addison Wesley, Reading, MA, 1990.

[4] L. F. Thompson, C. G. Wilson, and M. J. Bowden, Eds., *Introduction to Microlithorgraphy*, American Chemical Society, Washington, D.C., 1983.

[5] S. M. Sze, Ed., *VLSI Technology*, McGraw-Hill, New York, 1983.

[6] D. J. Elliot, *Integrated Circuit Fabrication Technology*, McGraw-Hill, New York, 1982.

[7] W. Kern and D. A. Poutinen, "Cleaning Solutions Based upon Hydrogen Peroxide for Use in Silicon Semiconductor Technology," *RCA Review*, 31, 187-206(June 1970).

[8] W. Kern, "Purifying Si and SiO_2 Surfaces with Hydrogen Peroxide," *Semiconductor International*, pp.94-99(April 1984).

[9] D. A. Buchanan et al., "Scaling the Gate Dielectric: Materials, Integration and Reliability," *IBM J. Research and Development*, vol. 43, no. 3, pp. 245-264, May 1999.

[10] J. E. Bjorkholm, "EUV Lithography-The Successor to Optical Lithography?," *Intel Technology Journal,* vol. Q3'98, pp.1-8, 1998.

더 읽을 책

[1] P. Burggraaf. "Optical Lithography to 2000 and Beyond," *Solid-State Technology,* vol. 42, no. 2, pp.31-41, February 1999.

[2] J. A. McClay and A. S. L. McIntyre, "157 nm Optical Lithography: The Accomplishments and the Challenges," *Solid-State Technology,* vol. 42, no. 6, pp. 57-68, June 1999.

[3] M. C. King, "Principles of Optical Lithography," in *VLSI Electronics,* vol.1, N. G. Einspruch, Ed., Academic Press, New York, 1981.

[4] J. H. Bruning, "A Tutorial on Optical Lithography," in *Semiconductor Technology,* D. A. Doane, D. B. Fraser, and D. W. Hess, Eds., Electrochemical Society, Pennington, NJ, 1982.

[5] R. K.Watts and J. H. Bruning, "A Review of Fine-Line Lithographic Techniques: Present and Future," *Solid-State Technology,* 24, 99-105(May 1981).

[6] J. A. Reynolds, "An Overview of E-Beam Mask-Making," *Solid-State Technology,* 22, 87-94(August 1979).

[7] E. C. Douglas, "Advanced Process Technology for VLSI Circuits," *Solid-State Technology,* 24, 65-72(May 1981).

[8] L. M. Ephrath, "Etching Needs for VLSI," *Solid-State Technology,* 25, 87-92 (July 1982).

[9] N. D. Wittels, "Fundamentals of Electron and X-ray Lithography," in *Fine Line Lithography,* R. Newman, Ed., North-Holland, Amsterdam, 1980.

[10] D. Maydan, "X-ray Lithography for Microfabrication," *Journal of Vacuum Science and Technology,* 17, 1164-1168(September/October 1980).

문제

2.1 복잡한 CMOS 제작 공정에서는 25개의 마스크가 필요하다.

(a) 각 마스크 단계를 진행하는 동안 30%만 양호한 상태의 다이를 얻는다면 최종 단계에서는 몇 %의 다이를 얻겠는가?

(b) 만약 70%라면?

2.2 단순한 pn 접합 다이오드의 마스크를 그림 P 2.2에 나타냈다. p형 기판 위에 다이오드를 형성하였다. 다이오드의 수평도를 그려라. 최악의 경우 x와 y 방향으로 3 ㎛ 어긋났다.

(a) 접합과 금속층 모두 확산층에 위치했다고 가정하라.

(b) 접합층이 확산층에 위치하고, 금속층이 접합층에 위치했다고 가정하라.

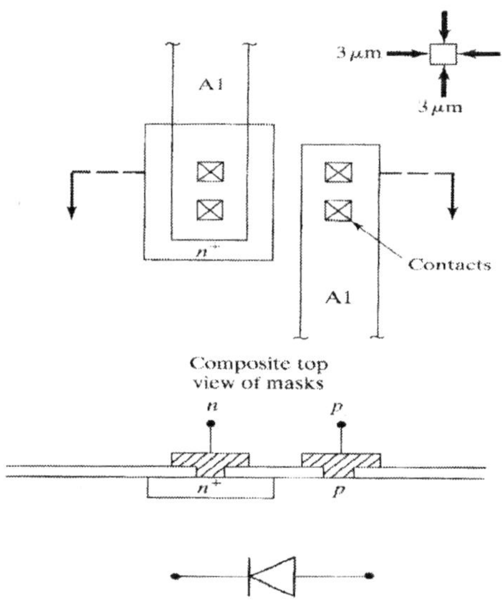

그림 P2.2

2.3 그림 P 2.3은 1 ㎛ 두께의 산화막 위에 저항을 나타낸 그림이다. 에칭 후 감광제를 제거한 후의 실리콘과 실리콘산화막의 구조를 그려라.

(a) 등방성 습식 화학 에칭으로 했을 경우

(b) 비등방성 건식 에칭을 했을 경우

2.4 (a) 3개의 마스크(n확산창, 접합창, 금속창)를 가지는 그림 2.2의 다이오드를 제작하려면 어떤 종류의 감광제가 필요한가? 그림에 나타난 부분이 마스크의 어두운 부분이다.

(b) 문제 2.2(b)에 사용된 마스크를 순차적으로 그려라.

2.5 표 2.5에서 193 ㎛ DUV 리소그래피를 나타내었다.

(a) 식 (2.1)을 사용하여 NA를 구하라

(b) 필드 깊이는?

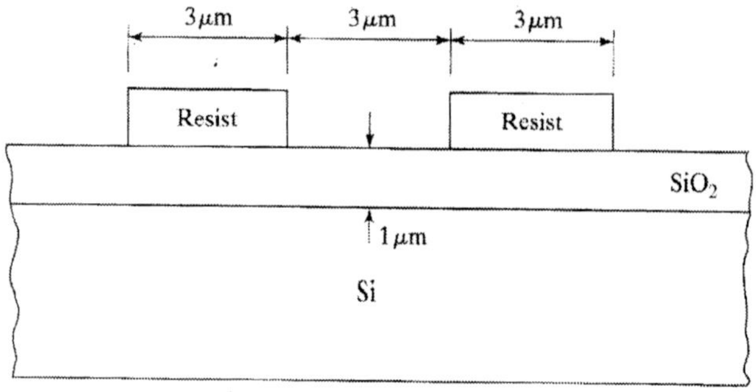

그림 P2.3

2.6 (a) 위상변위 마스크를 사용하지 않고, NA = 1, F = 0.2 ㎛일 때 필요한 파장은? NA를 사용하여 DF를 구하라.

(b) NA = 0.5일 때는?

2.7 2.4절에서, 193 nm 광학 시스템으로 재현할 수 있는 가장 작은 F 크기는?

2.8 극초자외선(EUV)원은 13 ㎛ 파장을 사용한다. 2.4절에 근거하여 이 광원을 사용하여 재현할 수 있는 가장 작은 F 크기는?

3장
실리콘 산화막

실리콘 웨이퍼 표면이 산소에 노출되면 실리콘 산화막이 형성된다. 순수한 실리곤 산화막은 좋은 전기적 절연체이며 불순물 확산과정의 장벽물질로 사용할 수 있다. 실리콘 산화막은 이런 두 가지 특징을 가지고 있어 오늘날 실리콘은 집적회로 공정에서 주된 재료로 쓰인다. 이 장에서는 산화막 성장이론, 성장과정, 산화막 성장률에 영향을 주는 요소, 산화과정 중 불순물 분포, 실리콘의 선택적 산화막 기술 등에 대해 설명하겠다. 산화막 두께를 결정짓는 방법과 SUPREM 프로세스 시뮬레이션 프로그램에 대해서도 언급하겠다.

3.1 산화 과정

실리콘 산화막은 수증기나 순수한 산소 분위기하에서 일반적으로 900~1200℃의 높은 온도로 웨이퍼를 가열하면 얻을 수 있다. 이런 높은 온도에서는 수증기나 산소가 모두 실리콘 산화막으로 전이된다(그림 3.1). 그때 산소가 실리콘 표면에 도달하면 실리콘과 결합하여 실리콘 산화막을 형성한다. 실리콘 표면에서의 화학적 반응은 다음과 같다.

$$Si + O_2 \rightarrow SiO_2 \tag{3.1}$$

건조한 산소가스의 경우

$$Si + 2H_2O \rightarrow SiO_2 + 2H_2 \tag{3.2}$$

수증기의 경우, 그림 3.2에서와 같이 산화막이 성장하면서 실리콘을 소모하고 그 결과로 산화막이 성장한다. 최종 산화막은 원래 표면보다 약 54% 위로 성장하고 아래로는 46% 잠식한다.

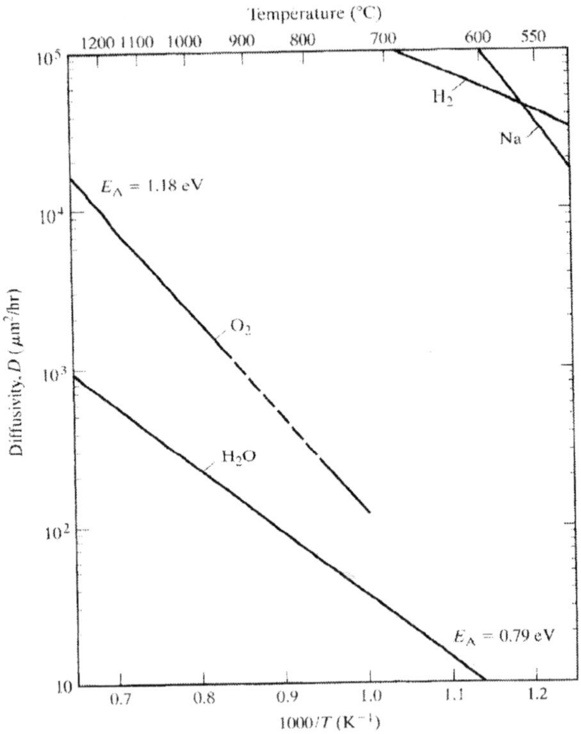

그림 3.1
수소와 산소, 나트륨, 물의 실리콘 유리로의 확산성. Copyright John Wiley & Sons, Inc., 참조[4]

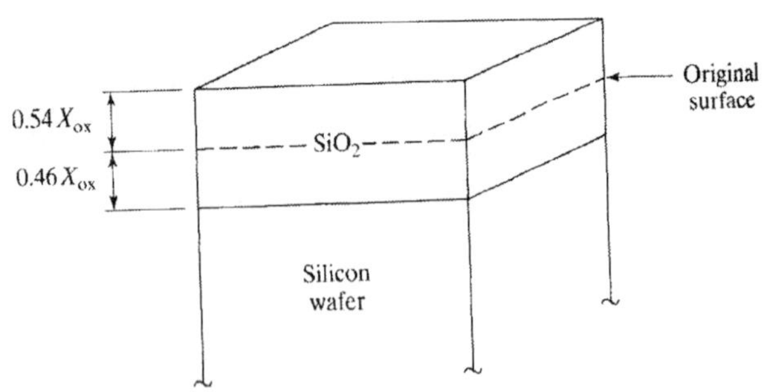

그림 3.2
실리콘 표면에 실리콘 산화막이 형성되면 실리콘을 소모하면서 성장한다. 산화막은 웨이퍼 표면보다 54% 위로 성장하고 아래로 46% 침식하여 들어간다. 정확한 퍼센티지는 산화 밀도에 의존한다.

3.2 산화 모델링

산화가 발생하려면 산소는 실리콘 경계면까지 도달해야만 한다. 산화막이 성장할 경우 산소는 더 많은 산화막을 통과해야 한다. 그렇기 때문에 시간이 흐를수록 성장률은 감소한다. 산화의 단순한 모델은 존재하는 산화막을 통해 산소 확산을 추측함으로써 알 수 있다. Fick's 첫 번째 법칙에서는 단위 영역당 입자의 흐름 *J*(입자속)는 입자 농도의 기울기에 비례한다.

$$J = -D\partial N(x,\ t)/\partial x \tag{3.3}$$

여기서 D는 확산계수, N은 입자농도, 음의 부호는 입자들이 농도가 높은 영역으로부터 낮은 영역으로 움직이는 것을 나타낸다. 여기서 실리콘 산화의 경우 그림 3.3과 같이 산화막을 통해 지나가는 산소속은 산화막 어디에서나 일정하다고 가정했다. (산소는 산화막에서 축적되지 않는다)

산소속 J는

$$J = \ -D(N_i - N_0)/X_o \ \text{(number of particles/cm}^2-\text{sec)} \tag{3.4}$$

여기서 X_o는 주어진 시간에서의 산화막 두께, N_0는 각각 산화막 표면의 산화제 농도이고 N_i는 실리콘과 실리콘 산화막 계면에서의 산화제의 농도다. 이산화실리콘−실리콘 계면에서 산화율은 산화제의 농도에 비례한다. 그래서 계면에서의 속은 다음과 같다.

$$J = k_s N_i \tag{3.5}$$

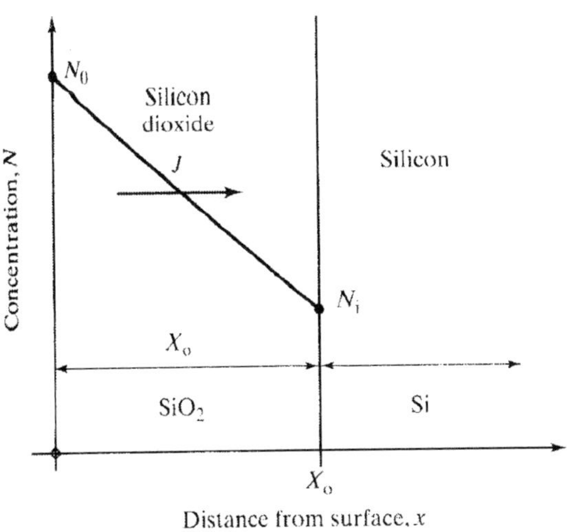

그림 3.3

실리콘 열산화 모델. X_0는 시간 t에 따른 실리콘 산화막의 두께이다. *J*는 층을 통해 확산되는 산소의 일정한 속이다. 그리고 N_0와 N_i는 산화 표면과 실리콘과 실리콘 산화막과의 계면에서의 산소 농도를 나타낸다. 산화막 성장은 실리콘과의 계면에서 발생한다는 것을 명심하라.

k_s는 실리콘-실리콘 산화막 계면에서의 반응률 상수다. 식 (3.4)와 (3.5)를 사용하여 N_i를 제거하면 J는

$$J = DN_0/(X_o + D/k_s) \tag{3.6}$$

시간에 따른 산화막 두께의 변화율은 산화속을 산화제의 분자수로 나누어 구할 수 있다.

$$dX_o/dt = J/M = (DN_0/M)/(X_o + D/k_s) \tag{3.7}$$

이 미분방정식은 경계 조건 $X_0(t=0) = X_i$를 사용하여 쉽게 풀 수 있다.
또는

$$t = X_o^2/B + X_o/(B/A) - \tau \tag{3.8}$$

여기서 $A = 2D/K_s, B = 2DN_0/M, \tau = X_i^2/B + X_i/(B/A)$이다. X_i는 웨이퍼 위에서의 초기 산화막 두께이며, 초기 산화막(10 ~ 20Å)은 실리콘을 공기 중에 놓아 두면 항상 생긴다. 또는 X_i는 산화 과정 전에 성장한 산화막 두께를 나타낸다.

$X_o(t)$를 구하기 위해 식(3.8)을 풀면

$$X_o(t) = 0.5A\left[\left\{1 + \frac{4B}{A^2}(t+\tau)\right\}^{1/2} - 1\right] \tag{3.9}$$

$(t+\tau) \ll A^2/4B$인 짧은 시간의 경우

$$X_o(t) = (B/A)(t+\tau) \tag{3.10}$$

산화막 성장은 시간에 비례하고, B/A는 선형(성장)률 상수라고 한다. 이 영역에서 산화율은 실리콘 계면에서의 반응에 의해 제한된다.

$(t+\tau) \gg A^2/4B, t \gg \tau$인 긴 시간의 경우

$$X_o = \sqrt{Bt} \tag{3.11}$$

산화막 성장은 시간의 루트에 비례한다. B는 비선형률 상수라고 부른다. 산화율은 이 영역에서 확산 제한이다.

3.3 산화율에 영향을 주는 요소

이 단순한 이론은 실험과 잘 일치한다. 그림 3.4와 3.5는 비선형, 선형 산화율 상수의 실험값이다. 온도의 역수대 반로그 눈금으로 그림을 그리면 산화율은 선형적으로 나타난다. 이런 양식은 자연 환경에서 자주 발생하는데 이를 아레니우스 관계라고 한다. 이를 수학적 모델로 나타내면 다음과 같다.

$$D = D_0 \exp(-E_A/kT) \tag{3.12}$$

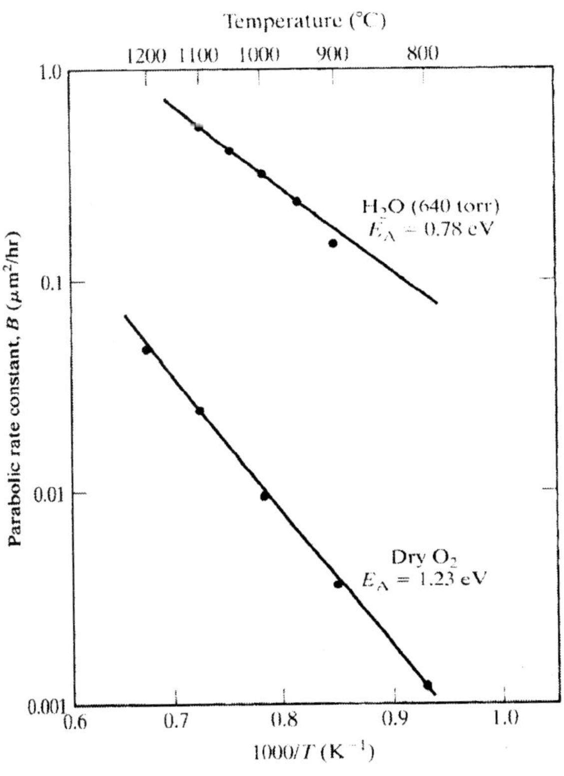

그림 3.4

발열 H_2O 또는 건조한 O_2에서 실리콘 산화과정을 할 경우의 온도에 따른 비선형률 상수 B. The Electrochemical Society, Inc., 참조[10]

습식과 건식 산소의 계수 D_0와 활성화 에너지 E_A는 표 3.1에 나타나 있다. 습식산화의 경우, 산화 시간 대 산화 두께의 실험적 값의 그림은 t = 0일 때 거의 영의 초기 두께를 가진다. 건식산화의 경우 유사한 그림을 그리면 800~1200℃의 온도 범위에서 초기 산화 두께는 250Å이 된다. 따라서 건식산화를 계산할 때는 식 (3.8)에 영이 아닌 τ를 사용해야 한다. 큰 X_i값은 여기에서의 단순한 산화이론이 별로 정확하지 않다는 것을 보여준다. 그리고 X_i가 이런 값을 가지는 이유는 이해하기 힘들다. 시간에 대한 산화 성장그래프는 표 3.1에 있는 값들을 사용하여 그림 3.6과 3.7처럼 그릴 수 있다.

표 3.1 습식과 건식 산소의 활성화 에너지 E_A와 계수 D_0값들*

	Wet O_2(X_i = 0 nm)		Dry O_2(X_i = 25 nm)	
	D_0	E_A	D_0	E_A
<100> Silicon				
Linear (B/A)	9.70×10^7 μm/hr	2.05 eV	3.71×10^6 μm/hr	2.00 eV
Parabolic (B)	386 μm²/hr	0.78 eV	772 μm²/hr	1.23 eV
<111> Silicon				
Linear (B/A)	1.63×10^8 μm/hr	2.05 eV	6.23×10^6 μm/hr	2.00 eV
Parabolic (B)	386 μm²/hr	0.78 eV	772 μm²/hr	1.23 eV

*Data from Ref.[9]

그림 3.5

발열 H_2O(640torr) 또는 건조한 O_2에서 실리콘 산화과정을 할 경우의 온도에 따른 선형률 상수. The Electrochemical Society, Inc., 참조[10]

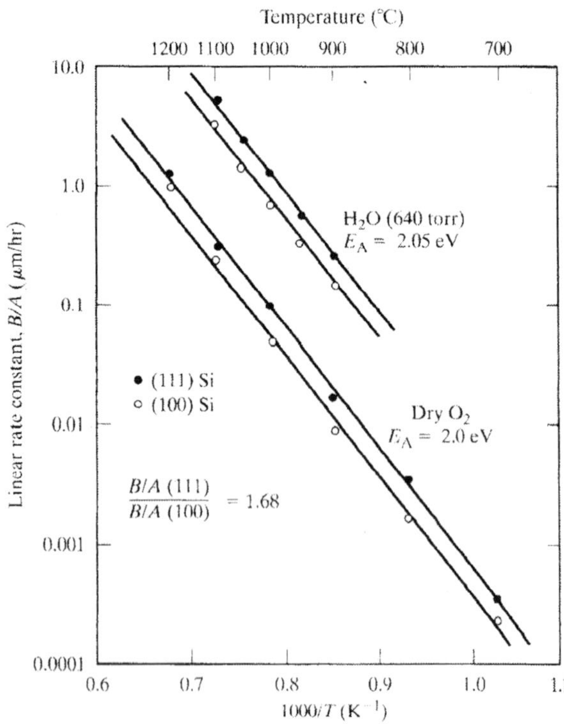

식 (3.12)는 산화 성장이 온도와 밀접한 관계가 있다는 것을 보여준다. 습식과 건식 산화과정에서 산화율에 영향을 주는 다른 요소로는 압력, 결정성, 불순물 도핑이 있다. 수증기는 이산화실리콘에서 산소보다 용해도가 높기 때문에 습한 분위기에서의 산화율이 더 높아지게 되는 것이다. 천천히 성장시키면 밀도가 높고 질이 좋은 산화막이 생성되는데 이는 MOS 게이트 산화막에 사용된다. 습한 산소로 좀더 빨리 성장시키는 것은 두꺼운 마스크층을 만드는 데 사용된다.

식 (3.8)로 선형 비선형 성장률이 N_0에 비례한다는 것을 알 수 있다. N_0는 산화족들의 부분압력에 비례하기 때문에 압력으로 산화율을 조절한다. VLSI 제조에서 낮은 온도 공정 기술을 개발하는 데 큰 관심을 가지고 있다. 압력을 높이면 낮은 온도에서 산화율을 증가시킬 수 있다(그림 3.8). 그 밖에 VLSI 공정에서는 매우 얇은 산화막(50 ~ 200 Å)이 필요하므로 낮은 압력의 산화과정으로 얇은 산화막 성장을 제어하고자 하는 연구를 하고 있다.

그림 3.4에서부터 3.7은 대부분의 바이폴라와 MOS 공정에 각각 사용되는 <111>과 <100> 결정성을 가지는 기판 위의 산화율의 의존성을 보여주고 있다. 결정의 배향성은 실리콘 표면에서 결합 가능한 실리콘 결합수를 변화시킨다. 이것은 산화율과 실리콘과 이산화실리콘 계면의 질에 영향을 준다.

많이 도핑된 실리콘은 산화 특성이 변하게 된다. 인을 도핑하면 산화율은 비선형률 상수에 따라 변하는 것이 아니라 선형률 상수에 따라 증가하게 된다. 반면에 비소는 선형률 상

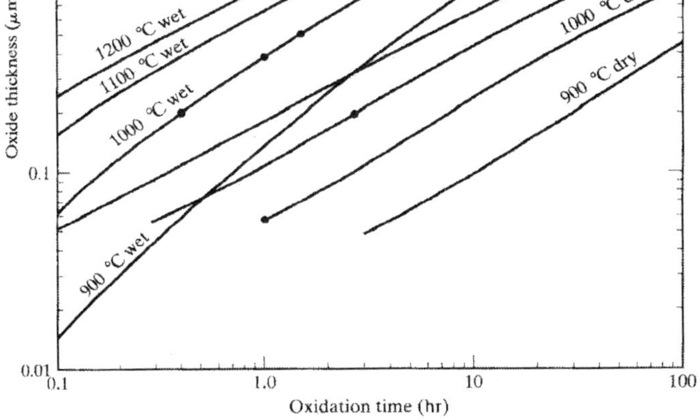

그림 3.6
표 3.1의 데이터를 사용하여 계산한 <100> 실리콘의 습식과 건식 산화막 성장률(점은 예제의 데이터를 나타낸다)

수에 거의 영향을 받지 않고 비선형률 상수에 따라 증가한다. 이런 효과들은 산화과정 동안에 불순물들이 재분포되기 때문이다. 이것은 다음 단원에서 보도록 하자.

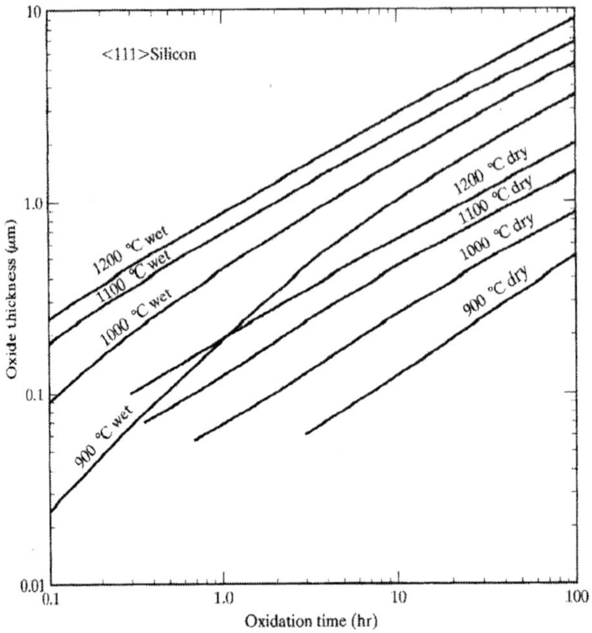

그림 3.7

표 3.1의 데이터를 사용하여 계산한 <111> 실리콘의 습식과 건식 산화막 성장률

그림 3.8

압력의 증가에 따른 습식 산화 성장률. Solid State Technology, published by Technical Publishing, a company of Dun and Bradstreet, 참조 [12]

예제3.1

그림 3.6에 의하면 건조한 산소 분위기하 1000℃에서 <100> 실리콘 기판을 1시간 산화시키면 이산화실리콘 산화막의 두께는 580Å(0.058㎛)이다. 같은 조건에서 습식 산화를 시키면 두께는 3900Å(0.39㎛)이 된다.

예제 3.2

두께가 2000Å인 <100>기판이 있다.

(a) 건식산화로 1100℃에서 이 산화막을 성장시켰다면 얼마나 걸릴까?

(b) 웨이퍼를 1000℃에서 습식산화시켰다면, 추가로 3000Å 산화막을 더 성장시키는 데 필요한 시간은? 이 문제를 그림 3.6과 3.7을 사용하여 풀어라.

(c) 식 (3.3)부터 (3.12)에 있는 이론적 산화식을 사용하여 문제(b)를 풀어라.

풀이: (a) 그림 3.6에서 1100℃ 건식산화에서 0.2㎛를 성장시키는 데 2.8시간이 걸린다.

(b) 그림 3.6을 사용하여 (b)를 풀면 총 산화막의 두께는 0.5㎛이다. 만약 표면에 산화막이 없다면 0.5㎛를 성장시키는 데 1.5시간이 걸릴 것이다. 그러나 이미 0.2㎛의 산화막이 존재하기 때문에 이것은 노 안에서 0.4시간 동안 사용된 것이다. 추가로 0.3㎛의 산화막을 성장시키는 데 필요한 시간은 두 시간의 차이다. $\triangle t = (1.5-0.4)$시간 = 1.1시간

(c) 표 3.1에서 $B = 3.86\times10^2\exp(-0.78/kT)$ $㎛^2/hr$ 그리고 $(B/A) = 0.97\times10^8\exp(-2.05/kt)$㎛/hr.
$T = 1273K$, $k = 8.617\times10^{-5}$ eV/Kg, $B = 0.314$ $㎛^2/hr$, $(B/A) = 0.738$ ㎛/hr.

이런 값들을 사용하여 초기 산화막 두께 0.2 ㎛를 산출하면 유효 초기 산화시간 τ는 0.398이다. τ와 최종 산화막 두께 0.5 ㎛를 산출하면 1.08시간의 산화시간이 나온다. t와 τ 모두 (b)에서 구한 값과 유사하다는 것을 알 수 있다. 물론 그래프를 보는 것은 우리의 눈금 보는 능력에 의존하는 것이다

3.4 산화시의 불순물 재분배

산화시에 실리콘과 실리콘 산화막 계면에 가까운 실리콘에서의 불순물 밀도는 변화한다. 붕소와 갈륨은 표면으로부터 고갈되고, 인, 비소, 그리고 안티몬은 표면에 쌓이려는 경향을 띤다.

불순물의 고갈과 축적은 산화물 내의 불순물의 확산계수와 현석계수 모두에 의존한다. 현석계수 m은 산화물의 불순물 농도에 대한 실리콘의 등가불순물 농도의 비율이다. 그림

3.9에 다양한 가능성들이 묘사되어 있다. 붕소의 m값은 온도에 의존적이고 보통의 확산 온도에서 0.3을 넘지 않는다. 붕소는 물론 SiO_2를 통해서도 천천히 확산된다. 따라서 붕소는 실리콘의 표면으로부터 고갈되고 산화물 내부에 남게 된다(그림 3.9.a를 보라). 산화물 성장, 혹은 불순물 확산시의 수소의 존재는 산화물로의 붕소의 확산을 크게 증가시키고 실리콘 표면에의 붕소는 크게 고갈되는 결과를 낳는다(그림 3.9.b를 보라).

인, 안티몬, 그리고 비소의 m값은 대략 10 정도이다. 이런 원소들은 산화물에 받아들여지지 않고, 산화물에서 서서히 확산되어 실리콘 표면에 쌓이게 된다(그림 3.9.c).

반면 갈륨은 현석계수가 20이지만 그것은 실리콘 산화막으로 매우 빠르게 확산된다. 이러한 조건은 그림 3.9(d)에 보인 바와 같이 표면에서 갈륨을 고갈시키는 원인이 된다.

붕소의 고갈과 인의 축적의 효과는 바이폴라와 MOS 공정에서 특히 중요하다. 공정을 설계할 때는 이 두 가지 문제를 모두 계산에 넣어야 하며, 이런 현상을 극복하기 위해 공정 스텝을 추가하거나 변화시킬 필요가 있을 수도 있다.

그림 3.9

불순물 분포에 대한 산화의 효과 (a) 산화물로의 느린 확산(붕소) (b) 산화물로의 빠른 확산(수소 환경에서의 붕소) (c) 산화물로의 느린 확산(인) (d) 산화물로의 빠른 확산(갈륨). Copyright John Wiley & Sons, Inc., 참조[5].

3.5 실리콘 옥사이드의 마스킹 특성

실리콘 산화막의 가장 중요한 특성 중의 하나는 고온 확산시에 불순물들을 마스킹할 수 있는 능력이다. 안티몬, 비소, 붕소, 그리고 인의 실리콘 산화막에서의 확산도는 모두 실리콘에서 상응하는 값들보다 작다. 따라서 이런 원소들의 마스킹을 위해 SiO_2 필름은 효과적으로 사용될 수 있다. 보호되지 않은 실리콘의 영역에서는 비교적 깊은 확산이 일어날 수 있는 반면에, 실리콘 산화막으로 덮인 영역에 대해서는 눈에 띄는 불순물의 침투가 발생하지 않는다.

그림 3.10은 확산 시간과 온도의 함수로서 붕소와 인의 확산을 막기 위해 필요한 SiO_2 두께를 보여준다. 실리콘 산화막은 붕소 마스킹보다 인의 마스킹이 4~5배 더 효과적임에 주목하라. 비소와 안티몬은 인보다 느리게 확산되므로, 인을 마스킹하기 위해 충분히 두꺼운 산화물은 물론 비소나 안티몬을 마스킹하는 데 충분하다. 0.5~1.0 ㎛의 마스킹 산화물 두께는 집적회로 공정에서 일반적이다. 마스크 아래의 불순물 레벨이 실리콘의 배경 농도의 상당한 비율(10%)에 도달하게 되면 마스킹 산화물은 실패한 것으로 간주된다.

붕소의 그래프는 소수를 포함하지 않은 환경에서 유효하다. 앞서 언급했듯이, 수소의 존재는 브롬의 확산도를 크게 향상시킨다. 습윤한 산화물은 수소를 발생하므로, 수증기의 존재하의 붕소의 확산을 피하기 위해서는 주의가 필요하다.

3.4절에서 언급한 바와 같이 갈륨은 알루미늄과 마찬가지로 SiO_2를 통해서 빠르게 확산되므로, 실리콘 산화막은 이런 물질의 마스크로서 사용되지 못한다. 그러나 질화실리콘은 이런 불순물들의 마스크로서 효과적으로 사용될 수 있다.

3.6 산화의 기술

열에 의한 실리콘의 산화는 일반적으로 온도가 높은 노에서 이루어진다. 노의 벽은 석영, 다결정질 실리콘 또는 실리콘 카바이드로 만들어지고, 산화시의 나트륨 오염을 막기 위해 특별히 제조된다. 다년간에 걸쳐 노는 수평 확산 튜브와 함께 생산되었다. 웨이퍼를 석영 보트의 가장자리에 똑바로 세우면 노 안으로 천천히 밀려 들어간다. 노는 800~1200℃의 온도로 유지된다. Three-zone resistance-heated furnace는 중심 영역에서 0.5m당 1℃ 비율의 온도를 유지한다. 수직 노는 최근에 웨이퍼의 지름이 150mm와 그 이상인 경우의 공정에 널리 쓰인다. 그림 3.11은 확산과 산화에 사용되는 수평과 수직의 노이다.

노는 산화 이전에 질소와 같은 불활성 기체로 계속 정화된다. 산화는 산화물질을 기체 상태로 노에 주입하는 것으로부터 시작된다. 극도로 높은 순도의 산소를 사용 가능하므로, 건

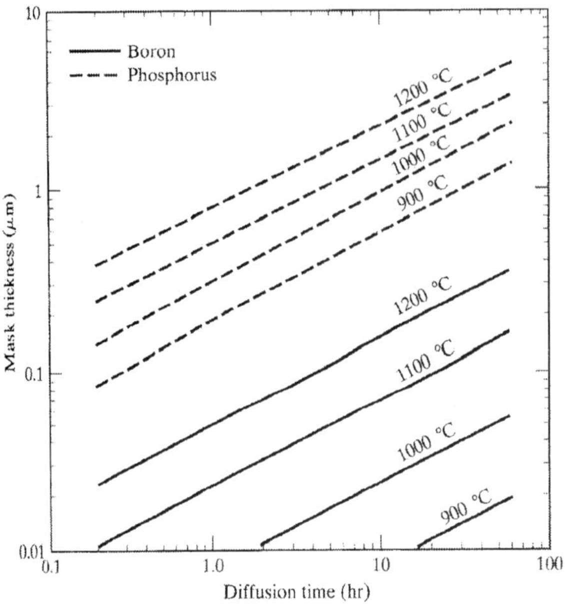

그림 3.10
붕소와 인의 확산을 막기 위해 필요한 실리콘 산화막의 두께를 보여주는, 확산시간과 온도의 함수

식 산화에 사용된다. 산소를 95℃로 가열된 이온을 제거한 물을 담은 분수식의 꼭지로 통과시키면 수증기가 주입된다. 이때 산소는 수증기를 노 안으로 운반하는 수송 가스의 역할을 한다. 높은 순도의 물은 또한 furnace tube에서 수소와 산소를 연소시켜 얻을 수 있다. 증

그림 3.11
산화와 확산에 사용되는 노 (a) 다중 영역 온도 컨트롤러와 three-tube 수평 노 (b) 수평 노 Courtesy of Crystec, Inc.

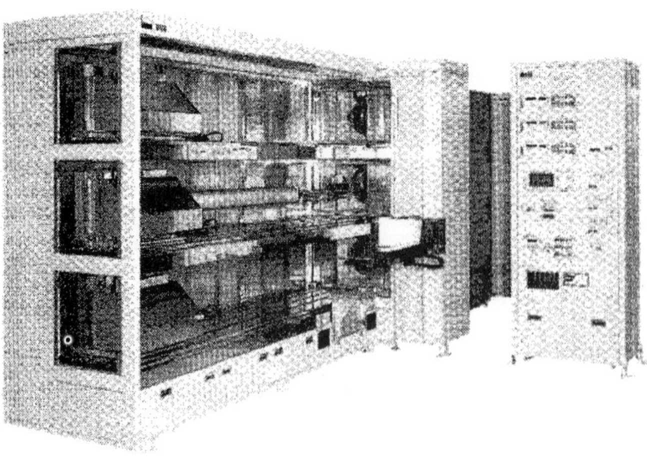

기는 실리콘의 표면에 흠집을 내는 경향이 있으므로 자주 쓰이지 않는다.

3.7 산화물의 품질

습식산화는 마스킹에 필요한 비교적 두꺼운 산화물을 성장시키는 데 사용된다. 산화물의 성장주기는 보통 건식/습식/건식 산화의 연속으로 성립된다. 수분이 있을 때 성장률이 훨씬 높기 때문에 산화물의 대부분은 습식산화 단계를 통해 성장된다. 건식산화를 하면 습식산화보다 높은 밀도의 산화물을 얻을 수 있다. 높은 밀도는 차례로 높은 항복전압(5~10 MV/cm)을 얻는다. 공정을 잘 제어하기 위해서 MOS 소자의 얇은(<1000 Å) 게이트 산화물은 보통 건식산화를 통해 형성된다.

MOS 소자들은 보통 <100>표면 방향이 있는 웨이퍼 위에 제작된다. <100>방향은 Si-SiO_2 경계면에서 실리콘의 만족스럽지 못한 결합의 수를 최소화하고, <100>방향의 선택은 최소한의 interface trap*의 수를 얻는다.

나트륨 이온은 SiO_2 박막에서 이동성이 높고(그림 3.1을 보라), MOS 게이트 산화막에서의 오염은 집적회로 산업의 초창기에는 극복하기 어려운 문제였다.* 바이폴라 소자는 MOS 소자보다 산화 불순물에 대해 내성이 훨씬 강하므로, 초창기에는 바이폴라 집적회로가 지배적이었다.

나트륨 이온 불순물은 산화물에서 이동 가능한 양전하가 된다. 게다가 산화물에 정착된 상당한 양전하 레벨이 Si-SiO_2 접합면에 존재한다.* 이러한 전하 중심은 MOS 트랜지스터 표면의 전자 흐름을 방해하고, MOS 소자의 문턱 전압을 음의 방향으로 변환한다. NMOS소자는 공핍형 소자가 된다. PMOS 소자는 증가형 소자로 남지만, 음으로 커진 문턱 전압을 갖는다. 그러므로 초기의 MOS 공정에는 PMOS 공정이 주로 채택되었다. 점차 기술이 발달하여 전체적인 산화물의 품질을 개선할 수 있자, 홀보다 우수한 전자의 이동도로 인해 PMOS보다 NMOS 공정이 더 우세해졌다.

산화시키는 동안 염소를 첨가하면 나트륨 불순물의 효과를 크게 줄일 수 있다는 것이 발견되었다. 염소는 산소와 결합되고 나트륨 이온을 움직이지 못하게 만든다. 6% 이하의 소량의 무수물 HCl을 산화 가스에 첨가하기도 한다. 또한 가스 형태의 염소, 산소 또는 질소가 트리클로로에틸렌(C_2HCl_3)의 기포 형태로 사용될 수 있다. 염소는 건식산화시 선형과 포물선형 비례상수를 모두 증가시킨다.

* See Volume IV in the Modular Series on Solid State Devices, Field Effect Devices, Section 4.2, for an excellent discussion of oxide quality.

3.8 선택적 산화

위에서 설명한 산화 공정은 일반적으로 실리콘 웨이퍼의 전체 표면에 산화막을 형성한다. 실리콘의 표면을 선택적으로 산화하는 기술은 고밀도의 바이폴라와 MOS 공정에 매우 중요하다. 선택적 산화 공정은 소자의 패킹 밀도를 증진시켰고, 구조를 보다 평탄하게 만들었다. 일반적으로 실리콘의 국소적 산화에 이용되는 기술을 LOCOS 공정이라고 말한다.

산소와 수증기는 질화실리콘을 통해 잘 확산되지 않는다. 그림 3.12는 질화실리콘을 마스크로 사용한 선택적 산화로 MOS 공정을 하는 모습을 보여준다. 실리콘 표면을 보호하기 위해 먼저 실리콘 산화막의 얇은(10~20 nm) 층을 실리콘 웨이퍼에 성장시킨다. 다음으로, 질화수소의 층이 표면에 증착되고 적절한 형태로 식각되며 그 웨이퍼는 열에 의해 산화된다. 산화막은 질화수소에 의해 보호되지 않은 부분에서 성장한다. 이 과정은 덜 들어간 산화구조라고 불리는 형태를 만든다.

질화실리콘의 경계 아래에서도 산화물이 성장하는데 이것은 마스킹된 영역의 경계 부분에서 질화실리콘은 산화물을 웨이퍼 위쪽으로 휘어 올라가게 한다. 질화수소 아랫부분에서의 산화물의 침투는 '새의 부리(bird's beak)' 구조를 만든다. 그림 3.12에서 새의 부리 모양이 형성되면 VLSI 구조를 기하학적으로 조절하기 어렵게 되므로, VLSI 공정을 설계할 때는 새의 부리 현상을 최소화하는 것이 중요한 목표가 된다.

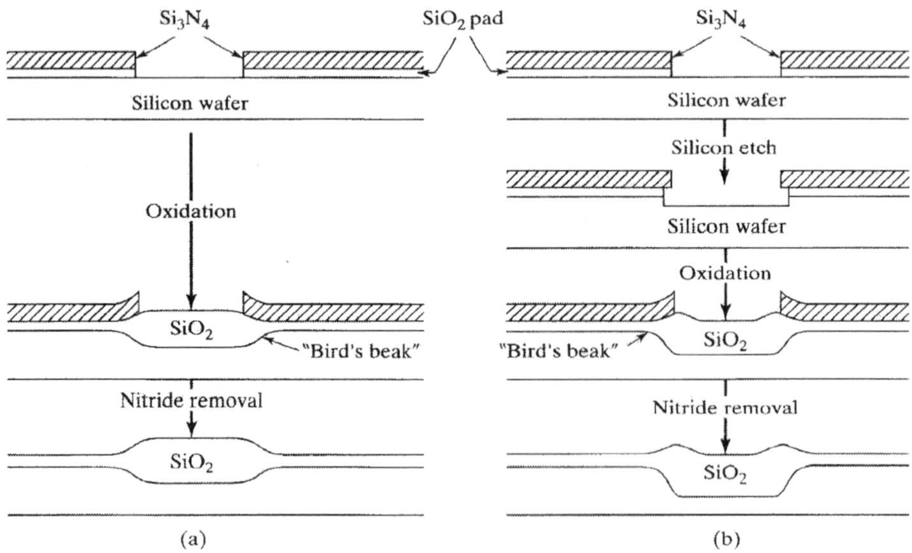

그림 3.12

실리콘의 국소적 산화(LOCOS) 공정 순서를 나타내는 단면도 (a) 덜 들어간 산화 구조 (b) 완전히 들어간 산화 구조

완전히 들어간 산화물은 산화에 앞서 실리콘을 에칭함으로써 형성할 수 있다. 이러한 공정을 거치면 질화실리콘 마스크를 제거한 후에 매우 평탄한 표면을 얻을 수 있다. 그러나 이어지는 공정들은 이러한 공정이 갖는 장점을 상쇄하므로, 오늘날 대부분의 공정은 덜 들어간 형태의 산화를 사용한다.

3.8.1 트렌치 아이솔레이션

얕거나 깊게 다시 채워진 트렌치 아이솔레이션의 형태가 오늘날 대부분의 진보된 MOS와 바이폴라 공정에 사용된다. 그림 3.13(a)[18]는 LOCOS 격리 산화와 조합된 폴리실리콘으로 채워진 깊은 트렌치의 형성을 나타낸다. 실리콘 질화물의 증착에 이어, 얇은 산화 패드가 실리콘 위에 성장된다. 트렌치가 형성될 부분의 질화물의 개방을 결정하기 위해 리소그래피가 사용된다. 트렌치는 반응성 이온 에칭으로 식각되며, 매우 높은 방향 비율을 갖고 상당히 깊게 형성된다. 트렌치의 표면은 열적으로 성장한 얇은 산화물층으로 보호된 후, 폴리실리콘의 증착에 의해 다시 채워진다. 최종 구조는 과다한 폴리실리콘을 다시 에칭하는 과정, 산화를 원하는 부분의 질화물을 제거하는 리소그래피 과정과 덜 들어간 산화층을 성장하는 과정을 이용하여 제작된다. 폴리실리콘은 도핑될 수 있으며, 비슷한 구조가 DRAM 기술의 저장 소자로서 사용되는 트렌치 캐패시터를 형성하기 위해 사용된다[19]. 그 캐패시터는 폴리실리콘과 기판 사이에 형성되며 트렌치의 깊이는 5～10 ㎛ 정도이다.

얕은 트렌치 아이솔레이션은 피처 크기가 0.5 ㎛ 이하인 대부분의 MOS와 바이폴라 기술(9장과 10장을 보라)의 트랜지스터 사이의 격리를 위하여 사용된다. 그림 3.13(b)는 얕은 트렌치의 형성이 가능한 공정 순서를 나타낸다[20]. 점점 얇아지는 옆면의 벽을 갖는 얕은 트렌치가 질화물층의 패턴에 이어 실리콘에 에칭되었다. 패드 산화물은 최종 구조의 모서리를 둥글게 하기 위해 얇게 에칭된다. 두꺼운 산화층이 트렌치 벽의 안감으로서 성장된 후, 트렌치는 TEOS의 분해나 고밀도의 플라즈마 증착에 의해 증착된 산화물로 채워진다.* 다음 절에서 보다 자세하게 논의되는 화학적 기계적 폴리싱(CMP) 공정은 과다한 산화물을 제거하고 매우 평평한 표면을 만들어내기 위해 사용된다. 최종 단계에서 질화물은 제거되며, 두 실리콘 영역 사이에 얕은 트렌치 아이솔레이션을 남긴다. 그림 3.14는 진보된 바이폴라 공정에서 깊은 트렌치 아이솔레이션과 얕은 트렌치 아이솔레이션의 사용을 보여준다.

3.8.2 화학적 기계적 폴리싱(CMP)

CMP는 1990년대 초에 소개된 제작 공정으로서 오늘날엔 깊은 초미세 리소그래피에 필요

---

* 6장 참조

한 매우 평평한 표면을 얻기 위해 바이폴라와 MOS 공정 모두에 널리 쓰이고 있다. 그림 3.15는 CMP 장치의 개념도이다. 웨이퍼는 캐리어 위에 올려졌고, 회전하는 압반 위에 장착된 폴리싱 패드와 접촉되며 현탁액이 계속적으로 폴리싱 패드의 표면 위에 투여된다. 웨이퍼, 연마 패드, 웨이퍼 사이의 수직적인 힘과 현탁액의 화학적인 작용의 조합이 웨이퍼의 표면을 매우 평평한 상태로 만든다. 얕은 트렌치를 만드는 경우에 질화물층은 마모를 억제하는 역할을 한다. 폴리싱은 질화물층이 충분히 노출되었을 때 종결된다.

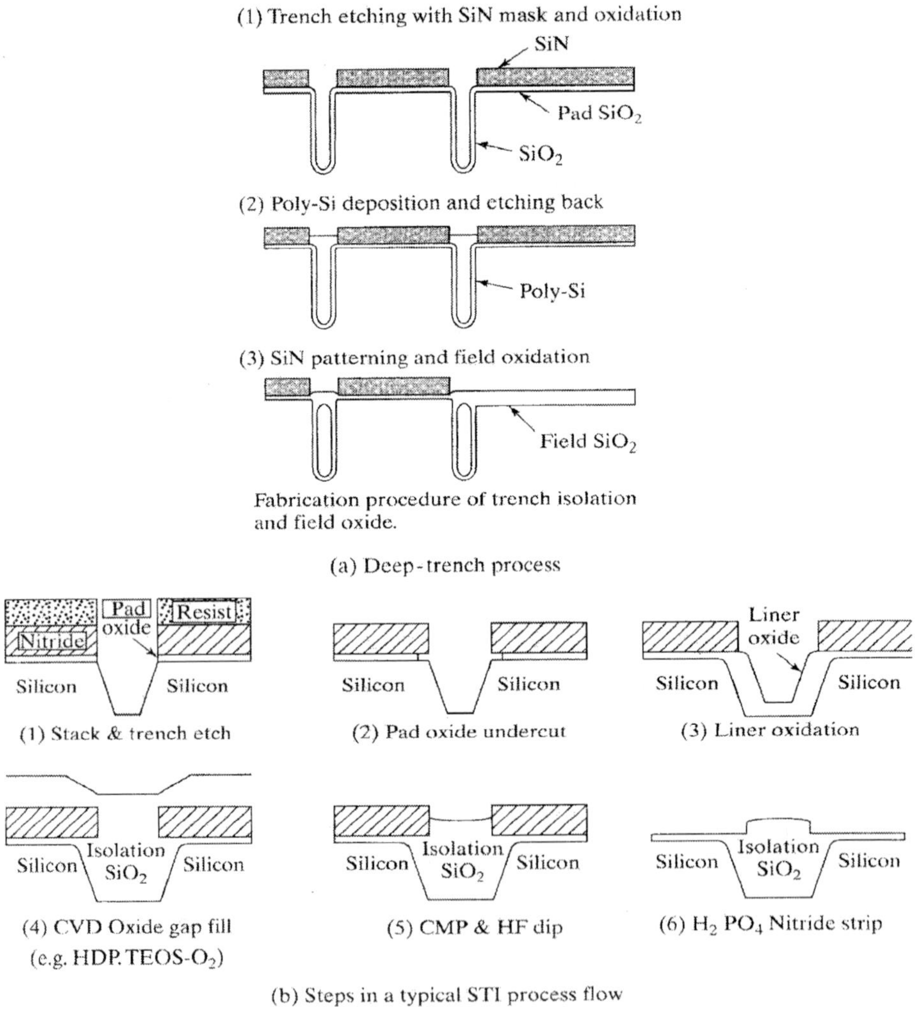

그림 3.13

트렌치 아이솔레이션 구조 (a) 깊은 트렌치 아이솔레이션 Copyright 1996 IEEE. Reprinted with permission from REF. [3]. (b) 얕은 트렌치 아이솔레이션 Copyright 1998 IEEE. Reprinted with permission from REF. [20].

실제적인 구조는 그림 3.16에 나타낸 바와 같이, 이상적인 평면의 표면과는 약간 다르다. 물질마다 다른 폴리싱 속도로 인해 작은 양의 산화층의 '움푹해짐'과 모서리가 둥글게 되는 현상이 발생한다. 종결점에 도달하기 전에 질화물층의 침식이 발생하기도 한다.

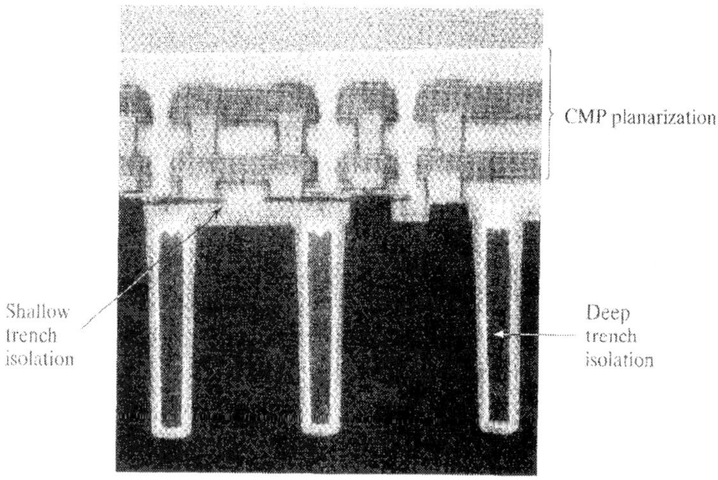

그림 3.14

SiGe HBT 기술에 응용되는 실제적인 깊은 트렌치와 얕은 트렌치의 미세사진
Copyright 1998 IEEE. Reprinted with permission from Ref.[31]

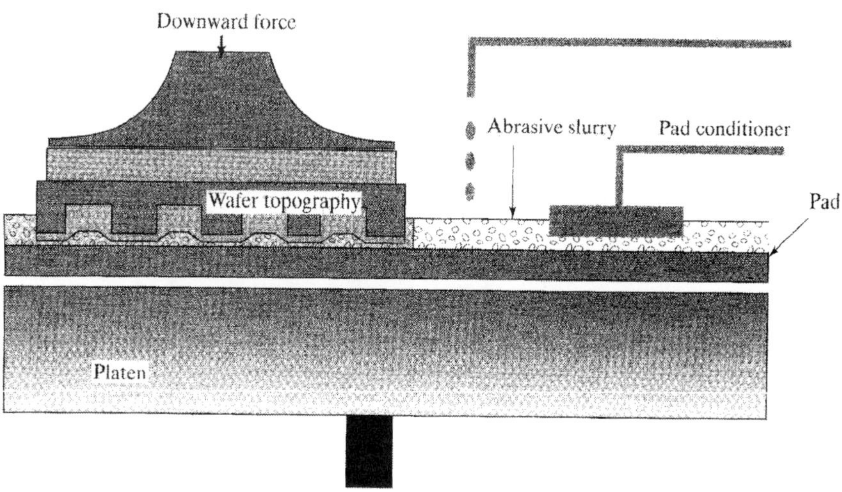

그림 3.15

화학적 기계적 폴리싱 기술

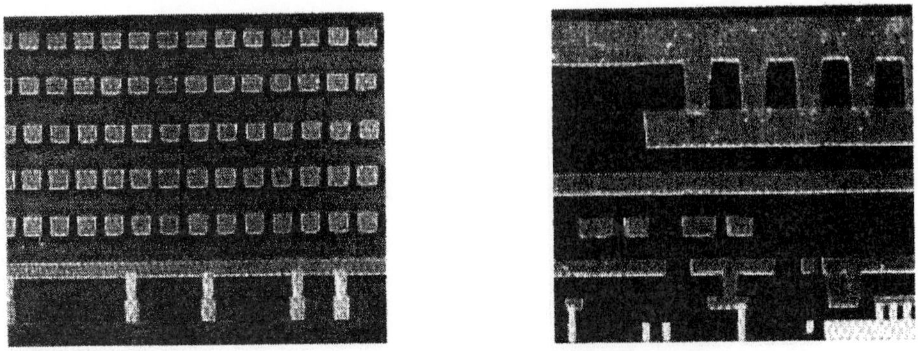

(a) (b)

그림 3.16
화학적 기계적 폴리싱으로 제작된 다단계 금속화 (a) 6단계의 얇은 구리 와이어의 주사전자현미경 사진. 첫 번째 단계의 구리는 텅스텐 국소 연결의 텅스텐 징과 연결되었다. (b) 5와 6단계의 낮은 RC 금속화와 6단계 구리의 주사전자현미경 사진. Copyright 1997 IEEE. Reprinted with permission from Ref. [24]

3.9 산화물 두께의 특성

산화물의 두께를 결정하는 가장 간단한 방법은 표 3.2에 나온 웨이퍼 색깔과 두께를 비교한 표를 보고, 산화막의 두께를 알고 싶은 웨이퍼의 색깔을 비교하여 결정하는 것이다. 백색광이 웨이퍼 표면에 수직으로 비춰졌을 때, 그 빛은 산화막을 투과하여 실리콘 표면에서 반사하게 된다. 보강간섭은 반사된 빛의 특정한 파장을 강화시키고 그렇게 나타난 웨이퍼의 색깔은 강화된 파장과 일치한다. 보강간섭은 빛의 파장의 짝수 배만큼의 산화물 내부의 통과거리($2X_0$)가 생길 때 발생한다.

$$2X_0 = k\lambda/n \tag{3.13}$$

여기서 k는 0보다 큰 정수이고, n은 산화물의 굴절률이다(실리콘에서 n = 1.46).

예를 들어, 5000 Å 두께의 실리콘 산화막은 청록색으로 나타난다. 색깔표 비교는 매우 주관적이고 색깔들은 두께에 대하여 주기적이다. 게다가 웨이퍼에 수직인 위치에서 색깔을 결정해야 함을 유념해야 한다. 색깔표(표 3.2)는 형광 빛의 수직 조사에만 적용 가능하다.

실리콘 산화막의 두께는 엘립소미터라 불리는 장비로 정확히 측정할 수 있으므로, 이 장비는 정확한 색깔표를 만들기 위해 많이 사용된다. 이 장비를 사용하면 편광된 단색광이 표면으로부터 특정한 각으로 조사되고 빛은 실리콘과 산화막 모두로부터 반사된다. 그렇게 반사된 두 빛의 편광의 차이가 측정되고, 산화막의 두께가 계산된다.

기계적 표면 측정기 역시 박막의 두께를 측정하는 데 사용된다. 웨이퍼에 실리콘 산화막의 계단을 드러내기 위해 산화물은 테스트 웨이퍼의 표면으로부터 부분적으로 에칭되었다. 철침이 웨이퍼의 표면 위로 기계적으로 조사하면, 두께의 변화가 strip-chart recorder에 기록된다. 0.01 ㎛ 이하에서부터 5 ㎛ 이상의 범위 안의 박막의 두께는 이 장비로 측정할 수 있다.

표 3.2 성장된 박막에 대하여 일광 형광을 수직으로 조사했을 때 관찰된 색. Copyright 1964 by International Business Machines Corporation; reprinted with permission from Ref. [11].

Film Thickness (㎛)	Color and Comments	Film Tickness (㎛)	Color and Comments
0.05	Tan	0.6	Violet red
0.07	Brown	0.68	"Bluish"(not blue but boderline between violet and blue green; appears more like a mixture between violet red and blue green and looks grayis)
0.10	Dark violet ot red violet	0.72	Blue green to green(quite broad)
0.12	Royal blue	0.77	"Yellowish"
0.15	Light blue to metallic blue	0.80	Orange(rather broad for orange)
0.17	Metallic to very light yellow green	0.82	Salmon
0.20	Light gold or yellow; slightly metallic	0.85	Dull, light red violet
0.22	Gold with slight yellow orange	0.86	Violet
0.25	Orange to melon	0.87	Blue violet
0.27	Red violet	0.89	Blue
0.30	Blue to violet blue	0.92	Blue green
0.31	Blue	0.95	Dull yellow green
0.32	Blue to blue green	0.97	Yellow to "yellowish"
0.34	Light green	0.99	Orange
0.35	Green to yellow green	1.00	Carnation pink
0.36	Yellow green	1.02	Violet red
0.37	Green yellow	1.05	Red violet
0.39	Yellow	1.06	Violet
0.41	Light orange	1.07	Blue violet
0.42	Carnation pink	1.10	Green
0.44	Violet red	1.11	Yellow green
0.46	Red violet	1.12	Green
0.47	Violet	1.18	Violet
0.48	Blue violet	1.19	Red violet
0.49	Blue	1.21	Violet red
0.50	Blue green	1.24	Carnation pink to salmon
0.52	Green(broad)	1.25	Orange
0.54	Yellow green	1.28	"Yellowish"
0.56	Green yellow	1.32	Sky blue to green blue
0.57	Yellow to "yellowish"(not yellow but is in the position where yellow is to be expected; at times appears to be light creamy gray or metallic)	1.40	Orange
0.58	Light orange or yellow to pink	1.45	Violet
0.60	Carnation pink	1.46	Blue violet
		1.50	Blue
		1.54	Dull yellow green

정확한 박막 두께를 측정할 수 있다. 현미경으로 볼 수 있는 빛의 간섭효과에 의해서도 박막 특성을 조사하기 위해 간섭현상을 이용한 자동화된 장비들이 상용화되어 있다.

3.10 프로세스 시뮬레이션

집적회로의 규모가 작아짐에 따라 공정에 의한 일차원, 이차원 그리고 삼차원의 세부적 구조에 대한 정확한 지식이 더더욱 중요해졌다. 동시에 초미세 공정에서 실험적 검증과 구조적 특성 분석이 어렵고 시간을 소비하는 일이 되었다. 여러 가지 이유로 컴퓨터 시뮬레이션은 VLSI 제작 공정에서 중요성이 커지고 있다.

다양한 공정 단계의 결과를 예측할 수 있는 매우 정교한 컴퓨터 프로그램이 다년간 사용되었다[25−30]. 이런 프로그램들은 다양한 제작 공정을 모델링하는 일반화된 미분방정식을 계산하며, 이 장에서 제시된 것과 같은 Si−SiO_2 경계가 이동하는 경향, 산화시의 불순물 격리와 표면에서의 불순물의 증발뿐만 아니라 이후의 장에서 공부할 다양한 증착, 확산, 에피택셜 성장, 그리고 이온 주입 공정 등 다차원의 산화물 성장을 시뮬레이션하는 기능을 포함한다. 포토레지스트의 노출과 현상과 같은 리소그래피 공정을 모델링하기 위한 다른 프로그램들도 개발되었다.

폭넓게 사용되는 프로그램 중의 하나로서 스탠퍼드 유니버시티 프로세스 엔지니어링 모델링 프로그램(SUPREM)과 그것의 상업적인 도구가 있다. SUPREM을 사용하려면 산화, 확산, 이온 주입, 박막증착, 그리고 에칭할 때의 시간, 온도 프로파일, 그리고 다른 분위기 조건을 포함한 공정 단계의 사양이 필요하다. 이 프로그램은 기판, 산화물 그리고 폴리실리콘 층의 불순물 분포를 예측할 뿐만 아니라 산화의 결과로서 형성되는 이차원과 삼차원의 구조를 모델링할 수 있다.

SUPREM IV에서 주어진 일차원 산화 시뮬레이션의 예가 표 3.3에 있다. 노의 가열에 따른 온도 변화, 다른 공정 단계마다의 다양한 분위기 가스 조건을 포함한 복잡한 건식−습식−건식 산화 순서에 대한 입력이 나타나 있다. 출력 데이터는 산화물의 두께와 산화물의 불순물 양을 포함한다. 그래프로 나타낸 데이터가 그림 3.17에 제시되어 있다. 이 그래프는 산화물로의 붕소의 혼입과 기판으로부터의 고갈을 분명하게 보여준다. 수직 좌표축의 x = 0이라고 정의된 원래의 실리콘 표면의 위쪽과 아래쪽에서 산화물이 확장되었음에 주의하라. 증기를 사용한 산화 공정 중에 대부분의 산화물이 성장한다. 산화물의 폭은 그림 3.6에서 1100℃에서 5시간 동안의 습식 산화에 기반하여 추정한 결과에 잘 부합한다. X_0 = 1.5 ㎛이다.

요약

실리콘 산화물은 실리콘 웨이퍼 표면에 높은 품질의 절연 장벽이 될 뿐만 아니라 불순물을 확산시키는 공정에서 마스크로가 되기도 한다. 실리콘은 이러한 두 가지 요소로 인해 오늘날 가장 주요한 반도체가 되었다.

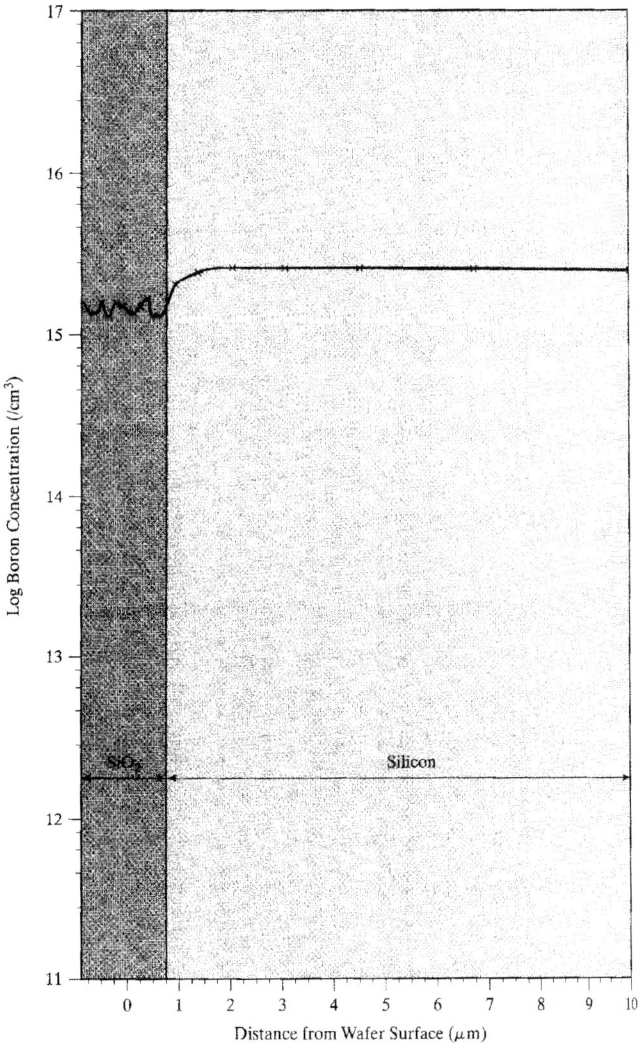

그림 3.17

봉소를 도핑한 실리콘 웨이퍼에서 산화막 성장을 SUPREM으로 시뮬레이션한 결과

표 3.3 SUPREM-IV 시뮬레이션 예제

```
$ Multistep Oxidation
$ Use Automatic Grid Generation and Adaptive Grid
INITIALIZE <100> BORON=5 RESISTIV
DIFFUSION TEMP=950 TIME=30 F.N2=5
DIFFUSION TEMP=1100 TIME=300 STEAM
DIFFUSION TEMP=1100 TIME=60 F. 02=5
DIFFUSION TEMP=1100 TIME=60 T.FINAL=800 F.N2=5
$ Print layer information
…
…
$ Plot results
…
…
```

심지어 상온의 산소 노출에 의해서도 몇 십 옹스트롬 두께의 자연적인 산화층이 실리콘의 표면에 즉각적으로 생긴다. 산화막의 두께는 MOS 테스트 용량의 축적지역(accumulation-region) 용량으로 측정할 수 있다. 전통적으로 두꺼운 실리콘 산화막은 고온의 산화 노 안에서 건조한 산소와 습윤한 산소를 모두 사용하여 만들어진다. 건조한 산소 환경에서보다 습윤한 산소 환경에서의 산화가 더 빠르다. 그러나 건조한 산소 환경에서는 보다 우수한 품질의 산화막이 형성되므로, 일반적으로 MOS의 게이트 산화막을 성장시키기 위해 이 방법이 이용된다. 얇은 산화막의 성장은 시간에 비례한다. 그러나 산화물의 두께가 두꺼워짐에 따라 성장률이 느려져서 점차 시간의 제곱근에 비례하게 된다. 이러한 두 종류의 성장 영역은 선형과 포물선형의 성장률 상수로서 특성화된다.

산화물의 순도는 MOS 공정에서 매우 중요하며, 산화막에 나트륨이온이 침투하는 것을 막으려면 상당한 주의가 필요하다. 산화 과정에서 염소를 첨가하면 산화막의 품질이 좋아진다. 마지막으로, 산화는 실리콘 웨이퍼 표면의 불순물의 분포를 변화시킨다. 인은 실리콘 표면에 축적되는 반면, 붕소는 실리콘 표면으로부터 고갈되는 경향을 띤다.

산화막의 두께는 엘립소미터, 간섭 현미경, mechanical surface profiler를 사용하여 정확히 측정할 수 있으며, 대략적인 두께를 알아보려면 백색광을 웨이퍼 표면에 수직으로 입사할 때 산화막에 나타나는 색깔을 조사해도 된다.

참고문헌

[1] W. R. Runyon and K. E. Bean, *Semiconductor Integrated Circuit Processing Technology*, Addison Wesley, Reading, MA, 1990.

[2] S. A. Campbell, *The Science and Engineering of Microelectronic Fabrication*, Oxford University Press, 1996.

[3] S. M. Sze, *VLSI Technology*, McGraw-Hill, New York, 1983.

[4] S. K. Ghandhi, *VLSI Fabrication Principles*, John Wiley & Sons, New York, 1983.

[5] R. A. Colclaser, *Microelectronics-Processing and Device Design*, John Wiley & Sons, New York, 1980.

[6] W. R. Runyan, *Semiconductor Measurements and Instrumentation*, McGraw-Hill, New York, 1975.

[7] S. K. Ghandhi, *The Theory and Practice of Microelectronics*, John Wiley & Sons, New York, 1968.

[8] B. E. Deal and A. S. Grove, "General Relationship for the Thermal Oxidation of Silicon," *Journal of Applied Physics*, 36, 3770–3778 (December, 1965).

[9] B. E. Deal, "Thermal Oxidation Kinetics of Silicon in Pyrogenic H_2O and 5% HCL/H_2O Mixtures," *Journal of the Electrochemical Society*, 125, 576–579(April, 1978).

[10] B. E. Deal, "The Oxidation of Silicon in Dry Oxygen, Wet Oxysen and Steam," *Journal of the Electrochemical Society*, 110, 527–533(June, 1963).

[11] W. A. Pliskin and E. E. Conrad, "Nondestructive Determination of Thckness and Refractive Index of Transparent Films," *IBM Journal of Research and Development*, 8, 43–51(January, 1964).

[12] S. C. Su, "Low Temperature Silicon Processing Techniques for VLSIC Fabrication," *Solid-State Technology*, 24, 72–82(March, 1981).

[13] A. S. Grove, O. Leistiko, and C. T. Sah, "Redistribution of Acceptor and Donor Impurities During Thermal Oxidation of Silicon," *Journal of Applied Physics*, 35, 2695–2701(September, 1964).

[14] A. S. Grove, *Physics and Technology of Semiconductor Devices*, John Wiley & Sons, New York, 1967.

[15] E. H. Nicollian and J. R. Brews, *MOS Physics and Technology*, John Wiley & Sons, New York, 1982.

[16] M. Ghezzo and D. M. Brown, "Diffusivity Summary of B, Ga, P, As and Sb in SiO_2," *Journal of the Electrochemical Society*, 120, 146–148(January, 1973).

[17] E. Passaglia, R. R. Stromberg, and J. Kruger, Eds., *Ellipsometry in the Measurement of Surfaces and Thin Films*, National Bureau of Standards, Miscellaneous Publication #256, 1964.

[18] H. Kotaki et al., "Novel Bulk Dynamic Threshold Voltage MOSFET (B-DTMOS) with Advanced Isolation (SITOS) and Gate to Shallow-Well Contact (SSS-C) Processes for Ultra Low Power Dual Gate CMOS," *IEEE IEDM Technical Digest*, pp.459–462. December 1996.

[19] K. P. Muller, B. Flietner, C. L. Hwang, R. L. Kleinhenz, T. Nakao, R. Ranade, Y. Tsunashima, and T. Mii, "Trench Storage Node Technology for Gigabit DRAM Generations," *IEEE IEDM Technical Digest*, pp.507–510, December 1996.

[20] M. Nandakumar, A. Chatterjee, S. Sridhar, K. Joyner, M. Rodder and I-C. Chen, "Shallow Trench Isolation for Advanced ULSI CMOS Technologies," *IEEE IEDM Technical Digest*, pp. 133–136, December 1998.

[21] J. M. Steigerwald et al., "Pattern Geometry in Chemical-Mechanical Polishing of Inlaid Copper Structures," *Journal of the Electrochemical Society*, 141, no. 10: 2842–2848, Oct. 1994.

[22] B. Stine et al., "Rapid Characterization and Modeling of Pattern-Dependent Variation in Chemical-Mechanical Polishing," *IEEE Trans. Semiconductor Manufacturing*, 11, no. 1, February 1998.

[23] H. Nojo, M. Kodera, and R. Nakata, "Slurry Engineering for Self-Stopping Dishing Free SiO_2-CMP," *IEEE IEDM Technical Digest*, pp. 349–352, December 1996.

[24] D. Edelstein et al., "Full Copper Wiring in a Sub-0.25 ㎛ CMOS ULSI Technology," *IEEE IEDM Technical Digest*, pp. 773–776, December 1997.

[25] D. A. Antoniadis and R. W. Dutton, "Models for Computer Simulation of Complete IC Fabrication Processes," *IEEE Journal of Solid-State Circuits*, SC-14, pp. 422, April 1979.

[26] C. P. Ho, J. D. Plummer, S. E. Hansen, and R. W. Dutton, "VLSI Process Modeling-SUPREM III," *IEEE Trans. Electron Devices*, ED-30, pp. 1438-1453, November 1983.

[27] D. Chin, M. Kump, H. G. Lee, and R. W. Dutton, "Process Design Using Coupled 2D Process and Device Simulators," *IEEE IEDM Technical Digest*, pp. 223–226, December 1986.

[28] C. D. maldanado, F. Z. Custode, S. A. Louie, and R. K. Pancholy, "Two-Dimensional Simulation of a 2 ㎛ CMOS Process Using ROMANS II," *IEEE Trans. Electron Devices*, ED-30, pp. 1462–1469, November 1983.

[29] M. E. Law, C. S. Rafferty, and R. W. Dutton, "New n-well Fabrication Techniques Based

upon 2D Process Simulation," *IEEE IEDM Technical Digest*, pp. 518–521, December 1986.

[30] R. W. Dutton, "Modeling and Simulation for VLSI," *IEEE IEDM Technical Digest*, pp. 2–7, December 1986.

[31] John D. Cressler, "Re-engineering Silicon: Si-Ge Heterojunction Bipoloar Technology," *IEEE Spectrum*, pp. 49–55, March 1995.

문제

3.1 1000℃의 온도와 습윤한 산소 분위기에서 100 nm의 산화막을 형성하는 데 시간이 얼마나 걸리는가(<100>방향으로 가정하라)? 건조한 산소 분위기에서는 어떠한가? 어떤 공정이 보다 적절한가?

3.2 1100℃의 온도와 습윤한 산소 분위기에서 1.2 ㎛의 실리콘 산화막이 <100>방향의 웨이퍼 위에 형성되었다. 처음 0.4 ㎛를 성장시키기 위해 얼마만큼의 시간이 필요한가? 또한, 그 다음 0.4 ㎛를 성장시키기 위해 얼마만큼의 시간이 필요한가? 또, 최후의 0.4 ㎛의 성장에 대해서는 어떠한가?

3.3 식 (3.7)을 풀어 식 (3.8)을 유도하라.

3.4 3 ㎛의 실리콘 산화막이 <100> 실리콘 웨이퍼 위에 1500℃의 습식산화로 성장되었다. 초기의 1 ㎛ 두께의 산화막을 성장시키기 위하여 얼마의 시간이 소요되는가? 그 다음 1 ㎛를 성장하기 위하여 얼마의 시간이 소요되는가? 마지막 1 ㎛를 성장시키기 위하여 얼마의 시간이 소요되는가?

3.5 <100> 실리콘의 CMOS 공정을 위한 게이트 산화막의 두께는 10 nm(100Å)이다. 식 (3.8)을 이용하여 850℃에서 산화막을 성장시키는 데 소요되는 시간을 구하라. 온도가 1000℃일 때 소요되는 시간을 구하라. 위의 공정들 중 조절이 가능한 공정이 있는가? 만약 있다면 어느 것인가?

3.6 2-㎛의 SiO_2 막이 <100> 실리콘 웨이퍼 위에 초기 산화막으로서 필요하다.
(a) 그림 3.6을 이용하여 1150℃에서 습식산화를 사용할 때 소요되는 시간을 구하라. (b) 식 (3.8)을 이용하여 소요되는 시간을 계산하라.

3.7 1-㎛의 SiO_2 막이 <100> 실리콘 웨이퍼 위에 초기 산화막으로서 필요하다.
(a) 그림 3.6을 이용하여 1050℃에서 습식산화를 사용할 때의 소요되는 시간을 구하라.
(b) 건식산화일 때 소요되는 시간을 구하라.
(c) 식 (3.8)을 이용하여 소요되는 시간을 계산하라.

3.8 건식-습식-건식의 산화 공정이 30분/120분/30분간 1100℃에서 수행되었다.

(a) <100> 실리콘 웨이퍼 위에 성장한 산화막의 최종 두께는 얼마인가? 식 (3.8)을 이용하라.

(b) <111> 실리콘 웨이퍼 위에 성장한 산화막의 최종 두께는 얼마인가?

3.9 1000℃에서 1시간의 건식 산화 공정을 거친 후 1100℃에서 5시간의 습식산화 공정이 수행되었다.

(a) <100> 실리콘 웨이퍼에 대해 각 단계를 거친 후의 산화막 두께를 계산하라.

(b) 최종 산화막의 두께를 그려서 구하라.

3.10 1100℃에서 1시간의 건식산화 공정을 거친 후 1100℃에서 5시간의 습식산화 공정이 수행되었다.

(a) <111> 실리콘 웨이퍼에 대해 각 단계를 거친 후의 산화막 두께를 계산하라.

(b) 최종 산화막의 두께를 그려서 구하라.

3.11 예제 3.2에서 두 번째 산화에 앞서 정사각형의 창이 200 nm의 산화막에 에칭되었다. 두꺼운 산화막의 영역에서 이차산화막이 300 nm 두께로 성장되었다. 이차산화 후 웨이퍼의 단면을 그려라. 백색광을 수직으로 입사시키면 어떤 색이 나타날 것인가?

3.12 10 ㎛의 정사각형 창이 1 ㎛ 두께의 실리콘 웨이퍼의 산화막에 에칭되었다. 웨이퍼는 창영역에 1 ㎛ 두께의 산화막이 새로 형성되도록 다시 산화되었다.

(a) 두 번째 산화 후의 웨이퍼의 단면을 그려라.

(b) 산화막에 백색광을 수직으로 입사시키면 어떤 색이 나타날 것인가?

3.13 <100> 실리콘 웨이퍼 표면에 400 nm의 산화막이 있다. 1100℃에서의 습식산화로 1 ㎛의 산화물을 추가 성장시키기 위해서는 얼마만큼의 시간이 소요되는가? 도식과 수학적인 결과를 비교하라. 얻어진 산화물에 백색광을 수직 입사시키면 무슨 색이 나타나는가?

3.14 1150℃에서 4시간 동안 붕소의 확산을 막기 위해서는 얼마나 많은 산화물이 필요한가? 1050℃에서 1시간 동안의 인 확산에 대해서는 어떠한가?

3.15 바이폴라 공정의 아이솔레이션 확산으로 1150℃에서 15시간 동안의 붕소 확산이 <111> 실리콘 웨이퍼에 사용되었다. 이 확산을 위한 장벽층으로서 얼마나 많은 산화물이 요구되는가?

3.16 <100> CMOS 공정의 n우물은 1200℃에서 20시간의 인 확산으로 형성된다. 이 확산을 위한 장벽층으로서 얼마나 많은 산화물이 요구되는가?

3.17 문제 3.7에서 산화물의 색깔은 무엇인가? 문제 3.6에 대하여는 어떠한가?

3.18 황색광은 대략 0.57 ㎛의 파장을 갖는다. 백색광을 수직으로 입사시켰을 때 노란색을 띠는 산화막의 두께를 계산하라. 산화막의 두께는 1.5 ㎛를 넘지 않는다고 가정하라.

표 3.2의 색깔 표와 비교하라.

3.19 950, 1000, 1050, 1100, 1150, 그리고 1200℃의 온도에서 습식산화와 건식산화의 선형 비례상수와 곡선형의 비례상수를 계산하는 프로그램을 작성하라. <100>배향의 실리콘으로 가정하라.

3.20 3.2절의 이론에 기반하여 주어진 두께로 산화막을 성장시키는 데 필요한 시간을 계산하는 프로그램을 작성하라. 사용자가 원하는 산화물의 두께, 건식 또는 습식 산화, 온도, 그리고 실리콘 웨이퍼의 배향을 조절할 수 있도록 하여야 한다.

3.21 (a) 10^{15}atms / cm^{3}의 농도로 붕소가 도핑된 <100> 웨이퍼에 대하여 문제 3.8의 산화막 성장을 SUPREM을 이용하여 시뮬레이션하라.

(b) 10^{15} atms / cm^{3}의 농도로 비소가 도핑된 웨이퍼에 대하여 실리콘과 산화막의 최후의 도핑 프로파일을 도시하라.

(c) 산화막의 두께를 손으로 계산한 결과와 비교하라.

3.22 (a) 3×10^{15} atms / cm^{3}의 농도로 붕소가 도핑된 <111> 웨이퍼에 대하여 문제 3.8의 산화막 성장을 SUPREM을 이용하여 시뮬레이션하라.

(b) 산화막의 두께를 손으로 계산한 결과와 비교하라.

3.23 (a) 저항이 5 Ωcm이며 붕소가 도핑된 <100> 웨이퍼에 대하여 문제 3.6의 산화막 성장을 SUPREM을 이용하여 시뮬레이션하라.

(b) 저항이 5 Ω-cm이며 인이 도핑된 웨이퍼에 대하여 산화막과 기판의 붕소 농도를 도시하라.

3.24 (a) 5×10^{15} atms / cm^{3}의 농도로 붕소가 도핑된 <100> 웨이퍼에 대하여 문제 3.7의 산화막 성장을 SUPREM을 이용하여 시뮬레이션하라.

(b) 5×10^{15} atms / cm^{3}의 농도로 인이 도핑된 웨이퍼에 대하여 산화막과 기판의 붕소 농도를 도시하라.

3.25 문제 3.12의 두 영역에 대하여 산화막의 두께를 SUPREM을 이용하여 계산하라.

4장 확 산

고온에서의 확산은 역사적으로 반도체 집적회로의 제조에서 가장 중요한 공정 스텝이다. 수년간, 확산은 웨이퍼 형태의 층의 저항률과 다수 캐리어 타입을 조절하기 위해 붕소, 인, 안티몬과 같은 불순물들을 실리콘에 주입시키는 가장 중요한 방법이었다. 오늘날 확산은 수십 마이크론 이상의 '깊은' 층의 형성에 이용된다. 그러나 대부분의 증착 공정에서는 5장에서 소개될 이온 주입과 빠른 열처리 공정을 사용한다. 우리는 확산 공정의 한계와 실리콘에 첨가된 불순물의 재분배와 연관된 다양한 문제을 이해하기 위해 확산 공정을 공부해야 한다. 이 장에서는 확산 공정과 확산된 층의 시트 저항의 특성, 그리고 접합 깊이의 결정에 관해 이론적이고 실제적인 측면들을 탐구한다. 물리적인 확산 시스템과 고체, 액체, 그리고 기체의 불순물 소스가 모두 논의될 것이다.

4.1 확산 공정

확산 공정은 원하는 불순물을 실리콘 표면을 보호하는 장벽층 위에 에칭된 창을 통해 높은 농도로 퇴적시키는 것으로부터 시작한다. 고온(900℃~1200℃)에서, 불순물 원자들은 그림 4.1에 묘사한, 치환형과 침입형의 확산 메커니즘에 의해 실리콘의 표면에서 결정 속으로 이동한다.

치환형 확산의 경우, 불순물 원자들은 하나의 결정 격자 위치로부터 다른 곳으로 뛰어넘는다. 그러므로 불순물 원자는 격자 내에서 실리콘 원자를 '치환한다'. 치환형의 공정을 만들려면 실리콘 원자 내에 공극이 있어야만 한다. 통계적으로 특정한 수의 공극이 격자 내에 항상 존재한다. 고온에서 공극은 정상적인 격자 위치에 있던 실리콘이 격자 사이트 사이의 비어 있는 틈새의 공간으로 이동하면서 발생할 수도 있다. 실리콘 원자가 틈새의 위치로 이동하면서 치환형 확산이 발생하는 것을 침입형 확산이라 부른다.

실리콘 격자 내에 적지 않은 공간이 존재하고, 특정한 불순물 원자는 어떤 틈새에서 다른 곳으로 뛰어넘으며 확산된다. 이러한 메커니즘은 공극의 존재가 필요하지 않으므로, 침입형 확산은 치환형 확산보다 훨씬 더 빠르다. 침입형 확산은 빠르게 확산되므로 조절하기 어렵다.

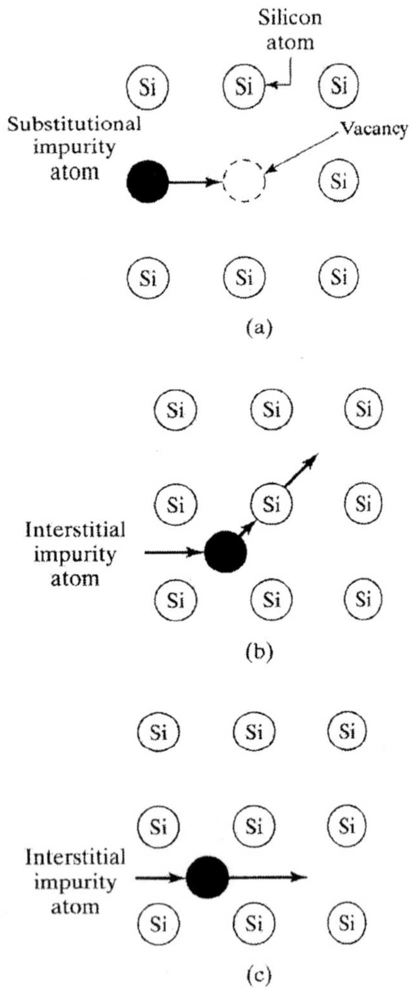

그림 4.1

이차원의 격자 내에서 원자의 확산 (a) 치환형 확산. 불순물은 격자의 공극을 통해 이동한다 (b) 침입형 메커니즘. 불순물은 실리콘 원자의 자리를 대치하고 실리콘은 격자의 틈새로 이동한다 (c)침입형 확산. 불순물은 격자 구조 내의 원자를 대치하지 않는다.

이 시리즈의 1권에 나와 있듯이, 불순물 원자에 전자나 홀을 제공하려면 치환형이 되어야 한다[1]. 치환형 확산은 공극 공급이 한정되어 있기 때문에 진행 속도가 상대적으로 느리다. 그러나 확산 속도가 느리면 확산 공정을 원하는 대로 정교하게 조절할 수 있어 실제적으로 장점이 된다.

4.2 확산의 수학적인 모델

간단한 일차원의 확산 공정은 3장에 제시된 Fick의 첫 번째 확산법칙을 따른다.

$$J = -D\partial N/\partial x \tag{4.1}$$

이때 J는 도너 혹은 억셉터 불순물 종의 입자 흐름이고, N은 불순물의 농도, 그리고 D는 확산계수이다.

Fick의 두 번째 확산법칙은 입자 흐름에 대한 계속성 방정식을 사용하여 유도할 수 있다.

$$\partial N/\partial t = -\partial J/\partial x \tag{4.2}$$

식 (4.2)는 시간에 따른 농도의 증가 비율은 입자 흐름의 다이버전스(발산)를 부호를 바꾼 것과 같다는 것을 설명해 준다. 일차원의 경우 다이버전스는 그래디언트(구배)와 같다. 식 (4.1)과 (4.2)를 연결하면 확산에 관한 Fick의 두 번째 법칙이 유도된다.

$$\partial N/\partial t = D\partial^2 N/\partial x^2 \tag{4.3}$$

여기에서 확산계수 D는 위치에 무관한 것으로 가정되었다. 그러나 이러한 가정은 불순물 농도가 높을 때는 맞지 않는다(4.6.3절을 보라).

식 (4.3)의 편미분방정식은 변수 분리 또는 라플라스 변환을 이용하여 풀 수 있다. 경계조건에 대한 두 개의 명확한 유형은 실리콘에서의 불순물 확산을 모델링하는 데 매우 중요하다. 첫 번째 유형은 고정 소스 확산이다. 이때 표면에서의 불순물 농도는 확산이 일어나는 동안 일정하게 고정된다. 두 번째 유형은 제한 소스 확산이다. 이때 실리콘 표면의 얇은 층에 퇴적되는 불순물 종의 양은 고정된다.

4.2.1 고정 소스 확산

고정 소스 확산에서 불순물 농도는 웨이퍼 표면에서 일정한 값으로 고정된다. 이러한 경계조건에서 식 (4.3)의 해는 다음과 같다.

$$N(x, t) = N_0 \operatorname{erfc}(x/2\sqrt{Dt}) \tag{4.4}$$

거의 무한대의 웨이퍼에서 N_0는 웨이퍼 표면에서의 불순물 농도이다. 그림 4.2에 보인, 이러한 확산을 상보에러함수(erfc) 확산이라고 부른다. 시간이 지남에 따라 표면의 농도는 일정하게 고정되고, 확산의 앞부분은 웨이퍼 속으로 점점 깊숙이 진행한다. 실리콘에서의 단위 공간에 있는 불순물 원자들의 총 수를 선량 Q라 부른다. 단위는 atoms/cm^{2}이다. Q는 시간에 따라 증가하며, 외부의 불순물 소스는 일정한 흐름으로 불순물 원자를 웨이퍼 표면으로 공급해 주어야 한다. 선량은 실리콘 웨이퍼에서 확산된 불순물 농도를 적분하여 구할 수 있다.

$$Q = \int_0^\infty N(x, t)dx = 2N_0\sqrt{Dt/\pi} \tag{4.5}$$

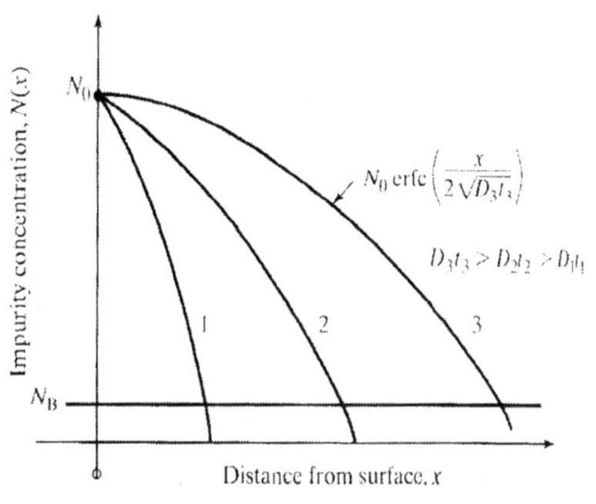

그림 4.2
고정 소스 확산은 상보에러함수 형태의 불순물 분포를 만든다. 표면의 불순물 농도 N_0는 실리콘 웨이퍼 속으로 확산이 깊숙이 진행되더라도 상수로 남아서 Dt의 곱은 증가한다. Dt는 확산 시간의 증가, 확산 온도의 증가 혹은 시간과 온도 모두의 증가에 의해 변할 수 있다.

4.2.2 제한 소스 확산

제한 소스 확산은 초기 경계조건으로 실리콘 표면에서의 임펄스 함수를 사용하여 수학적으로 모델링된다. 임펄스의 크기는 선량 Q와 일치한다. 거의 무한대의 웨이퍼에서 이러한 경계 조건에 의하여 식 (4.3)에 대한 해를 다음과 같은 가우시안 분포로 나타낼 수 있다.

$$N(x, t) = (Q/\sqrt{\pi Dt})\exp -(x/2\sqrt{Dt})^2 \tag{4.6}$$

이것은 그림 4.3에 도식적으로 나타나 있다. 선량은 제한 소스 확산 공정에서 상수이다. 곡선의 아랫부분의 면적은 시간에 대해 불변하므로, 확산의 앞부분이 웨이퍼 속으로 이동하면서 표면의 농도는 감소하여야 한다.

표준화된 대수적 그림에서 가우시안과 상보에러함수의 모양은 그림 4.4에 나온 것과 비슷하다. 그러나 상보에러함수 곡선은 가우시안 곡선보다 더 빠르게 떨어진다.

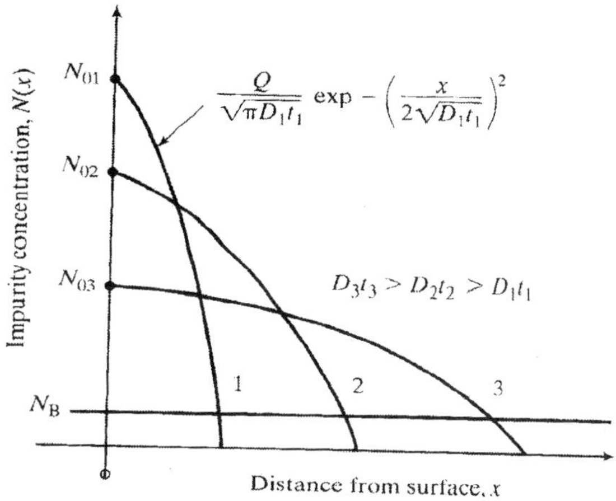

그림 4.3

가우시안 분포는 제한 소스 확산의 결과이다. Dt의 곱이 증가함에 따라 확산의 앞부분은 웨이퍼 속으로 점점 깊숙이 진행하고, 표면의 불순물 농도는 감소한다. 세 곡선의 아랫부분의 면적은 모두 같다.

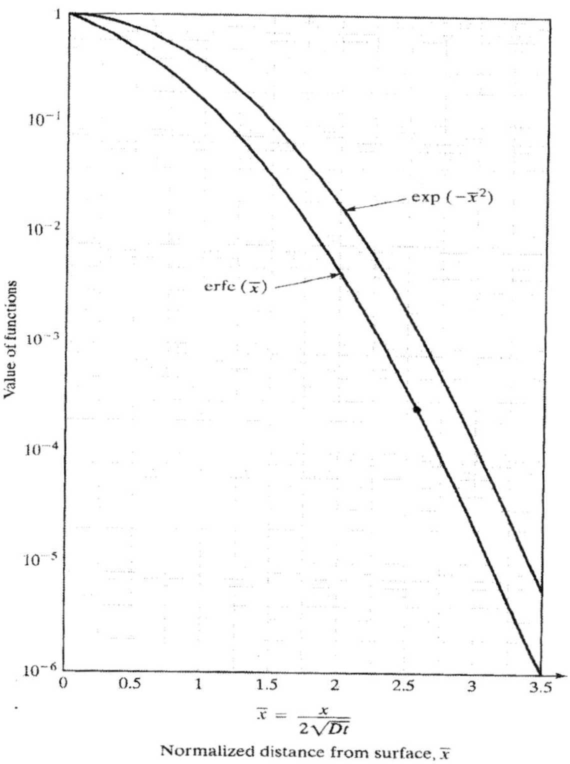

그림 4.4

가우시안과 상보에러함수(erfc)를 비교한 그래프. 우리는 에러 함수와 그 역을 평가하기 위해 이 곡선을 사용할 것이다.

4.2.3 2단계 확산

제한적 소스 확산에 이어서 단시간의 일정한 소스 확산이 이루어지는 경우가 종종 있는데 이것을 2단계 확산이라 한다. 일정한 소스 확산은 실리콘 표면의 얕은 층에 알고 있는 선량을 확립시키기 위해 사용하며, *전 부착* 단계라고 한다. 고정된 선량은 임펄스와 같으며, 두 번째 확산 단계에서의 불순물 소스의 역할을 한다.

두 번째는 드라이브인 단계이며, 확산을 원하는 깊이로 진행시키는 데 사용된다. 만약 Dt의 곱이 전 부착 단계보다 드라이브인 단계에서 훨씬 더 크다면, 결과적인 불순물 배치는 대략적으로 식 (4.6)에 제시된, 가우시안 형태에 가까울 것이다. 만약 드라이브인 단계에서의 Dt의 곱이 전 부착 단계의 Dt의 곱보다 훨씬 더 작다면, 결과적인 불순물 배치는 식 (4.4)에 제시된 상보에러함수의 형태를 나타낼 것이다. 확산방정식에 대한 적분방정식의 해가 각각의 부등식을 만족하지 않는 확산 조건에 대해 물론 존재한다.(참조 [25])

그림 4.5

실리콘에 대한 (a) 치환형 확산 물질(위)의 확산계수 (b) 침입형 확산 물질의 확산계수. Copyright John Wiley & Sons. Inc., reprinted with permission from Ref. [28].

4.3 확산계수

그림 4.5는 실리콘에서의 (a) 치환형과 (b) 침입형 확산 물질의 확산계수 D의 온도 의존성을 보여준다. 이 계수들 사이의 차이가 크고 분명하게 나타난다. 치환형 확산 물질의 적절한 확산 시간을 얻기 위해 900~1200℃ 범위의 온도가 주로 사용된다. 침입형 확산 물질은 확산계수가 커서 제어하기가 매우 어렵다. (문제 4.19를 보라)

확산상수는 온도에 지수적으로 의존하고, 3장에 나온 아레니우스 관계를 따른다.

$$D = D_0 \exp(-E_A/kT) \tag{4.7}$$

그림 4.5 계속

D_0과 E_A의 값은 그림 4.5로 알 수 있다. 불순물의 원자 번호에 대한 전형적인 값이 표 4.1에 나타나 있다.

문자상으로 알려진 확산계수들 사이의 다양한 차이가 존재한다. 우리는 이 책의 뒷부분에서 문제와 예제를 풀 때 식 (4.7)과 표 4.1을 사용할 것이다. 일반적으로, 식 (4.7)과 표 4.1에 근거한 계산이 길잡이로 사용될 수 있다. 대부분의 공정들은 각각의 실험실에서 특정한 확산 조건 아래 실험적으로 측정되었다.

예제 4.1

1100℃에서 붕소의 확산계수를 계산하여라.

풀이 : 표 4.1로부터, D_o = 10.5 cm^2/sec E_A = 3.69 eV. T = 1373 K

$$D = 10.5\exp - \frac{3.69}{(8.614\times10^{-5})(1373)} = 2.96\times10^{-13}\,cm^2/sec$$

표 4.1 불순물의 원자 번호에 대한 전형적인 확산계수의 값

Element	$D_o(cm^2/sec)$	E_A(eV)
B	10.5	3.69
Al	8.0	3.47
Ga	3.60	3.51
In	16.5	3.90
P	10.5	3.69
As	0.32	3.56
Sb	5.60	3.95

4.4 계속적인 확산

우리는 모든 공정이 끝난 후의 최후의 불순물 분포에 관심이 있다. 웨이퍼는 전형적으로 전 부착, 드라이브인, 산화막 성장, CVD 등등의 수많은 시간-온도의 순환을 거쳐야 한다. 예를 들어, 바이폴라 트랜지스터의 초기 확산은 수많은 고온의 산화 과정뿐만 아니라 에미터 전 부착과 드라이브인의 순환을 거치게 된다. 이러한 단계들은 다양한 시간 동안 다양한 온도에서 이루어진다. 이러한 단계들의 효과는 확산에서의 총 Dt 곱, $(Dt)_{tot}$를 계산함으로써 결정된다. $(Dt)_{tot}$는 확산에 영향을 미치는 모든 고온 순환에서의 Dt 곱의 합과 같다.

$$(Dt)_{tot} = \Sigma_i D_i t_i \tag{4.8}$$

D_i와 t_i는 각각 i번째의 공정 단계와 관련된 확산계수와 시간이다. $(Dt)_{tot}$는 최후의 불순물 분배를 결정하기 위하여 식 (4.4)와 (4.6)에 사용되었다.

예제 4.2

1100℃에서 2시간 동안 확산한 후 1150℃에서 5시간 동안 확산한 붕소의 확산계수$(Dt)_{tot}$를 계산하여라.

풀이 : 표 4.1로부터, T = 1100℃일 때, D_o = 10.5 cm^2/sec. T = 1150℃일 때,

$$D = 10.5\exp - \frac{3.69}{(8.614\times10^{-5})(1423)} = 8.86\times10^{-13}\ \text{cm/sec}$$

$$(Dt)_{tot} = (2.96\times10^{-13}\ cm^2/sec)(7200\ sec) + (8.86\times10^{-13}\ cm^2/sec)(18000\ sec)$$

$$(Dt)_{tot} = 1.81 \times 10^{-8}\ cm^2$$

4.5 고용도 제한

주어진 온도에서 실리콘에 의해 흡수될 수 있는 불순물의 양은 제한되어 있다. 그 양을 불순물의 고용도 제한이라 하며, 그림 4.6에 정상적인 확산 온도에서 붕소, 인, 안티몬, 그리고 비소에 대한 고용도 제한이 실선으로 나타나 있다. 그림 4.6에서 볼 수 있듯이, 고용도가 제한된 확산시에 표면에서의 농도는 상당히 높다. 예를 들어, 붕소의 고용도 제한은 1100℃에서 대략 3.3×10^{20}이다. 그리고 같은 온도에서 인의 고용도 제한은 1.2×10^{21}이다. 높은 농도는 바이폴라 트랜지스터의 에미터와 서브컬렉터 확산, 그리고 MOSFET에서의 소스와 드레인 확산에 필요하다. 그러나 고용도 제한된 농도는 많은 저항과 바이폴라 트랜지스터의 베이스 영역에 사용되기에는 너무 높다. 이런 문제를 극복하기 위해 1.2.3절에 나온 2단계 확산이 개발되었다.

높은 농도에서 실제적으로 불순물의 일부만이 전도할 수 있는 홀과 전자를 만든다. 그림 4.6의 점선은 불순물 농도에서 '전기적으로 활성화된' 부분을 보여준다. 이 곡선은 4.7.2절에서 다시 언급될 것이다.

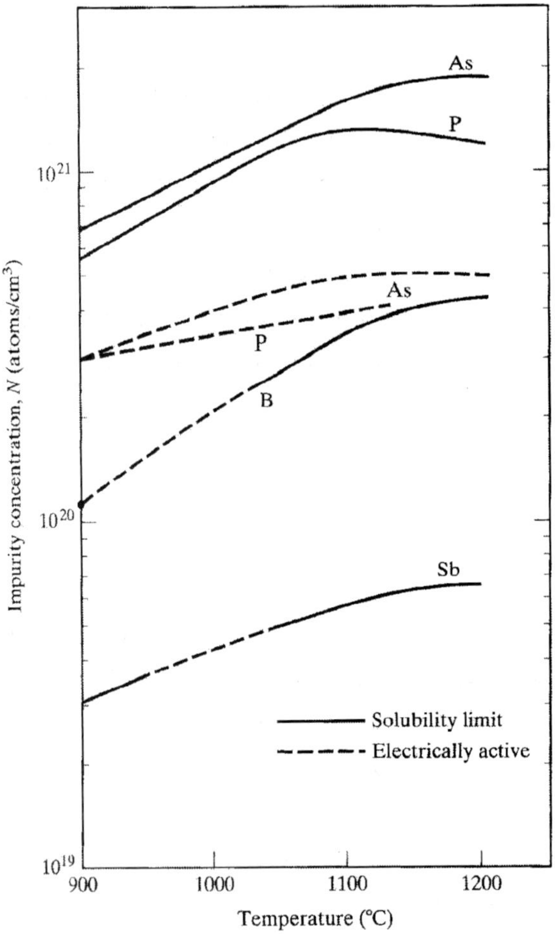

그림 4.6
실리콘에서의 안티몬, 비소, 붕소, 그리고 인에 대한 고용도와 전기적으로 활성화된 불순물 농도의 한계. Reprinted with permission from ref. [29]. 이 논문은 원래 1977년 필라델피아와 펜실베이니아에서 열린 The Electrochemical Society, Inc.의 봄 미팅에서 발표되었다.

4.6 접합 양식과 특성 분석

4.6.1 수직확산과 접합 양식

대부분의 확산의 목적은 p타입의 물질을 n타입으로 변화시켜서 pn 접합을 형성하는 것이다. 예를 들어, 그림 4.7에서 웨이퍼는 일정하게 도핑된 N_B만큼의 농도를 갖는 n타입 물질이고 확산된 물질은 붕소이다. 바탕의 불순물 농도를 분할하는 만큼 확산된 불순물의 위치를 금속학적 접합 길이, x_j라고 한다. x_j에서의 결과적인 불순물 농도는 0이다. N(x)가 $x = x_j$인 곳에서의 바탕 농도 N_B와 같다고 한다면, 가우시안과 상보에러함수에 대하여 다음의 식이 성립한다.

$$x_j = 2\sqrt{Dt\ln(N_0/N_B)} \tag{4.9}$$

그리고,

$$x_j = 2\sqrt{Dt}\ \mathrm{erfc}^{-1}(N_B/N_0) \tag{4.10}$$

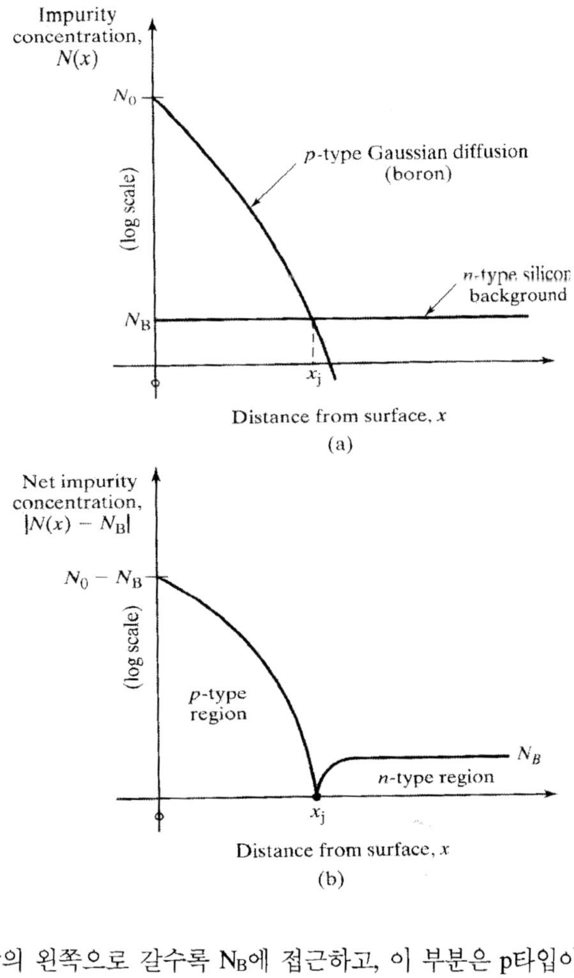

그림 4.7

확산에서의 pn접합의 형성 (a) 일정하게 도핑된 n타입 웨이퍼로 가우시안 확산이 이루어진 p타입 물질의 예 (b)웨이퍼에서의 결과적인 불순물 농도. 결과적인 불순물 농도가 0이 되는 금속학적 접합은 $x=x_j$인 지점에서 발생하였다. 금속은 x_j의 오른쪽에 n타입의 물질을 남겨 두고 x_j의 왼쪽에 p타입의 물질을 덮고 있다.

그림 4.7에서 붕소의 농도 N은 접합의 왼쪽으로 갈수록 N_B에 접근하고, 이 부분은 p타입이 된다. xj의 오른쪽으로 가면 N은 N_B보다 작아지고, 이 영역은 n타입으로 남는다.

우리는 식 (4.9)의 값을 구하기 위해 공학용 계산기를 사용할 수 있고, 그림 4.4를 이용하여 상보에러함수의 값을 구하는 방법을 배울 것이다. 접합 길이를 계산하려면 원래의 웨이퍼에서의 바탕 농도 N_B를 알아야 한다. 그림 4.8은 n타입과 p타입인 실리콘 물질에서의 도핑 농도의 함수로서 저항률을 보여준다. 도너와 억셉터 불순물 각각의 일정한 농도가 실리콘 웨이퍼 위에 존재할 때, 이 그림을 사용하여 바탕 농도를 결정할 수 있다.

그림 4.8

불순물 농도의 함수로 나타나는 상온에서의 n타입, p타입 실리콘의 저항률. (이 곡선은 도너와 억셉터 각각에 대해 적용될 수 있지만, 두 종류의 불순물 모두를 포함하는 물질에 대해서는 사용할 수 없음을 주목하라) Copyright 1987 Addison-Wesley Publishing Company. Reprinted with permission from Ref. [3].

예제 4.3

0.18-ohm-cm의 저항률을 갖는 n타입 실리콘 웨이퍼 위에 npn 트랜지스터의 베이스 영역을 형성하기 위해 붕소의 확산이 사용되었다. 고용도 제한된 붕소의 전 부착이 900℃에서 15분간 이루어졌고, 뒤이어 1100℃에서 5시간 동안의 드라이브인 과정이 수행되었다. (a) 전 부착 단계와 (b) 드라이브인 단계에 따른 표면 농도와 접합 길이를 구하여라.

풀이 : 전 부착 단계는 고용도 제한된 일정한 소스의 확산이었다. 그림 4.6을 사용하면, 붕소의 표면 농도는 대략 $1.1\times10^{20}/cm^3$이다. 900℃는 1173 K와 같다. 이때 확산계수 D_1 = $1.45\times10^{-15}cm^2/sec$이고, t_1 = 900 sec(15분)이다. 일정한 소스 확산은 상보에러함수 형태를 보이며, 전 부착에 따른 불순물 특성은 다음의 식으로 표현된다.

$$N(x) = 1.1\times10^{20} erfc(x/2\sqrt{D_1 t_1}) \text{ boron atoms/cm}^3$$

접합길이 xj를 알기 위하여, $N(x)$가 바탕 농도 N_B와 같게 되는 위치를 찾아야 한다. 그림 4.8을 사용하여, n타입 웨이퍼의 저항률 0.18-ohm-cm는 3×10^{16}의 도핑 농도에 해당함을 알 수 있다. 따라서,

$$1.1\times10^{20} erfc(x_{j/2}\sqrt{D_{1t_1}} = 3\times10^{16}$$

xj에 관하여 풀면,

$$x_{j=2}\sqrt{D_1 t_1}\, erfc^{-1}(0.000273) = 2(\sqrt{0.31\times10^{-12}})(2.57)cm = 0.0587\,\mu m$$

드라이브인 단계에 필요한 선량은 다음과 같다.

$$Q - 2N_0\sqrt{D_1 t_1/\pi} - 2(1.1\times10^{20})\sqrt{(1.45\times10^{-15})(900)/\pi}\ \text{boron atoms/cm}^2$$
$$Q = 1.42\times10^{14}\ \text{boron atoms/cm}^2$$

1100℃(1373 K)의 드라이브인 온도에서, $D_2 = 2.96\times10^{-13}cm^2/sec$이고, 5시간의 드라이브인 시간은 18,000sec이다. 드라이브인 단계에서 가우시안 분포가 나타난다고 가정하면, 최후의 분포 형태는 다음과 같다.

$$N(x) = 1.1\times10^{18}\exp-(x/2\sqrt{D_2 t_2})^2\ \text{boron atoms/cm}^3 \tag{4.3.1}$$

식 (4.3.1)이 바탕 농도와 같을 때, 최후의 접합 깊이는 2.77 ㎛가 된다. 그림 4.9는 확산 공정의 다양한 위치에서의 불순물 농도를 보여준다.

우리는 드라이브인 단계의 결과가 가우시안 형태라고 가정했던 것을 검증해 보아야 한다. 전 부착 단계에서의 Dt 곱은 $1.31\times10^{-12}cm^2$이고, 드라이브인 단계에서의 Dt 곱은 $5.33\times10^{-9}cm^2$이다. 따라서 $D_2t_2 \gg D_1t_1$이므로, 우리의 가정은 옳다.

4.6.2 수평확산

확산이 진행되는 동안에 불순물은 단지 수직적으로만 확산되는 것이 아니라 장벽층의 경계에서 측면 방향으로의 이동 역시 일어나게 된다. 그림 4.10은 이차원의 확산 공정을 컴퓨터로 시뮬레이션한 결과이다. 표준화된 불순물 농도를 수평축과 수직축으로의 확산 비율을

계산하는 데 사용할 수 있다. 수평확산은 커플링 소자와 공정 설계에 있어서 중요한 효과이며 스스로 정렬된 폴리실리콘-게이트 MOS공정의 발전을 이끌어 온 중요한 요소이다. 소자의 개략도와 수평확산의 상호작용은 9장과 10장에서 더 자세히 논의될 것이다.

예제 4.4

상보에러함수의 확산이 2 ㎛의 접합 깊이를 만들었고, 표면의 농도는 $1\times10^{20}/cm^3$이었다. 웨이퍼의 바탕 농도는 $1\times10^{16}/cm^3$이다. 마스크의 경계 아래로의 수평 확산의 깊이는 얼마나 되는가?

풀이 : 접합은 $N = N_B$이고, $N_0/N_B = 10^4$일 때 발생한다. 그림 4.10(a)를 사용하면, 수직적 확산에 대한 수평확산의 비는 2.4/2.75 또는 0.87이다. 따라서 접합 깊이는 1.74 ㎛이다.

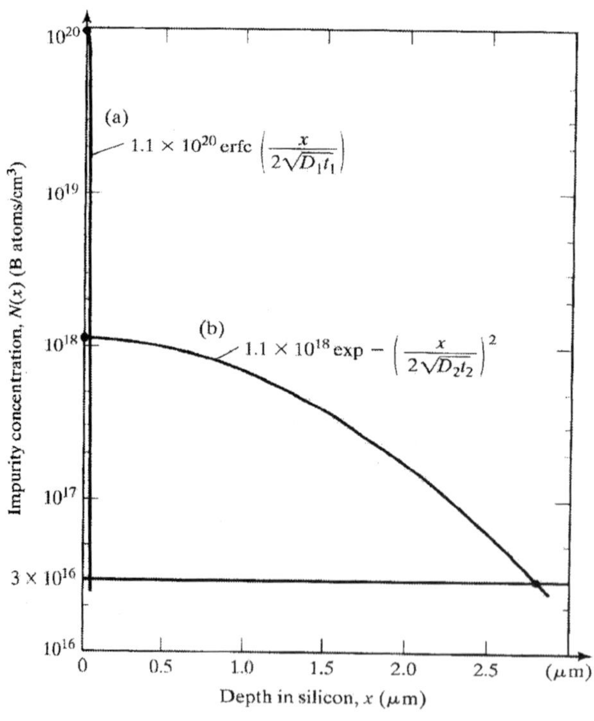

그림 4.9

예제 4.2에서 계산된 붕소 불순물의 분포 (a) 900℃에서 15분간 이루어진 전 부착 단계의 분포 (b) 1100℃에서 5시간 동안 이루어진 드라이브인 단계의 분포. 최후의 접합 깊이는 2.77 ㎛이었고, 표면 농도는 $1.1\times10^{18}/cm^3$이었다. 최초의 분포는 임펄스와 같다.

4.6.3 농도 의존적 확산

확산은, 확산 온도에서의 순물질의 캐리어 농도 n_i보다 작은 불순물 농도에 대해서 4.3절의 이론을 따른다. 이 농도 이상에서는 확산계수가 농도에 의존적이 된다. 평범한 각각의 불순물들은 각기 다른 반응을 나타낸다.

그림 4.10

장벽층 경계 부근에서 표준화된 이차원의 가우시안과 상보에러함수의 확산. Copyright 1965 by International Business Machines Corporation; reprinted with permission from Ref. [4].

확산방정식은 해석적으로 농도에 대해 선형, 곡선형, 그리고 3차 곡선형으로 의존하는 확산계수로서 풀 수 있다. 그 결과는 그림 4.20에 나와 있다. 여기에서 D_{sur}는 표면의 확산 농도를 나타낸다. 일반적으로, 농도 의존적인 확산은 일정한 확산계수를 갖는 경우에 비해서 확산 형태가 갑작스러운 결과를 보인다. 이러한 갑작스러운 프로파일은 스케일된 VLSI 소자에서 희망되는 얕은 접합의 형성에 실제적으로 가치가 있다.

붕소와 비소는 그림 4.20에서 농도에 일차적으로 의존하도록 모델링될 수 있고, 접합 깊이, 시트 저항, 전체적인 선량, 그리고 표면 농도 사이에 표 4.2[7−9]에 주어진 것과 같은 해석적 관계를 갖는다.

인의 고농도 확산은 붕소나 비소의 확산보다 더 복잡한 확산 형태를 보인다. 그림 4.21은 전형적으로 얕은 인의 확산 형태를 나타내었다. 인이 웨이퍼로 확산됨에 따라, 확산계수는 대략 $10^{19}/cm^3$ 아래의 농도에서 점점 증가하며, 뚜렷한 '킹크'(꼬임) 모양의 확산 형태를 갖는다. 킹크 효과는 얕은 MOS와 바이폴라 소자의 소스/드레인 확산이나 에미터 확산에서의 인의 사용에 대한 실제적인 한계점을 드러낸다. 이런 문제점을 피하기 위해 대부분의 MOS나 바이폴라 VLSI 공정에서 현재 비소를 사용하고 있다. 인의 확산을 묘사한 복잡한 수학적 모델이 참고 문헌 [10]과 [11]에 나와 있다.

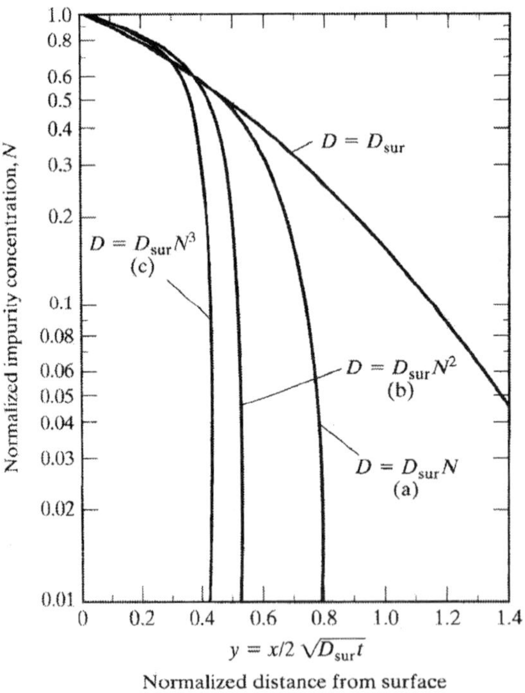

그림 4.11

농도 의존적 확산에 대한 확산 형태. Copyright 1963 by the American Physical Society. Reprinted with permission from Ref. [6].

표 4.2 높은 농도의 비소와 붕소 확산의 특성

Element	x_j (cm)	D(cm^2/sec)	N_0(cm^{-3})	Ω(cm^{-2})
Arsenic	$2.29\sqrt{N_0Dt/n_i}$*	$22.9\exp(-4.1/kT)$	$1.56\times10^{17}(R_sx_j)^{-1}$	$0.55N_0x_j$
Boron	$2.45\sqrt{N_0Dt/n_i}$*	$3.17\exp(-3.59/kT)$	$2.78\times10^{17}(R_sx_j)^{-1}$	$0.67N_0x_j$

* The value of n_i must be calculated at the diffusion temperature.

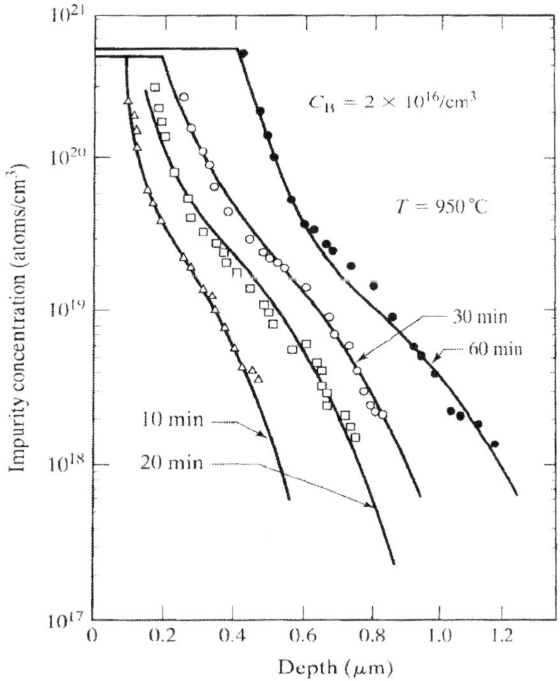

그림 4.12

950℃에서의 고정 소스 확산에 대한 인의 얕은 확산 형태. Copyright 1969 IEEE. Reprinted with permission from Ref. [10].

4.7 시트 저항

확산된 층에서 저항률은 깊이에 크게 의존하는 함수이다. 회로와 소자의 설계에 있어서 시트 저항이라 불리는 새로운 변수 R_s를 가지고 작업하면 매우 편리하다. R_s를 사용하면 확산된 층의 분포에 관해 자세히 알아야 할 필요가 없다.

4.7.1 시트 저항의 정의

우선, 그림 4.13에 나온 균일하게 도핑된 물질의 육면체 블록의 저항 R을 고려해 보자. R은 다음의 식으로 주어진다.

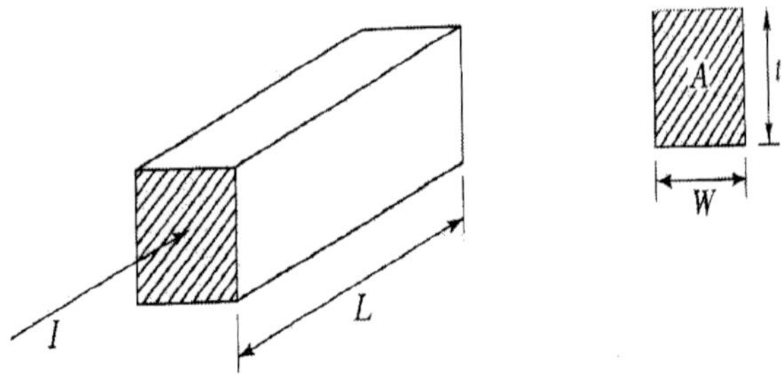

그림 4.13

균일한 저항률을 갖는 물질로 이루어진 블록의 저항률. 균일하게 분포된 전류가 블록의 끝 단면에 수직하게 물질 속으로 들어간다. 저항률과 두께의 비율을 그 물질의 시트 저항이라 부른다.

$$R = \rho L/A, \tag{4.11}$$

이때 ρ는 물질의 저항률이고 L과 A는 각각 블록의 길이와 단면적을 나타낸다. 저항은 물질의 저항률에 비례한다. 만약 블록의 길이가 더 길어진다면 저항은 증가한다. 그리고 저항은 단면적에 반비례한다.

샘플의 너비 W와 두께 t를 사용하여 저항에 관한 식을 아래와 같이 다시 쓸 수 있다.

$$R = (\rho/t)(L/W) = R_s(L/W) \tag{4.12}$$

이때 R_s=(ρ/t)는 물질층의 시트 저항이라 부른다. 시트 저항 R_s가 주어지면, 회로 설계자는 값을 결정하려는 저항의 길이와 두께만을 알면 된다. 엄밀하게 말해서, 비율 L/W는 단위가 없으므로, 시트 저항의 단위는 옴이다. R과 R_s 사이의 혼동을 막기 위해서 시트 저항은 ohms per square라는 특별한 기술적인 단위로 나타낸다. L/W의 비는 저항 물질의 단위 정사각형의 개수로서 해석된다.

그림 4.14는 끝부분의 꼭대기에 접점을 갖는 두 개의 전형적인 덤벨 모양의 저항의 윗면과 측면을 보여주고 있다. 각 저항들의 몸은 일곱 개의 '사각형들'로 이루어져 있다. 만약 확산에 의한 시트 저항이 사각형마다 50옴이라면 각 레지스터는 350옴의 저항을 가질 것이다. 접촉을 둘러싼 저항의 일부 역시 구조의 총 저항에 기여한다. 그림 4.15는 다양한 끝부분과 모서리 모양을 갖는 저항에서의 사각형의 개수를 가르쳐 준다. 그림 4.14의 저항에 대하여, 저항의 양쪽 끝부분마다 대략 0.65개의 사각형이 더해지므로, 전체의 저항은 대략 415옴이 된다. 저항 몸체의 사각형의 수뿐만 아니라, 마스크 경계 아래에서의 수평확산 역시 기하학적 형태와 접합을 변화시킬 수 있음을 주목하라.(문제 4.8−4.10을 보라)

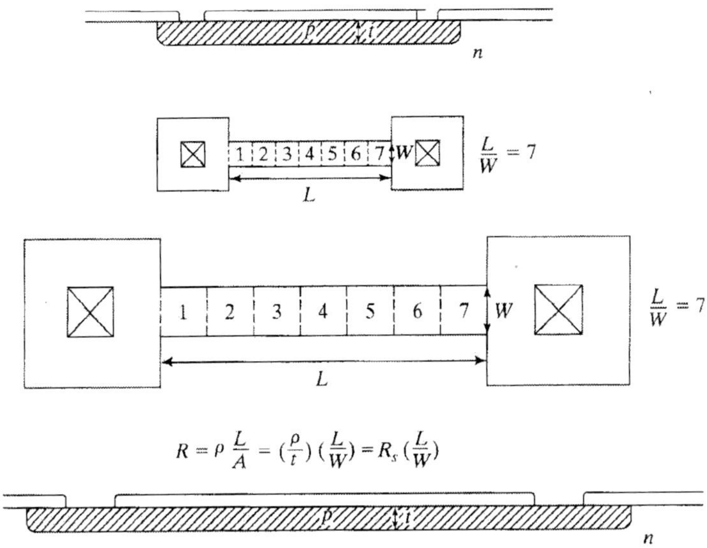

그림 4.14

물리적인 크기는 다르지만 저항값이 같은 2개의 확산된 저항의 윗면과 측면. 각각의 저항은 L/W의 비율이 7개 정사각형을 붙여 놓은 것과 같다. 각 저항의 끝부분은 추가적으로 대략 0.65개의 사각형만큼의 저항을 만든다.

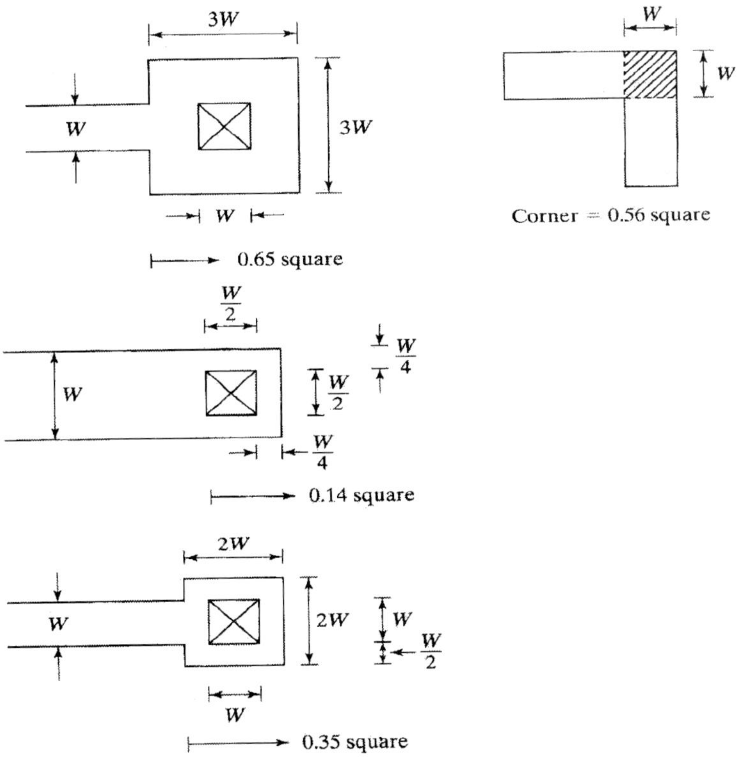

그림 4.15

다양한 끝부분과 모서리 모양을 갖는 저항에서 유효한 사각형의 수

예제 4.5

그림 4.14와 비슷한 덤벨 형태로 5 kΩ의 저항을 제작하기 위해 200 Ω/□의 시트 저항을 갖도록 하는 확산 공정을 하였다. 저항의 몸체를 만들기 위해 얼마나 많은 사각형을 사용해야 하는가?

풀이 : 요구되는 사각형의 총 수는 $N_{tot} = (5000\ \Omega)/(200\ \Omega/\square) = 25\square$이다. 두 개의 접촉 부분을 제거한 저항의 몸체에 있는 사각형의 수는 $N = 25 - 2(0.65) = 23.7\square$이다. 저항의 몸체에 사용된 사각형의 수가 정수일 필요는 없다는 점에 유의하라.

4.7.2 Irvin의 곡선

4.2절에서 우리는 접합과 표면 사이에서 확산으로 인한 불순물의 농도가 빠르게 변하는 것을 알 수 있었다. 따라서 ρ는 확산된 저항에서 깊이에 따른 함수이다. 확산된 층에서 층의 평균 저항률을 사용하여 시트 저항을 정의할 수 있다.

$$\bar{\rho} = \frac{1}{\bar{\sigma}} = \frac{1}{\dfrac{1}{x_j}\displaystyle\int_0^{x_j} \sigma(x)\,dx}$$

$$R_s = \frac{\bar{\rho}}{x_j} = \left[\int_0^{x_j} \sigma(x)\,dx\right]^{-1}$$

불순물 반도체에서 이 표현은 다음과 같이 근사화될 수 있다.

$$R_s = \left[\int_0^{x_j} q\mu N(x)\,dx\right]^{-1} \tag{4.13}$$

이때, x_j는 접합 깊이, μ는 다수 캐리어의 이동도, 그리고 N(x)는 전체 불순물의 농도이다. 접합면 x_j 근처에서 전하를 띤 캐리어의 확산은 무시하였다.

주어진 확산 형태에서 시트 저항은 확산층의 표면 농도와 웨이퍼의 바탕 농도에 따라 유일하게 결정된다. 식 (4.13)은 수치적으로 Irvin[5]에 의해 결정되었고, Irvin의 결과에 따른 숫자는 그림 4.16(a)–(d)[2]와 관련되어 있다. 이 그림들은 $R_s x_j$의 곱에 대한 표면 농도를 나타내었고, 확산된 층에서의 시트 저항과 표면 농도를 알아내는 데 사용될 수 있다.

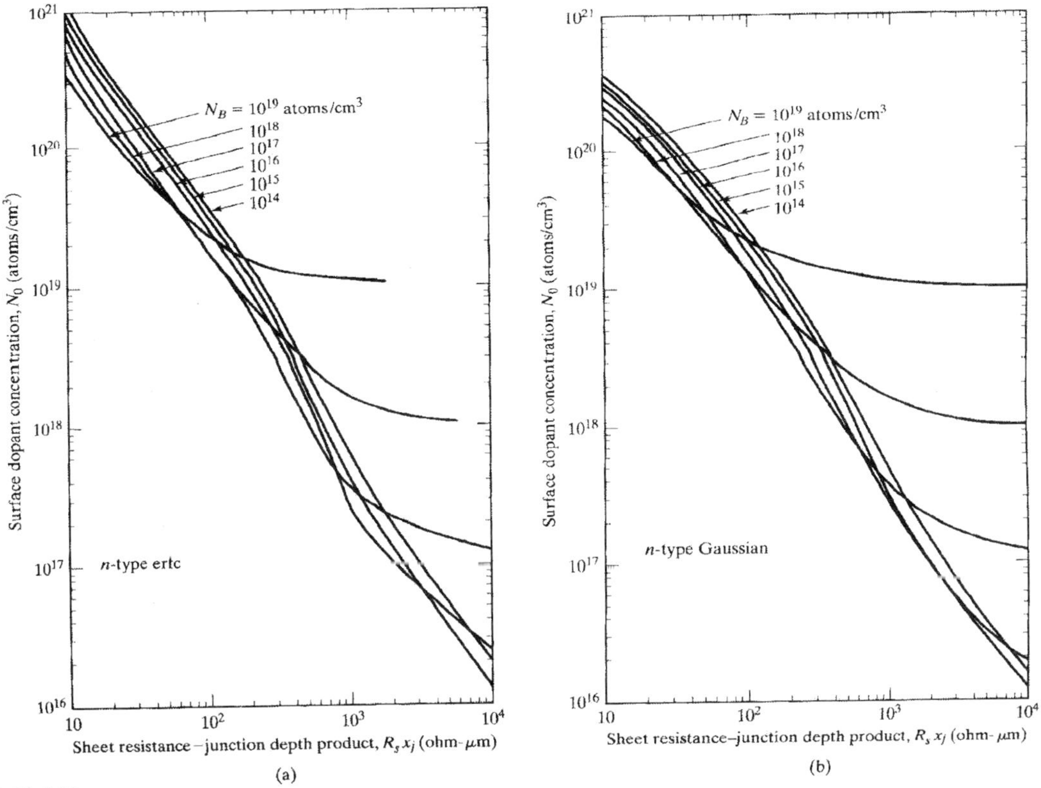

그림 4.16

300 K에서 바탕 농도를 갖는 실리콘에서의 시트 저항−접합 깊이의 곱에 대한 표면 불순물 농도 (a) n타입의 상보에러함수 분포 (b) n타입의 가우시안 분포 (c) p타입의 상보 에러 함수 분포 (d) p타입의 가우시안 분포. After Ref. [2]. Reprinted from Ref. [5] with permission from the *AT&T Technical Journal*. Copyright 1962 AT&T.

예제 4.6

예제 4.2의 붕소 확산에서의 시트 저항을 구하라.

풀이 : 예제 4.3에서 웨이퍼의 바탕 농도는 3×10^{16}/cm^3, 표면 농도는 1.1×10^{18}/cm^3, 그리고 접합 깊이는 2.77 ㎛이었다. 확산은 p타입의 가우시안 분포를 이루었다. 그림 4.16(d)를 사용하면 $R_s x_j$의 곱은 대략 800 ohm-㎛로 나타난다. 이것을 접합 깊이인 2.77 ㎛로 나누면, 시트 저항은 289 ohms/square가 된다.

시트 저항은 다수 캐리어 농도에 의존하는 전기적인 양이다. 그림 4.6에서 보듯이, 전기적으로 활성화된 인이나 비소의 불순물 농도는 많이 도핑된 물질에서의 전체 불순물 농도

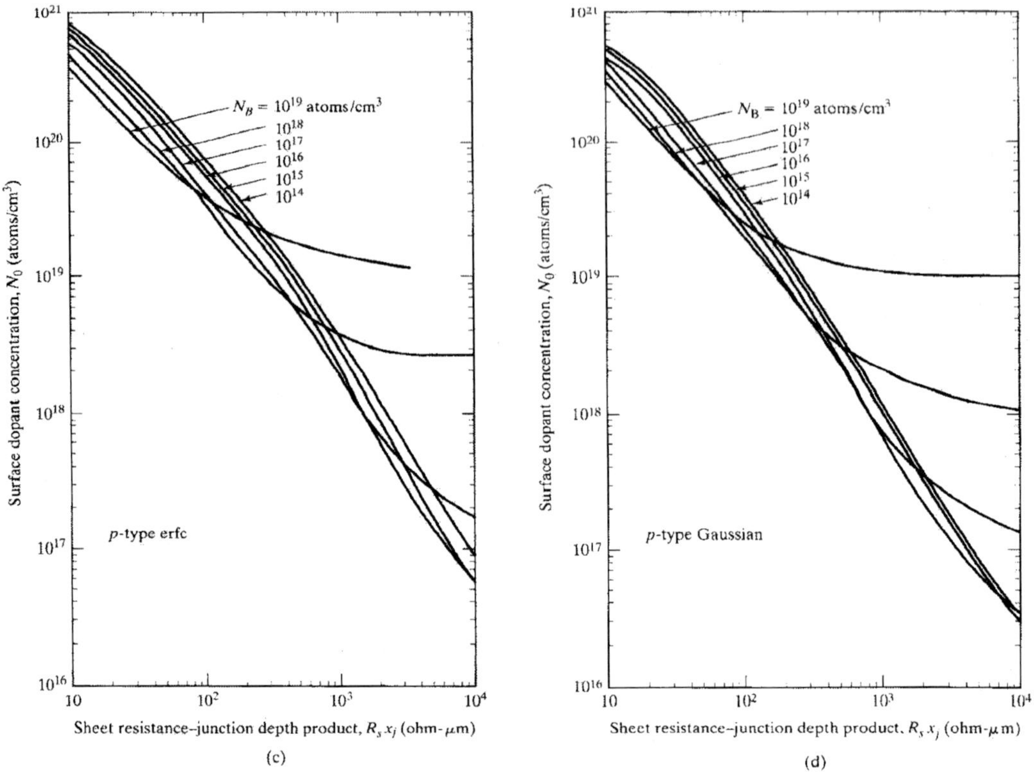

그림 4.16 (계속)

에 비해 매우 작다. 많이 도핑된 물질에 대해 **Irvin**의 곡선을 사용하려면 '표면 불순물 밀도'라고 표시된 세로축을 표면에서의 전기적으로 활성화된 불순물 농도로 해석하여야 한다.

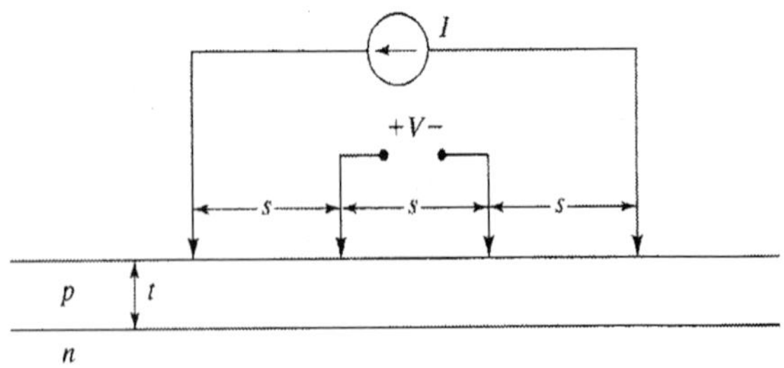

그림 4.17
웨이퍼의 벌크 저항률과 얕은 확산층의 시트 저항을 직접적으로 측정하기 위해 프로브 사이에 거리 s를 두고 있는 4점의 프로브 바깥쪽의 두 개의 프로브를 통해 알고 있는 전류가 주입되고, 안쪽의 프로브로부터 발생한 전압이 측정된다. (식 4.14부터 4.16까지 보라)

4.7.3 4점 프로브

4점 프로브라고 불리는 특별한 장치가 웨이퍼의 벌크 저항률과 얇은 확산층의 시트 저항을 측정하는 데 사용된다. 그림 4.17에 도식적으로 나와 있듯이, 고정된 전류가 두 개의 바깥쪽 프로브를 통해서 웨이퍼로 주입되고, 결과적으로 두 개의 안쪽 프로브 사이의 전압이 측정된다. 만약 일정한 거리 s를 사이에 두고, 무한한 물질의 판 위에 프로브들이 위치하고 있다면, 저항률은 다음의 식으로 주어진다.

$$\rho = 2\pi s V/I \text{ ohm} - \text{meters for } t \gg s \tag{4.14}$$

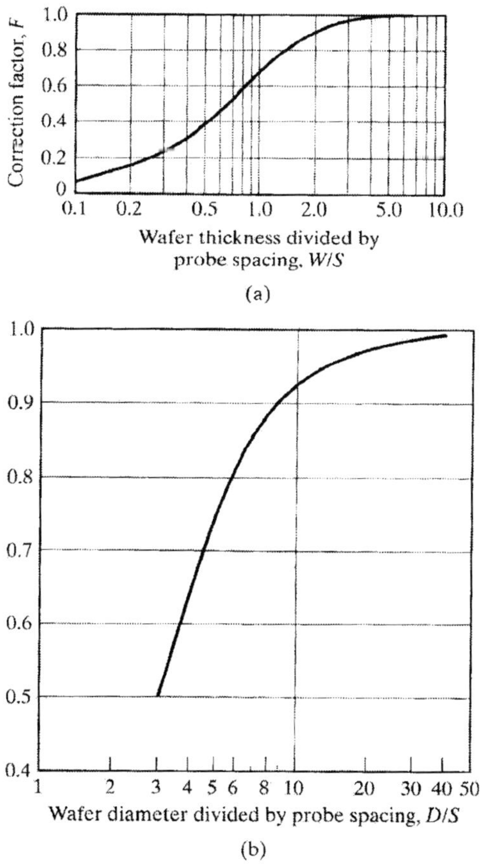

그림 4.18

4점의 프로브에서의 수정 요소 F는 (a) 프로브 거리 s에 대해 상대적으로 두께가 얇은 웨이퍼와, (b) 지름이 유한한 웨이퍼에 사용한다. 각각의 경우에 대해 $\sigma = F\sigma_{measured}$이다. (a) Copyright 1975 by McGraw-Hill Book Company. Reprinted with permission from Ref. [12]. (b) Reprinted from Ref. [30] with permission from the AT&T *Technical Journal*. Copyright 1958 AT&T.

그리고

$$\rho = (\pi t/\ln 2)V/I \ \text{ohm} - \text{meters for } s \gg t \tag{4.15}$$

얇은 층에서, 식 (4.15)는 다음의 시트 저항을 알려준다.

$$R_s = \rho/t = (\pi/\ln 2)V/I = 4.53\ V/I \ \text{ohm} - \text{meters for } s \gg t \tag{4.16}$$

식 (4.15)와 (4.16)에 사용된 근사화는 실리콘의 얇은 확산층에서 잘 적용된다. 불행하게도, 실리콘 웨이퍼는 종종 프로브 거리 s보다 작으며, 식 (4.14)의 근사값은 적용할 수 없다. 지름이 작거나 얇은 웨이퍼에 관한 수정 요소가 그림 4.18에 나타나 있다.

4.7.4 Van der Pauw 법

제멋대로 생긴 샘플 물질에서의 시트 저항은 샘플의 둘레에 4개의 접점을 만들어 측정할 수 있다. 한 쌍의 접점으로 전류를 주입하고, 다른 한 쌍의 접점에서 발생한 전압을 측정한다. Van Der Pauw[13,14]는 이러한 두 측정값이 식 (4.17)의 관계에 있다는 것을 증명하였다.

$$\exp(-\pi t R_{AB,CD}/\rho) + \exp(-\pi t R_{BC,DA}/\rho) = 1 \tag{4.17}$$

이때 $R_{AB,CD} = V_{CD}/I_{AB}$이고, $R_{BC,DA} = V_{DA}/I_{BC}$이다. 정사각형이나 원과 같은 대칭적인 구조에 대해서 다음의 식이 성립한다.

$$R_{AB,CD} = R_{BC,DA}$$

그리고

$$R_s = \rho/t = (\pi/\ln 2)V_{CD}/I_{AB} \tag{4.18}$$

식 (4.16)과의 유사성에 주목하라.

n타입과 p타입의 시트 저항이 웨이퍼의 최후 공정 이후에 측정될 수 있게 하기 위해서, 특별하게 설계된 시트 저항 테스트 구조가 종종 웨이퍼 위에 포함된다. 그림 4.19는 이러한 구조의 예이다.

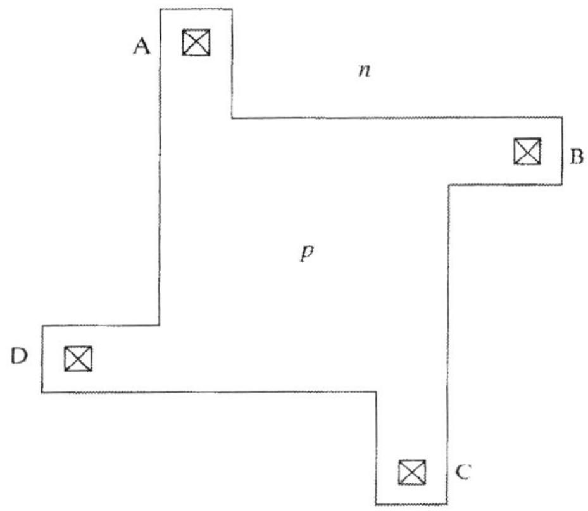

그림 4.19
간단한 Van der Pauw 테스트 구조. 확산된 층에서의 시트 저항을 측정하기 위해 사용된다. 시트 저항은 식 (4.18)을 사용하여 구할 수 있다.

4.8 접합 깊이와 불순물 분포의 측정

테스트 웨이퍼는 실제의 집적회로 웨이퍼와 병렬로 평범하게 제작되었다. 테스트 웨이퍼의 모든 표면에서 확산이 일어나도록 하기 위해, 마스킹은 사용하지 않았다. 테스트 웨이퍼는 접합 깊이를 실험적으로 알아내기 위해 면적이 넓다. 다른 방법으로서, 각 웨이퍼의 몇 개의 평범한 다이 위치에 테스트 다이스를 배치한다. 이러한 테스트 다이스는 다양한 공정 단계 동안의 소자 특성과 모니터링 공정을 위한 테스트 구조의 배열을 알려준다.

4.8.1 Groove-and-Strain과 앵글랩 방법

확산된 층에서의 접합 깊이를 알아내기 위해 두 가지 방법이 많이 사용되고 있다. 첫 번째는 Groove-stain 법으로, 그림 4.20처럼 원통형의 홈이 기계적으로 웨이퍼 표면에 파인다. 만약 갈아내는 도구의 반지름을 알고 있다면 접합 깊이는 쉽게 구할 수 있다.

$$x_j = \sqrt{(R^2 - b^2)} - \sqrt{(R^2 - a^2)} \tag{4.19}$$

만약 반지름 R이 거리 a와 b에 비해서 매우 크다면, 접합 깊이는 대략적으로 다음의 식으로 주어진다.

$$x_j = (a^2 - b^2)/2R = (a+b)(a-b)/2R \tag{4.20}$$

홈을 파는 작업 이후에 pn접합을 착색하는 화학적인 부식액을 사용하면 접합이 나타난다.

질산에 0.1과 0.5%의 불화수소를 첨가한 용액을 높은 강도의 빛에 노출시키면 착색을 일으키는 물질로 사용할 수 있다. 거리 a와 b는 현미경으로 측정되며, 접합 깊이는 식 (4.20)을 사용하여 구할 수 있다.

두 번째 방법은 앵글랩법이다. 웨이퍼 조각은 그림 4.21에 나와 있는 것처럼 웨이퍼의 가장자리가 1~5°의 각으로 연마되도록 하는 특별한 구조 위에 놓인다. 결합 깊이는 연마된 표면 위에서 다음에 주어진 식처럼 확대된다.

$$x_j = d\tan\theta = N\lambda/2 \tag{4.21}$$

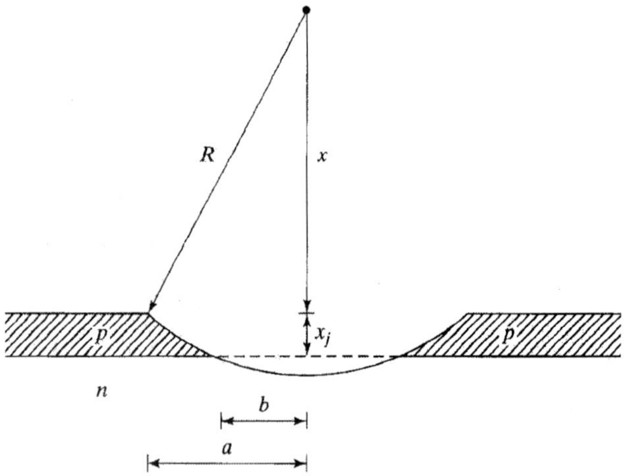

$$(x + x_j) - x = \sqrt{R^2 - b^2} - \sqrt{R^2 - a^2} = R\left(\sqrt{1 - (\frac{b}{R})^2} - \sqrt{1 - (\frac{a}{R})^2}\right)$$

$$\doteq R\left\{(1 - \frac{1}{2}\frac{b^2}{R^2}) - (1 - \frac{1}{2}\frac{a^2}{R^2})\right\} \quad R >> a, \; R >> b$$

$$x_j \doteq \frac{a^2 - b^2}{2R} = \frac{(a+b)(a-b)}{2R}$$

그림 4.20

Groove-stain법에 의한 접합 깊이 측정거리 a와 b는 현미경으로 측정할 수 있고, 접합 깊이는 식 (4.20)을 사용하여 구할 수 있다.

이때 θ는 설치물의 각도이다. 광학적으로 평면인 유리가 연마된 영역 위에 놓인 후, 테스트 구조는 전형적으로 나트륨 증기 램프를 이용한 단일파장 λ의 조준된 광선을 받는다. 결과적으로, 간섭 패턴이 대략 0.29 ㎛만큼 떨어진 주름 형태로 나타난다. 주름의 개수는 현미경을 통해 재고, 접합 깊이는 식 (4.21)을 통해 계산할 수 있다. 이 방법은 매우 얇은 접합이 많아져 사용 빈도가 점차 떨어지고 있다. 얇은 구조에 대해 보다 일반적인 분석 능력을 제공하는 분석 기술에 대해서는 다음 절에서 논한다.

4.8.2 불순물 분포 측정

스프레딩저항 측정과 이차 이온 질량분석기(SIMS)는 실리콘에서의 불순물 분포를 측정하는 데 널리 이용된다. 두 방법 모두 샘플의 측정된 부분을 변형시키거나 파괴한다는 점에 주목하라.

스프레딩저항 측정 방법에서, 반도체의 영역은 4.8.1절에서 논의된 접합 측정과 마찬가지로 앵글랩된다. 층의 저항은 2점 프로브를 이용하여 앵글랩된 표면의 깊이에 대한 함수로서 측정된다. 이 정보로부터, 불순물 농도와 불순물 타입이 계산될 수 있다. 그림 4.22는 스프레딩저항 측정으로 결정된 불순물 분포와 접합 깊이의 예를 제시하고 있다.

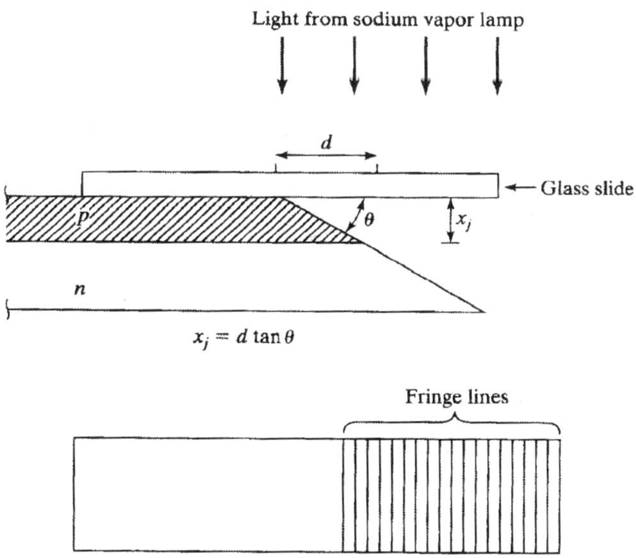

그림 4.21
앵글랩법을 이용한 접합 깊이 측정. 접합 깊이와 식(4.21)의 관계에 있는, 거리 d를 측정하는 데 간섭으로 생긴 주름이 이용된다.

그림 4.23(a)에 나타나 있는 SIMS 분석법[15−16]에서는 낮은 에너지(1−20 ke)의 세슘이나 산소 등으로 일컬어지는 이온빔이 사용되어 한 번에 하나 혹은 두 개의 원자층의 표면으로부터 원자들을 제거(sputter)한다. 표면으로부터 제거된 원자들의 작은 비율은 이온화되고, 그러한 이온들이 수집되고 질량분석기에 의해 분석되어 원자의 종이 결정된다. 스퍼터링하는 공정 중에 지속적으로 이러한 분석이 수행되며, 깊이에 대한 원자 분포의 모양이 그림 4.23(b)에 보인 바와 같이 생성된다. 질량의 제거가 2~5 Å/sec의 비율로 진행되며 수 마이크론의 깊이에 사용될 수 있다. SIMS는 실리콘의 불순물 분포를 알아보기 위해 필요한 민감도를 갖고 있으며 표면 분석에만 사용되는 장비이다. SIMS로부터 얻을 수 있는 전형적

인 민감도가 표 4.3에 나타나 있다.

표 4.3 실리콘의 SIMS 분석

Element	Ion Beam	Sensitivity
Arsenic	Cesium	$5\times10^{14}/cm^3$
Boron	Oxygen	$1\times10^{13}/cm^3$
Phosphorus	Cesium	$5\times10^{15}/cm^3$
Oxygen	Cesium	$1\times10^{17}/cm^3$

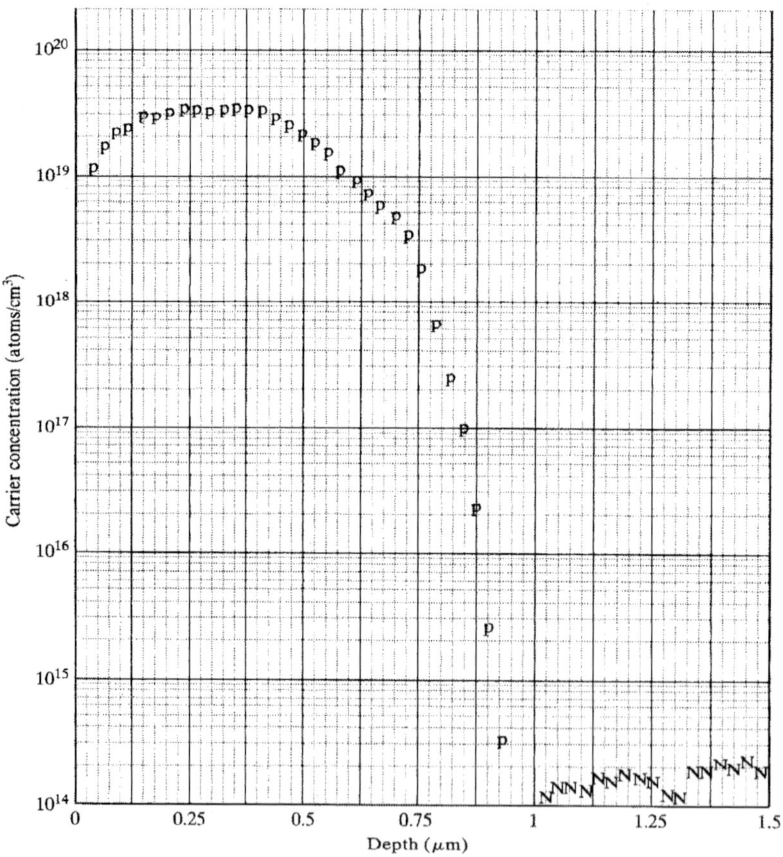

그림 4.22

스프레딩저항 분석을 사용하여 측정된 불순물 분포의 예

4.9 확산 시뮬레이션

3장에서 소개된 SUPREM 프로그램은 확산에 대한 완벽한 모델을 포함한다. SUPREM은 간단한 일차원의 확산뿐만 아니라 그림 4.20에 표현된 것과 같은 고도로 복잡한 이차원의 확산도 시뮬레이션할 수 있다.(문제 4.20을 보라)

간단한 예로서, 예제 4.3의 2단계 확산의 입력 정의의 일부가 그림 4.24의 출력 데이터와 부합하도록 다음에 주어져 있다. 입력 파일은 18 Ω-cm의 저항률을 갖도록 인이 도핑된 <100> 웨이퍼가 출발 물질로 정의되어 있다. 전 부착을 900℃에서 15분간 수행하였고, 드라이브인 공정을 1100℃에서 300분간 수행하였다. (출력 조절 선언은 순서에 포함되지 않았다)

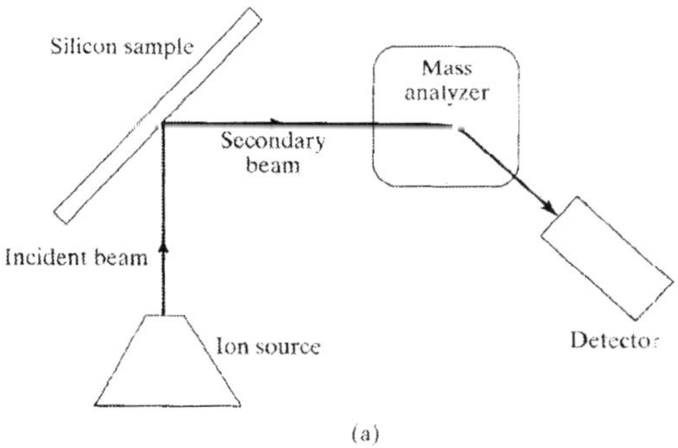

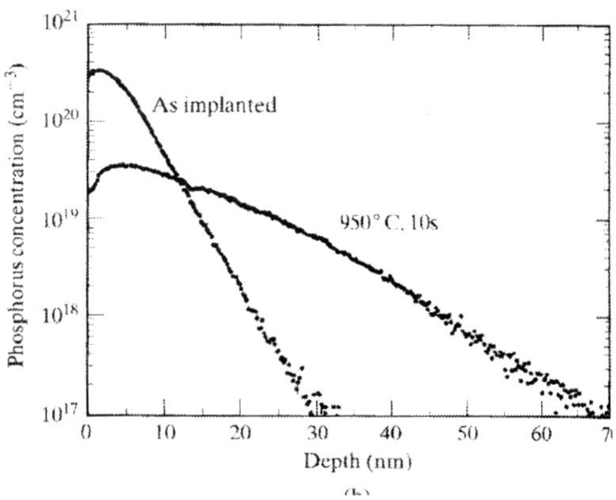

그림 4.23
(a) SIMS 분석 시스템의 개념 (b) SIMS 분석을 이용하여 측정된 불순물 분포의 예 Copyright 1997 IEEE, Reprinted with permission from Ref.[17]

전 부착 단계에 따라서, SUPREM 시뮬레이션은 표면 농도를 $N_0=3\times10^{20}/cm^3$으로, 그리고 접합 깊이를 $x_j = 0.1$ ㎛로 예측하였다. 드라이브인 단계 이후, N_0와 x_j의 최종값은 $10^{17}/cm^3$과 2.0 ㎛로 예측되었다. 확산된 층의 시트 저항은 대략적으로 500 Ω/□으로 추정된다. 시뮬레이션 결과는 웨이퍼 표면에서 아웃확산으로 인한 붕소와 인 모두의 고갈을 보여주고, 붕소 농도의 극대점이 실리콘 표면 아래에 존재한다는 것을 나타낸다. 이 결과는 정교한 컴퓨터 분석 장비 사용의 파워와 중요성을 보여준다.

```
$TWO STEP DIFFUSION
INITIALIZE <100> PHOS=0.18 RESISTIVITY
DIFFUSE TEMP=900 TIME=15 BORON=1E21
...
...
DIFFUSION TEMP=1100 TIME=300
...
...
```

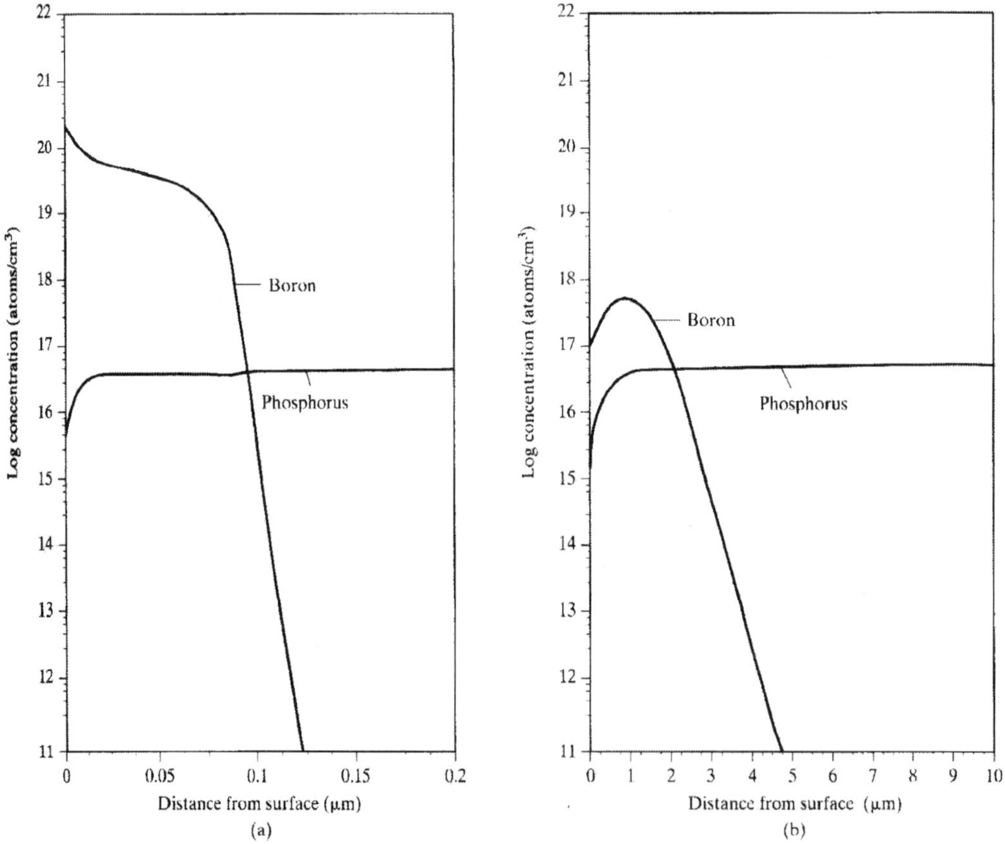

그림 4.24
예제 4.3의 인이 도핑된 웨이퍼의 2단계 붕소 확산에 대한 SUPREM 분석 결과

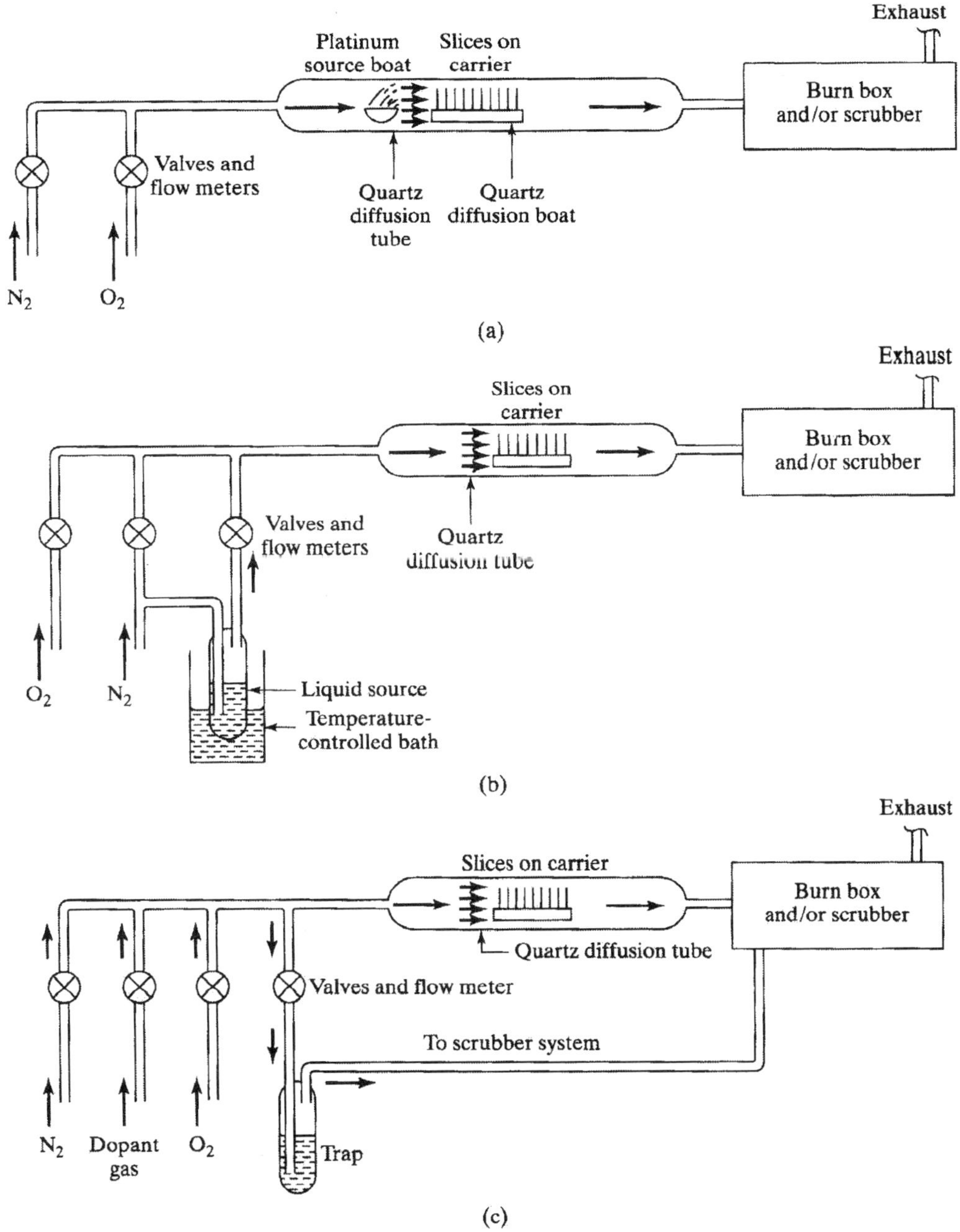

그림 4.25

개방 노 튜브 확산 시스템 (a) 확산 튜브 뒤쪽의 플래티늄 보트 위의 고체 소스 (b) 버블러를 통과하는 캐리어 가스를 사용한 액체소스 시스템 (c) 기체 형태의 불순물 소스를 사용하는 확산 시스템 Copyright John Willey and Sons, Reprinted with permission from Ref. [26].

4.10 확산 시스템

그림 4.25에 나타낸 바와 같이 고체, 액체 그리고 기체의 소스를 사용하는 개방 노 튜브 확산 시스템은 재현성이 우수하며 IC 제작 공정에 사용되는 일반적인 확산 기술이다. Three-zone 수평 노는 확산에 이용될 수 있다. 웨이머는 수정 보트에 위치시켰고, 고온으로 가열되는 노의 중앙 영역으로 이동된다. 불순물은 실리콘의 표면으로 전달되고 웨이퍼 내부로 확산된다.

대다수의 일반적인 실리콘 도펀트는 액체의 스핀온 소스를 사용하여 공급된다. 이러한 스핀온 도펀트는 다루기 쉽고 안전하며 공급하기 쉬우나, 다른 불순물 소스에 비해 종종 균일성이 떨어지는 특성을 갖는다. 우수한 품질로 조정하기 위하여 대부분의 생산 시스템은 고체, 액체 또는 기체의 불순물 소스를 사용한다.

고체 소스 시스템의 한 종류로서, 노 튜브에 위치한 소스 보트 위에 조절된 비율로 캐리어 가스(보통 N_2 혹은 O_2)를 흘려 준다. 캐리어 가스는 소스로부터의 증기를 집어서 웨이퍼의 표면에 그것들이 증착되는 위치에 도펀트 물질을 수송한다. 소스의 온도는 원하는 증기압을 유지하도록 조절된다. 소스는 노의 저온 섹션이나 노의 밖에 있을 수도 있다. 고체의 붕소와 인 불순물은 웨이퍼 형태로도 얻어질 수 있으며, 인접한 실리콘 웨이퍼 사이에 위치시킬 수도 있다.

액체 소스 시스템에서, 캐리어 가스는 액체의 증기를 집어내는 버블러를 통과한다. 가스 캐리어는 실리콘의 표면과 반응하는 노 튜브로 증기를 이송한다.

기체 소스 시스템은 도펀트 종을 직접적으로 기체 상태에서 노 튜브에 공급한다. 일반적인 가스 소스는 극도로 독성이 있으며, 웨이퍼가 들어가고 나오기 전에 시스템으로부터 모든 소스 기체가 제거되는 것을 확보하기 위해 별도의 입력 세척과 트래핑 시스템을 요구한다. 또한 대부분의 확산 공정은 모든 소스 기체를 사용하지 않으며, 생산물의 원하지 않는 반응을 생성하지 않는다. 그러므로 확산 물질의 배기물은 대기로 배출되기 전에 화학적으로 태우거나 물로 씻어내는 공정을 거쳐야 한다.

붕소는 오직 p타입 불순물로만 사용된다. 알루미늄과 갈륨의 확산계수는 실리콘 산화물에서 매우 높으므로 이 물질들은 SiO_2에 의해 효과적으로 가려지지 않는다. 인듐은 상대적으로 딥 레벨 억셉터이므로 사용되지 않는다($E_A - E_V = 0.14$ eV).

반면에 안티몬, 인, 그리고 비소는 모두 실리콘 산화물로 가려질 수 있는 n타입의 불순물로서 실리콘 공정에서 일상적으로 사용된다.

4.10.1 붕소 확산

붕소는 실리콘에서 높은 고용도를 갖고 있으며, $4\times10^{20}/cm^3$까지의 표면 농도를 얻을 수 있다 (그림 4.6을 보라). 붕소 원소는 실리콘의 용융점 이상의 온도에 이르기까지 불활성이다. 붕소를 실리콘 표면으로 주입시키기 위해 삼산화붕소(B_2O_3)의 표면 반응을 이용한다.

$$2B_2O_3 + 3Si \rightleftharpoons 4B + 3SiO_2 \tag{4.22}$$

삼산화붕소가 초과되면 대부분의 산으로 제거하기 매우 어려운 갈색의 붕소 스킨을 이룬다. 붕소 스킨 형성은 3~10%의 산소를 포함한 산화성 분위기에서 확산을 수행함으로서 극소화시킬 수 있다. 2단계 확산에서 붕소의 선확산 단계는 흔히 드라이브인 단계앞에서 붕소 표면의 제거를 돕기 위한 짧은 산화 단계를 수반한다.

붕소의 일반적인 고체 소스는 트리메틸보레이트(TMB)와 질화붕소 웨이퍼를 포함한다. TMB는 상온에서 높은 증기압을 갖는 고체이다. TMB 소스는 보통 확산 노의 밖에 존재하고, 사용하는 동안 상온 이하로 냉각된다. TMB 증기는 노튜브에서 산소와 반응하여 삼산화붕소와 물, 이산화탄소를 형성한다.

$$2(CH_3O)_3B+9O_2 \xrightarrow{900℃} B_2O_3+6CO_2+9H_2O$$

(4.23)

반응하지 않은 TMB는 배기류로부터 반드시 제거하여야 한다.

질화붕소는 웨이퍼의 형태로 사용될 수 있는 고체 소스이다. 활성화된 웨이퍼들을 실리콘 웨이퍼를 잡는 데 사용된 같은 수정 보트에 모든 세 번째 홈마다 위치시킨다. 실리콘 웨이퍼 표면은 산화된 질화붕소 웨이퍼의 양쪽면에 접하고 있으며, 삼산화붕소가 고온 확산 공정 중에 실리콘 웨이퍼의 표면으로 직접 이송된다. 소량의 질소와 같은 불활성 기체의 흐름이 확산시에 튜브 밖의 오염물을 막기 위해 사용된다.

가장 일반적인 붕소의 액체 소스는 붕소트리브로마이드(BBr_3)이다. 그 반응은 다음과 같다.

$$4BBr_3 + 3O_2 \rightarrow 2B_2O_3 + 6Br_2 \tag{4.24}$$

자유로운 브롬은 금속 불순물과 쉽게 결합하고, 확산시에 금속 불순물을 제거하는 데(게터링) 사용된다. 사용되지 않은 붕소트리브로마이드뿐만 아니라, 브롬 역시 배기류에 포함되므로 배기 가스는 신중하게 세척되어야만 한다.

기본적인 붕소의 가스 소스는 다이보레인(B_2H_6)이다. 다이보레인은 독성이 매우 강하고 폭발적인 가스이다. 표 4.4는 확산 소스로서 사용되는 일반적인 가스들의 최대 허용 노출의 ACGIH 권장량을 요약하고 있다. 이러한 가스들을 사용할 때는 세심하게 주의를 기울여야 한다. 사용시의 위험을 줄이기 위해서 다이보레인은 보통 99.9%의 부피비로 아르곤이나 질소에 희석된다.

다이보레인은 산소나 이산화탄소 모두에서 산화되어 삼산화붕소를 형성한다.

$$B_2H_6 + 3O_2 \xrightarrow{300℃} B_2O_3 + 3H_2O \tag{4.25}$$

그리고

$$B_2H_6 + 6CO_2 \rightarrow B_2O_3 + 6CO + 3H_2O \tag{4.26}$$

양쪽의 시스템 모두 확산 튜브의 입구로부터 다이보레인을 정화하는 장치가 수반되어야 하고, 출구는 잔존하는 다이보레인과 일산화탄소를 제거하기 위해 세척되어야만 한다.

4.10.2 인 확산

인은 실리콘에서 붕소보다도 더 높은 고용도를 갖고 있으며, 고온 확산 공정에서 $10^{21}/cm^3$ 대의 낮은 표면 농도를 얻을 수 있다. 인은 웨이퍼의 표면에서 오산화인의 반응에 의해 실리콘에 주입된다.

$$2P_2O_5 + 5Si \rightleftharpoons 4P + 5SiO_2 \tag{4.27}$$

고체 P_2O_5 웨이퍼는 인의 고체 소스로 사용될 수 있고, 마찬가지로 암모늄 모노포스페이트($NH_4H_2PO_4$)와 암모늄다이포스페이트[$(NH_4)_2H_2PO_4$] 역시 웨이퍼의 형태로 사용될 수 있다. 그러나 가장 널리 사용되는 확산 시스템은 액체나 기체 소스를 사용한다. 인옥시클로라이드($POCl_3$)는 상온에서 액체 상태이다. 버블러를 통과한 캐리어 가스는 증기를 확산 노에 이송시킨다. 그 기류는 산소를 포함하고 있으며, P_2O_5가 웨이퍼의 표면에 증착된다.

$$4POCl_3 + 3O_2 \rightarrow 2P_2O_5 + 6CI_2 \tag{4.28}$$

자유로운 염소 가스는 게터링 물질의 역할을 하며 Cl_2와 $POCl_3$는 배기류에서 반드시 제거되어야 한다.

인의 가스 소스로서 사용되는 포스핀(PH_3)은 독성이 매우 강하고 폭발적인 가스이다. 이것 역시 99.9%의 아르곤이나 질소에 희석된 형태로 제공된다. 포스핀은 노에서 산소에 의해 산화된다.

$$2PH_3 + 4O_2 \rightarrow P_2O_5 + 3H_2O$$

(4.29)

반응하지 않은 포스핀은 배기 가스에서 반드시 제거되어야 하며, 가스 수송 시스템은 튜브의 입구에서 반드시 포스핀을 씻어낼 수 있어야 한다.

표 4.4 일반적인 가스 소스의 권장 한계량

source	8-h exposure level (ppm)	Life-threatening exposure	Comments
Diborane (B_2H_3)	0.10	160 ppm for 15 min	Colorless, sickly sweet, extremely toxic, flammable.
Phosphine (PH_3)	0.30	400 ppm for 30 min	Colorless, decaying fish odor, extremely toxic, flammable. A few minutes' exposure to 2000 ppm can be lethal.
Arsine (A_SH_3)	0.05	6-15 ppm for 30 min	Colorless, garlic odor, extremely toxic, A few minutes' exposure to 500 ppm can be lethal.
Silane (SiH_4)	0.50	Unknown	Repulsive odor, burns in air, explosive, poorly understood.
Dichlorosilane (SiH_2Cl_2)	5.00	...	Colorless, flammable, toxic. Irritating odor provides adequate warning for voluntary withdrawal from contaminated areas.

*Data from the 1979 American Conference of Governmental Hygienists (ACGIH).

4.10.3 비소 확산

비소는 $2\times10^{21}/cm^3$에 도달하는 표면 농도로, 실리콘에서 일반적으로 사용되는 도펀트 물질 중에서 고용도가 가장 높다. 표면 반응은 삼산화비소를 포함한다.

$$2As_2O_3 + 3Si \rightleftharpoons 3SiO_2 + 4As \tag{4.30}$$

산화물 가스는 질소 캐리어 가스에 의해 고체 확산 소스로부터 노 튜브 안으로 이송될 수 있다. 그러나 표면으로부터의 비소의 증발은 표면 농도를 $3\times10^{19}/cm^3$ 이하로 제한한다. 비소가 있으므로 배기 가스는 반드시 주의깊게 세척되어야 한다.

비소 가스는 소스로서 사용될 수 있으나, 극도로 독성이 강하고 상대적으로 표면 농도가 낮다. 비소 증착과 안전에 관한 문제들로 인해 1970년대 초에 이온 주입법이 발전되기 이전까지 실리콘 공정에서 비소의 이용은 제한적이었다. 이온 주입은 비소를 실리콘에 주입하기 위해 현재 우선적으로 사용되는 기술이다. (5장에서 이온 주입을 다루고 있다)

4.10.4 안티몬 확산

안티몬은 비소와 마찬가지로 낮은 확산계수를 가지고 있고 오랜 기간 동안 바이폴라 공정에서 매립층에 사용되었다. 삼산화 안티몬은 소스가 600~650℃의 온도로 유지되는 two-zone 노에서 사용된다. 안티몬은 다른 방식으로 실리콘 표면에 주입된다.

$$2Sb_2O_3 + 3Si \rightleftharpoons 3SiO_2 + 4Sb \tag{4.31}$$

액체 소스인 안티몬 펜타클로라이드(Sb_3Cl_5)는 버블러를 통과하는 캐리어 가스로서 산소를 훌륭하게 사용한다. 스트라빈(SbH_3)은 불안정하므로 안티몬 확산에는 사용되지 않는다.

4.11 게터링

게터링은 제작 공정에서 첫 번째 단계 중의 하나로서 실리콘 웨이퍼의 질을 개선하기 위해 사용된다. 게터링은 소자가 제작되는 표면으로부터 구리, 금, 철, 니켈 등의 전형적인 중금속의 원하지 않는 불순물들을 제거하는 데 사용된다. 이러한 원하지 않는 불순물들은 실리콘의 수명과 이동도를 감소시킬 수 있다. 이러한 중금속들은 실리콘에서 빠른 확산물이며, 과도하게 도핑된 n타입 실리콘에서 높은 고용도를 갖고 있다. 일반적으로, 게터링 기술은 원하지 않는 불순물들이 침전될 수 있고 움직이지 못하게 되는 활성소자 영역으로부터 떨어진 장소를 제공한다.

많은 다른 후면 게터링 기술이 성공적으로 사용되었다. 초기 기술들 중의 하나에서, 과도하게 도핑된 인 확산이 웨이퍼의 뒷면에 적용된다. 예전의 바이폴라 공정에서는 이러한 게터링 단계는 종종 에미터 확산 공정 중에 자연스럽게 발생되었다. 웨이퍼 뒷면의 손상 역시 효과적이며, 웨이퍼의 뒷면에 모래를 분사하여 주입할 수 있다. 웨이퍼 내부의 스트레스는 게터링 공정을 도와줄 수 있고, 웨이퍼의 뒷면에 실리콘 질화물이나 저온 폴리실리콘의 얇은(0.1～0.5 ㎛) 층을 증착하여 웨이퍼 안으로 주입할 수 있다. 아르곤 원자의 주입은 웨이퍼의 손상을 주입하기 위한 다른 방법이다.

산소는 $10^{18}/cm^3$ 정도의 수준으로 결정 성장 공정에서 실리콘 웨이퍼와 혼합된다. 산소는 다른 원하지 않는 불순물과 결합하여 침전을 형성하는데, 이 기술을 일반적으로 진성 게터링이라 한다. 산소 수준은 결정 성장 공정 중에 잘 조절되어야만 하며, 적절한 열처리 사이클이 사용되어야만 한다. 원래 결정 구조의 결함이나 에피택셜 성장으로부터의 결함 역시 게터링 장소를 제공할 수 있다. 게터링을 주입하기 위한 훌륭한 방법을 참고문헌 [31]에서 찾아볼 수 있다.

요약

4장에서, 우리는 고온 확산을 이용한 pn 접합 형성에 관해 논의하였다. 확산을 위한 수학적인 모델이 제시되었으며, 실리콘의 일반적인 n타입과 p타입의 불순물들이 논의되었다. 확산 공정을 좌우하는 주요 변수를 확산계수라고 하는데, 이것은 온도에 매우 의존적이며 아레니우스의 관계를 따른다. 붕소, 인, 안티몬, 비소는 모두 900～1200℃의 온도에서 실리콘에 적당한 확산계수를 갖고 있으며, 그것들은 실리콘 다이옥사이드의 장벽층에 의해 쉽게 마스킹된다. 갈륨과 알루미늄은 SiO_2에 의해 잘 가려지지 않아서 드물게 사용되며, 인듐은 활성화 에너지가 너무 커서 사용되지 않는다. 고온에서 확산계수는 농도에 의존하게 되며, 간단한 이론의 예측으로부터 사실상 다른 확산된 분포를 갖는다.

두 종류의 확산 방식이 가장 많이 사용된다. 표면의 농도가 확산 공정 내내 일정한 상수로 유지된다면, 상보에러함수의 분포를 얻을 수 있다. 에러함수의 경우 표면 농도는 보통 실리콘에서의 불순물의 고용 한계로 정해진다. 만약 일정한 불순물의 총량이 실리콘 내부로 확산된다면, 가우시안의 확산 형태를 얻을 수 있다. 이러한 두 경우는 종종 고용 한계로 제한받는 확산에서 얻을 수 있는 값보다 낮은 표면 농도를 얻기 위해 2단계 공정으로 서로 연결된다. 제작 공정의 복잡성이 더해갈수록 SUPREM과 같은 공정 모델링 프로그램이 점차 중요해진다. SUPREM 프로그램은 일차원과 다차원의 확산을 광범위하게 모델링하며,

발전된 소자 구조를 모델링하기 위해 극도로 유용한 도구라 할 수 있다.

시트 저항의 개념이 소개되었고, Irvin의 곡선이 시트 저항, 접합 깊이, 그리고 확산된 층의 표면 농도를 연관시키는 데 사용되었다. 접합 깊이를 계산하고 측정하는 기술이 또한 제시되었다. 저항 제작이 논의되었고, 끝과 모서리 부분의 효과뿐만 아니라 확산 장벽의 경계 아래로의 수평 확산의 효과가 포함되었다.

고온의 개방노 확산 시스템이 고체, 액체, 그리고 기체의 불순물 소스와 함께 일상적으로 확산에 사용된다. 붕소, 인, 그리고 안티몬 등은 모두 고온 확산을 통하여 실리콘으로 쉽게 주입된다. 그러나 확산을 위한 비소 증착은 훨씬 더 어렵기 때문에, 오늘날엔 보통 이온 주입법을 사용한다(5장을 보라). IC 공정에 사용되는 많은 화학 물질 중에, 확산에 사용되는 몇몇 소스들은 극도로 독성이 강하므로 매우 조심스럽게 다루어야 한다.

참고문헌

[1] R. F. Pierret, *Semiconductor Fundamentals*, Volume I in the Modular Series on Solid State Devices, Addison-Wesley, Reading, MA, 1983.

[2] R. A. Colclaser, *Microelectronics: Processing and Device Design*, John Wiley & Sons, New York, 1980.

[3] R. F. Pierret, *Advanced Semiconductor Fundamentals*, Volume VI in the Modular Series on Solid State Devices, Addison-Wesley, Reading, MA, 1987.

[4] D. P. Kennedy and R. R. O'Brien, "Analysis of the Impurity Atom Distribution Near the Diffusion Mask for a Planar *p-n* Junction," *IBM Journal of Research and Development*, 9, 179-186 (May, 1965).

[5] J. C. Irvin, "Resistivity of Bulk Silicon and of Diffused Layers in Silicon," *Bell System Technical Journal*, 41, 387-410(March, 1962).

[6] L. R. Weisberg and J. Blanc, "Diffusion with Interstitial-Substitutional Equilibrium: Zinc in GaAs," *Physical Review*, 131, 1548-1552(August 15, 1963).

[7] R. B. Fair, "Boron Diffusion in Silicon-Concentration and Orientation Dependence, Background Effects, and Profile Estimation," *Journal of the Electrochemical Society*, 122, 800-805(June, 1975).

[8] R. B. Fair, "Profile Estimation of High-Concentration Arsenic Diffusions in Silicon," *Journal of Applied Physics*, 43, 1278-1280(March, 1972).

[9] R. B. Fair and J. C. C. Tsai, "Profile Parameters of Implanted-Diffused Arsenic Layers in Silicon," *Journal of the Electrochemical Society*, 123, 583-586(1976).

[10] J. C. C. Tsai, "Shallow Phosphorus Diffusion Profiles in Silicon," *Proceedings of the IEEE*, 57, 1499-1506 (September, 1969).

[11] R. B. Fair and J. C. C. Tsai, "A Quantitative Model for the Diffusion of Phosphorus in Silicon and the Emitter Dip Effect," *Journal of the Electrochemical Society,* 124, 1107-1118(July, 1977).

[12] W. R. Runyan, *Semiconductor Measurements and Instrumentation*, McGraw-Hill, New York, 1975.

[13] L. J. van der Pauw, "A Method of Measuring Specific Resistivity and Hall Effect of Discs of Arbitrary Shape," *Philips Research Reports*, 13, 1-9(February, 1958).

[14] R. Chwang, B. J. Smith, and C. R. Crowell, "Contact Size Effects on the van der Pauw Method for Resistivity and Hall Coefficient Measurements." *Solid-State Electronics*, 17, 1217-1227(December, 1974).

[15] P. F. Kane, and G. B. Larranbee, *Characterization of Semiconductor Materials*, McGraw-Hill Book Company, New York, 1970.

[16] (a) C. W. White and W. H. Cristie, "The Use of RBS and SIMS to Measure Dopant Profile Changes in Silicon by Pulsed Laser Annealing," *Solid-State Technology*, pp. 109-116. September 1980. (b) J. M. Anthony a et al., "Super SIMS for Ultra Sensitive Impurity Analysis," *Proceedings of the Materials Research Society Symposium* 69, pp. 311-316, 1986.

[17] A. Agarwal et al., "Boron-enhanced-Diffusion of Boron: The Limiting Factor for Ultra-shallow Junctions," *IEEE IEDM Technical Digest,* pp. 467-470, December 1997.

[18] D. A. Antoniadis and R. W. Dutton, "Models for Computer Simulation of Complete IC Fabrication Processes," *IEEE Jornal of Solid State Circuits*, SC-14, 412-422 (April, 1979).

[19] C. P. Ho, J. D. Plummer, S. E. Hansen, and R. W. Dutton, "VLSI Process Modeling- SUPREM III," *IEEE Trans. Electron Devices*, ED-30, 1438-1453 (November, 1983).

[20] D. Chin, M. Kump, H. G. Lee, and R. W. Dutton, "Process Design Using Coupled 2D Process and Device Simulators," *IEEE IEDM Digest,* pp. 223-226(December, 1980).

[21] C. D. Maldanado, F. Z. Custode, S. A. Louie, and R. K. Pancholy, "Two Dimensional Simulation of a 2 ㎛ CMOS Process Using ROMANS II," *IEEE Trans. Electron Devices*, 30, 1462-1469 (November, 1983).

[22] M. E. Law, C. S. Rafferty, and R. W. Dutton, "New n-well Fabrication Techniques Based on 2D Process Simulation," *IEEE IEDM Digest*, pp.518-521 (December, 1986).

[23] R. W. Dutton, "Modeling and Simulation for VLSI, " *IEEE IEDM Digest*, pp. 2-7(December,

1986).

[24] *Matheson Gas Data* Book, Matheson Gas Products, 1980.

[25] A. B. Glaser and G. E. Subak-Sharpe, *Integrated Circuit Engineering*, Addison-Weskey, Reading, MA, 1979.

[26] S. K. Ghandhi, *VLSI Fabrication Principles*, John Wiley & Sons, New York, 1983.

[27] S. M. Sze, Ed., *VLSI Technology*, McGraw-Hill, New Yrok, 1983.

[28] S. K. Ghandhi, *The Theory and Practice of Microelectronics*, John Wiley & Sons, New York, 1968.

[29] R. B. Fair, "Recent Advances in Implantation and Diffusion Modeling for the Design and Process Control of Bipolar ICs," *Semiconductor Silicon 1977*, PV 77-2, pp. 968–985.

[30] F. M. Smits, "Measurement of Sheet Resistivities with the Four Point Probe", *Bell System Technical Journal*, 37, 711–718(May, 1958).

[31] W. R. Runyan and K. E. Bean, *Semiconductor Integrated Circuit Processing Technology*, Addison Wesley Publishing Company, Reading, MA, 1990.

문제

4.1 인을 $5\times10^{18}/cm^3$의 농도로 확산하였고, p타입 웨이퍼의 배경 농도가 $1\times10^{15}/cm^3$였다. 확산의 Dt 곱은 $10^{-8}/cm^2$이었다.

(a) 가우시안 분포의 접합 깊이를 구하라.

(b) 에러함수 분포의 접합 깊이를 구하라.

(c) 두 확산에 대해 시트 저항을 구하라.

(d) 두 확산 분포를 그려라.

4.2 1100℃에서 5시간 동안 붕소를 확산하였다.

(a) 이 확산을 가리기 위한 실리콘 산화물의 두께는 얼마인가?

(b) 인에 대해 (a)를 반복하라.

4.3 1-ohm-cm의 n타입 웨이퍼로의 붕소 확산에 의하여 표면 농도 $5\times10^{18}/cm^3$과 접합 깊이 4 ㎛의 가우시안 분포가 형성되었다.

(a) 확산 온도 1100℃에서 얼마만큼의 시간이 확산에 소요되는가?

(b) 층의 시트 저항을 구하라.

(c) 층의 주입량은 얼마인가?

(d) 붕소의 주입량은 고용도 제한 확산에 의해 증착된다. 이 전 부착 단계에서의 확산

일정(온도와 시간)을 설계하라.

4.4 문제 4.3에 붕소 확산에 이어서 인의 고용도 제한 확산이 950℃에서 30분간 수행되었다. 붕소의 확산 분포는 인을 확산하는 동안 변하지 않는다고 가정한다.

(a) 새로운 인 확산층의 접합 깊이를 구하라. 에러함수 분포를 가정한다.

(b) 그림 4.21에 제시된 농도 의존성 확산을 기초로 접합 깊이를 구하라.

(c) 문제 4.3의 Dt 곱을 계산하고 이 문제에서의 Dt 곱과 비교하라. 문제에서 제기한 가정은 합당한가?

4.5 CMOS 공정에서 p우물이 5-ohm-cm의 n타입 기판 위에 2단계 확산에 의해 형성되었다. 우물에서의 시트 저항은 1000 ohms per square이었고, 접합 깊이는 7.5 ㎛이다.

(a) p우물을 형성하기 위한 드라이브인 단계의 확산 일정을 설계하라.

(b) p우물의 최종 표면 농도는 얼마인가?

(c) 우물을 형성하기 위해 요구되는 주입량을 구하라.

(d) 900℃ 이상의 온도에서의 고용 한계-제한 확산에서 이 정도의 주입량을 얻는 것이 가능하겠는가? 설명하라.

4.6 (a) 배경 농도가 $3\times10^{16}/cm^3$인 웨이퍼에 1000℃에서 비소를 고용 한계-제한 확산으로 NMOS 트랜지스터의 1.2 ㎛ 깊이의 소스 드레인 확산을 형성하기 위해 필요한 Dt곱을 구하라.

(b) 확산 시간은 얼마인가? 이 시간이 공정에 적당하리라 생각되는가?

(c) 그림 4.20(e)와 표 4.2에서의 모델에 대해 Dt 곱을 다시 계산하라.

4.7 실리콘게이트 NMOS 트랜지스터의 채널 길이는 그림 P4.7(a)에 보인 바와 같이 소스 드레인 확산간의 거리이다. 소스와 드레인 확산 개방간의 거리는 트랜지스터를 만들기 위한 마스킹 산화물 위에 3 ㎛이다. 소스 드레인 접합은 일정 소스 확산을 사용하여 0.5 ㎛의 깊이로 확산되었다. 표면 농도는 $1\times10^{20}/cm^3$이고, 웨이퍼는 $1\times10^{16}/cm^3$의 배경 농도를 갖는다. 확산이 완료된 후 실제 소자의 채널 길이를 구하라.

4.8 (a) 그림 P4.8에서 저항 사각형의 전체 수는 몇 개인가? 형태가 마스크 차원에서 간략하게 지정된다고 가정한다.

(b) 6 ㎛의 접합 깊이로 p타입 베이스 확산으로 저항이 실제적으로 형성되었다. 마스크 경계 아래로의 수평확산이 5 ㎛라고 가정할 때, 저항의 실제적인 사각형 수는 얼마인가?

(c) 베이스 확산의 표면 농도가 5×10^{18} 붕소 원자$/cm^3$이고, 벌크 농도가 $10^{15}/cm^3$, 접합 깊이가 6 ㎛일 때, (a)와 (b)에서의 레지스터의 저항은 얼마이겠는가?

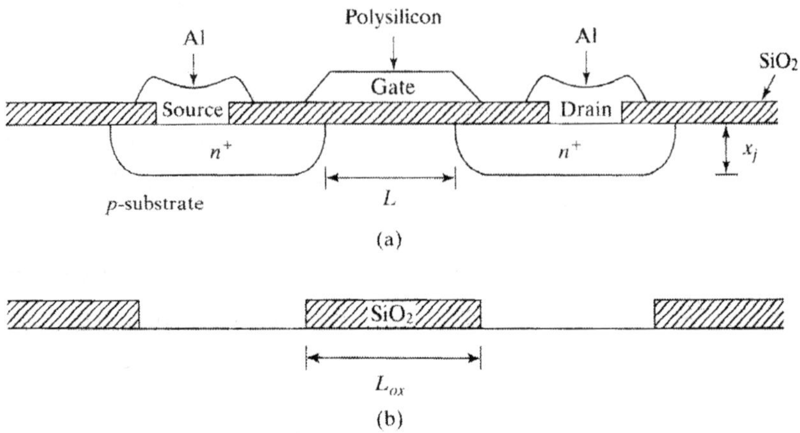

그림 P4.7

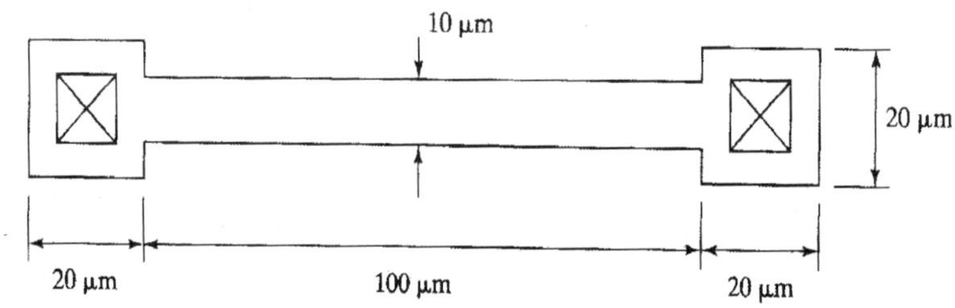

그림 P4.8

4.9 (a) 그림 P4.9에 그려진 저항의 전체 사각형의 수는 얼마인가? 저항의 수직적 형태가 그림의 마스크와 동일하다고 가정한다.

(b) 배경 농도가 $10^{16}/cm^3$인 웨이퍼 위에 표면 농도가 $3\times10^{18}/cm^3$인 3 ㎛ 깊이의 확산을 실제적으로 수행하였다. 저항의 실제적인 사각형의 수는 얼마인가? (그림 4.10을 사용하라)

(c) 확산이 n타입의 가우시안층이라면 저항의 저항률은 얼마인가?

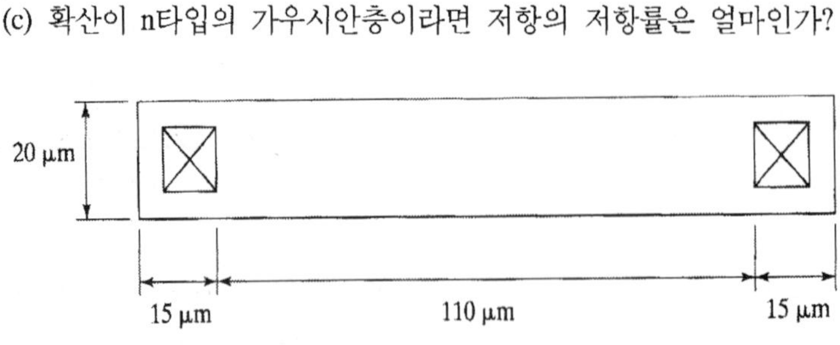

그림 P4.9

4.10 (a) 그림 P4.10에서 수평확산 = 0.5λ 그리고 수직확산 = λ일 때, A′−A와 B′−B를 통과하는 저항의 단면도를 그려라.

(b) 마스크에 그려진 저항의 사각형의 전체 수를 구하라.

(c) (a)에서 주어진 확산으로 인한 저항의 실제적인 사각형의 전체 수를 구하라.

(d) 배경 농도가 $10^{16}/cm^3$인 웨이퍼 위에 표면 농도가 $10^{19}/cm^3$인 2 ㎛ 깊이의 확산을 생각하라. λ = 2 ㎛라면 저항의 실제적인 사각형의 수는 얼마인가? (그림 4.10을 이용하라)

(e) 공정상의 오류가 발생하여, (b)에서의 실제적인 접합 깊이가 3 ㎛인 것이 발견되었다. 저항의 새로운 사각형 수를 추산하라.

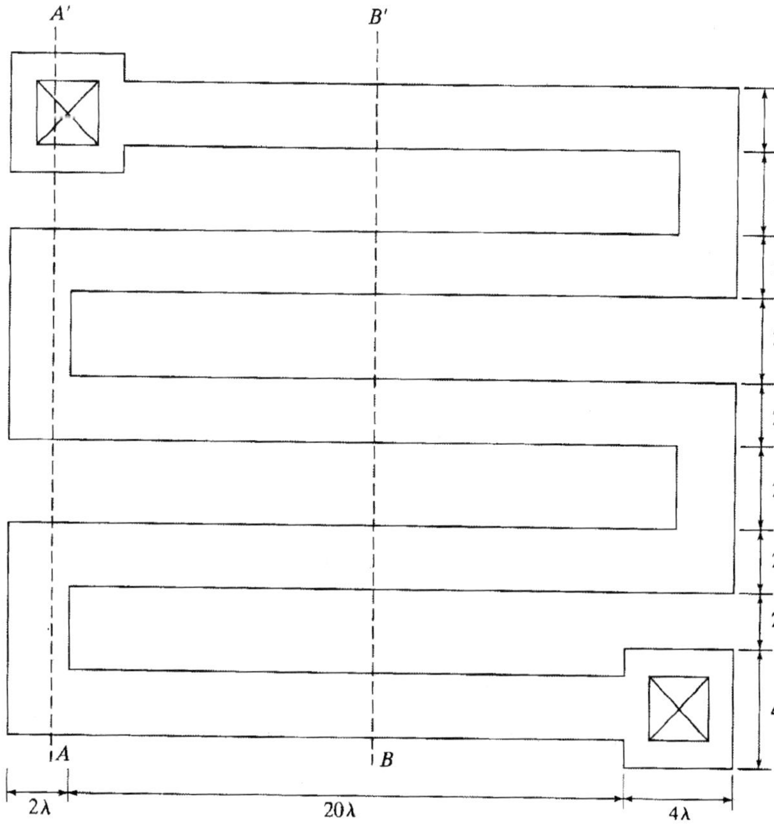

그림 P4.10

4.11 실제적으로, 웨이퍼는 노에 천천히 밀어 넣어지고 빼져나오거나, 노의 온도가 시간에 따라 변한다. 노 온도가 시간에 따라 감소한다고 가정한다. $T = T_0 - Rt$, 이때 T_0는 초기

온도이고, R은 초당 온도의 변화량이다. 유효한 Dt 곱은 다음의 식으로 나타난다.

$$(Dt)_{eff} = \int_0^{t_0} D(t)dt$$

여기서 t_0는 온도 하강 시간이다.

$$(Dt)_{eff} = D(T_0)(kT_0^2/RE_A)$$

여기서

$$D(T_0) = D_0 \exp(-E_A/kT_0)$$

4.12 가우시안 확산 분포에서 $(dx_j/x_j)/(dT/T)$를 계산하여 노의 온도 변화에 따른 접합 깊이의 민감도를 결정하라. 만약 노 온도의 에러가 10℃ 이내라면 1100℃에서 접합 깊이의 변화율은 얼마이겠는가?

4.13 10 Ωcm의 p타입 기판에 표면 농도가 5×10^{16}/cm^{3}인 5 ㎛ 깊이의 n타입 층을 형성하기 위한 2단계 확산 공정을 시간과 온도를 선택해 설계하라. (이 층은 CMOS 공정의 n우물이 될 수 없다.)

4.14 표면 농도가 2×10^{18}/cm^{3}인 2 ㎛ 깊이의 p타입의 가우시안 확산의 시트 저항을 계산하기 위해 식(4.13)을 사용하여라. 홀 이동도가 300 cm^2/V-sec의 일정한 값을 갖는다고 가정하라.

4.15 n타입의 가우시안 확산으로 10^{20}/cm^{3}의 표면 농도와 2 ㎛의 접합 깊이가 형성되었다.

(a) 처음 0.5 ㎛와 두 번째 0.5 ㎛, 세 번째 0.5 ㎛, 그리고 마지막 0.5 ㎛에서의 시트 저항 성분을 계산하라.

(b) 전체 확산에서의 시트 저항은 얼마인가? 전자의 이동도는 100 cm^3/V-sec의 일정한 값을 갖는다고 가정하라.

(c) 계산 결과를 Irvin의 곡선으로부터의 예측과 비교하라.

4.16 전 부착 계산을 위한 농도 의존성 붕소 확산 표현을 사용하여 예제 4.3을 다시 수행하라. 드라이브인 단계에 따른 새로운 표면 농도와 접합 깊이를 구하고 예제에 제시된 결과들과 비교하라. 온도는 900℃였고, $n_i = 4\times10^{18}$/cm^{3}이다.

4.17 확산방정식에서 가우시안과 에러함수의 해를 표현하는 식을 유도하라.

4.18 만약 얕은 비소와 붕소로 도핑된 영역이 1 ㎛의 깊이이거나 0.25 ㎛의 깊이라면, 기대되는 최소한의 시트 저항은 얼마인가? 그림 4.6과 4.16을 이용하라. 그 영역이 일정하

게 도핑되었다고 가정한다. 결과를 4.6절에 제시된 식과 비교하라.

4.19 금이 $10^{18}/cm^3$의 표면 농도로 일정 소스 확산으로 실리콘 웨이퍼 내부로 확산되었다. 배경 농도가 $10^{16}/cm^3$이고 두께가 400 ㎛인 실리콘 웨이퍼를 1000℃에서 금이 완전히 확산하기까지 걸리는 시간을 계산하라.

4.20 실리콘 산화물 장벽층에 5 ㎛ 너비를 개방하여 예제 4.3으로부터의 2단계 확산(이차원적)의 결과를 SUPREM을 이용하여 시뮬레이션하라. 결과를 도시하라.

4.21 (a) 예제 4.3의 확산 분포를 SUPREM을 이용하여 시뮬레이션하라. 시뮬레이션 결과를 예제에서 주어진 것과 비교하라.

(b) 붕소 확산을 한 후 1100℃의 습한 산소에서 500 nm의 산화물층이 성장하였다. $Si-SiO_2$ 계면에서 붕소 농도에 어떠한 변화가 생기는가?

(c) 1000℃에서 30분간의 고용 한계 제한의 인 확산을 추가하라.

(d) 인의 확산으로 새로운 pn 접합을 형성하였다. 예제 4.3의 붕소 불순물 분포에 관해 손으로 계산하고, 그림 4.21을 참조하여 pn 접합의 위치를 예측하라. 결과를 (c)에서 SUPREM을 사용한 결과와 비교하라.

4.22 10 μA의 전류가 300 Ω/□의 시트 저항을 갖는 반 데르 포 구조에 주입되었다. 끝단의 두 번째 세트에서 측정한 전압은 얼마인가?

4.23 다이보레인과 아르곤의 100 ft^3의 혼합물을 포함한 가스 실린더가 있다. 다이보레인은 0.1%의 부피비를 갖는다. 사고가 발생하여 10×12×8 ft의 방에 실린더가 완전히 개방되었다.

(a) 방에서의 다이보레인의 평형 농도는 몇 ppm이겠는가?

(b) 표 4.3에 기초한 독성 수준과 이 수준을 비교하라.

(c) 만약 가스 실린더가 비소를 포함하고 있다면, (b)에서의 답이 변하겠는가?

4.24 (a) 전자의 이동도가 다음과 같이 유도될 때, 문제 4.15의 확산에서의 시트 저항을 숫자상으로 계산하라.

$$\mu_n = \left[92 + \frac{1270}{1+\left(\dfrac{N}{1.3\times10^{17}}\right)^{.091}}\right]\frac{cm^2}{V-\text{sec}}$$

(b) 정공의 이동도가 다음과 같이 주어질 때, n타입 기판의 비슷한 p타입의 가우시안층에 대해 반복하라.

$$\mu_p = \left[48 + \frac{447}{1+\left(\dfrac{N}{6.3\times10^{16}}\right)^{.076}}\right]\frac{cm^2}{V-\text{sec}}$$

5장 이온 주입법

이온 주입은 실리콘 웨이퍼 내부로 불순물 원자들을 도입할 때 확산보다 편리한 점이 많아 집적회로를 만들 때 꼭 필요한 기술이다. 이 장에서는 이온 주입 기술과 이온 주입에 의해 얻어진 불순물 분포의 수학적 모델을 논할 것이다. 그 후에는 비이상적 거동에 기인한 모델로부터의 편차를 조사하고 주입 과정에서 오는 결정 결함을 제거하는 데 이용하는 소둔 기술을 논할 것이다.

5.1 주입 기술

이온 주입기는 실리콘 표적 웨이퍼의 표면에 침투할 수 있는 불순물 이온의 고속도 빔을 생산하는 고전압 입자가속기이다. 그림 5.1에 도식적으로 보여진 시스템의 기본적인 부품들은 시스템의 불순물 소스 끝으로부터 시작해서 아래에 자세히 묘사되어 있다.

1. 이온 소스

이온 소스는 고전압(25 kV)에서 작동하고 원치 않는 불순물들뿐만 아니라 원하는 불순물을 포함한 플라즈마를 만들어 낸다. 비소, 인 그리고 다른 기체들뿐만 아니라 디보란이 소스로 사용될 수 있다. 고체들은 특수한 이온 소스로 스퍼터될 수 있고 이 기술로 불순물을 폭넓게 선택할 수 있다.

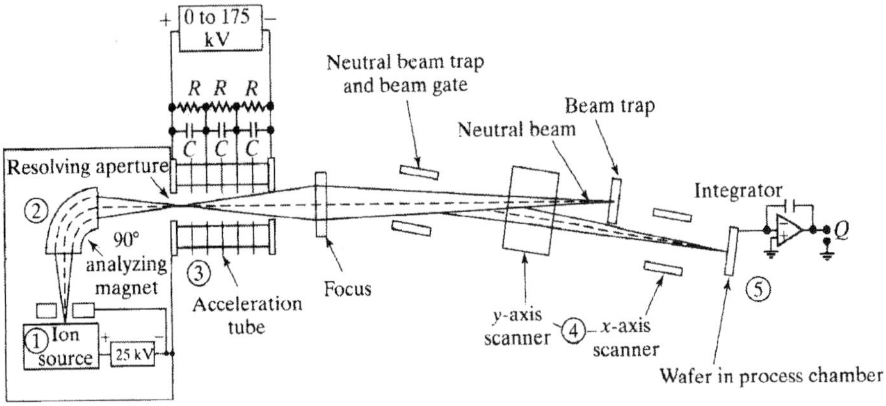

그림 5.1

(1) 이온 소스 (2) 질량분광계 (3) 고전압가속관 (4) x-와 y-축 편향 시스템 (5) 표적용기를 보여주는 전형적인 이온 주입기의 도식적 그림

2. 질량분광계

자기 분석기는 원하는 불순물 이온을 선택하기 위하여 이온빔을 직각으로 구부린다. 선택된 이온은 슬릿 구멍을 통해 주 가속관 속으로 지나간다.

3. 고전압가속기

가속관은 빔에 에너지를 더하고(5 MeV까지) 이온들을 종단속도까지 가속시킨다. 가속관과 이온 소스 모두 표적에 비해 고전압에서 작동한다. 고전압과 방출될 가능성이 있는 X선으로부터 보호하기 위해 이온 소스와 가속기는 보호가리개 안에 설치된다.

4. 조사 시스템

x와 y축 편향판은 균일하게 주입하고 바람직한 선량을 축적하기 위해 웨이퍼를 가로질러 빔을 조사하는 데 사용된다. 빔은 중성입자가 표적을 때리는 것을 막기 위해 약간 구부린다.

5. 표적 용기

실리콘 웨이퍼들이 이온빔에 대한 표적으로 사용된다. 안전을 위해 표적면적은 접지 전위 가까이 유지한다. 완전한 주입기 시스템은 진공하에서 작동한다.

자기분석기는 소스의 생성물로부터 원하는 불순물 이온을 선택하기 위해 사용된다. 자기장 B를 통과해 속도 v로 운동하는 하전입자는 힘 F를 받으며 다음 식으로 주어진다.

$$F = q(v \times B) \tag{5.1}$$

힘은 입자를 원으로 운동하게 하려는 경향이 있을 것이고 원심력은 F와 균형을 이룰 것이다. B가 v에 수직인 경우 $qvB = m|v|^2/r$이고, V는 가속 전압일 때 $m|v^2 = qV$이다. 그러므로 자기장의 크기는 다음 식으로 주어진 질량을 갖는 이온종을 선택하기위해 조절된다.

$$|B| = \sqrt{(2mV/qr^2)} \tag{5.2}$$

그림 5.1에서 이온 소스는 일정한 전압 (25 keV)에서 작동하므로 전압 V는 알고 있고, 자기 분석기에 공급되는 직류전류를 변화시켜 이온종들을 선택한다. 그 후 선택된 불순물은 고전압관 안에서 종단속도까지 가속된다.

실리콘 웨이퍼는 표적 홀더와 좋은 전기적 접촉을 유지하며 주입된 이온을 중화시키기 위해 전자들은 웨이퍼로 흐르거나 또는 웨이퍼로부터 쉽게 흐를 수 있다. 이 전자흐름은 주입기로부터 전체 선량 Q를 측정하기 위해 시간에 대해 적분된다.

$$Q = \frac{1}{mqA}\int_o^T Idt \tag{5.3}$$

I는 암페어 단위의 빔 전류, A는 웨이퍼 면적, 1가 이온에 대해 n = 1, 2가 이온종에 대해 2, 그리고 T는 주입 시간이다. 2가 이온종의 사용은 E = nqV이므로 기계의 에너지 능력을 2배 정도 증가시킨다.

표적 웨이퍼는 주입하는 동안 비교적 낮은 온도에서 유지될 수 있다. 저온공정은 확산에 의한 불순물의 원치 않는 퍼짐을 방지하며, 이것은 VLSI 제조에서 매우 중요하다. 이온 주입의 또 다른 이점은 확산으로 가능한 것보다 더욱 넓은 범위의 불순물 종을 사용할 수 있다는 것이다. 원칙적으로 이온화될 수 있는 원소는 어떤 것이라도 웨이퍼 내부로 주입되어 들어갈 수 있다.

생산용 이온 주입기의 가격은 100만~200만 달러로서 매우 비싸다. 그러나 공정을 조절할 수 있다는 이점은 비싸다는 단점을 상쇄하므로 현재 이온 주입은 바이폴라와 MOS 집적회로 제조에 보편적으로 사용되고 있다.

5.2 이온 주입의 수학적 모델

이온이 웨이퍼 표면에 들어갔을 때, 이온은 격자 내의 원자와 충돌하고 결정 내의 전자와 상호작용한다. 각각의 핵 또는 전자 상호작용은 표적 내에서 이온이 멈출 때까지 이온의 에너지를 감소시킨다. 결정과의 상호작용은 통계적 과정이고, 주입된 불순물의 분포는 그림 5.2에 설명된 가우시안 분포 함수로 근사할 수 있다. 이 분포는 수학적으로 다음과 같이 나타낸다.

$$N(x) = N_P \exp\left[-\frac{(x-R_p)^2}{2\triangle R_P^2}\right] \tag{5.4}$$

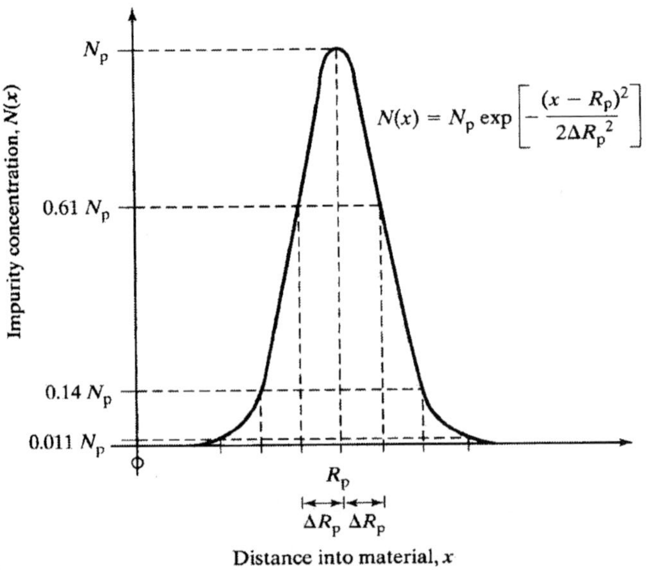

그림 5.2
이온 주입으로 나타나는 가우시안 분포. 불순물이 웨이퍼 표면($x = 0$) 아래에 완전히 주입되어 나타난다.

R_p는 투영거리라 하고, 이는 이온이 멈추기까지 지나간 평균거리와 같다. x = R_p일 때 극점농도 N_p가 된다. 과정의 통계학적 특성 때문에, 몇몇 운좋은 이온들은 투영거리 R_p를 넘어 침투할 것이고, 몇몇은 불행히도 R_p 거리만큼 이르지 못할 것이다. 분포의 폭은 산재라 불리는 표준편차 $\triangle R_p$에 의해 특성화된다.

불순물 분포 곡선 아래 면적은 주입선량 Q이며 다음과 같이 나타낸다.

$$Q = \int_0^\infty N(x)dx \tag{5.5}$$

주입물이 실리콘 내에 완전히 포함되어 있기 때문에 선량은

$$Q = \sqrt{2\pi} N_P \triangle R_P \tag{5.6}$$

와 일치한다.

주입된 선량은 $10^{10} \sim 10^{18}/cm^2$까지 범위를 가질 수 있으며 이온 주입은 종종 두 단계 확산 공정에서 전 증착 단계를 대체하는 데 사용된다. $10^{10} \sim 10^{13}/cm^2$의 범위의 선량은 MOS 기술에서 임계값 조절을 위해 필수적이며 확산을 사용해서 얻는 것은 불가능하다.

CMOS 우물의 형성은 이온 주입기의 선량 조절이 특별한 이점을 가지고 있는 또 다른 예이다. $10^{15}/cm^2$를 넘는 선량은 매우 커서 이온 주입을 사용하여 얻는 데 상당한 시간이 걸린다. 이에 비해 실리콘 격자에서 원자의 2차원 밀도는 <100>표면에서 대략 7×10^{14} 실리콘 원자/cm^2이다.

주입 선량은 수퍼센트 내에서 조절될 수 있는데 이렇게 정밀하게 조절할 수 있다는 점이 이온 주입의 또 다른 장점이다.

예를 들어, 저항기들은 이온 주입을 사용하여 주의 깊게 조절된 공정에서 수퍼센트의 절대 허용치를 갖도록 제작될 수 있는 데 반해 만일 동일한 저항기들이 확산 공정만을 이용하여 형성된다면 20% 이상의 절대 허용치를 갖게 된다.

주어진 이온의 투영거리는 이온 에너지의 함수이고, 이온과 표적 물질의 질량과 원자 번호의 함수이다. 거리의 산재에 대한 이론은 Lindhard, Scharff, Schiot에 의해 제시되었으며 이를 LSS 이론[1]이라 한다. 이 이론은 표적 물질의 원자가 불규칙하게 위치해 있는 비정질 재료 내부로 주입된다고 가정한다.

그림 5.3은 비정질 실리콘과 SiO_2 내의 Sb, B, P, As에 대한 투영거리와 산재에 대한 LSS 계산의 결과를 보여준다. 한동안 우리는 결정질 실리콘에 대해서도 이 결과가 성립한다고 가정할 것이다. LSS 이론의 편차는 5.5절에서 논한다.

비록 그림 5.3에서 몇몇 비선형적 거동의 증거가 있지만 거리와 산재는 넓은 범위에 걸쳐 대략 이온 에너지에 비례한다. 주어진 에너지에 대해서 가벼운 원소들이 고속으로 실리콘 웨이퍼에 충돌하고 웨이퍼 내부로 더욱 더 깊이 침투한다.

결과는 실리콘과 SiO_2 내의 투영거리가 같음을 보여주며, 우리는 SiO_2의 정지력이 실리콘과 같다고 가정할 것이다. 그림 5.3은 또한 횡단산재 $\triangle R_\perp$의 값도 주는데 이에 대해서는 다음 단원에서 논할 것이다.

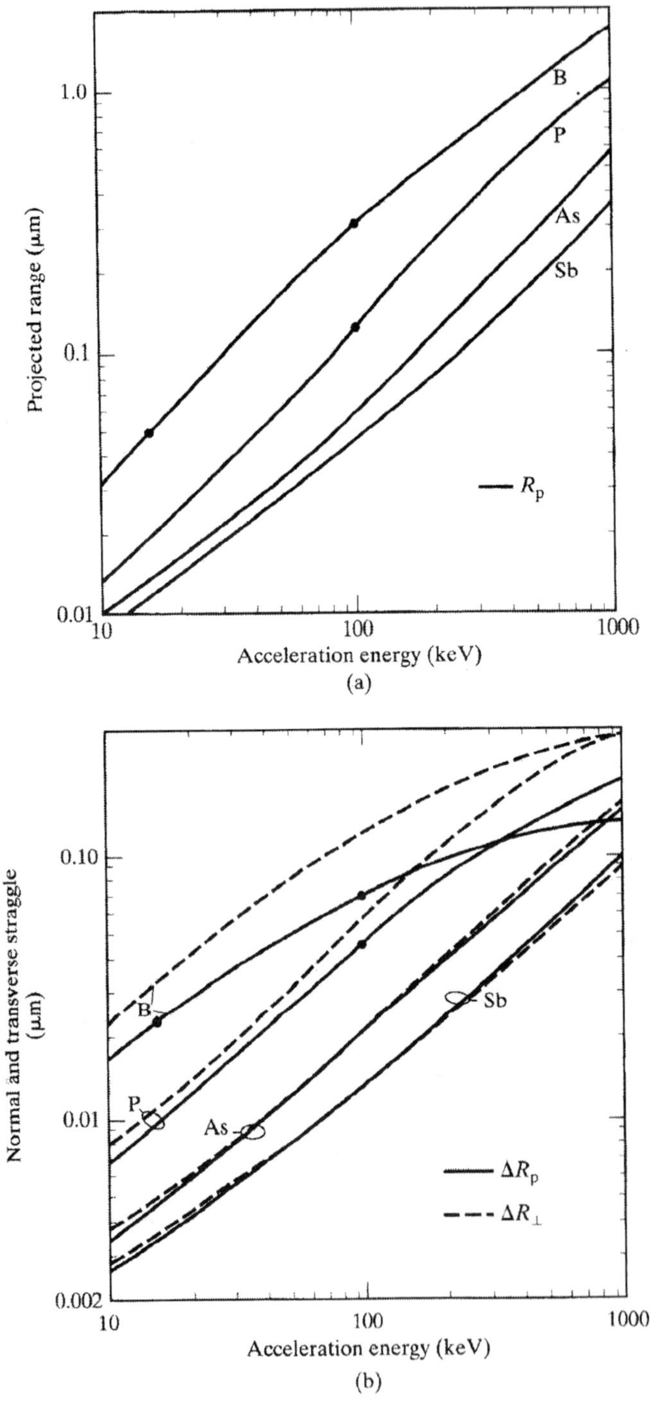

그림 5.3

LSS 이론에 기초한 투영거리와 산재 계산 (a) 비정질 실리콘 내의 B, P, As, Sb의 투영거리 R_p. 실리콘과 SiO_2의 결과가 실제로 동일하다. (b) B, P, As, Sb에 대한 종축 ΔR_p와 횡단 $\Delta R_\perp$ 산재. 참고문헌[2](Copyright Van Nostrand Rein-hold Company, Inc.)로부터 재인쇄 허용됨.

예제 5.1

100 keV의 에너지를 가진 인이 실리콘 웨이퍼에 주입된다.

(a) 이 주입에 대한 투영거리와 산재는 얼마인가?

(b) 만일 1 × 10^{17}/cm^3의 극점농도를 원한다면 주입선량은 얼마가 되어야 하는가?

(c) 2 μA의 빔 전류를 가진 단일 이온화된 인을 사용하여 200mm의 웨이퍼에 이 선량을 주입시키기 위해 필요한 시간은 얼마인가?

풀이 : 그림 5.3을 사용해서, 투영거리와 산재는 각각 0.12 ㎛ 와 0.045 ㎛이다. 선량과 극점농도는 식 (5.6)에 의해 연관된다. 이 극점은 실리콘 표면 아래 $2\triangle R_p$를 약간 넘으므로 이것은 근사임을 주목하라.

$$Q=\sqrt{2\pi}N_P\triangle R_P=\sqrt{2\pi}(1\times10^{17}/\text{cm}^3)(4.5\times10^{-6}\text{cm})=1.13\times10^{12}/\text{cm}^2$$

일정한 빔 전류를 가정하고 식 (5.3)을 다시 정리하면 다음과 같다.

$$T=\frac{nqAQ}{I}=\frac{(1)(1.6\times10^{-19}\text{coul}(\pi)(10\text{cm})^2(1.13\times10^{-12}/\text{cm}^2)}{2\times10^{-6}\text{coul/sec}}=28.4\text{sec}$$

5.3 선택적 주입

대부분의 경우 우리는 웨이퍼의 선택된 부분에만 불순물을 주입하기를 바란다. 창들은 불순물의 침투가 요구되는 곳마다 장벽 재료에 열려진다. 창의 중앙에서 불순물의 분포는 식 (5.4)로 묘사되어지나 그림 5.4에 보이는 바와 같이 모서리 부근에서 분포는 감소하고 창문의 모서리 아래로 확장한다. 전체 분포는 다음과 같이 모델화될 수 있으며, $N(x)$는 식(5.4)에 의해 주어진다.

$$N(x,y)=N(x)F(y)$$
$$F(y)=0.5[\text{erfc}\ \{(y-a)/\sqrt{2}\triangle R_\perp\}\ -\text{erfc}\ \{(y+a)/\sqrt{2}\triangle R_\perp\}\ ] \tag{5.7}$$

변수 $\triangle R_\perp$는 횡단산재라 불리며 창의 모서리 부근에서 분포의 거동을 특성화한다. 그림 5.4는 식 (5.4)에 의해 계산된 장벽 모서리 부근의 표준화된 불순물 분포를 보여준다. 그림 5.3(b)는 수직산재 $\triangle R_p$와 횡단산재 $\triangle R_\perp$의 값을 제공한다.

이온 주입을 차폐하려면, 주입된 불순물이 장벽층 아래 실리콘 내부의 도핑 농도를 변화시키지 못하도록 하는 것이 필수적이다. 그림 5.5는 표면에 한 층의 이산화실리콘이 있는 실리콘 웨이퍼를 보여주고 있다. 불순물은 이산화실리콘 내에 분포의 극점을 갖도록 웨이퍼 내부로 주입되었다. 실리콘 내의 심각한 도핑 변화를 막으려면 주입농도가 실리콘과 이산화실리콘 사이의 계면에서 배경농도의 1/10보다 작아야 한다.

$$N(X_0) < N_B/10 \tag{5.8}$$

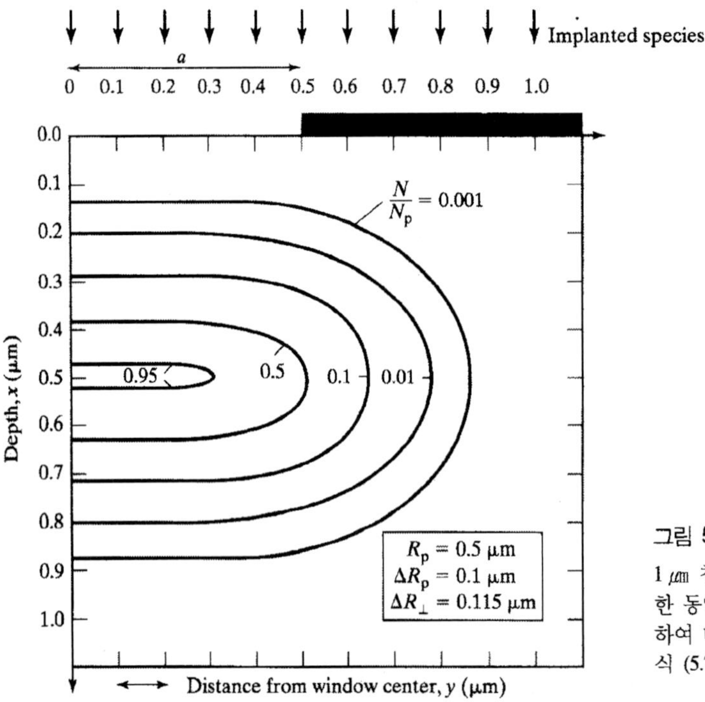

그림 5.4

1 μm 창을 통해 실리콘 내부로의 주입에 대한 동일 이온 농도의 윤곽. 분포는 x축에 대하여 대칭이며 참고문헌 [3]으로부터 가져온 식 (5.7)을 사용하여 계산되었다.

표 5.1 여러 N_P/N_B 값에 대한 m 값들

N_p/N_B	m
10^1	3.0
10^2	3.7
10^3	4.3
10^4	4.8
10^5	5.3
10^6	5.7

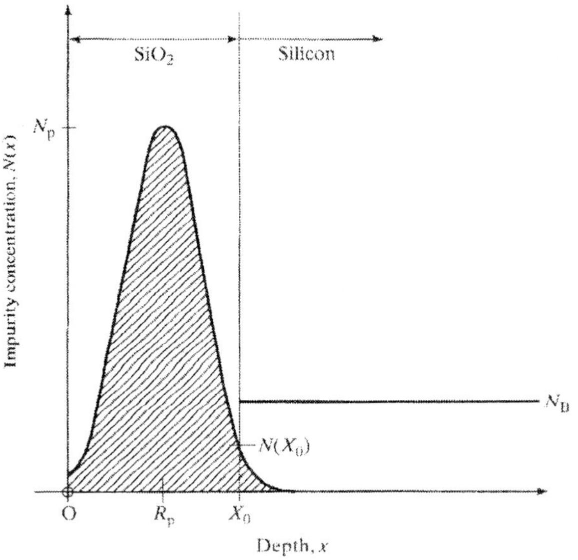

그림 5.5

산화물 내에 주입 극점을 갖는 불순물의 분포도, 장벽 재료는 분포의 꼬리에서의 농도가 N_B보다 매우 작을 만큼 두꺼워야만 한다.

X_0를 얻기 위해 식 (5.8)을 풀면 식 (5.9)의 최소 산화물 두께가 산출된다.

$$N_p \exp[-\frac{(X_0 - R_{p)}^2}{2\triangle R_p^2}] < N_B/10 \tag{5.9}$$

$$X_0 = R_P + \triangle R_p \sqrt{2} \ln(10N_p/N_B) = R_p + m\triangle R_p \tag{5.10}$$

산화물의 두께는 적어도 투영거리 더하기 m배 산재와 같아야만 한다. 표 5.1은 배경농도 대 극점농도의 다양한 비에 대한 m값을 주고 있다. 투영거리 더하기 6배의 산재와 같은 산화물 두께는 대부분의 이온주입을 차폐해야만 한다.

실리콘 산화물과 질화물은 주입되는 동안에 통상 장벽 재료로 쓰인다. 주입은 저온공정이므로 고온 확산에서 견딜 수 없는 감광제와 Al 같은 부수적인 재료들이 주입되는 동안 장벽 재료로 사용되기도 한다.

실리콘 질화물은 이온을 멈추게 하는 데 실리콘 산화물보다 효과적이며, 실리콘 질화물 장벽층은 SiO_2 장벽층 두께의 85%만 요구된다. 반면에 감광제는 이온을 멈추는 데 효과가 적으며, 감광제 장벽의 두께는 동일한 주입 조건에서 SiO_2 층의 두께보다 1.8배 두꺼워야만 한다. 금속들은 밀도가 커서 얇은 층이라도 대부분의 주입을 차폐할 것이다.

예제 5.2

붕소 주입은 50 nm 게이트 산화물을 통해 수행되어 분포의 극점이 Si−SiO_2 경계에 있다. Si 내부의 주입물 선량은 $1\times10^{13}/cm^2$가 되도록 한다. (a) 계면에서 주입물 에너지와 극점 농도는 얼마인가? (b) 만일 배경농도가 $1\times10^{16}/cm^3$라면 주입되지 않은 영역에서 SiO_2의 두께는 얼마여야만 하는가? (c) 산화물의 두께가 모든 곳에서 50 nm로 가정하라. 이온 주입을 완전히 차폐하기 위해서 얼마만큼의 감광제를 산화물 위에 올려야 하는가?

풀이 : Si−SiO_2 계면에 분포의 극점이 위치하기 위해서는 투영거리가 0.05 ㎛이어야 한다. 그림 5.3(a)을 이용하면 0.05 ㎛의 R_p는 15 keV의 에너지가 필요하다. 주입물의 극점이 계면에 있으므로 전체 선량은 Si 내부에서 요구되는 선량의 2배가 될 것이다. 극점농도는

$$N_p = Q/\triangle R_p\sqrt{2\pi} = 2\times10^{13}/(2.3\times10^{-6}\sqrt{2\pi}) = 3.5\times10^{18}/\text{cm}^3$$

이고, 산재는 그림 5.3(b)를 이용하여 찾는다. 주입을 완전히 차폐하기 위하여 분포의 꼬리는 계면에서의 배경농도보다 작아야만 한다. 식 (5.9)에서 찾은 최소산화물 두께는

$$X_0 = 0.05 + 0.023\sqrt{2\ln(10\times3.5\times10^{18}/10^{16})}\ \mu m = 0.14\ \mu m$$

이다. 산화물 두께가 0.05 ㎛이므로 감광제는 0.09 ㎛의 두께여야 한다. 감광제의 두께는 동등한 장벽층이 되기 위해서 필요한 SiO_2 두께의 1.8배가 되어야만 하며, 따라서 감광제의 두께는 적어도 0.16 ㎛이어야 한다. 이렇게 요구되는 두께는 대부분의 감광층으로 쉽게 만족된다.

5.4 접합 깊이와 면 저항

이온 주입은 다양한 소자 응용에 있어서 옅은 pn 접합을 형성하기 위하여 종종 사용된다. 주입된 분포도는 가우시안 분포로 근사되며 접합 깊이는 4장에서와 같이 주입된 분포를 배경농도에 대해 연산하여 구할 수 있다.

$$N_p\exp\left[\frac{(X_j - R_{P)}^2}{2\triangle R_p^2}\right] = N_B$$

$$x_j = R_p \pm \triangle R_p\sqrt{2\ln(N_p/N_{B)}} \tag{5.11}$$

그림 5.6에서 나타난 바와 같이 두 개의 해는 의미가 있어 깊은 표면 아래 주입물은 두 개

의 다른 깊이 x_{j1}, x_{j2}에서 생기는 접합들을 갖는다.

예제 5.3

붕소가 n형 Si 웨이퍼에 0.3 ㎛ 깊이까지 주입되었다. 극점농도가 $1\times10^{18}/cm^3$이고 웨이퍼 도핑 농도가 $3\times10^{16}/cm^3$일 때 접합의 위치를 찾으라.

풀이 : 그림 5.3(a)에서 주입 에너지는 100 keV이다. 그림 5.3(b)에서 산재는 0.07 ㎛이다. 가우시안 분포를 배경농도에 대해 연산하면

$$3\times10^{16} = 10^{18}\exp - \left[\frac{(X_j - R_p)^2}{2\triangle R_p^2}\right]$$

이며, 또는

$$X_j = R_p \pm 2.65\triangle R_p$$

이다. 이렇게 구한 접합 깊이는 0.12 ㎛와 0.49 ㎛이다.

주입의 극점은 종종 Si의 표면에 위치한다. 이 특별한 경우에 4장에서 논의한 것과 같이 주입층의 면저항을 알아보기 위해 가우시안 분포에 대한 Irvin의 곡선을 사용하기도 한다. 이

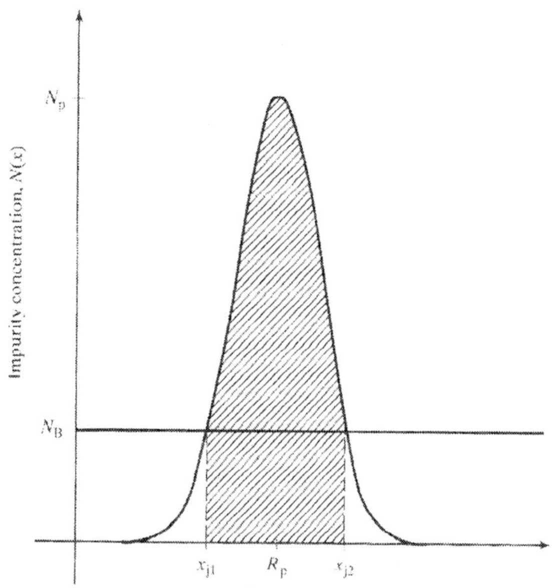

그림 5.6
Si에 불순물을 주입하여 형성된 접합, 2개의 pn접합이 x_{j1}과 x_{j2}에 형성된다.

곡선은 표면 아래층의 면저항을 찾을 때도 사용된다(문제 5.4를 보라). 주입된 가우시안 불순물 분포는 어떤 후속 고온 공정 단계를 통해도 가우시안을 유지한다는 것을 주목하라.

일반적으로 확산된 분포도는 Si 표면에서 최대 불순물 농도를 가진다. 이온 주입 기술들은 표면 아래에 극점을 가진 분포도나 웨이퍼의 표면을 향해 감소하는 '역행' 분포도를 만드는 데 사용될 수 있다. 다른 에너지에서의 다단계 주입은 보다 복잡한 불순물 분포도를 만드는 데 사용될 수 있다.

5.5 채널링, 격자 손상과 소둔

5.5.1 채널링

5.2절의 LSS 결과는 표적 재료가 완전히 불규칙한 분포를 갖는 비정질이라는 가정에 근거를 둔 것이다. 이 가정은 열처리에 의해 만들어진 SiO_2, 증착된 Si_3N_4와 SiO_2, 그리고 대부분의 금속 박막의 경우에 유효하나 결정질 기판에는 맞지 않는다. 결정 격자 내에서 원자의 규칙적인 배열은 결정 안에 매우 큰 열린 공간을 남긴다. 그림 5.7은 <110> 방향의 Si 격자를 통한 조망을 보여준다. 만일 입사 이온 흐름이 결정면에 대하여 적합하지 않은 각을 가진다면, 이온들은 격자에 위치한 Si 원자들을 피하게 되어 LSS 이론이 제시하는 것보다 더 깊이 재료 내부로 들어갈 것이다. 그러나 실제로는 전자 상호작용이 이온들을 멈추게 할

그림 5.7
<110>축을 따라 보이는 Si 격자. From *THE ACHITECTURE OF MOLECULES* Linus Pauling and Rogor Hayward. Copyright © 1964 W.H.Freeman and Company. Reprinted with permission from Refs. [4a] and [4b]

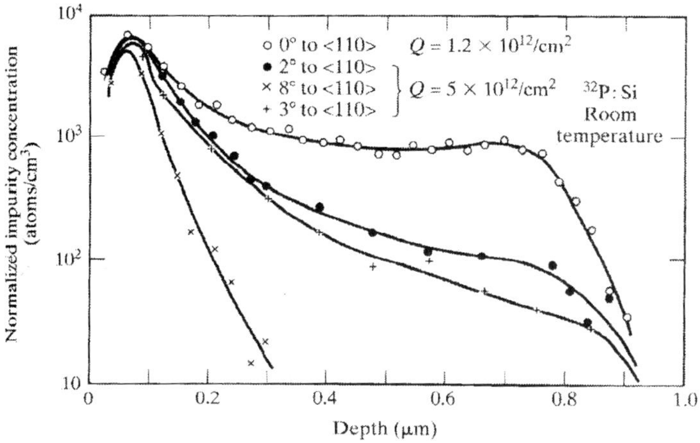

그림 5.8
<110>축으로부터 다양한 각에서 40 keV 주입에 대한 P불순물 분포도. Copyright 1968 by National Research Council of Canada. Reprinted with permission from Ref. [5]

것이다.

채널링의 효과는 그림 5.8에 입증되어 있다. P는 <100> Si 표면에 대해서 이온빔이 몇몇 다른 방향을 갖도록 40 keV의 에너지를 가지고 Si 표적 내부로 주입되었다. 불규칙 표적의 출현은 <100> Si 웨이퍼를 입사빔에 대해 8° 정도 기울게 함으로써 얻어질 수 있다. 그 결과는 그림 5.8에 ×로 표시되어 있다. 이 경우에 대해 범위는 그림 5.3에 나타난 LSS 계산과 잘 비교된다.

열린 원은 <100> 표면에 수직으로 주입된 B의 분포도를 나타낸다. 채널링된 경우의 범위가 LSS 이론에 의해 예상되는 것의 약 2배가 됨을 주목해야 한다. 다른 두 입사각에 대한 결과는 그림 5.8에 나타나며 각이 커짐에 따라 점차 채널링이 줄어듦을 보여준다.

5.5.2 격자 손상과 소둔

주입 공정 동안에, 이온 충격은 Si 격자로부터 원자들을 쫓아낼 수 있으며 결정의 주입 부위를 손상시킬 수 있다. 만일 선량이 충분히 높다면, 주입층은 비정질이 될 것이다. 그림 5.9는 기판 온도의 함수로서 다양한 불순물들에 대하여 비정질 Si층 형성에 요구되는 선량을 나타내고 있다. 무거운 불순물일수록 비정질층 형성에 요구되는 선량이 낮아진다. 충분히 높은 온도에서는 비정질층이 더이상 형성될 수 없다. 아르곤 주입으로 인한 손상은 4장 끝부분에서 가능한 게터링 기술로서 언급되었음을 주목하라.

주입 손상은 '소둔' 단계에서 제거할 수 있다. 주입한 후에 웨이퍼를 800~1000℃에서 약 30분 정도 가열한다. 이 온도에서 Si 원자들은 격자 위치로 돌아가게 되고 불순물 원자들은 격자의 치환형 위치에 들어올 수 있다. 소둔 공정 이후에 주입된 대부분의 선량은 $10^{19}/cm^3$를 넘는 불순물 농도를 제외하고 전기적으로 활성화된다.

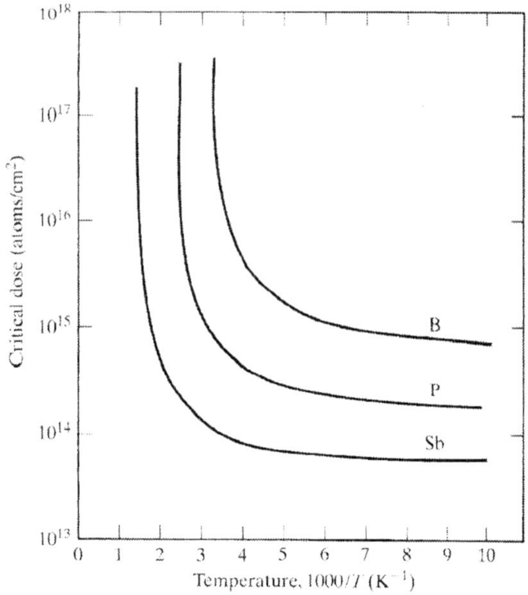

그림 5.9
Si에 비정질층을 형성하는 데 요구되는 선량 대 웨이퍼 표적 온도 역수의 도시. 비소는 인과 안티몬 사이에 위치한다. Copyright 1970 by Plenum Publishing Corporation. Reprinted with permission from Ref. [6].

불행하게도, 1000℃에 가까운 온도에서 30분 동안의 소둔은 확산에 의해 주입물의 상당한 분산을 일으킬 수 있다. 사실 비정질층은 고상 에피택시 공정을 통해 저온에서 실제로 소둔될 수 있음이 알려져 있다. 결정질 기판이 비정질층 재결정의 시작점이 되고, 에피택시 성장은 600℃에서 500 Å/min만큼 빨리 진행될 수 있다. 고상 에피택시 동안에 불순물 원자들은 치환형 위치로 들어가며 완전 활성화는 저온에서 이루어진다.

저에너지 As 주입은 VLSI 구조에 이상적인 얇고 가파른 접합을 얻기 위한 고상 에피택시를 이용하여 소둔될 수 있는 얇은 비정질층을 만든다. 그러나 붕소는 너무 가볍기 때문에 웨이퍼가 천천히 냉각되지 않으면 비교적 높은 선량에서도 비정질층을 만들지 못한다 (그림 5.9를 보라). 오늘날 붕소는 무거운 BF_2 분자의 이온을 사용하여 주입한다. 저속 주입은 고상 에피택시 조건하에서 소둔될 수 있는 얇은 층을 만들어 낸다.

5.5.3 가우시안 이론으로부터의 편차

만일 주입된 불순물 분포의 모양을 자세히 살펴본다면, 이상적인 가우시안 분포도로부터의 편차를 발견한다. 붕소같이 가벼운 이온들이 Si 표적 원자에 충돌할 때, 그림 5.10에서와 같이 붕소 이온들은 상당히 많은 양의 역행산란을 겪고 극점의 표면 쪽에 분포한다. 비소와 같은 무거운 원자들은 매우 큰 진행산란을 겪고 극점의 웨이퍼 쪽에 분포한다. Pearson Type-IV[8] 분포의 이용과 같은 많은 방법들이 이 거동을 수학적으로 모델링하는 데 제안되어 왔다. 그러나 200 keV 이하의 일반적 주입 에너지에 대해서, 가우시안 이론은 불순물 분포의 유용한 모델을 제공한다. 이것은 특히 진행 및 역행 산란이, 농도가 극점값보다 매우 낮은 곳에 위치한 분포의 꼬리를 변화시키는 경향이 있기 때문에 사실이다.

5.6 얕은 이온 주입

마이크론 이하의 MOS 소자는 20 nm 이하의 접합 깊이를 가진 심하게 도핑된 소스 드레인 영역을 필요로 한다. 이러한 접합을 형성하기 위해 저에너지 주입과 급속 열 소둔에 기반을 둔 새로운 제조 기술이 개발되었다. 전이강화확산 혹은 TED라 불리는 확산현상에 대해 상세한 이해가 필요하다.

그림 5.10

Pearson IV의 4모멘트 분포 함수와 비교 측정된 B의 불순물 분포. B는 소둔 없이 비정질 Si에 주입되었다. Reprinted with permission from Pilips Journal of Research[8].

5.6.1 저에너지 주입

얕은 접합을 형성하기 위해서 0.25~5 keV 에너지 범위를 갖는 저전압 이온 주입이 이용된다. 5.1절에서 기술했던 기존의 이온 주입기는 초기의 높은 가속 포텐셜 때문에 이러한 주입 방식에는 적합하지 않다는 사실에 주목해야 한다. 특수한 주입 시스템이 저에너지 이온 주입을 위해 특별히 제작되었다. 또한 데카보레인($B_{10}H_{14}$)과 같이 질량이 커서 속도가 낮은 새로운 주입 종들이 연구되었다. 저에너지 주입으로 인한 주입 직후 불순물 분포 함수는 그림 5.11의 SIMS 자료에서 볼 수 있듯이 25 nm 이하의 접합 깊이를 가지고 표면 근처에서 극점을 갖는다. 소스 드레인 영역에서 낮은 면저항을 얻기 위하여 비교적 높은 선량이 사용되기 때문에 저에너지 주입일지라도 웨이퍼 표면 근처에서 결정에 상당한 손상을 입힐 수 있고, 이러한 손상은 소둔에 의해 제거되어야 한다.

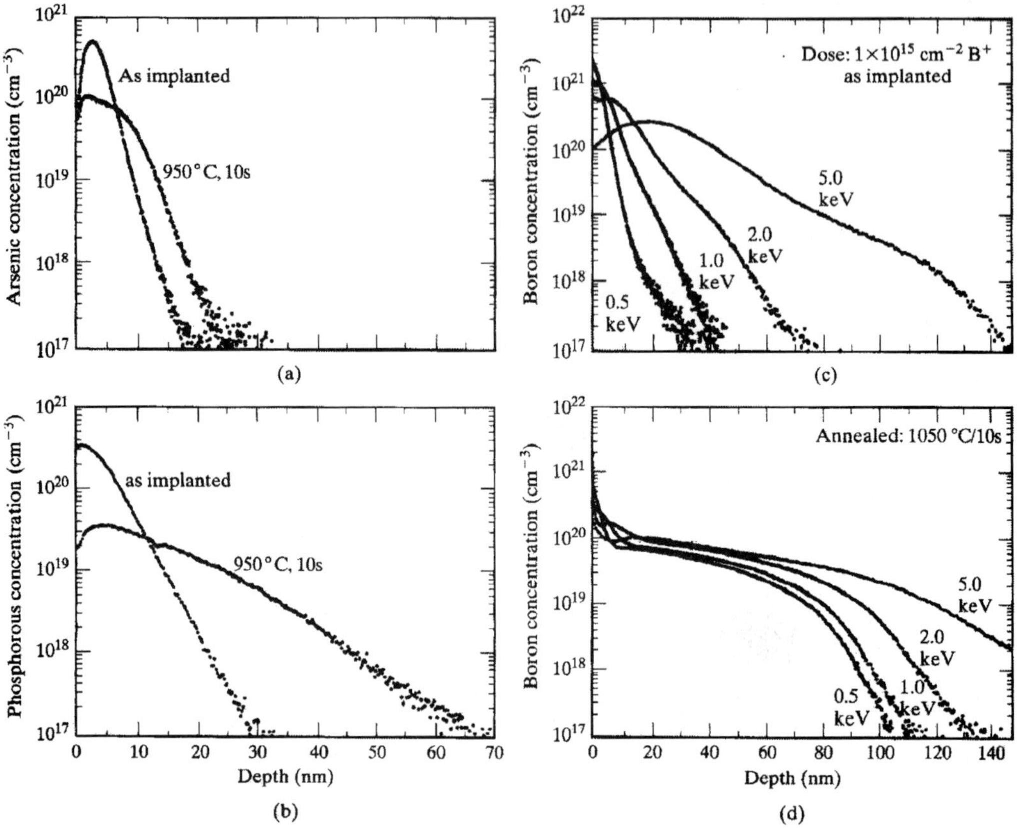

그림 5.11

전이강화확산의 예. 주입 직후와 소둔 처리한 깊이 분포들이 비교되어 있는 SIMS 자료. (a) $3\times10^{14}/cm^2$, 2 keV As^+ (b) $3\times10^{14}/cm^2$, 1 keV P^+. 소둔 조건은 950℃, 10초이다. 0.5, 1, 2, 5 keV에서 $1\times10^{15}/cm^2$의 B를 주입했을 때의 SIMS 분포 (c) 주입 직후 (d) 1050℃에서 10초 동안 소둔 처리 후. Copyright 1997 by IEEE. Reprinted with permission from Ref. [13].

5.6.2 급속 열소둔

이온 주입에 의해 발생된 손상을 제거하는 것 이외에도 소둔 과정은 주입된 불순물들을 전기적으로 활성화하기 위하여 필요하다. 그러나 얕은 주입 분포의 확산을 최소화하기 위해서는 소둔 과정에 수반된 Dt 곱이 가능한 한 작게 유지되어야 한다. 급속 열소둔(RTA) 시스템은 수분에서부터 수초까지의 소둔 시간만으로도 바람직한 결과를 얻을 수 있다. 매우 짧은 시간에 웨이퍼를 원하는 소둔 온도(예를 들면, 950~1050℃)까지 급속하게 가열하기 위해 그림 5.12(a)에서 제시한 고강도 램프를 사용하면 급격하게 온도를 상승시키거나 하강시킬 수 있다(예를 들면 50℃/sec 혹은 그 이상). 이러한 급속 열공정 기술을 이용하면 유효 Dt 곱이 매우 작아질 수 있다. 그러나 만일 높은 온도에서 유지 시간이 짧다면 짧은 상승 시간조차도 중요해진다(문제 5.19-22를 보라).

급속 열소둔은 급속 열공정의 한 형태일 뿐이다. 급속 열산화(RTO) 혹은 급속 열질화(RTN)라 불리는 유사한 시스템들이 매우 얇은 산화막과 질화막을 성장시키기 위해 사용된다. 7.5절에서 논의될 실리사이드층도 급속 열공정을 이용하여 형성될 수 있다. RTP 시스템의 한 예가 그림 5.12(b)에 나타나 있다.

그림 5.12

(a) 급속 열공정(RTP) 시스템의 구성 (b) Applied Material 300 mm RTP시스템(Courtesy Applied Materials, Inc.)

5.6.3 전이강화확산(TED)

얕은 접합 형성의 연구 도중, 불순물들이 소둔 공정에서 계산되었던 Dt 곱을 이용한 단순 확산이론에서 예측되었던 것보다 더 현저히 확산된다는 것이 발견되었다. 이온 주입으로 발생한 실리콘 결정손상이 확산계수를 일시적으로 5배에서 10배 정도 증가시킨다는 것이 발견되었다. 이러한 증가는 손상이 소둔되면서 사라지는 일시적인 현상이다. 그러나 불순물 분포의 변화는 특히 분포함수의 꼬리에 나타날 수 있으며, 접합 깊이가 현저히 변화될 수 있다. 선량은 일정하기 때문에 극점 농도도 떨어지며 면저항도 불순물이 재분포되는 동안 변하게 된다. TED로 인한 재분포의 한 예가 그림 5.11의 SIMS 자료에 나타나 있다. 작은 기하학적인 소자에서의 중요성으로 인해 TED 현상의 모델링은 많은 공정 모사 프로그램에 더해지고 있다.

요약

이온 주입은 불순물 원자를 Si 웨이퍼 표면 속으로 도입하기 위해 고압가속기를 사용하며, 고온확산에 의해 증착을 능가하는 장점이 많다. 이온 주입은 확산에 의한 불순물 이동을 최소화할 수 있는 저온공정으로서, VLSI 제조에서 매우 중요하다. 저온공정시에는 이온 주입을 차폐하는 장벽층으로 다양한 재료를 사용할 수 있다. 감광제, 산화물, 질화물, 알루미늄 그리고 다른 금속 필름은 모두 사용될 수 있으며, 다른 방법보다 공정 설계시 유연하게 대처할 수 있다.

이온 주입은 또한 확산보다 훨씬 더 넓은 범위의 불순물 종을 사용할 수 있다. 원칙적으로 이온화될 수 있는 어떤 원소라도 주입법을 써서 웨이퍼에 도입할 수 있다. 주입법은 확산에 의한 것보다 웨이퍼 내부로 도입되는 선량을 더 정확히 조절하며, 더 넓은 범위의 선량들이 재현성 있게 얻어진다.

확산에 의한 분포는 거의 항상 표면에서 최대 불순물 농도를 가진다. 이온 주입법은 표면 아래 극점을 갖는 새로운 분포도 또는 갈수록 웨이퍼 표면을 향하여 감소하는 역행분포도를 만들기 위하여 이용될 수 있다. 주입법은 표면 근처에 매우 얇은 층에 불순물을 도입할 수 있는데, 이는 VLSI 구조의 큰 장점이 된다.

이온 주입의 가장 큰 단점은 생산 기계가 200만 달러를 초과하는 설비 가격이다. 이온 주입기는 대량 생산에 적합한 단위 시간당 높은 선량($>10^{16}/cm^3$)을 얻는 데도 문제가 있다. 새로운 고전류 기계는 선량 문제를 해결하기 위해 고안되었다. 무엇보다도 이온 주입시의 유연성과 공정 조절의 편리함은 가격이 비싸다는 단점보다 중요하며, 이로 인해 이온 주입법은 현재의 양극성 및 MOS 집적회로 제조에 많이 이용된다.

이온 주입은 가우시안 분포 모델을 갖는 분포도를 만들어 낸다. 분포의 깊이와 폭은 이온종과 주입 에너지에 의존한다. 채널링을 막기 위해 일반적으로 주입은 표면의 수직에서 약 8° 정도 빗나간 각도에서 실행된다.

이온 주입 공정은 표면을 손상시키고, 이 손상의 영향을 제거하기 위해 소둔 단계가 필요하다. 선량이 낮은 800~1000℃에서 30분 동안 소둔이 필요하다. 그러나 만일 표면층이 비정질이면, 소둔은 단지 600℃의 온도에서 고상 에피택시를 통해 실행될 수 있다.

마이크로 이하의 VLSI 제조에 요구되는 매우 얕은 접합은 저에너지(< 5 keV) 이온 주입법을 사용하여 얻을 수 있다. 그리고 급속 열 소둔은 작은 Dt 곱을 유지하는 동안에 주입물

을 활성화시키기 위해 사용된다. 그러나 전이강화확산은 주입물들이 Dt 값과 표준확산 모델에서 예측한 것보다 더 깊이 퍼지게 하는 원인이 된다.

참고문헌

[1] J. Lindhard, M. Scharff, and H. Schiott, "Range Concepts in Heavy Ion Ranges," *Mat. - Fys. Med. Dan, Vid. Selsk*, 33, No. 14, 1963.

[2] J. F. Gibbons, W. S. Johnson, and S. W. Mylroie, *Projected Range in Semiconductors*, 2nd ed., Dowden, Hutchinson, and Ross, New York, 1975.

[3] S. Furukawa, H. Matsumura, and H. Ishiwara, "Lateral Distribution Theory of Implanted Ions," in S. Namba, Ed., *Ion Implantation in Semiconductors*, Japanese Society for the Promotion of Science, Kyoto, pp. 73, 1972.

[4] (a) L. Pauling and R Hayward, *The Architecture of Molecules,* W. H. Freeman, San Francisco, 1964. (b) S. M. Sze, Ed., *Semiconductor Devices Physics and Technology*, McGraw-Hill, New York, 1985.

[5] G. Dearnaley, J. H. Freeman, G. A. Card, and M. A. Wilkins, "Implantation Profiles of ^{32} PC hanneled into Silicon Crystals," *Canadian Journal of Physics*, 46, 587-595(March 15, 1968).

[6] F. F. Morehead and B. L. Crowder, "A Model for the Formation of Amorphous Si by Ion Implantation," pp. 25-30, in Eisen and Chadderton (see Source Listing 4).

[7] B. L. Crowder and F. F. Morehead, Jr., "Annealing Characteristics of n-type Dopants in Ion-Implanted Silicon," *Applied Physics Letters*, 14, 313-315(May 15, 1969).

[8] W. K. hofker, "Implantation of Boron in Silicon," *Philips Research Reports Supplements*, No. 8, 1975.

[9] J. F. Gibbons, "Ion-Implantation in Semiconductors-Part I: Range Distribution Theory and Experiment," *Proceedings of the IEEE*, 56, 295-319, March 1968.

[10] J. F. Gibbons, "Ion Implantation in Semiconductors-Part II: Damage Production and Annealing," *Proceedings of the IEEE*, 60, 1062-1096, September 1972.

[11] T. Hirao, G. Fuse, K. Inoue, S. Takayanagi, Y. Yaegashi, S. Ichikawa, and T. Izumi, "Electrical Properties of Si Implanted with As Through SiO_2 Films," *Journal of Applied Physics*, 51, 262-268(January 1980).

[12] K. Goto, J. Matsuo, Y. Tada, T. Tanaka, Y. Momiyama, T. Sugii, and I. Yamada, "A High-Performance 50 nm PMOSFET Using Decaborance ($B_{10}H_{14}$) Ion Implantation and 2-step

Activation Annealing Process," *IEEE IEDM Digest*, pp.471–474, December 1997.

[13] A. Agarwal, D. J. Eaglesham, H-J. Gossman, L. Pelaz, S. B. Herner, D. C. Jacobson, T. E. Haynes, Y. Erokhin, and R. Simonton, "Boron-Enhanced-Diffusion of Boron: The Limiting Factor for Ultra Shallow Junctions, *IEEE IEDM Digest*, pp. 467–470, December 1997.

[14] A. D. Lilak, S. K. Earles, K. S. Jones, M. E. Law, and M. D. Giles, "A Physics-Based Modeling Approach for the Simulation of Anomalous Boron Diffusion and Clustering Behavior," *IEEE IEDM Digest*, pp. 493–496, December 1997.

[15] K. Suzuki, T. Miyashita, and Y. Tada, "Damage Calibration Concept and Novel B Cluster Reaction Model for B Transient Enhanced Diffusion Over Thermal Process Range from 600℃ (839h) to 1100℃(5s) with Various Ion Implantation Doses and Energies," *IEEE IEDM Digest*, pp. 501–504, December 1997.

[16] S. S. Yu, H. W. Kennel, M. D. Giles, and P. A. Packan, "Simulation of Transient Enhanced Diffusion Using Computationally Efficient Models," *IEEE IEDM Digest*, pp. 509–512, December 1997.

자료 목록

[1] J. W. Mayer, L. Eriksson, and J. A. Davies, *Ion-Implantation in Semiconductors,* Academic Press, New York, 1970.

[2] G. Dearnaley, J. H. Freeman, R. S. Nelson, and J. Stephen, *Ion-Implantation,* North-Holland, New York, 1973.

[3] G. Carter and W. A. Grant, *Ion-Implantation of Semiconductors,* John Wiley & Sons, New York, 1976.

[4] F. Eisen and L. Chadderton, Eds., *Ion Implantation in Semiconductors,* First International Conference (Thousand Oaks, CA), Gordon and Breach, New York, 1970.

[5] I. Ruge and J. Graul, Eds., *Ion Implantation in Semiconductors,* Second International Conference (Garmisch-Partenkirchen, Germany), Springer-Verlag, Berlin, 1972.

[6] B. L. Crowder, Ed., *Ion Implantation in Semiconductors,* Third International Conference (Yorktown Heights, NY), Plenum, New York, 1973.

[7] S. Namba, Ed., *Ion Implantation in Semiconductors,* Fourth International Conference (Osaka, Japan), Plenum, New York, 1975.

[8] F. Chernow, J. Borders, and D. Bruce, Eds., *Ion Implantation in Semiconductors,* Fifth

International Conference (Boulder, CO). Plenum, New York, 1976.

문제

5.1 붕소가 0.25 ㎛의 SiO_2층을 통해 60 keV의 에너지를 가지고 주입된다. 주입선량은 $1\times10^{14}/cm^2$이다.

(a) Si − SiO_2 계면에서 붕소의 농도를 구하라.

(b) Si 내의 선량을 구하라.

(c) 배경농도가 $3\times10^{15}/cm^3$인 경우 접합 깊이를 구하라.

5.2 $2\times10^{15}/cm^2$의 붕소 선량이 10 keV의 에너지를 가지고 실리콘 표면에 주입된다. 그림 5.3에 기초할 때 투영 깊이와 산재는 얼마인가? 이온 주입이 가우시안 분포를 가지며 웨이퍼의 배경농도가 $10^{16}/cm^3$일 때, 접합 깊이는 얼마인가?

5.3 주입 극점이 Si − SiO_2 계면에 존재한다면 1 ㎛의 SiO_2층을 통해 인이 주입되기 위해 필요한 에너지는 얼마인가? 산재는 얼마인가?

5.4 $1\times10^{12}/cm^2$의 비소 선량이 Si − SiO_2 계면에 분포의 극점을 가지고 50-nm SiO_2층을 통해 주입된다. SiO_2 위의 실리콘 질화물 막은 비소 확산금지 영역에서 장벽재료로 사용된다. 배경농도가 $1\times10^{15}/cm^3$일 때, 필요한 질화물 막의 두께는 얼마인가?

5.5 주입법은 붕소 기초 확산을 위한 전 부착 단계에 이용된다. 최종층의 깊이는 5 ㎛이며 면적당 125 ohms/square의 면저항을 가진다. (NB = $10^{16}/cm^3$)

(a) 붕소가 얇은 SiO_2층을 통해 주입되어 Si − SiO_2 계면에 주입 분포의 극점을 가진다면 이온 주입기로부터 요구되는 붕소의 선량은 얼마인가?

(b) 1100℃에서 최종 기초층을 형성하기 위해 요구되는 드라이브 인 시간은?

5.6 면저항이 200 ohms/square인 2 ㎛ 깊이의 확산에 대해 문제 5.5를 반복하라.

5.7 면저항이 250 ohms/square인 0.25 ㎛ 깊이의 확산에 대해 문제 5.5를 반복하라.

5.8 $1\times10^{15}/cm^2$의 인 선량이 20 keV의 에너지로 실리콘 웨이퍼 표면에 주입된다. 그림 5.3에 기초할 때 투영 깊이와 산재는 얼마인가? 이온 주입이 가우시안 분포를 가지며 웨이퍼의 배경농도가 $10^{16}/cm^2$일 때, 접합 깊이는 얼마인가?

5.9 (a) Irvin의 곡선을 이용하여 n형 Si 표면 아래에 완전히 주입된 붕소층의 면저항을 찾아라(N_B = $10^{15}/cm^3$). 이때, 층은 $1\times10^{19}/cm^3$의 극점농도를 가지며 범위와 산재가 각각 1.0 ㎛와 0.11 ㎛로 가정하라. (힌트 : 병렬 연결한 도체를 생각하라)

(b) 이 주입의 선량은 얼마인가?

(c) 이 이온 주입에 사용된 에너지는 얼마인가?

(d) pn 접합이 위치한 깊이는?

5.10 (a) 포토레지스트가 50 keV에서 붕소의 소스 드레인 주입 동안 주입장벽으로서 사용된다. 주입을 막기 위해서 필요한 포토레지스트의 두께는 얼마인가?

(b) 인의 주입에 대해 문제를 반복하라.

(c) 비소의 주입에 대해 문제를 반복하라.

5.11 (a) B^+ 이온 (b) $(BF_2)^{++}$이온 (c) $(B_{10}H_{14})^+$ 이온들이 5 keV로 가속될 때 이온 주입기 내에서 이온들의 속도는 얼마인가?

5.12 자기 정돈되는 n 채널 다결정 게이트 MOS 트랜지스터의 소스 드레인 영역은 비소주입으로 형성된다. 소자의 단면 치수는 아래 그림과 같이 주어진다. 만일 주입의 극점농도가 $10^{20}/cm^3$이고 기판 도핑농도가 $10^{16}/cm^3$이라면 횡단산재에 의한 채널의 수축을 계산하라. 채널 영역이 산화막 바로 아래의 Si에 위치한다고 가정하라. R_p = 0.1 ㎛, $\triangle R_p$ = 0.04 ㎛, $\triangle R_\perp$= 0.022 ㎛을 이용하라.

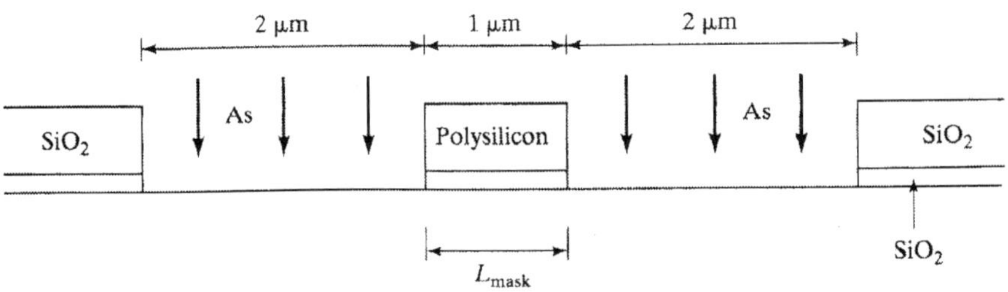

그림 P 5.12

5.13 2개의 붕소 주입에 의해 만들어진 주입물 분포도가 있다. 첫 번째는 100 keV 에너지, 두 번째는 200 keV 에너지를 사용했다. 각 분포의 극점농도는 $5\times10^{18}/cm^3$이다. 합성분포도를 그리고 인의 배경농도가 $10^{16}/cm^3$일 때 접합 깊이를 구하라. 두 주입 단계의 선량은 얼마인가?

5.14 매립 SiO_2층을 형성하기 위하여 산소를 Si 표면 아래에 깊이 주입하는 데 고에너지 (5 MeV)가 사용된다. 적절한 SiO_2층의 폭은 0.2 ㎛라고 가정하라.

(a) Si 안에 주입되어야 하는 산소의 선량은 얼마인가?

(b) 200 mm 지름의 웨이퍼가 15분간 주입된다면 요구되는 빔전류는 얼마인가?

(c) 이 이온빔에는 얼마나 많은 전력이 공급되어야 하는가? 이 주입이 웨이퍼에 어떤 효과를 미치는지 논하라.

5.15 NMOS 트랜지스터의 임계전압은 채널 영역에 붕소를 주입하면 증가하기도 한다. 얇은 주입에 대해 전압의 천이는 근사하여 $\triangle V_T = qQ/C_{ox}$로 주어지며, 여기서 Q는 B의

선량, $C_{ox} = \varepsilon_0/X_0$, X_0는 산화물 두께, ε_0는 SiO_2의 유전율 : $3.9 \times (8.854 \times 10^{-14} F/cm)$이다. SiO_2 두께가 40 nm일 때 임계전압을 0.75 V만큼 천이하는 데 요구되는 붕소의 선량은 얼마인가?

5.16 이온 주입기가 10 μA의 빔 전류를 가지고 있다. 지름이 200 mm인 웨이퍼에 $10^{15}/cm^2$ 선량의 붕소를 주입하는 데 걸리는 시간은 얼마인가?

5.17 Si에서 임의 가우시안층의 면저항을 계산하는 컴퓨터 프로그램을 쓰라.

5.18 $1 \times 10^{15}/cm^2$의 붕소 선량이 실리콘 웨이퍼에 주입된다.

(a) 그림 5.9를 이용하여 고체 상태 에피텍시가 가능하도록 비정질층이 형성되기 위해서 요구되는 최소 기판 온도를 결정하라.

(b) 이온 주입종이 인으로 바뀌면 어떤 변화가 생기는가?

5.19 RTA 시스템에서 25℃에서 1050℃까지 50℃/sec의 속도로 승온하고 1050℃에서 1분간 온도를 유지한다. 그 후 50℃/sec의 속도로 25℃까지 감온한다. 표 4.1의 자료를 사용하여 붕소 확산에 대한 총 Dt 곱을 수치적으로 계산하라. 1050℃에서 소비되는 시간만 고려할 때 Dt 곱은 얼마인가?

5.20 1050℃에서의 시간이 5초로 감소되었을 때 문제 5.19를 반복하라.

5.21 RTA 시스템에서 25℃에서 980℃까지 40℃/sec의 속도로 승온하고 980℃에서 2분간 유지된다. 그 후 40℃/sec의 속도로 25℃까지 감온한다. 표 4.1의 자료를 사용하여 인의 확산에 대한 총 Dt 곱을 수치적으로 계산하라. 980℃에서 소비되는 시간만 고려할 때 Dt 곱은 얼마인가?

5.22 980℃에서의 시간이 15초로 감소되었을 때 문제 5.21을 반복하라.

6장 박막 증착

제조 공정은 다양한 물질의 박막이 웨이퍼 표면에 증착되는 많은 단계를 거친다. 이 장에서는 증발, 화학기상증착, 스퍼터링을 포함한 증착 공정에 대해 논의하며, 이러한 공정들은 금속, 실리콘과 다결정 실리콘, 그리고 이산화실리콘과 실리콘질화물 같은 유전체를 증착시키는 데 사용된다. 증발과 스퍼터링은 낮은 압력에서 작동하는 진공장비들이 필요하지만 화학기상증착과 에피택시는 저압이나 대기압에서 수행될 수 있다. 이 장에서는 진공장비들에 대한 개관과 이상기체이론에서 도출된 몇 가지 결과들도 제시된다.

6.1 증 발

물리적 증발은 금속박막을 증착시키는 가장 오래된 방법 중 하나이다. 알루미늄과 금은 증발온도까지 가열되어 실리콘 웨이퍼 표면을 덮는 박막을 형성하도록 증발된다. 증착된 물질의 조성을 조절하기 위해서 증발은 진공조건하에서 이루어진다.

그림 6.1은 진공용기, 기계식 초벌 배기펌프, 확산펌프, 터보 분자펌프, 밸브, 진공 게이지와 다른 장비들로 구성된 기본 진공 증착 시스템을 나타내고 있다. 작동 중 초벌 배기밸브가 먼저 열리고 기계식 펌프가 진공용기 안의 압력을 약 1 Pa[1] 정도의 중간 진공도로 낮춘다. 고진공도가 요구되면 초벌 배기밸브가 닫히고 전단 통로와 고진공 밸브가 열린다. 초벌 배기펌프는 이제 확산로로 펌프의 배기부에서 진공을 유지한다. 진공용기 안의 압력

1) 1 atm = 760mmHg = 760torr = 1.013×10^5Pa. 1Pa=1N/m^2=0.0075torr

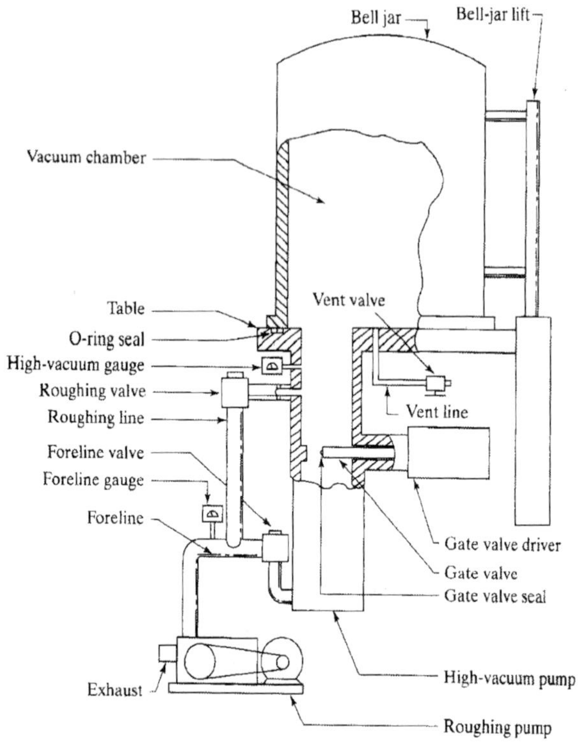

그림 6.1

진공용기, 초벌 배기펌프, 고진공 펌프 그리고 다양한 밸브와 진공계를 포함한 증발에 사용되는 전형적인 진공 시스템

을 약 10^{-4} Pa까지 낮추기 위해 액체질소(77 K) 저온 트랩이 확산펌프에 사용된다. 진공장비 내의 압력을 여러 위치에서 측정하기 위해 이온 및 열전대 진공계가 사용되고, 몇몇 다른 밸브는 장비를 대기압으로 되돌리기 위한 배기구로 사용된다.

6.1.1 운동학적 기체이론

기체는 낮은 압력에서 매우 이상적으로 거동하며 이상기체법칙으로 잘 묘사할 수 있다. 기체 1몰의 압력 P, 부피 V, 온도 T라 하면

$$PV = N_{av}kT \tag{6.1}$$

여기서 k는 볼츠만상수[2)]이고 N_{av}는 아보가드로상수(6.02×10^{23} 분자/몰)이다. 기체분자의 농도는 다음과 같이 주어진다.

2) k(Boltzmann's constant)$=1.38\times10^{-23}$ J/K$=1.37\times10^{-22}$atm-cm^3/K

$$n = \frac{N_{av}}{V} = \frac{P}{kT} \tag{6.2}$$

몇몇 시스템에서 기판의 표면은 증착 전에 매우 깨끗한 상태로 유지되어야만 한다. 심지어 산소나 다른 원소가 미량으로라도 존재하면 기판의 표면에 오염층이 형성된다. 오염층의 생성속도는 웨이퍼 표면에 부딪치는 기체분자들의 충돌속도에 의해 결정되며, 압력에 대해 다음과 같은 연관성을 가진다.

$$\Phi = \frac{P}{\sqrt{2\pi mkT}} \ (\mathrm{molecules/cm^2-sec}) \tag{6.3}$$

여기서 m은 분자량이다. 이 식은 다음과 같이 쓸 수 있다.

$$\Phi = \frac{2.63\times10^{20}P}{\sqrt{MT}} \ (\mathrm{molecules/cm^2-sec}) \tag{6.4}$$

여기서 P는 파스칼로 표현된 압력, M은 분자량이다(산소분자에 대해 M=32). 각각의 분자가 표면에 접촉하여 붙는다고 가정하면, 표면에 단일층이 생성되기 위해 필요한 시간은 다음과 같다.

$$t = \frac{N_s}{\Phi} = \frac{N_s\sqrt{2\pi mkT}}{P} \tag{6.5}$$

여기서 N_s는 층의 단위면적당 분자수이다.

예제 6.1

진공장비 내의 산소 잔류압력이 1 Pa이라 가정하자. 300 K에서 웨이퍼 표면 위에 한 개의 산소원자층이 증착되는 데 걸리는 시간은 얼마인가?

풀이 : 산소분자의 반지름은 대략 3.6Å이다. 만약 표면 위의 분자들이 조밀 충전된다고 하면 대략 2.2×10^{14}분자/cm^2이다. 300 K, 1 Pa에서 산소의 충돌속도는 2.7×10^{18}분자/cm^2−s 이다. 한 층은 82초 만에 증착된다.(매우 짧은 시간임)

압력과 온도는 또한 평균자유행정(λ)이라는 또 다른 중요한 박막증착 변수를 결정한다. 기체분자의 평균자유행정은 기체분자가 또 다른 분자와 충돌하기 전까지 분자가 이동하는

평균거리이다. λ는 다음과 같이 주어진다.

$$\lambda = \frac{kT}{\sqrt{2}\pi p d^2} \tag{6.6}$$

여기서 d는 기체분자의 지름이고 2~5Å의 범위를 가진다. 증발은 보통 부근의 주위 압력 10^4 Pa에서 행해진다. 이 압력에서 4-Å 크기의 분자의 평균자유행정은 대략 60m이다. 따라서, 예를 들어 알루미늄이 증발하는 동안 알루미늄 분자는 주위 기체와 충돌하지 않고 증발원으로부터 증착 표적까지 직선으로 이동하게 된다.

반면, 6.4절에서 논의될 스퍼터링은 대략 100 Pa의 압력에서 아르곤 기체를 사용한다. 동일한 반지름을 사용하면 이 평균자유행정은 60 ㎛ 정도밖에 되지 않는다. 그러므로 증착되는 물질은 아르곤 원자들에 산란되어 무질서한 방향에서 표적에 도달한다.

6.1.2 필라멘트 증발

가장 단순한 증발기는 고온으로 가열되는 필라멘트를 포함한 진공장비로 구성된다. 그림 6.2(a)에서 알루미늄과 같은 작은 금속고리들이 텅스텐과 같은 내화(고온)금속으로 만들어진 필라멘트로부터 걸려 있다. 증발은 알루미늄이 녹아 필라멘트를 적실 때까지 필라멘트의 온도를 점차 높여 줌으로써 이루어진다. 그 후, 필라멘트 온도는 필라멘트로부터 알루미늄을 증발시키기 위하여 상승한다. 웨이퍼들은 필라멘트 가까이 위치하여 증발하는 물질의 박막에 의해 덮인다.

필라멘트 증발장비들은 설치하기가 쉬우나 특히 필라멘트 재료로부터의 오염 정도가 높

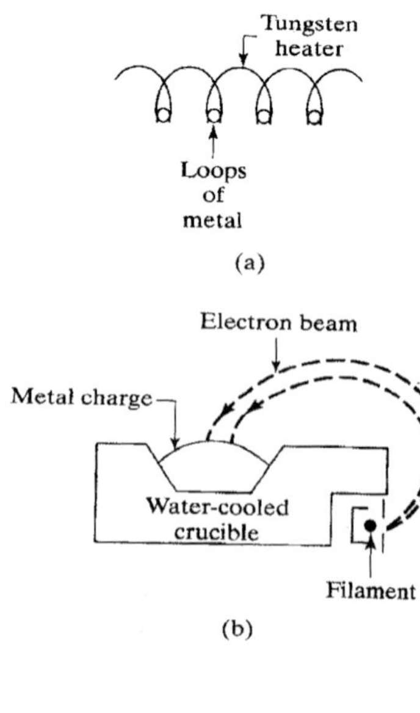

그림 6.2

증발원의 두 가지 형태 (a) 필라멘트 증발, 철사 고리들이 가열된 필라멘트로부터 매달려 있다. (b) 전자선 소스, 전자선이 장입 금속에 집중되어 있다. 선은 자기장에 의해 휘어진다.

을 수 있다. 게다가 필라멘트 증발기로는 화합물의 증발을 쉽게 조절할 수 없다. 가장 낮은 융점을 가진 물질이 먼저 증발하며 증착된 막은 소스 물질과 동일한 조성을 갖지 않는다. 두꺼운 막은 금속고리 내에 제한된 물질의 공급으로 인하여 만들기가 어렵다.

6.1.3 전자선 증발

전자선 증발장비(그림 6.2.b)에서는 고온 필라멘트가 전자선으로 대체된다. 15 keV까지의 에너지를 가진 고강도 전자선이 증발될 물질을 포함하고 있는 소스 표적에 집중된다. 전자선으로부터 나오는 에너지가 표적의 일부분을 녹인다. 물질은 소스로부터 증발되어 실리콘 웨이퍼를 얇은 층으로 덮는다.

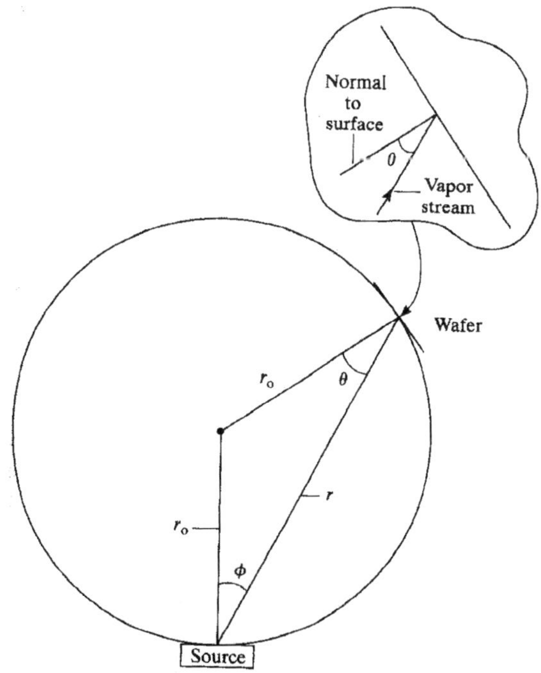

그림 6.3
행성 모양의 기판 받침대를 사용하는 장비에서의 증발에 대한 기하학

작은 평판 소스를 사용하면 그림 6.3의 기하학적 구성에 대하여 성장속도가 다음 식으로 주어진다.

$$G = \frac{m}{\pi\rho r^2} \cos\Phi \cos\theta \,(\mathrm{cm/sec}) \qquad (6.7)$$

Φ는 수직에서 소스면까지 측정한 각도이고, θ는 증발류에 대한 기판의 각도이다. ρ와 m은 각각 증착되는 물질의 밀도(g/cm^3)와 질량증발속도(g/sec)이다.

일괄증착을 위해 회전하는 구로 구성된 행성 모양의 기판 받침대가 사용된다. 각 웨이퍼는 그림 6.4에서와 같이 반지름 r_0 를 가진 구의 표면에 접선 방향으로 위치한다. 기하학을 적용하면 다음과 같이 된다.

$$\cos\theta = \cos\Phi = \frac{r}{2r_o} \tag{6.8}$$

행성 모양의 웨이퍼 받침대에 대하여, G는 웨이퍼 위치와 무관하게 된다.

그림 6.4
두 축으로 동시에 회전하는 행성 모양의 웨이퍼 받침대를 가진 전자선 증발 시스템의 사진

$$G = \frac{m}{4\pi\rho r_o^2} \tag{6.9}$$

웨이퍼들은 소스 위에 위치하고 증착하는 동안 균일한 점유율을 얻기 위해 보통 소스 주위를 회전하며, 증발된 물질의 부착성과 균일성을 향상시키기 위해 종종 복사 가열된다. 소스 물질은 수냉 도가니 내에 놓여 있고 증발과정 동안 물질의 표면만이 전자선과 접촉한다. 순도는 원래 소스 재료의 순도에 의해 조절된다. 비교적 큰 크기의 소스는 증발을 위해 실제 무한대의 물질을 공급하며, 증착속도는 전자선의 전류와 에너지를 변화시킴으로써 쉽게 조절할 수 있다.

증착속도를 감시하는 한 가지 방법은 증착 동안 증발물질에 덮이는 석영 결정을 사용하는 것이다. 결정의 공진주파수는 증착된 박막의 두께에 비례하여 달라진다. 결정의 공진주파수를 감시하면 증착속도는 1 Å/sec보다 더 정확하게 측정된다. 두 개의 표적을 가지고 있는 이중전자선은 전자선 증착장비에서 화합물을 공동 증발시키기 위해 사용된다.

X선 방사는 5~10 keV를 초과하는 가속전압을 갖는 전자선장비에서 발생한다. 기판은 에너지가 큰 전자와 X Ray에 의해 복사손상을 입기도 한다. 손상은 대개 후속 공정단계에서 소둔되어 사라질 수 있다. 그러나 복사효과는 MOS 공정 설계자에게는 매우 중요하며,

스퍼터링이 많은 공정단계에서 전자선증발법을 대신하고 있다.

6.1.4 순간증발

순간증발은 소스 물질로서 미세한 선을 사용하고 고온 세라믹 막대가 선을 증발시키는 데 사용된다. 선은 연속적으로 공급되어 세라믹 막대와의 접촉시 증발한다. 순간증발은 복사손상에 관련된 문제 없이 전자선장비에서와 같이 비교적 두꺼운 박막을 생성할 수 있다.

6.1.5 그림자와 단차피복성

낮은 압력에서는 기체분자의 큰 평균자유행정으로 인해 증발기술은 본질적으로 방향성을 갖게 되며, 형태의 그림자와 단차피복성 문제가 증착하는 동안 발생할 수 있다. 그림 6.5는 집적회로 표면에서 가까운 지점에서 발생할 수 있는 그림자 현상을 보여준다. 완전히 가려진 영역에서는 증착이 거의 일어나지 않는다. 부분적으로 가려진 영역에서는 박막의 두께에 변화가 생긴다. 이러한 문제를 최소화하기 위해 전자선장비의 행성 모양 기판 받침대가 박막증착 동안 웨이퍼들을 계속 회전시킨다.

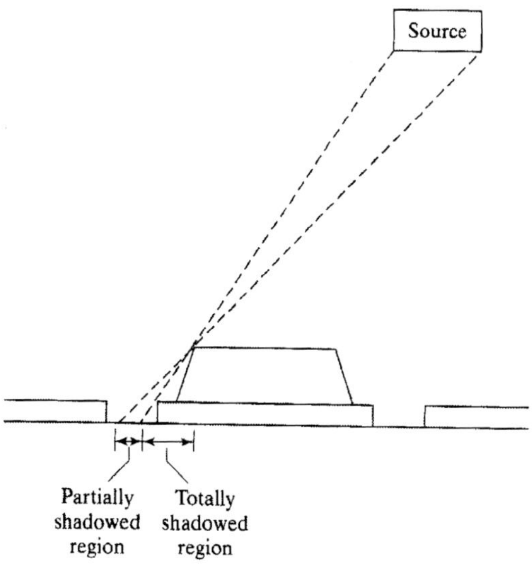

그림 6.5
분자 평균자유행정이 큰 저압 진공증착시 발생할 수 있는 그림자 문제의 한 예

6.2 스퍼터링

스퍼터링은 보통 Ar^+와 같은 큰 에너지를 가진 이온으로 표적에 충돌함으로써 얻어진다. 표적 표면에 있는 원자들은 충돌에 의해 느슨해지며 기판으로 이동하여 증착이 일어난다.

Al, W, Ti와 같이 전기적으로 전도성 물질은 직류전원을 이용할 수 있으며, 이 경우 표적은 다이오드 시스템에서 음극으로 작용한다. 실리콘 산화물이나 알루미늄 산화물과 같은 절연체의 스퍼터링은 아르곤 원자에 에너지를 공급하기 위해 RF 전원을 필요로 한다. 그림 6.6은 스퍼터링 장비의 개념도이다.

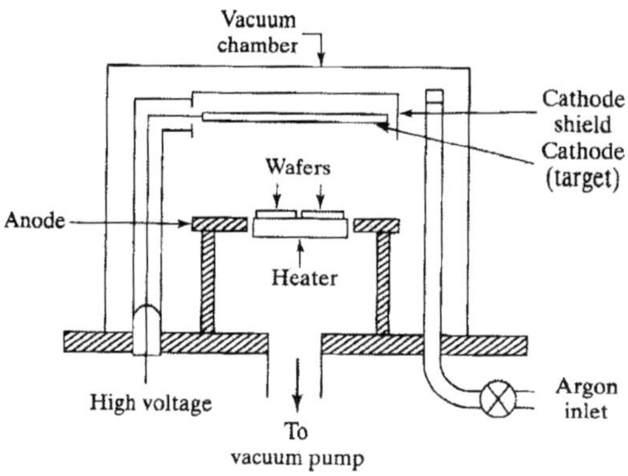

그림 6.6
표적물질이 다이오드의 음극으로 작용하고 웨이퍼가 진공관의 양극에 설치된 직류 스퍼터링 장비

스퍼터 증착에서 스퍼터링이 일어나기 전에 초과해야 하는 임계 에너지가 있다. 스퍼터링 수율(그림 6.7)은 각각의 입사원자에 의해 표적으로부터 방출되는 총 원자수의 비이며, 입사하는 원자의 에너지에 따라 급격히 증가한다. 장비는 대개 적어도 1 이상의 스퍼터링 수율을 확신하기에 충분히 큰 에너지를 가지고 작동된다.

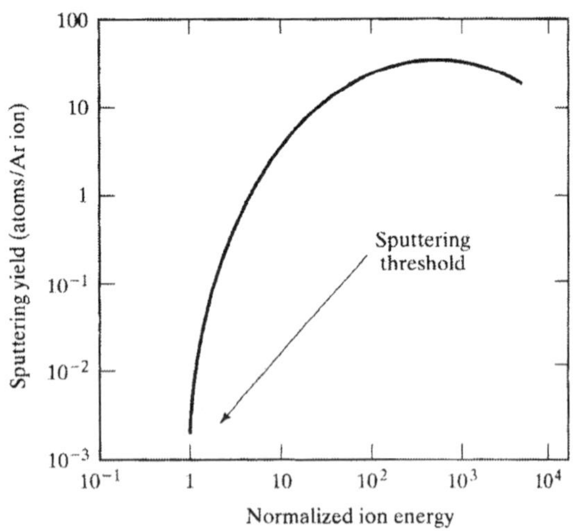

그림 6.7
아르곤을 사용하는 직류 스퍼터링 장비에 대한 스퍼터링 수율 대 이온 에너지

스퍼터링은 넓은 범위의 물질을 증착시키는 데 사용된다. 게다가 박막이 표적과 동일한 조성을 가지므로 합금이 증착될 수 있다. 한 예가 집적회로에서 금속화 공정 중 보통 사용되는 Al − Cu − Si 합금이다(7장에서 이 합금에 대해 논의할 것이다). 예상하듯이 스퍼터링으로 인해 막 안에 약간의 아르곤이 함유되며, 증착 과정 중 웨이퍼가 350℃까지 가열될 수 있다. 스퍼터링은 또한 집적회로에 종종 나타나는 미세한 형상에 대해 단차피복성이 우수하다.

스퍼터 에칭(스퍼터 증착공정의 반대)은 박막증착 전에 기판을 세척하는 데 사용될 수 있고, 스퍼터 식각 공정은 금속 증착 전에 접촉창을 세척하는 데 많이 사용되기도 한다. 에칭은 창으로부터 잔류산화물을 제거하며 금속과 하부물질 사이의 접촉성을 향상시킨다.

6.3 화학 기상 증착

화학기상증착(CVD)은 열분해 또는 기체화합물의 반응에 의해 기판의 표면에 박막을 형성한다. 원하는 물질이 기체상태로부터 기판 표면에 직접 증착된다. 다결정 실리콘, 이산화실리콘, 그리고 실리콘 질화물이 통상 CVD 기술을 이용하여 증착된다. 텅스텐과 같은 내열성 금속도 CVD를 이용하여 증착될 수 있다.

화학기상증착은 기체분자의 평균자유행정이 매우 작은 압력에서 행해질 수 있으며, 비교적 높은 온도를 사용하여 넓은 형상 분포 범위에 걸쳐 우수한 동등 단차피복성을 얻을 수 있다.

6.3.1 CVD 반응기

그림 6.8은 여러 유형의 CVD 반응기 시스템이다. 그림 6.8(a)는 연속 대기압 반응기(APCVD)이다. 이러한 유형의 반응기는 집적회로 공정의 마지막 단계 중 하나로서 이산화실리콘 부동태층의 증착에 많이 사용된다. 반응기체들은 반응기 중간 지점으로 흘러 들어와서 양끝 부분에서 질소막에 함유된다. 웨이퍼는 장비를 통해 계속 공급되며 지름이 큰 웨이퍼들도 쉽게 취급된다. 그러나 대기압반응기에서는 높은 가스의 유속이 요구된다.

그림 6.8(b)의 고온벽 저압장비는 보통 다결정 실리콘과 이산화실리콘, 실리콘 질화물을 증착시키는 데 사용되며 LPCVD(저압 CVD) 장비라 한다. 반응기체는 삼중영역 노관의 한 끝으로 공급되어 다른 끝으로 펌프되어 나간다. 온도는 300~1150℃ 범위이고 압력은 보통 30~250 Pa이다. LPCVD법에 의해 우수한 균일성을 얻을 수 있고 수백 개의 웨이퍼들이 한 번에 처리되기도 한다. 고온벽을 갖는 장비는 증착된 박막이 노관의 내부에 동시에 달라붙는 단점이 있다. 특정한 물질에 의한 문제들을 최소화하기 위해 노관을 주기적으로 청소

그림 6.8

4가지 유형의 CVD 장비들 (a) 대기압 반응기 (b) 삼중 노관을 사용하는 고온벽 LPCVD 장비 (c) 평행 평판 플라즈마 강화 CVD 장비 (d) 삼중 영역 노관을 사용하는 PECVD 장비

하거나 교체해야 한다. 이러한 문제에도 불구하고 고온벽 LPCVD 시스템은 반도체산업 분야에 널리 사용되고 있다. 그림 3.11(b)에 나타나 있는 것과 유사한 수직 노가 화학기상증착에 사용된다.

CVD 반응은 그림 6.8(c)에서와 같이 플라즈마 반응기에서도 일어날 수 있다. 플라즈마의 형성은 낮은 온도에서 반응이 일어나게 하며, 이것이 플라즈마 강화 CVD(PECVD) 공정의 최대 장점이다. 평행평판형 장비에서 웨이퍼는 플라즈마 형성을 위한 하부전극으로 작동하는 접지된 알루미늄 평판 위에 놓인다. 고강도램프나 저항가열기를 사용하여 웨이퍼를 400℃까지 가열할 수 있다. 상위전극은 웨이퍼 표면에 가깝게 위치한 두번째 알루미늄 평판이다. 기체들은 장비 바깥을 따라 도입되어 웨이퍼들을 가로질러 방사상으로 흐르고, 중앙에 있는 배기구를 통해 펌프된다. RF 신호가 플라즈마를 형성하기 위해 상위 평판에 가해진다. 이러한 유형의 장비용량은 한계가 있어 웨이퍼들이 수동으로 장입된다. VLSI 제조에서 가장 큰 문제점은 상위 평판에서 웨이퍼 위로 떨어지는 미립자이다.

그림 6.8(d)에 보이는 노-플라즈마 장비는 동시에 많은 수의 웨이퍼들을 취급할 수 있다. 특별한 전극 집합이 웨이퍼를 가스 흐름에 평행하게 유지시킨다. 플라즈마는 웨이퍼를 지지하는 교차전극 집합들 사이에서 형성된다.

일반적으로 레이저 소스를 사용하는 광학적 여기는 CVD 반응에서 요구되는 열에너지를 보조 혹은 대체할 수 있으며, 이러한 공정 형태를 광강화 화학기상증착이라고 한다.

6.3.2 다결정 실리콘 증착

실리콘은 LPCVD법에서 실란의 열분해를 통해 증착된다.

$$SiH_4 \xrightarrow{600℃} Si + 2H_2 \tag{6.10}$$

저압시스템(25～150 Pa)은 100% 실란이나 질소로 희석한 20～30% 실란을 사용한다. 600～650℃의 온도에서 다결정 실리콘 재료가 100～200Å/min의 속도로 증착된다. 흔히 사용되지 않는 증착이 수소 분위기에서 850～1050℃에서 일어난다. 온도를 높게 올려주면 수소 운반 가스에 의해 발생하는 증착 속도의 감소를 막을 수 있다.

다결정 실리콘은 확산, 이온 주입, 혹은 증착하는 동안 포스핀, 아르신, 디보란과 같은 불순물 기체를 첨가시켜 도핑될 수 있다. 디보란의 첨가는 증착 속도를 크게 증가시키는 반면 포스핀이나 아르신의 첨가는 증착 속도를 현저히 감소시킨다.

다결정 실리콘은 종종 도핑되지 않은 채 증착되며, 그 후 확산에 의해 도핑되기도 한다. 고온 확산은 단결정 실리콘에서보다 다결정 실리콘에서 매우 빠르게 일어나며, 다결정 실리콘 막은 상호 접속 목적을 위해 가능한 한 낮은 비저항을 가지도록 보통 불순물로 포화시킨다. 0.01～0.001 ohm-cm의 비저항이 확산에 의해 도핑된 다결정 실리콘에서 얻어질 수 있다.

이온 주입법은 보통 다결정 실리콘 박막에서 낮은 활성화 불순물 밀도를 가지게 하며, 이온 주입된 다결정 실리콘은 고온 확산에 의한 것보다 약 10배 이상 큰 비저항을 나타낸다.

6.3.3 이산화실리콘 증착

이산화실리콘 박막은 다양한 반응과 온도 범위에서 증착될 수 있고, 막은 도핑되거나 혹은 도핑되지 않을 수 있다. 인이 도핑된 산화물은 완성된 집적회로 위에 부동태층 또는 ·다단계 금속화 공정(다음 장에서 논의될 것이다)에서 절연체로서 사용될 수 있다. 질량으로 6~8%의 인을 함유한 이산화실리콘은 1000~1100℃ 온도에서 연화되어 흐르게 된다. 이 'P-glass reflow' 과정은 종종 단차피복성을 향상시키고 후공정 단계에 대해 더 평탄한 표면을 제공한다. 인의 농도가 낮은 SiO_2는 흐름이 적절하지 못하며, 인의 농도가 높을 때 수분이 존재하면 알루미늄을 부식시킬 수 있다. 질량으로 5~15% 정도의 다양한 불순물을 함유한 산화물은 확산 소스로서 사용될 수 있다.

알루미늄 위에 이산화실리콘을 증착하는 공정은 Si-Al 공정 온도인 577℃(7장을 보라)보다 낮은 온도에서 행해져야 한다. 실란과 산소 사이의 반응은 보통 300~500℃에서 일어난다.

$$SiH_4 + O_2 \longrightarrow SiO_2 + 2H_2 \tag{6.11}$$

산화물은 포스핀을 이용하여 인으로 도핑된다.

$$4PH_3 + 5O_2 \longrightarrow 2P_2O_5 + 6H_2 \tag{6.12}$$

산화물 부동태층은 그림 6.8(a)에 있는 연속반응기를 사용하여 대기압에서 증착되거나 그림 6.8(b)에 있는 LPCVD 장비로 낮은 압력에서 증착될 수 있다.

금속화 공정 이전에 SiO_2 막의 증착을 고온에서 행하면 선택의 폭이 넓어지며 균일성과 단차피복성이 우수해진다. 예를 들면, 대략 900℃에서 LPCVD 장비 내에서 아산화질소와 디클로로실란의 반응식은 다음과 같다.

$$SiCl_2H_2 + 2N_2O \longrightarrow SiO_2 + 2N_2 + 2HCl \tag{6.13}$$

이는 웨이퍼 표면에 SiO_2의 절연층을 증착하는 데 사용된다.

액체 소스, TEOS로부터 생기는 증기를 분해하는 데 650~750℃에서 LPCVD법이 사용될 수 있다.

$$Si(OC_2H_5)_4 \longrightarrow SiO_2 + \text{byproducts} \quad (6.14)$$

TEOS의 분해로 증착시키면 균일성과 단차피복성이 우수하다. 산화물 도핑은 LPCVD법에서 포스핀, 아르신, 디보란을 첨가하여 얻어지기도 한다. 표 6.1은 다양한 CVD 산화물의 특징 중 몇 가지에 대한 비교이다.

표 6.1 여러 증착 산화물의 특징

소스	증착 온도(℃)	조성	단차피복성	유전 강도 (MV/cm)	식각률(Å/min) [100:1 H_2O:HF]
실란	450	SiO_2(H)	No	8	60
디클로로실란	900	SiO_2(Cl)	Yes	10	30
TEOS	700	SiO_2	Yes	10	30
플라즈마	200	$SiO_{1.9}$(H)	No	5	400

6.3.4 실리콘 질화물 증착

3장에서 논의하였듯이 실리콘 질화물은 recessed oxide 공정에서 산화차폐물로서 사용된다. 또한 실리콘 질화물은 수분과 나트륨 오염을 막아 주는 훌륭한 장벽 역할을 하므로 최종 부동태층으로서도 사용된다. 산화물과 질화물의 복합 박막은 축소된 VLSI 소자에서 매우 얇은 게이트 절연체로서의 용도에 대한 연구가 진행 중이며, 전기적으로 프로그램된 기억소자에서 게이트 유전체로서도 사용된다. 실란과 디클로로실란 모두 암모니아와 반응하여 실리콘 질화물을 형성한다. 실란 반응은 대기압하 700℃~900℃에서 일어난다.

$$3SiH_4 + 4NH_3 \longrightarrow Si_3N_4 + 12H_2 \quad (6.15)$$

디클로로실란은 LPCVD법에서 700~800℃에서 사용된다.

$$3SiCl_2H_2 + 4NH_3 \longrightarrow Si_3N_4 + 6HCl + 6H_2 \quad (6.16)$$

실리콘 질화물의 열적 성장은 가능하지만 실용적이지 못하다. 실리콘 질화물은 실리콘이 1000~1100℃에서 암모니아에 노출되었을 때 형성되지만 성장속도가 매우 느리다.

플라즈마 장비도 실리콘 질화물의 증착에 이용될 수 있다. 실란은 플라즈마 질화물 (SiN)

을 형성하기 위해 질소방전과 반응한다.

$$2SiH_4 + N_2 \longrightarrow 2SiNH + 3H_2 \tag{6.17}$$

또한 실란은 아르곤 플라즈마에서 암모니아와 반응한다.

$$SiH_4 + NH_3 \longrightarrow SiNH + 3H_2 \tag{6.18}$$

LPCVD 박막은 수소가 8%까지 함유된 수소가 풍부한 막이다. 플라즈마 증착은 화학 당량이 맞는 실리콘 질화물 박막을 생산하지 못한다. 그 대신, 박막은 20~25%의 수소를 포함한다. LPCVD 박막은 높은 내부 인장응력을 받으며, 2000 Å보다 두꺼운 박막은 이 응력에 의해 균열이 생기기도 한다. 반면에 플라즈마 증착 박막은 매우 낮은 인장응력을 받는다. LPCVD 질화물 박막의 비저항(10^{16} ohm-cm)과 유전강도(10 MV/cm)는 대부분의 플라즈마 박막들보다 더 우수하다. 플라즈마 질화물의 비저항은 박막 내의 질소량에 따라 $10^6 \sim 10^{15}$ ohm-cm의 범위를 가지는 반면 유전체강도는 1~5 MV/cm의 범위를 가진다.

6.3.5 CVD 금속 증착

많은 금속들이 CVD 공정을 통해 증착될 수 있다. Mo, Ta, Ti 그리고 W는 낮은 비저항값을 가지고 실리콘과 실리사이드를 형성할 수 있기 때문에 오늘날 많은 관심을 받고 있다 (7장을 참고하라). 알루미늄은 트리이소부틸 Al과 같은 금속유기화합물로부터 증착될 수 있지만, 이 외에도 우수한 알루미늄 증착 방법이 많기 때문에 잘 사용되지는 않는다.

텅스텐은 WF_6의 열, 플라즈마 또는 광학적 분해에 의해 증착될 수 있다.

$$WF_6 \longrightarrow W + 3F_2 \tag{6.19}$$

또는 수소와의 환원을 통해 증착될 수 있다.

$$WF_6 + 3H_2 \longrightarrow W + 6HF \tag{6.20}$$

Mo, Ta 그리고 Ti는 수소와의 반응을 통해 LPCVD법으로 증착될 수 있다. 반응은 세 금속 모두에 대해 동일하다.

$$2MCl_5 + 5H_2 \longrightarrow 2M + 10HCl \tag{6.21}$$

여기서 M은 위에 언급된 세 금속 중의 하나를 나타낸다.

6.4 에피택시

화학기상증착 공정은 실리콘 웨이퍼 표면에 실리콘을 증착시키기 위해 사용될 수 있다. 적절한 조건하에 실리콘 웨이퍼가 결정 씨앗으로서 작용하여 단결정 실리콘층이 웨이퍼 표면에 성장한다. 기상으로부터 결정질 실리콘층이 성장하는 것을 기상 에피택시(VPE)라 하고, 이것이 실리콘 공정에서 사용되는 에피택시의 가장 흔한 형태이다. 이 외에도 액상 에피택시(LPE)와 분자선 에피택시(MBE)는 GaAs 기술에서 널리 사용되고 있다.

에피택시 성장은 처음 집적회로 공정에서 표준 매립-컬렉터 바이폴라 공정에 사용하기 위해 p형 기판 위에 단결정 n형 박막을 성장시키기 위해 사용되었다. 보다 최근에는 latchup이라 불리는 회로 불량 형태를 억제하기 위해 약간 도핑된 박막을 동일한 전기적 특성을 갖는 많이 도핑된 기판 위에 성장(n+ 위에 n 또는 p+ 위에 p)시키는 CMOS VLSI 공정에 도입되었다.

6.4.1 기상 에피택시

실리콘 에피택시층은 주로 기체 상태로부터 증착되는 실리콘으로 주로 성장한다. 이 과정에 대한 기본 모델이 그림 6.9에 있다. 실리콘 표면에서 기체분자의 유속 J_s는 다음과 같이 결정된다.

$$J_s = k_s N_s \tag{6.22}$$

여기서 k_s는 표면반응속도 상수이고 N_s 는 반응에 포함된 분자의 표면 농도이다. 정상상태에서 J_s는 기체류로부터 확산하는 분자의 유속 J_g와 같아야만 한다. 유속 J_g는 다음과 같이 근사된다.

$$J_g = (\overline{D_g}/\delta)(N_g - N_s) = h_g(N_g - N_s) \tag{6.23}$$

여기서 $\overline{D}$ 는 기체분자에 대한 유효확산계수이고 δ는 확산이 일어나는 거리이다. $\overline{D}/\delta$는 기상 물질전달계수 h_g라 한다. J_s와 J_g를 연산하면 웨이퍼 표면에 부딪치는 유속을 알 수 있다. 성장속도는 막의 단위부피당 혼합되는 분자의 총수 N으로 유속을 나눈 것과 같다.

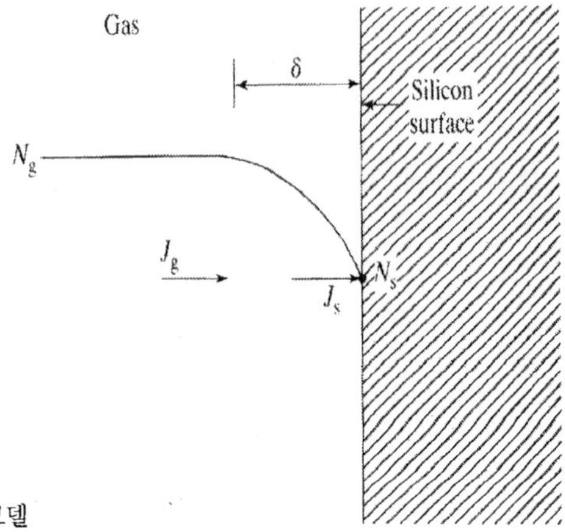

그림 6.9
에피택시 성장 과정에 대한 도식적인 모델

$$v = \frac{J_s}{N} = \frac{k_s h_g}{k_s + h_g} \frac{N_g}{N} \tag{6.24}$$

만약 $k_s \gg h_g$이면, 성장은 '물질전달율속'이라 하고 다음과 같이 나타낸다.

$$v = h_g \frac{N_g}{N} \tag{6.25}$$

만약 $h_g \gg k_s$이면, 성장은 '표면반응율속'이라 하고 다음과 같이 나타낸다.

$$v = k_s \frac{N_g}{N} \tag{6.26}$$

그림 6.10은 온도의 함수로서 에피택시 성장속도를 보여준다. 표면에서의 화학반응은 활성화 에너지 E_A에 의해 특징지어지는 아레니우스 관계를 따르는 경향이 있는 반면 물질 전달과정은 온도에 무관한 경향이 있다. 이들 두 영역이 이 그림에서 뚜렷이 나타나 있다. 낮은 온도에서 성장속도는 대략 1.5 eV의 활성화 에너지를 갖는 아레니우스 관계를 따른다. 높은 온도에서 성장속도는 온도에 무관하게 된다. 우수한 성장속도 조절과 온도 변화에 대한 민감성을 최소화하기 위해, 에피택시 성장 조건은 보통 물질전달율속 성장속도를 나타내도록 선택된다.

그림 6.11에 VPE 반응기의 수평, 수직, 술통형의 세 가지 시스템이 나타나 있다. 웨이퍼를

그림 6.10

4개의 다른 소스에 대한 실리콘 에피택시 성장 과정의 온도 의존성. 성장속도는 영역 A에서는 표면반응율속이고 영역 B에서는 물질전달율속이다.

받쳐 주는 감지기는 흑연으로 만들어지고, 수평과 수직 반응기에서는 RF 유도에 의해 가열되며 술통형 반응기에서는 복사열에 의해 가열된다.

실리콘테트라클로라이드($SiCl_4$), 실란(SiH_4), 디클로로실란(SiH_2Cl_2)과 트리클로로염화실란($SiHCl_3$)은 모두 실리콘 VPE에 사용되어 왔다. 실리콘테트라클로라이드($SiCl_4$)는 산업 공정에 널리 사용되어 왔다.

$$SiCl_4(gas) + 2H_2(gas) \leftrightarrow Si(solid) + 4HCl(gas) \tag{6.27}$$

이 반응은 대략 1200℃에서 일어나며 가역적이다. 만약 반응기 안으로 들어오는 운반 가스에 염산이 포함되어 있으면 실리콘 웨이퍼 표면에 에칭이 일어나게 된다. 이러한 원장비 내에서의 에칭 공정은 에피택시 증착이 시작되기 전에 웨이퍼를 세정하기 위해 사용될 수 있다.

두번째 반응은 에피택시 증착공정과 경쟁한다.

$$SiCl_4(gas) + Si(solid) \leftrightarrow 2SiCl_2(gas) \tag{6.28}$$

이 두번째 반응 또한 웨이퍼 표면으로부터 실리콘을 에칭시킨다. 만일 $SiCl_4$의 농도가 너무 높으면, 에피택시 증착보다는 웨이퍼 표면의 에칭이 일어나게 될 것이다. 그림 6.12는 에피택시 실리콘의 성장에 미치는 $SiCl_4$ 농도의 효과를 보여준다. 성장속도는 초기에 $SiCl_4$의 농도가 증가함에 따라 증가하고 최고점을 이룬 후 감소한다. 결과적으로 성장은 멈추고 에칭 과정이 우세해진다. 만약 성장속도가 너무 빠르면 단결정 실리콘보다 다결정 실리콘 층이 증착된다.

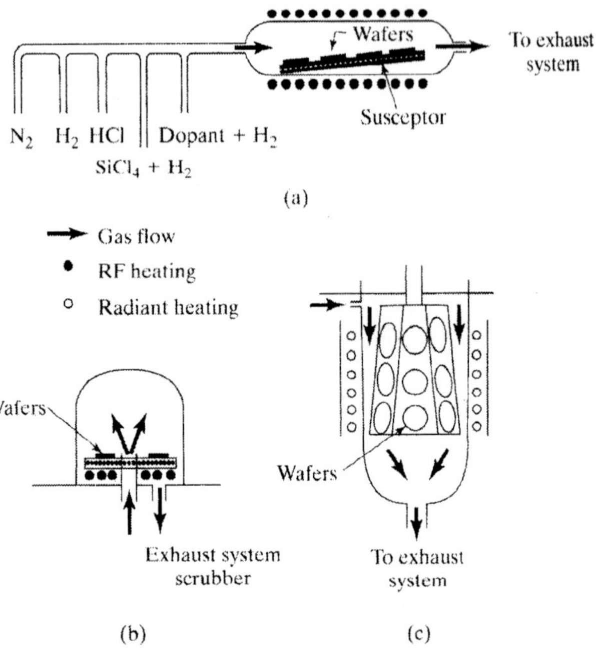

그림 6.11

VPE에 일반적으로 사용되는 감지기의 종류 (a)수평형 (b) 수직형 (c) 술통형

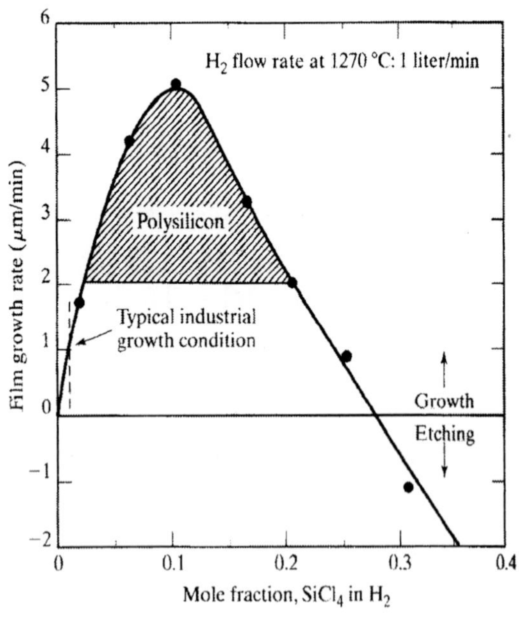

그림 6.12

$SiCl_4$ 농도함수로서의 실리콘 에피택시의 성장속도. 다결정 실리콘 증착은 성장속도가 2 ㎛/min를 초과할 때 일어난다. 표면의 에칭은 28%를 초과하는 몰분율 농도에서 일어난다.

에피택시 성장은 실란의 열분해에 의해 이루어질 수 있다.

$$SiH_4 \xrightarrow{650℃} Si + 2H_2 \tag{6.29}$$

이 반응은 비가역적이며 낮은 온도에서 일어난다. 그리고 이 반응의 부산물로서 HCl 기체의 형성을 막을 수 있다. 그러나 단결정 실리콘층보다 다결정 실리콘의 생성을 막으려면 반응기를 신중하게 제어해야 한다. 또한 반응기 내에 어떤 산화 물질이 존재하면 실리카 먼지로 인해 에피택시층의 오염이 일어날 수 있다.

6.4.2 에피택시층의 도핑

에피택시층은 증착하는 데 사용하는 기체에 불순물을 첨가함으로써 성장과정 중에 도핑되기도 한다. 아르신, 디보란, 포스핀은 가장 편리한 보통 불순물의 소스들이다. 에피택시층의 비저항은 반응기 안에 주입되는 기체 내에 불순물의 부분압력을 변화시켜 조절된다. 아르신과 포스핀의 첨가는 에피택시 성장속도를 느리게 하는 경향이 있는 반면 디보란의 첨가는 에피택시 성장속도를 향상시키는 경향이 있다.

약간 도핑된 에피택시층이 보다 많이 도핑된 기판 위에서 성장하는 경우가 많으며, 에피택시층의 '자동 도핑(autodoping)'이 성장 중에 일어날 수 있다. 불순물은 웨이퍼로부터 증발되거나 증착 도중 표면의 염소 식각에 의해 방출되기도 한다. 불순물은 기체류에 합해져서 성장하는 층을 도핑한다. 에피택시층이 성장함에 따라 더 적은 양의 불순물이 웨이퍼로부터 기체류로 들어가게 되며, 궁극적으로 불순물 분포는 기체류에서의 도핑에 의해 결정되는 일정한 수준에 도달한다.

증착 도중 기판 또한 에피택시층 내부로 확산하는 불순물 소스로서 작용한다. 이 '아웃 확산'은 다음 장에서 좀더 자세히 논의될 것이다. 자동 도핑과 아웃 확산은 둘 다 웨이퍼의 도핑 수준으로부터 에피택시층의 도핑 수준으로의 전이가 원하는 것보다 덜 급격하게 만드는 원인이 된다. 자동 도핑과 아웃 확산의 효과는 그림 6.13에 나타나 있다.

6.4.3 매립층

아웃 확산은 바이폴라 트랜지스터에서 매립층에 일어나는 일반적인 문제이다. 바이폴라 트랜지스터의 컬렉터의 직류저항을 감소시키기 위해서 n형 에피택시층의 성장 전에 많이 도핑된 n형 영역이 웨이퍼 속으로 확산된다. 에피택시 도중 불순물들은 많이 도핑된 매립층 영역으로부터 위로 확산된다.

에피택시 성장 중 기판으로부터의 불순물의 확산은 그림 6.14에서와 같이 이동경계를 갖는 확산방정식에 의해 나타난다.

$$D\frac{\partial^2 N}{\partial x^2} = \frac{\partial N}{\partial t} + v_x \frac{\partial N}{\partial x} \tag{6.30}$$

여기서, v_x는 에피택시층의 성장속도이다.

식 (6.30)의 두 특정한 해는 에피택시층 성장에 적용할 수 있다. 첫 번째 경우는 균일하게 도핑된 웨이퍼 위에 도핑되지 않은 에피택시층의 성장이다. 경계조건은 $N(x, 0) = N_s = N(\infty, t)$이고, 유속 $J_x = (h + v_x)N(0, t)$이며 여기서 h는 불순물 원자가 실리콘으로부터 기체 속으로의 탈출 속도를 특정짓는 물질전달계수이다. 일반적으로 $h \ll v_x$이다. x에서 $x' = x - v_x t$까지 변수의 변화는 식 (6.30)을 단순화시켜 $N(x, t)$에 대한 근사해를 준다.

$$N_1(x, t) = \frac{N_s}{2}\left[1 + \text{erf}\frac{x - x_{epi}}{2\sqrt{D_s t}}\right] \tag{6.31}$$

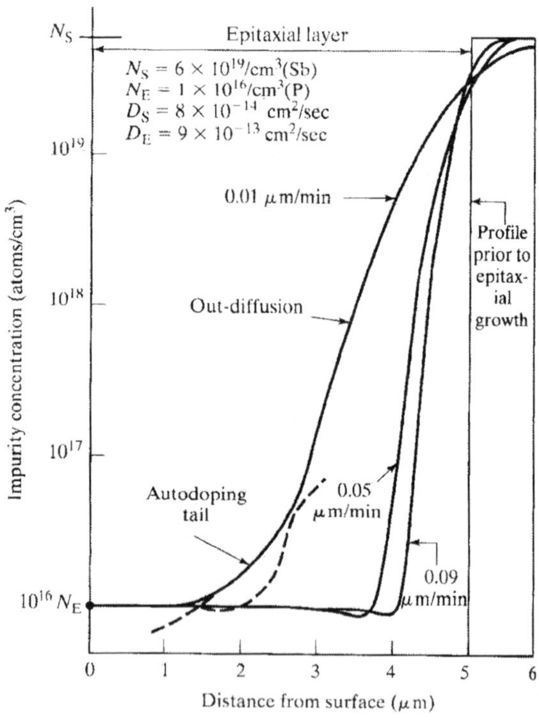

그림 6.13
에피택시층이 성장하는 동안에 기상 자동 도핑과 불순물 아웃확산으로 인한 불순물 원자들의 재분배. 아웃확산은 $6 \times 10^{19}/cm^3$의 표면 농도를 갖는 안티몬이 도핑된 매립층 위에 1150℃에서 인이 도핑된 층의 에피택시 성장에 대해 식 (6.33)을 이용하여 계산된다. 세 곡선은 0.01, 0.05, 0.09 ㎛/min의 성장속도에 대한 것이다. 분명하게 자동 도핑에 의한 효과는 단지 하나의 곡선에 나타난다.

식 (6.31)은 에피택시층의 성장속도가 확산선단의 이동속도보다 매우 빠르다고 가정한다. 식 (6.31)은 하나의 준무한층에서 두번째 준무한층으로의 확산에 대한 정확한 해이다.

두 번째 경우는 도핑되지 않은 웨이퍼 위에 도핑된 에피택시층을 성장시키는 것이다. 이 경우에 경계조건은 $N(0, t) = N_E$, 그리고 $N(\infty, t) = 0 = N(x, 0)$이다. 이러한 경계조건에 대한 식 (6.30)의 해는 다음과 같다.

$$N_2(x,t)=\frac{N_E}{2}\left[\operatorname{erfc}\frac{x-x_{epi}}{2\sqrt{D_E t}}+\exp\frac{v_x x}{D_E}\operatorname{erfc}\frac{x+x_{epi}}{2\sqrt{D_E t}}\right] \tag{6.32}$$

여기서 $x_{epi} = v_x t$는 에피택시층의 두께이다.

이 두 경우에 대한 해의 중첩은 에피택시가 성장하는 동안 일어나는 확산에 대해 훌륭한 근사치를 제공한다.

$$N(x,t)=N_1(x,t)+N_2(x,t) \tag{6.33}$$

N_s는 기판의 도핑을 나타내고, N_E는 에피택시층에 의도적으로 주입한 도핑이다. D_s와 D_E는 각각 기판과 에피택시층에서의 불순물의 확산계수를 나타낸다. 그림 6.13은 안티몬이 도핑된 기판 위에 다양한 속도에서 성장한 인의 도핑된 에피택시층에 대한 확산분포도를 나타낸다. 곡선은 식 (6.33)을 이용하여 그린 것이다.

에피택시가 성장하는 동안 또 다른 문제가 발생한다. 매립층이 형성되는 동안 사용되는 산화와 리소그래픽 공정단계는 매립층 주변에 0.2 ㎛ 크기의 스텝을 형성한다. 이 평평하지 않은 표면 위에서의 에피택시 성장은 그림 6.15에 설명되어 있는 것처럼 성장하는 동안 패턴을 이동시킨다. 패턴 이동은 예측하기 힘들며, 에피택시층의 두께만큼 크기도 하여 후속 차폐물 단계를 설계하는 동안 반드시 고려되어야만 한다.

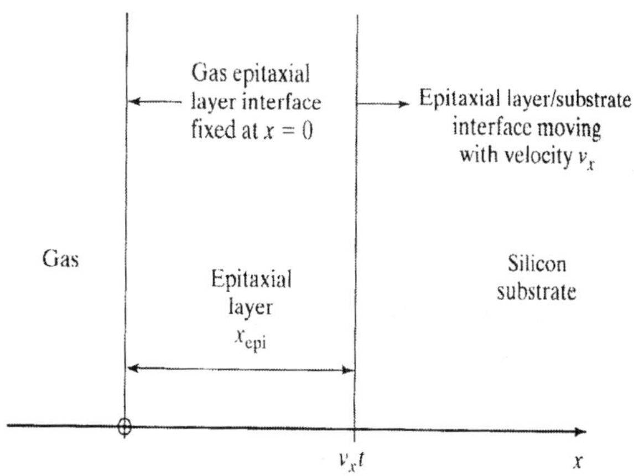

그림 6.14
에피택시 성장공정을 모델로 한 이동 경계값 문제의 기하학적 구조

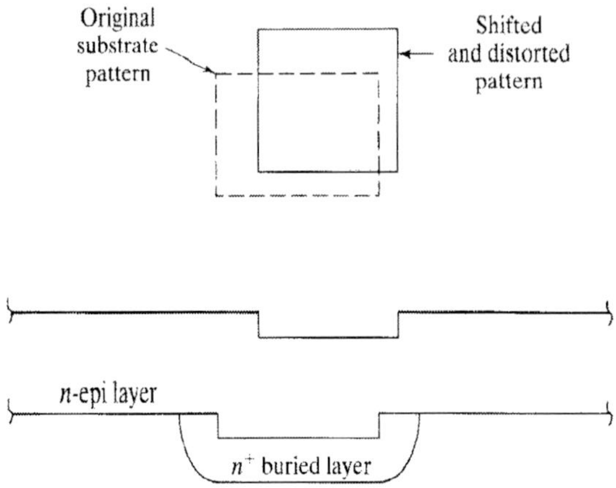

그림 6.15
n+ 매립층 위의 에피택시가 성장하는 동안 일어나는 패턴 이동. 본래의 패턴이 이동되어서 모양이 왜곡되었다.

6.4.4 액상 및 분자선 에피택시

액상 에피택시에서 웨이퍼는 액체상태에서 증착되는 물질을 함유한 용액과 접촉하도록 한다. 기판은 용질로부터 직접 물질의 결정화되는 씨앗으로 작용한다. 성장속도는 보통 0.1~1 ㎛ /min의 범위를 가진다.

분자선 에피택시 공정에서는 결정질층이 원자 또는 분자의 열선으로부터의 증착에 의해 형성된다. 증착은 초고진공 조건(10^{-8} Pa)하에서 이루어진다. MBE 동안 기판온도는 400~900℃의 범위를 가지고 성장속도는 0.001~0.3㎛ /min로서 상대적으로 낮다. 에피택시층은 원자층 단위로 성장되며, 한 층과 다음 층 사이에 증착되는 물질을 변화시킴으로써 많은 독특한 소자 구조들이 제작될 수 있다.

MBE에 의한 생산량은 현재 상대적으로 낮다. 더 높은 생산성과 MBE의 많은 장점을 제공하는 플라즈마 강화 CVD공정이 현재 많은 연구소에서 연구되고 있다.

요약

매우 넓은 범위의 박막들이 집적회로 제조에 사용된다. 이 장에서는 물리적 증착, 화학기상증착(CVD), 에피택시 성장, 그리고 스퍼터링을 포함한 박막 증착 기술에 대해 개괄적으로 제시하였다. 이들 공정 중 대부분은 낮은 압력에서 이루어지므로 이 장에서는 진공장비에 대한 소개와 이상기체이론의 몇 가지 중요한 측면에 대한 고찰을 제시하였다.

필라멘트를 사용하는 물리적 증발과 전자선 증발장비는 쉽게 녹을 수 있는 금속과 다른 물질을 증착시키는 데 사용된다. 전자선장비는 높은 파워에서도 작동할 수 있고 고온금속을 녹일 수 있다. 그러나 전자선장비는 웨이퍼 표면의 얇은 산화물층에 복사열에 의한 손상을 줄 수 있다. 게다가 증발을 이용하여 화합물과 합금을 증착시키기 어렵다. 마지막으로 낮은 압력에서 기체 분자는 큰 평균자유행정을 가지므로 증발에 의한 증착은 박막증착 과정 동안 그림자가 생기고 단차피복성이 낮아지는 문제점이 있다.

스퍼터링은 표적물질에 충돌시키기 위하여 아르곤과 같은 큰 에너지를 가진 이온을 사용하며 표적 표면으로부터 원자들을 분리시킨다. 이 분리된 원자들은 웨이퍼 표면에 증착된다. 직류 스퍼터링 장비는 전도성 물질을 증착하는 데 사용되고, RF 스퍼터링은 절연체를 증착하는 데 사용된다. 스퍼터링은 증착된 막이 소스 물질과 동일한 조성을 가지는 혼합물을 증착시키는 데 사용되며 증발법보다 더 높은 압력을 사용한다. 이로 인해 얻어지는 더 짧은 평균자유행정은 그림자 효과가 작은 증착과 더욱 우수한 단차피복성을 얻게 된다.

저압 혹은 대기압 화학기상증착 장비(CVD)는 웨이퍼 위를 통과하는 기체류에서 발생하는 화학반응으로부터 막을 증착시킨다. 다결정 실리콘, 이산화실리콘, 실리콘 질화물, 그리고 금속들이 모두 CVD 기술을 이용하여 증착될 수 있다. 에피택시라 불리는 CVD 증착의 특별한 방식은 실리콘 웨이퍼의 표면 위에 단결정 실리콘막을 성장시키는 것이다. 아웃확산과 자동 도핑이 에피택시층이 성장하는 동안에 불순물 분포 조절에 문제를 야기시킨다.

현재의 바이폴라 또는 MOS 제조 공정에 있어 증발, 스퍼터링, 화학기상증착 기술 모두가 공정 흐름의 곳곳에서 사용되고 있다.

참고문헌

[1] S. M. Sze, *Semiconductor Devices-Physics and Technology*, John Wiley & Sons, New York, 1985.

[2] A. C. Adams, "Dielectric and Polysilicon Film Deposition," Chapter 3 in S. M. Sze, Ed., *VLSI Technology*, McGraw-Hill, New York, 1983.

[3] F. C. Eversteyn, "Chemical-Reaction Engineering in Semiconductor Industry," *Philips Research Reports*, 29, 45–66(February, 1974).

[4] A. B. Glaser and G. E. Subak-Sharpe, *Integrated Circuit Engineering*, pp. 205–209, Addison-Wesley, Reading, MA, 1979.

[5] W. S. Ruska, *Microelectronic Processing*, McGraw-Hill, New York, 1987.

[6] W. R. Runyan and K. E. Bean, *Semiconductor Integated Circuit Processing Technology*, Addison-Wesley Publishing Company, Reading, MA, 1990.

[7] S. A. Campbell, *The Science and Engineering of Microelectronic Fabrication*, Oxford University Press, New York, 1996.

더 읽을 책

[1] J. L. Vossen and W. Kern, Eds., *Thin Film Processes,* Academic Press, New York, 1978.

[2] J. F. O'Hanlon, *A User's Guide to Vacuum Technology,* John Wiley & Sons, New York, 1980.

[3] L. Holland, *Vacuum Deposition of Thin Films,* John Wiley & Sons, New York, 1961.

[4] A. S. Grove, *Physics and Technology of Semiconductor Devices,* John Wiley & Sons, New York, 1967.

[5] H. C. Theuerer, "Epitaxial Silicon Films by Hydrogen Reduction of $SiCl_4$, *Journal of the Electrochemical Society,* 108, 649-653, July 1961.

[6] C. O. Thomas, D. Kahng, and R. C. Manz, "Impurity Distribution in Epitaxial Silicon Films," *Journal of the Electrochemical Society,* 109, 1055-1061, November 1962.

[7] A. S. Grove, A. Roder, and C. T. Sah, "Impurity Distribution in Epitaxial Growth," *Journal of Applied Physics,* 36, 802-810, March 1965.

[8] D. Kahng, C. O. Thomas, and R. C. Manz, "Epitaxial Silicon Junctions," *Journal of the Electrochemical Society,* 110, 394-400, May 1963.

[9] W. H. Shepherd, "Vapor Phase Deposition and Etching of Silicon," *Journal of the Electrochemical Society,* 112, 988-994, October 1965.

[10] G. R. Srinivasan, "Autodoping Effects in Silicon Epitaxy," *Journal of the Electrochemical Society,* 127, 1334-1342, June 1980.

[11] J. C. Bean, "Silicon Molecular Beam Epitaxy as a VLSI Processing Technique," 1981 *IEEE IEDM Porceedings,* pp. 6-13, December 1981.

문제

6.1 실리콘 웨이퍼가 300 K, 1 atm에서 실험실 벤치 위에 놓여 있다. 공기가 100% 산소로 구성되어 있다고 하자. 100% 흡착이 일어난다고 가정하면 웨이퍼 표면에 산소 한 원자층이 증착되는 데 시간이 얼마나 걸리겠는가?

6.2 웨이퍼가 산소의 함유량이 총 가스 양의 0.1%보다 작은 질소로 채워진 상자 안에서 유지될 때 문제 6.1을 반복하라.

6.3 300 K, 10^{-4} Pa의 압력에서 산소 분자(M = 32)에 대한 충돌속도와 평균자유행정을 구하라. 이 압력을 torr 단위로 표시하면 얼마인가?

6.4 초고진공 장비는 10^{-8} Pa의 압력에서 작동한다. 300 K에서 용기 내의 잔류 공기분자의

농도는 얼마인가?

6.5 고진공 장비가 1000 molecules/cm^2의 잔류 질소농도를 갖는다. 300 K에서 기체의 압력은 얼마인가?

6.6 진공장비에서 증착되는 물질의 부분압력은 합리적인 증착속도가 얻어진다면 잔류 배경 기체압력보다 매우 높아야 한다. 100 nm/min의 증착속도를 얻으려면 알루미늄의 부분압력이 얼마여야 하는가? 지름 5Å인 구의 조밀충전, 충돌하는 Al의 100% 부착 및 300 K라고 가정하라.

6.7 지름 100 mm인 웨이퍼가 구형 반지름이 40cm인 전자빔 증발장비 내에 장입된다. 1 ㎛ 두께로 증착된 알루미늄막에 대해 웨이퍼 중앙과 가장자리 사이의 막 두께에서 최악의 차이를 식(6.7)을 이용하여 평가하라.

6.8 전자빔으로부터 50cm 떨어진 거리에 장입되어 있는 지름 200 mm인 웨이퍼에 대해 문제 6.7을 반복하라.

6.9 전자빔 증발법이 300 mm 웨이퍼 위에 0.6 ㎛ 두께의 알루미늄층을 증착하기 위해 사용된다. 웨이퍼 중심과 가장자리의 두께 편차가 0.05 ㎛보다 작게 되는 것이 바람직하다. 웨이퍼는 소스로부터 얼마나 멀리 떨어져 있어야 하는가?

6.10 MBE 장비는 기판 표면에 원치 않는 원자층의 형성을 방지하기 위하여 초고진공 조건하에서 작동해야만 한다. 만약 샘플이 4시간 동안 용기 내에 있은 후 오염물의 단층 형성이 일어날 수 있다면 300 K에서 허용되는 산소의 압력은 얼마인가?

6.11 (a) 1200℃에서 $SiCl_4$ 소스로부터 실리콘층의 성장속도를 계산하라. h_g = 1cm/s, k_s = 2×10^6 exp($-1.9/kT$) cm/s, 그리고 N_g = 3×10^{16} 원자/cm^3을 이용하라. (실리콘의 경우 N = 5×1022/cm^3)

(b) 만일 온도가 25℃ 증가하면 성장속도의 변화는 얼마인가?

(c) k_s = h_g가 되는 온도는? 이 온도에서의 성장속도는?

(d) 그림 6.10에서 E_A의 값은 얼마인가?

6.12 p형 웨이퍼(N_s = $1\times10^{18}/cm^3$) 위에 성장한 10 μm n형 에피택시층(N_E = $1\times10^{16}/cm^3$)의 경우를 모델화하기 위해 식 (6.31)과 (6.32)를 사용하여라. 층이 1200℃에서 0.2 ㎛/min의 속도로 성장된다고 가정하고 에피택시층과 웨이퍼의 불순물 분포도를 그려라. 붕소와 인이 불순물로 첨가되었다고 하자. pn접합의 위치를 찾아라.

6.13 증발, 스퍼터링, 그리고 화학기상증착의 장점과 단점에 대해 비교하고 토론해 보라.

6.14 1kg의 알루미늄 소스가 전자선 증발장비에 사용되었다. 소스 물질이 고갈되기 전에 얼마나 많은 100mm 웨이퍼들이 1 μm 두께로 코팅되겠는가? 증발된 Al의 15%가 실제 웨이퍼에 붙는다고 가정하자. (나머지는 전자선장비 내부에 부착된다)

6.15 (a) 지름 100mm인 실리콘 웨이퍼가 작은 평면 증발 소스 위에 200mm 떨어져 있다. 식 (6.7)을 이용하여 1 μm 박막증착 후 웨이퍼 중앙과 가장자리 사이의 두께비를 계산하라.

(b) 작은 평면 소스 위에 40cm 떨어져 있는 200mm, 300mm 웨이퍼에 대하여 문제를 반복하라.

6.16 진보된 CMOS 공정에는 심하게 도핑된 기판 위에 성장시킨 약간 도핑된 에피택시층을 종종 사용한다. 진성 실리콘이 일정한 10^{20} As atom/cm^3 농도를 갖는 기판 위에 성장된다면 식 (6.31)을 사용하여 에피택시층 내의 도펀트 분포를 예상하라. 에피택시층의 두께는 1 μm이고 1100℃에서 $SiCl_4$를 이용하여 성장한다.

6.17 진성층이 일정한 2×10^{20} B atom/cm^3 농도를 갖는 기판 위에 성장되는 경우에 대해 문제 6.16을 반복하라. 층 두께는 2 μm이고 950℃에서 SiH_4Cl_2를 이용하여 성장한다고 가정하라.

7장 상호접속과 접촉

앞의 여섯 개의 장은 실리콘 기판을 사용한 반도체소자를 제조하는 데 사용되는 다양한 공정들에 대해 주목하였다. 집적회로 제작을 완성하기 위해서는 소자들을 상호접속시켜야 하며 궁극적으로는 실리콘 칩 밖으로 연결되어야 한다. 1970년대까지 집적회로는 확산과 금속화라는 두 가지 가능한 상호접속의 표준이 있었다. MOS 소자에서 게이트 물질로서 다결정 실리콘을 사용하는 것이 소자와 회로의 상호접속에 유용한 세번째 표준으로 제시되었다.

이 장에서는 상호접속의 다양한 형태와 금속과 실리콘 사이에 좋은 접촉을 만드는 데 따르는 문제점들에 관해 논의한다. VLSI 공정에서 사용되는 내화금속 실리사이드와 다층금속화에 대해 논할 것이고 'liftoff'라고 불리는 패턴이 생성되어 있는 박막을 증착하는 부가적인 방법에 대해서 소개할 것이다.

구리는 낮은 비저항값으로 인해 IC 공정에 도입되었다. 3장에서 소개되었던 CMP 공정은 상감기술로 불리는 매우 평탄한 상감 구리 상호접속을 만들기 위해 표준 전기도금 기술과 결합되었다. 낮은 유전상수를 갖는 개제막이 상호접속준위의 전기용량을 감소시키기 위해 사용되었다.

7.1 집적회로에서의 상호접속

앞에서 살펴보았듯이 알루미늄, 다결정 실리콘, 그리고 확산영역은 이산화실리콘 절연층을 사용하여 서로 쉽게 분리된다. 그래서 오늘날 IC는 각각을 교차하는 세 가지 다른 물질들을 가지고 있다. 상호접속으로 유용하게 사용되기 위해서 물질들이 선의 저항과 전기용량으로 인한 전달의 지연을 최소화하기 위해서 뿐만 아니라 상호접속선을 따른 전압 강하를 최소화하기 위해 가능하면 낮은 면저항을 제공해야만 한다. 마지막으로 낮은 저항을 갖는 'ohmic' 접촉이 물질들 사이에 만들어져야 하며 상호접속선들이 장기간의 작동을 통하여 안정해야 한다.

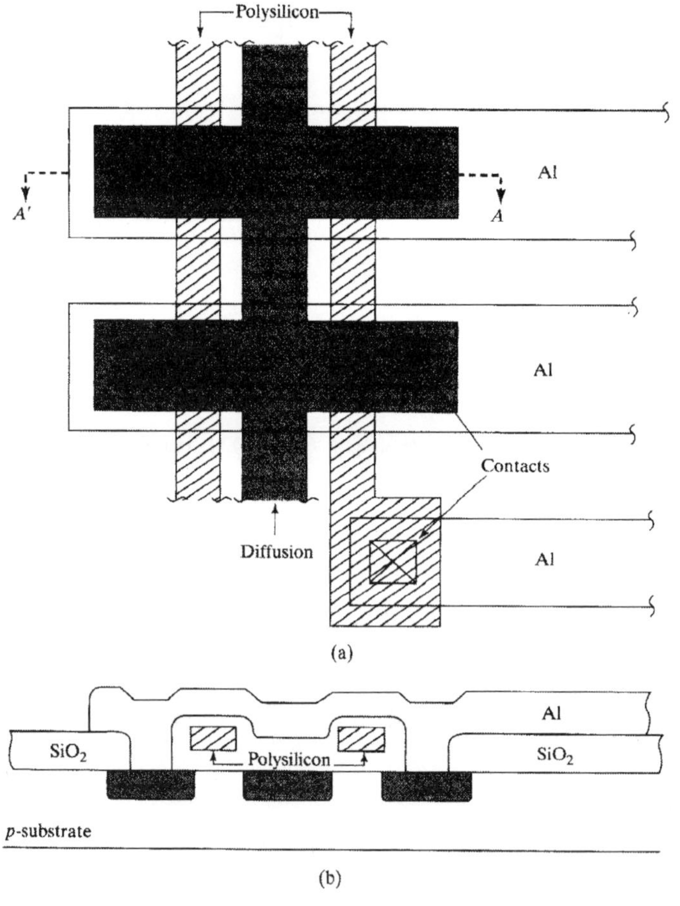

그림 7.1

확산, 다결정 실리콘, 알루미늄 상호접속을 보여주는 MOS 논리회로의 한 부분 (a) 평면도 (b) A′- A를 통한 단면도

그림 7.1은 다결정 실리콘, 알루미늄, 그리고 확산으로 이루어진 상호접속이 어떻게 서로 교차하고 접촉하는가를 나타낸 간단한 MOS 논리회로를 보여주고 있다. 알루미늄은 확산된 영역과 다결정 실리콘 간의 접촉을 형성하는 데 사용되고, 다양한 영역에서의 확산은 상호접속을 이루기 위해 확장되고 서로 합쳐지게 된다.

이러한 기술에서 다결정 실리콘 도선과 확산에 의해 형성된 도선들은 금속화 단계를 사용해야만 서로 연결이 가능하다. 다결정 실리콘과 확산된 영역 사이에 '돌출 접촉'을 형성하거나 다결정 실리콘과 확산층 사이에 곧바로 '매립층 접촉'을 도입하도록 공정을 변화시킴으로써 종종 회로밀도를 향상시킬 수 있다. 이 두 가지 기술은 이 장 후반부에서 논의될 것이다.

7.2 금속의 상호접속과 접촉기술

낮은 비저항값을 갖는 물질에 대한 요구로 인해 금속이 상호접속을 위한 재료로서 고려되었고 알루미늄과 금이 실리콘 IC 공정에 사용되어 왔다. 금은 티타늄이나 텅스텐과 같은 다른 금속을 포함하는 다층금속을 필요로 한다. 금은 실리콘 내에서 확산속도가 매우 빠르고(그림 4.15를 보라) 실리콘 내에 자유운반자들의 수명을 급격히 감소시키는 깊은 준위의 재결합 중심을 형성하므로 문제가 될 수 있다. 또한, 금은 문제가 될 수 있는 많은 금속 간 화합물을 형성한다. 이와 같은 다양한 문제점으로 인해 금은 대부분 칩 패키징 기술에만 사용될 뿐이다.

알루미늄은 실리콘 IC 공정에 적합하여 오늘날 가장 보편적으로 사용되는 재료이다. 알루미늄은 비교적 값이 저렴하고 이산화규소에 잘 부착되며 2.7 μohm-cm의 비저항값을 갖는다. 그러나 실리콘에 대한 좋은 알루미늄 접촉성 생성과 관련된 많은 문제들을 피하려면 세심한 주의가 필요하다.

개선된 다단계 금속화 시스템에는 알루미늄에 비해 향상된 비저항값을 갖는 구리를 사용한다. 구리는 실리콘 내에서 금보다 확산계수가 크고, 수명감소와 실리콘 내에서의 누설의 원인이 되기도 한다. 따라서 구리는 일반적으로 한 단계 혹은 두 단계의 알루미늄 금속화와 중간유전체 단계가 반도체소자 위에 형성된 후 제작 공정에 사용된다. 이러한 금속화와 유전층은 층 아래에 있는 활성소자를 보호하는 패시베이션층으로서 작용한다.

7.2.1 Ohmic 접촉 형성

금속과 반도체 사이에는 'ohmic' 접촉을 형성하는 것이 바람직하다. 이상적인 ohmic 접촉은 그림 7.2(b)에서 보여지는 정류성 접촉에서의 I−V 특성과는 반대로 낮은 저항값과 그림 7.2(a)을 갖는 직선의 I−V를 나타낸다. 그림 7.2(c)는 실리콘에 대한 실제 ohmic 접촉의 대표적인 I−V 특성을 나타낸 것이다. 원점 근처에서 비선형 특성을 나타내지만, 보통의 전류 수준에서는 접촉에 걸쳐 단지 작은 전압만 발생시킨다.

그림 7.3은 소자 제작시 알루미늄이 반도체 영역과 접촉하는 다양한 방식을 나타낸다. p

형 실리콘에 대한 알루미늄 접촉은 $10^{16}/cm^3$을 초과하는 도핑 수준에 대해 일반적으로 좋은 ohmic 접촉을 나타낸다. 그러나 그림 7.3(b)에서 보여지듯이 n형 실리콘과 접촉시에는 문제가 발생하게 된다. 약간 도핑된 n형 물질의 경우 알루미늄은 금속-반도체 간에 ohmic 접촉보다는 '정류성 장벽' 다이오드를 형성할 수 있다. 이러한 정류성 접촉 형성을 방지하기 위해 그림 7.3(c)에서와 같이 알루미늄과 약간 도핑된 n형 영역 사이에 n+ 확산영역이 위치한다. 이 결과 생기는 접촉은 그림 7.2(c)에 있는 것과 유사한 I-V 특성을 갖는다. 이 기술은 그림 1.6에서 보여진 바이폴라 공정에 사용되었다.

표 7.1 금속의 벌크 저항

Ag : Silver	1.6
Al : Aluinum	2.65
Au : Gold	2.2
Co : Cobalt	6
Cu : Copper	17
Mo : Molybdenum	5
Ni : Nickel	7
Pd : Paladium	10
Pt : Platinum	10.6
Ti : Titanium	0
W : Tungsten	5

출처 : WebElements(http://www.webelements.com)

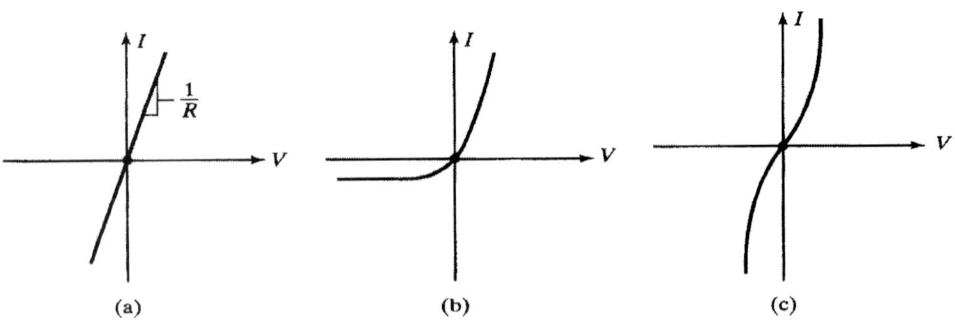

그림 7.2
집적회로 물질 사이의 접촉에 대한 I-V 특성 (a) 이상적인 ohmic 접촉 (b) 정류성 접촉 (c) 실제적인 비선형 ohmic 접촉

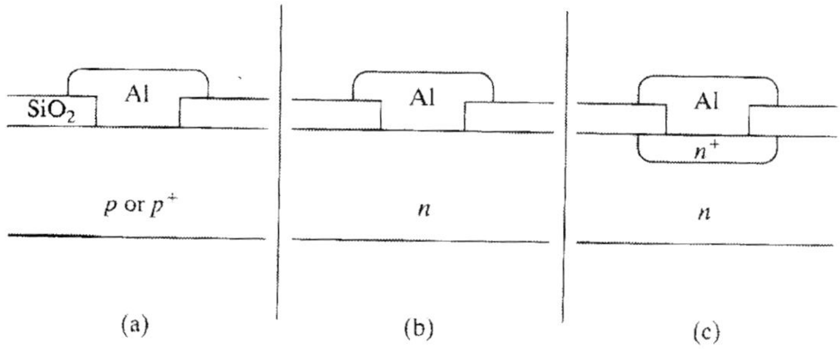

그림 7.3

실리콘에 대한 알루미늄 접촉의 세 가지 가능한 유형 (a) p형 실리콘에 대한 알루미늄은 그림 7.2a를 근사하는 I−V 특성을 갖는 ohmic 접촉을 형성함 (b) n형 실리콘에 대한 알루미늄은 그림 7.2b에 있는 것과 같은 정류성 접촉(Schottky 장벽 소자)을 형성할 수 있음 (c) n+ 실리콘에 대한 알루미늄은 그림 7.2c에 있는 것과 유사한 접촉을 형성한다.

7.2.2 알루미늄 - 실리콘 공정 거동

실리콘은 1412℃에서 녹고, 순수한 알루미늄은 660℃에서 녹는다. 그러나 알루미늄과 실리콘은 서로 두 물질의 혼합이 화합물의 융점을 각각의 물질의 융점 아래로 낮추는 '공정' 특성을 나타낸다. 그림 7.4는 1기압하에서 알루미늄 − 실리콘계의 상태도를 나타낸다. 최소 융점, 즉 '공정온도'는 577℃이며, 알루미늄 88.7%, 실리콘 11.3%의 조성비에 해당한다. 알루미늄 − 실리콘계의 공정온도는 비교적 낮기 때문에 알루미늄은 모든 고온공정이 완료된 후에 IC 공정에 도입되어야 한다.

7.2.3 알루미늄 파괴현상과 침투

양질의 접합형성을 위해 알루미늄은 일반적으로 증착과 패턴 생성 후 450 ~500℃의 불활성 기체 분위기에서 소둔된다. 이 온도는 실리콘과 알루미늄에 대한 공정온도보다 매우 낮기는 하지만 실리콘은 여전히 알루미늄 안으로 확산하게 된다. 확산은 실리콘에 대한 알루미늄 접촉 형성과 관련된 중요한 문제를 야기시키며, 특히 얕은 접합에 대해 문제를 야기시킨다.

알루미늄과 실리콘 사이의 어느 곳에서 접합이 형성되든지 실리콘은 소둔 과정 동안 알루미늄에 의해 흡수될 것이다. 흡수되는 실리콘의 양은 접촉면적뿐 아니라 소둔 과정에서의 시간과 온도에 의존한다(문제 7.4를 보라). 게다가 더욱 나쁜 것은 실리콘이 접촉영역으로부터 균일하게 흡수되지 않는다는 것이다. 대신 부분적으로 몇 지점으로 흡수되는 경향이 있다. 실리콘이 용해됨에 따라 알루미늄 파괴현상이 일어나고 실리콘 접촉영역 속으로

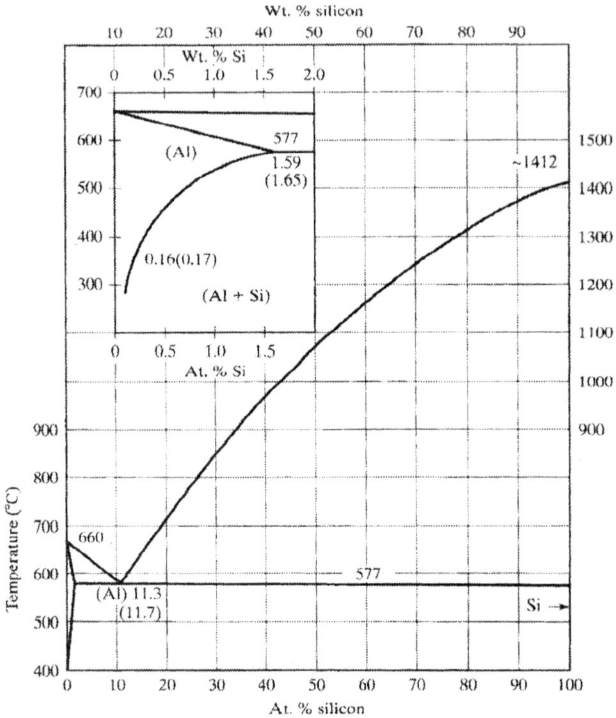

그림 7.4

알루미늄－실리콘계의 상태도. 실리콘 － 알루미늄 공정점은 577℃에서 일어난다. 450～500℃의 접촉 합금온도에서 알루미늄은 0.5～1%의 실리콘을 흡수한다.

침투하게 된다. 만일 접촉이 얕은 접합에서 만들어졌다면, 파괴현상은 그림 7.5에서와 같이 접합단락의 원인이 되기도 한다.

그림 7.4의 삽입 그림은 알루미늄에 대한 실리콘의 고용도를 나타낸 것이다. 400℃와 공정온도 사이에서 알루미늄에 대한 실리콘의 고용도는 0.25 ~ 1.5 wt%이다. 다층금속 문제를 해결하기 위해서 두 표적에서 동시증발에 의해 증착되는 동안 실리콘이 알루미늄 막에 첨가되거나, 스퍼터 증착시 약 1%의 실리콘이 첨가된 알루미늄 표적을 사용할 수도 있다. 두 방법 모두 실리콘에 대한 알루미늄의 고용도를 만족시키도록 층을 증착시켜 금속화 과정이 후속 소둔단계 동안 기판으로부터 실리콘을 흡수하지 않도록 하는 것이다.

파괴현상을 방지하는 다른 방법은 그림 7.5에서와 같이 알루미늄과 실리콘 사이에 장벽물질을 위치시키는 것이다. 한 가지 가능한 것은 알루미늄을 증착하기 전에 다결정 실리콘 박막을 증착시키는 것이다. 그러면 다결정 실리콘은 알루미늄을 포화시키는 데 필요한 실리콘을 공급할 것이다. 또 다른 대안은 장벽물질로서 금속을 사용하는 것이다. 금속은 실리콘과 낮은 저항을 가지는 접촉을 형성해야 하고, 알루미늄과 반응하지 않으며 다른 공정 단계에도 적합해야 한다. 백금, 팔라듐, 티타늄, 그리고 텅스텐 등 많은 금속들이 다양한 반도체 제조 회사에서 이용되어 왔다.

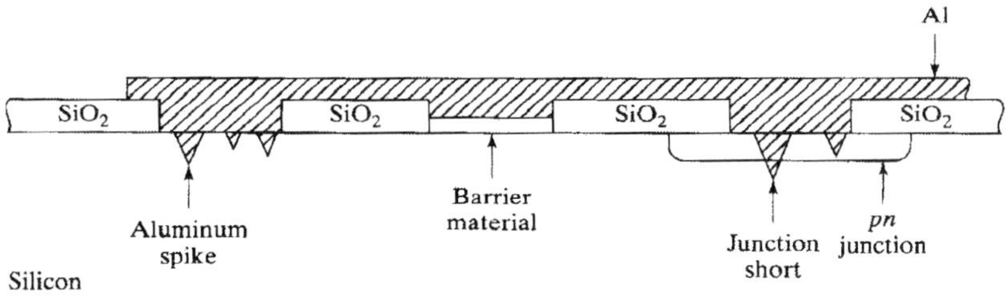

그림 7.5

알루미늄 - 실리콘 합금에서 발생하는 알루미늄 파괴현상. 알루미늄 파괴현상은 얕은 접합에서 단락의 원인이 될 수 있다. 1% 실리콘을 함유하는 알루미늄은 파괴현상을 제거하는 데 많이 사용된다. 다결정 실리콘 장벽 물질이나 티타늄과 같은 금속은 파괴현상을 방지하는 데도 사용될 수 있다. Copyright, 1958, McGraw-Hill Book Company. 참고 문헌 [1]로부터 재인쇄 허가를 받음.

7.2.4 접촉저항

두 물질 사이에는 ohmic 접촉과 관련된 작은 저항이 존재한다. 대략적으로 '접촉저항' R_c는 접촉면적에 반비례한다.

$$R_c = \rho_c / A \tag{7.1}$$

여기서 ρ_c는 ohm-cm^{2}의 단위를 갖는 비접촉 비저항이고 A는 접촉면적이다. 예를 들어, ρ_c = 1 μohm-cm^{2}인 2×2 ㎛ 면적의 접촉에서는 25 ohm의 접촉저항이 형성된다. 그림 7.6은 여러 알루미늄 – 실리콘계에 대한 접촉저항을 소둔 온도의 함수로 나타낸 것이다. 450℃에서의 소둔공정이 알루미늄 증착 후에 사용되는 이유가 분명하게 나타나 있다. 또한 접합 다층금속을 막기 위해 알루미늄층 아래에 다결정 실리콘을 사용하면 매우 좋지 않은 ρ_c 값을 갖는다는 것을 주목하라.

7.2.5 Electromigration

집적회로 내의 금속상호접속은 비교적 높은 전류밀도하에서 동작되므로 알루미늄과 다른 전도체에서 매우 흥미있는 파열기구가 발생하게 된다. Electromigration은 전류를 운반하는 전자들로부터의 운동량 전이로 인해 금속막 내의 원자의 이동이 발생하는 현상을 말한다. 높은 전류밀도 조건하에서는 그림 7.7에서와 같이 금속원자의 이동이 어떤 영역에서는 공동을 형성하고 다른 영역에서는 금속원자가 쌓이거나 'hillock'이 일어나게 된다. 공동은 결국 개방회로의 원인이 되고, 쌓임 현상은 인접한 도체 사이에 단락회로를 형성할 수 있다. Electromigration에 의한 도체의 평균파열시간(MTF)은 실험적으로 전류밀도 J와 온도에 다음과 같은 연관이 있다.

$$MTF \propto (J^{-2}) \exp (E_A/kT) \tag{7.2}$$

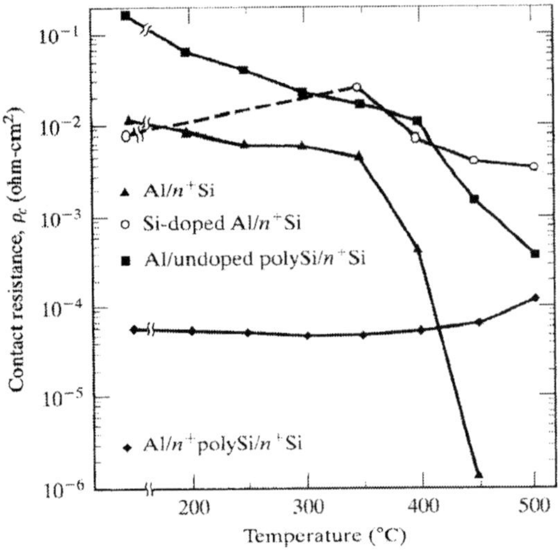

그림 7.6

다양한 알루미늄 – 실리콘계의 접촉저항. 일반적으로 Al–Si 접촉에 대한 낮은 접촉저항을 얻기 위해 450℃의 합금 온도가 사용된다.

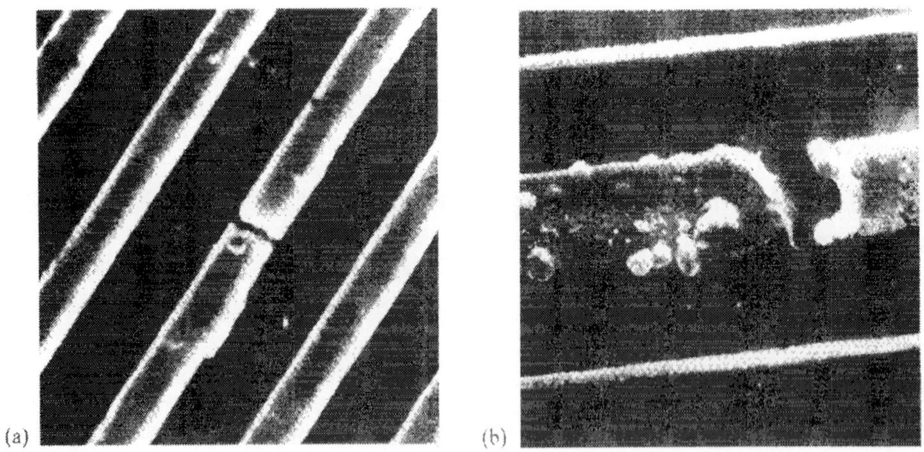

그림 7.7

electromigration으로 인해 발생한 상호접속 파열 부분의 주사 전자현미경 사진 (a) 0.5% 구리를 함유한 스퍼터링된 알루미늄 (b) 0.5% 구리를 함유한 증발에 의한 알루미늄

여기서 E_A는 활성화에너지이며 알루미늄에 대해서는 보통 0.4~0.5 eV의 값을 가진다. electromigration에 대한 알루미늄의 저항성을 증가시키기 위해 가장 보편적으로 쓰이는 방

법은 구리와 같은 중금속을 소량 첨가하는 것이다. 스퍼터 증착 시스템에서는 95% Al, 4% Cu, 그리고 1% Si의 조성비로 이루어진 표적이 보통 사용된다. 알루미늄-구리-실리콘 합금은 electromigration을 방지함과 동시에 알루미늄 파괴현상을 제거하는 역할을 한다.

순수한 구리 상호접속은 electromigration에 대한 알루미늄보다 매우 높은 저항성을 나타낼 것으로 기대되며, TiN 피복 구리 도선의 electromigration 현상을 AlCu 합금에서의 것과 비교한 그림 7.8의 결과에서 보여지듯 실제 높은 저항성을 나타낸다. 10배 정도 개선이 이루어진다.

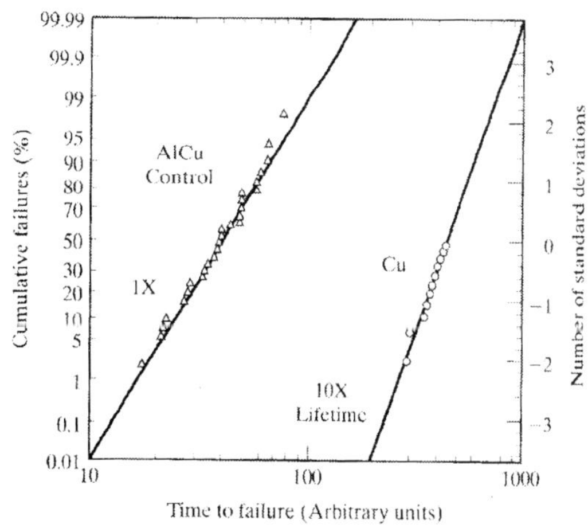

그림 7.8
구리 금속화를 이용한 Electromigration 현상의 개선

7.3 확산에 의한 상호접속

낮은 면저항을 가지는 확산에 도체형성은 기초 집적회로 기술에서 두 번째로 유용한 상호접속 매개체이다. 그림 4.16에서 최소 비저항이 약 1000 μohm-cm라는 것을 알 수 있다. 약 1 μm 정도의 얇은 구조에 대해 얻을 수 있는 최소 면저항은 보통 10~20 ohms이다. 이 면저항은 금속보다 훨씬 높은 값을 가지므로 신호 혹은 전력분배를 위해 확산을 사용하는 경우 적절한 선택이 필요하다.

확산에 의해 형성된 도선은 그림 7.8에서와 같이 신호전파가 고려될 때 분배된 RC 구조로서 실제 모델이 되어야만 한다. 확산영역의 저항 R은 4장에서 상세히 논의되었고 C는 확산영역과 기판 사이에 형성된 역바이어스가 걸린 pn 접합의 전기용량을 나타낸다. 많이 도핑된 확산은 일반적으로 상호접속을 위한 목적으로 사용되며 공핍층이 기판 속으로 우세하게 확장되어 있는 일방향 계단에 의해 근사될 수 있다. 단위면적당 전기용량은 다음과 같이 주어진다.

$$C=\sqrt{\frac{qN_sK_s\varepsilon_o}{2(\Phi_{bi}+V_R)}} \qquad \Phi_{bi}=(kT/q)\ln\left(\frac{N_s}{n_i}\right)+0.56V \tag{7.3}$$

여기서 N_S는 기판 도핑이고, Φ_{bi}는 접합의 내부전위, 그리고 V_R은 접합에 걸려 있는 역바이어스이다.

확산에 의해 형성된 긴 도선의 상대적으로 큰 RC 곱은 신호를 전파할 때 본질적으로 시간을 지연시키게 된다. 그러므로 확산은 집적회로에서 근접한 두 소자를 상호접속하는 데 보다 유용하게 쓰인다. 그림 7.9는 세 개 입력 트랜지스터의 소스 확산이 한 번의 확산으로 서로 합쳐지는 세 개 입력 NMOS NOR-게이트를 보여주고 있다. 공핍 모드 로드 소자의 소스뿐만 아니라 입력소자의 세 개 드레인도 한 번의 확산으로 함께 합쳐진다. 그림 7.1은 프로그램이 가능한 논리배열(PLA) 구조에서 확산에 의한 긴 상호접속 영역의 사용 예를 나타낸 것이다.

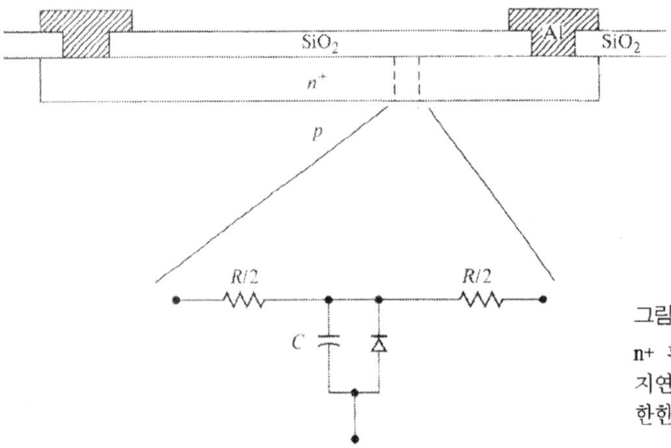

그림 7.9
n+ 확산의 일부분에 대한 회로 모델. RC 도선 지연이 고속신호분배를 위한 확산의 사용을 제한한다.

7.4 다결정 실리콘을 이용한 상호접속과 매립접촉

많이 도핑된 n형 다결정 실리콘은 오늘날 사용되는 주요한 MOS 트랜지스터 게이트 물질이며, 열산화법과 절연체 증착에 의해 다른 층으로부터 쉽게 절연되는 부수적인 상호접속층을 제공한다. 이러한 상호접속의 부가단계가 고밀도 디지털 집적회로 설계를 매우 편리하게 만든다. 두께가 얇고 많이 도핑된 다결정 실리콘층은 대략 300 μohm-cm의 최소 비저항값을 가지며 얕게 확산된 상호접속(보통 20~30 ohms/square)과 관련된 문제와 동일한 면저항 문제를 가지고 있다. 다결정 실리콘 도선은 기판에 대해 실질적인 전기용량을 가지고 있어 확산에 의한 상호접속과 유사하게 RC 지연 문제를 보인다.

7.4.1 매립접촉

지금까지 제시된 다결정 실리콘게이트 공정에서, 다결정 실리콘은 이온 주입이나 확산과정 동안 장벽물질로서 역할을 해왔다. 그리하여 확산은 다결정 실리콘 도선 밑으로 통과할 수 없다. 또한 확산에 대한 접촉창은 다결정 실리콘 증착이 이루어질 때까지 개방되지 않는다. 그러므로 다결정 실리콘과 확산영역 사이의 연결을 위해서는 그림 7.10(a)에서와 같이 금속도선을 사용하는 것이 필요하다. 이러한 방식으로 다결정 실리콘에 확산영역을 상호접속시키는 것은 두 접촉창과 사이 공간을 필요로 하며, 둘 다 공간을 낭비하게 된다.

밀도가 매우 중요시되는 메모리 배열에서는 그림 7.10(b)에서와 같이 여분의 차폐단계가 다결정 실리콘과 실리콘 사이의 직접적인 접촉을 이루기 위한 과정으로 도입될 수 있다. 다결정 실리콘 증착 이전에 다결정 실리콘이 실리콘 표면과 접촉할 수 있도록 얇은 게이트 산화물에 창이 개방된다. 많이 도핑된 n+ 다결정 실리콘으로부터 n형 첨가물의 확산은 근접한 이온 주입된 n+ 영역과 합쳐지게 되는데 이것을 매립접촉이라 한다. 접촉부위의 가장자리는 불순물 농도가 그 영역 내에서 가장 높기 때문에 저항은 가장 낮다.

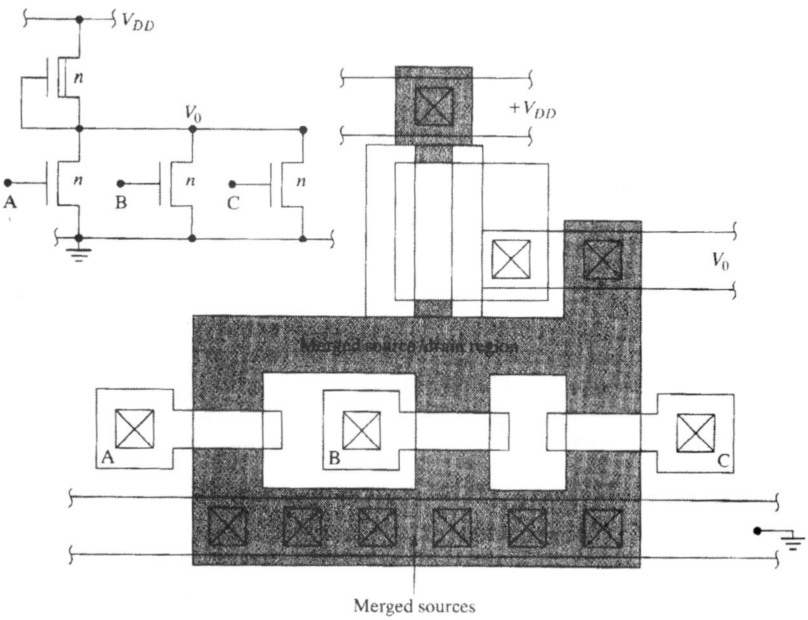

그림 7.10

근접한 소스와 드레인 확산의 합병을 통한 소자 상호접속을 보여주는 NMOS NOR 게이트의 설계도

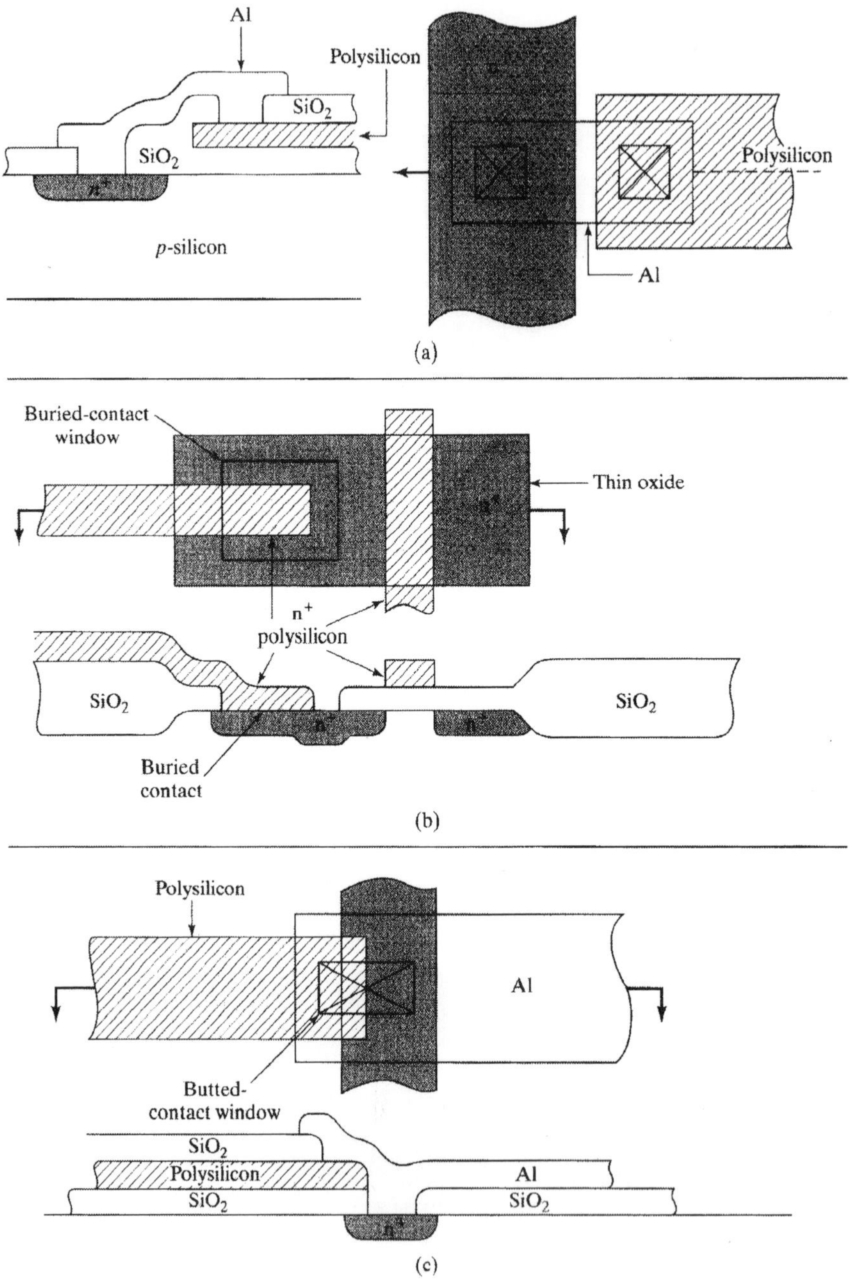

그림 7.11

다결정 실리콘과 n+ 확산영역을 상호접속하는 세 가지 기술 (a) 두 접촉영역과 사이 공간을 필요로 하는 일반적인 알루미늄 연결 (b) 매립접촉 구조 (c) 돌출접촉 구조

7.4.2 돌출접촉

면적을 보존하는 또 다른 방법은 그림 7.10(c)에서 보여지는 것 같이 '돌출'접촉을 형성시키는 것이다. 이 예에서 다결정 실리콘은 확산접촉 창의 가장자리에 배열되고 금속이 확산영역과 다결정 실리콘을 서로 연결하게 된다. 돌출접촉은 분리된 접촉창들 간에 일반적으로 요구되는 공간을 제거함으로써 면적을 절약한다. 그러나 몇몇 제조회사들은 이러한 접촉의 신뢰성에 관한 관심으로 인해 돌출접촉을 사용하지 않는다.

7.5 실리사이드와 다층접촉기술

얇은 다결정 실리콘과 옅은 확산영역의 면저항은 모두 10~20 ohms/square 이하로 줄어들 수 없으며, 이 때문에 상호접속 매개체로서의 유용성이 크게 줄어들게 된다. 상호접속 지연은 VLSI 회로의 속도를 제한하는 시초이며, 따라서 다이스가 커지고 회로 크기가 줄어듦에 따라 이러한 상호접속을 향상시키기 위한 방안이 필요해졌다.

7.5.1 실리사이드, 폴리사이드, 살리사이드

넓은 범위에 걸친 귀금속과 내화금속들은 실리콘과 실리사이드라 불리는 화합물을 형성하며, 다결정 실리콘과 확산영역의 면저항은 낮은 비저항값을 가지는 이행 실리사이드층을 표면 위에 형성함으로써 감소할 수 있다. 가능한 실리사이드에 대한 특성을 표 7.1에 나타내었다. 티타늄, 텅스텐, 백금, 팔라듐을 포함한 여러 원소들이 1960년대 이래로 바이폴라 공정에서 Schotty 장벽 소자형성에 사용되어 왔고 현재는 상호접속을 목적으로 실리사이드를 형성하는 데 사용되고 있다.

폴리사이드라 불리는 다결정 실리콘 게이트 위에 형성된 실리사이드 구조가 그림 7.11에 나타나 있다. 원하는 금속층이 증발, 스퍼터링, 화학기상증착을 사용하여 증착된다. 600~1000℃의 온도에서 구조를 가열하면 금속은 다결정 실리콘과 반응하여 원하는 실리사이드를 형성한다. 동시 증발, 동시 스퍼터링 또는 화합물 표적을 이용한 스퍼터링이 열처리 혹은 '소결' 단계 이전에 다결정 실리콘 위에 실리콘과 금속을 동시에 증착시키기 위해 사용되기도 한다. 실리사이드의 비저항은 15~50 μohm-cm 범위이다.

실리사이드층의 또 다른 특징은 실리사이드 형성 후 표면을 산화시키는 능력이 있다는 것이다. 높은 온도에서 실리콘은 실리사이드층 안으로 빠르게 확산하여 실리사이드 표면에 있는 산소와 결합하여 SiO_2 절연층을 형성한다.

실리사이드와 실리콘의 공정온도는 알루미늄의 경우와 같이 후공정 단계에서의 온도를 제어한다. 하지만 니켈(900℃), 백금(800℃), 팔라듐(700℃) 실리사이드를 제외한 실리사이

표 7.1 실리사이드의 종류와 특성

실리사이드	시작 형태	소결 온도(℃)	최소 이원계 공정 온도(℃)	비저항 (μohm-cm)
$CoSi_2$	다결정 실리콘 위의 금속	900	1195	18~25
	동시 스퍼터링된 합금	900		
$HfSi_2$	다결정 실리콘 위의 금속	900	1300	45~50
$MoSi_2$	동시 스퍼터링된 합금	1000	1410	100
$NiSi_2$	다결정 실리콘 위의 금속	900	966	50
	동시 스퍼터링된 합금	900		50~60
Pd_2Si	다결정 실리콘 위의 금속	400	720	30~50
PtSi	동시 스퍼터링된 합금	600~800	830	28~35
$TaSi_2$	다결정 실리콘 위의 합금	1000	1385	35~45
	다결정 실리콘 위의 합금	1000		50~55
$TiSi_2$	다결정 실리콘 위의 금속	900	1330	13~16
	동시 스퍼터링된 합금	900		25
WSi_2	동시 스퍼터링된 합금	1000	1440	70
$ZrSi_2$	다결정 실리콘 위의 합금	900	1355	35~40

드들은 1000℃를 초과하는 온도에서도 안정적이다.

실리사이드들은 확산에 의한 상호접속의 유효 면저항을 줄이는 데 사용된다. 그림 7.12는 MOS 트랜지스터의 게이트와 소스 드레인 영역 위에 실리사이드가 동시에 형성되는 과정의 개요이다. 산화물 스페이서는 게이트 쪽에서 실리사이드 형성 방지에 사용되는데 이는 실리사이드가 형성되어 게이트와 확산영역 사이에 단락을 형성시킬 수 있기 때문이다. 스페이서는 먼저 반응성 이온 에칭공정 후에 CVD 산화물을 표면에 코팅함으로써 형성된다. 게이트 가장자리 부분을 따라 있는 산화물은 다른 영역에 비해 두꺼우며 몇몇 산화물들은 산화물이 소스 드레인 영역과 게이트 상부에서 완전히 제거될 때 게이트 쪽에 남아 있게 된다. 다음으로 금속이 웨이퍼 위에 증착된다. 소결하는 동안 실리사이드는 금속이 실리콘 또는 다결정 실리콘과 접촉하는 영역에서만 형성된다. 반응하지 않은 금속은 실리사이드와 반응하지 않는 선택적 에칭에 의해 제거된다. 그 결과 게이트와 소스 드레인 영역에 자동으로 자기정돈되는 실리사이드가 형성된다. 자기정돈되는 실리사이드를 살리사이드라고 한다.

7.5.2 장벽물질과 다층접촉

실리사이드에 대한 알루미늄 접촉은 실리콘과 직접접촉과 관련된 구멍 형성이나 파괴현상과 같은 문제를 겪는다. 이러한 문제를 극복하기 위하여 중간 금속층이 실리콘 확산을 방

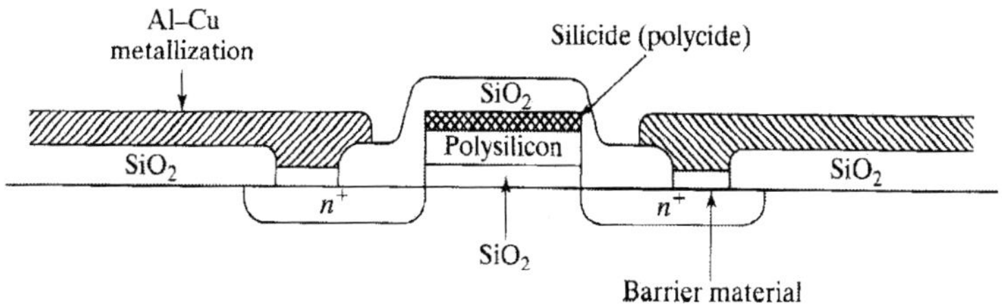

그림 7.12

다결정 실리콘 게이트 물질의 면저항을 감소시키기 위한 '폴리사이드'와 얕은 소스 드레인 접합을 통한 알루미늄 파괴현상을 막기 위한 장벽물질을 사용하는 것을 보여주는 MOS 구조

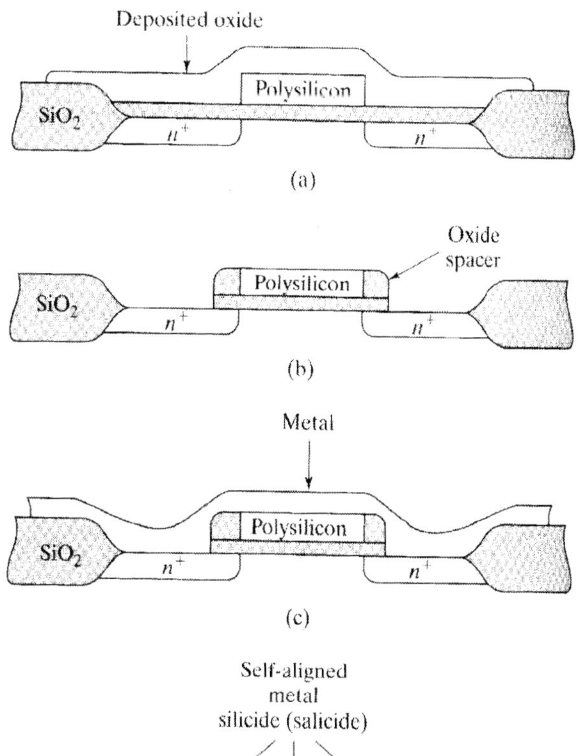

그림 7.13

MOS 소자의 형성에 이용되는 자기정돈 실리사이드(살리사이드)의 이용 (a) 산화물이 다결정 실리콘 증착 후 일반적인 MOS 구조 위에 증착된다. (b) 반응성 이온 에칭이 측면 산화물 스페이서를 남긴 후의 구조 (c) 금속이 앞의 구조 위에 증착되고 실리사이드 형성을 위해 가열된다. (d) 반응하지 않는 금속은 곧바로 식각되어 없어지고 자동적으로 게이트와 소스 드레인 영역에 정돈된 실리사이드를 남긴다.

지하기 위해 사용된다. 그림 7.13은 바이폴라와 MOS 기술의 접촉 영역에서 실리사이드에 대한 장벽물질로서 티타늄－텅스텐(TiW)이 응용되는 것을 보여준다. 마지막 접촉은 TiW 확산장벽을 따라 확산층 위에 실리사이드의 혼합층으로 구성되어 있으며, 알루미늄과 구리의 상호접속 금속화로 완성된다. 다층접촉구조는 고밀도, 고성능 MOS, 바이폴라 기술에서 매우 보편적으로 사용되고 있다.

그림 7.14
(a) 바이폴라 (b) MOS 소자에서 실리사이드 접촉의 사용을 보여주는 소자 단면도

7.6 Liftoff 공정

앞에서 논의되었던 패턴을 한정하는 과정은 그림 7.14(a)와 같이 '제거하는' 공정이다. 웨이퍼는 완전히 박막층으로 덮이고 감광제와 같은 차폐물층으로 선택적으로 보호된다. 그리고, 습식 또는 건식 에칭은 보호되지 않은 부분으로부터 박막물질을 제거한다. 첨가하는 혹은 그림 7.14(b)에 보인 liftoff 공정 또한 사용될 수 있으며 이 경우 기판은 마지막 금속이 나타나는 구멍을 갖도록 패턴된 감광층으로 덮이게 된다. 박막층은 웨이퍼 표면 위에 증착된다. 감광층 위에 증착되는 물질은 감광제와 같이 제거되고 기판 위에는 패턴된 물질만 남는다. Liftoff가 적절히 이루어지기 위해서는 상부와 하부막 사이에 매우 얇은 영역이나

틈이 존재해야 한다. 그렇지 않으면 찢어지거나 불완전한 liftoff가 발생하게 된다.

Liftoff와 제거하는 공정의 차폐 패턴은 각각 네거티브한 과정이다. 이것은 차폐물을 어두운 영역에서 밝은 영역으로 변화시키거나 감광제를 네거티브에서 포지티브로 변화시켜 얻을 수 있다.

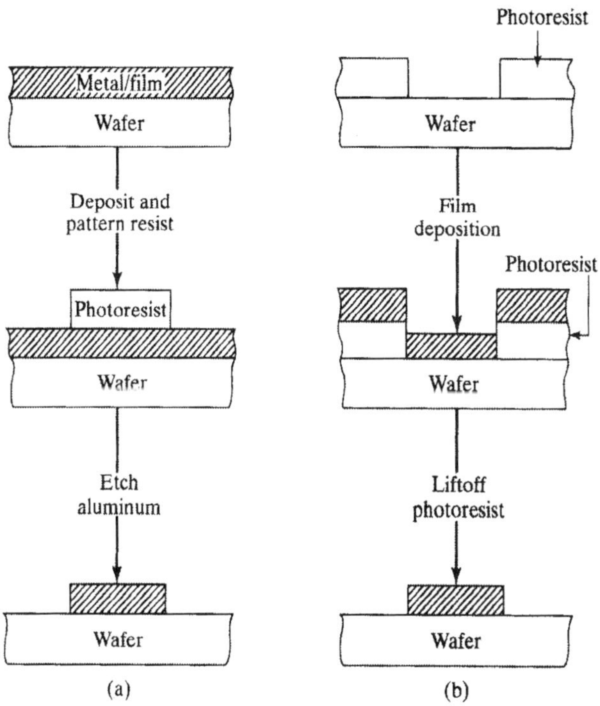

그림 7.15

(a) 감법 에칭과 (b) 첨가하는 금속 liftoff에 의한 상호접속 형성의 비교

7.7 다단계 금속화

한 단계의 금속은 단순히 복잡한 VLSI 칩을 완전히 상호접속하기에 충분한 능력을 갖지 못한다. 오늘날 많은 공정들은 상호접속 능력을 보장하고 적절한 전력 분배를 하기 위하여 다단계 금속화뿐만 아니라 2단계 또는 3단계의 다결정 실리콘을 사용한다.

7.7.1 기본 다단계 금속화

다단계 금속 시스템이 그림 7.15에 나타나 있다. 표준공정은 첫단계 금속의 증착과 패턴화를 통해서 이루어진다. 그 후 CVD나 스퍼터링으로 증착된 SiO_2, 혹은 폴리마이드라 불리는 플라스틱과 유사한 물질로 이루어진 층간 유전체가 첫 번째 금속층 위에 증착된다. 유전체

층은 우수한 단차피복성을 제어해야 평탄한 형상을 만들게 된다. 또한 작은 구멍들이 없어야 하고 우수한 절연체여야 한다. 다음 단계에는 경로가 유전층에 개방되고 두 번째 단계의 금속화가 증착되고 패턴이 이루어진다.

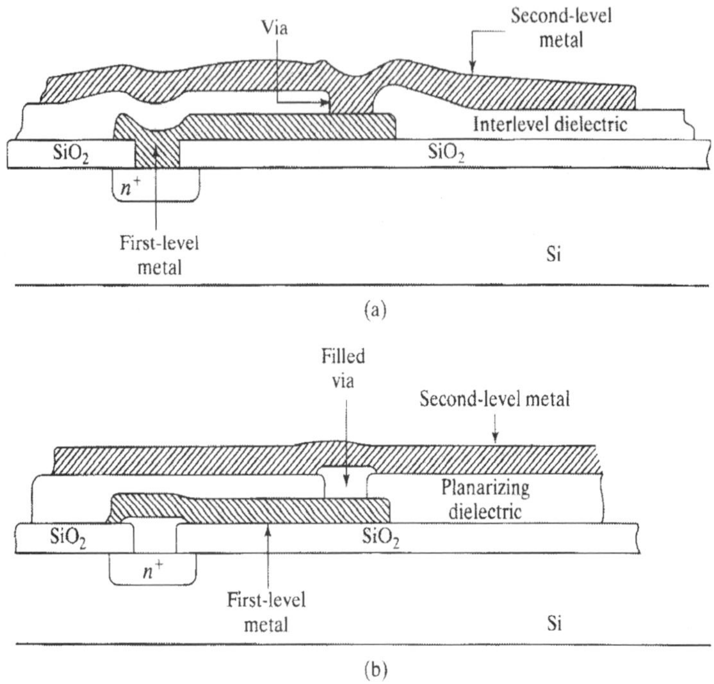

그림 7.16

(a) 기본적인 두 단계 금속화 공정은 층간 단계의 유전체로서 폴리마이드, 산화물, 질화물을 사용하기도 한다. (b) 부가적인 공정 단계가 더욱 평평한 구조를 얻기 위하여 개개 금속 증착 이전에 경로들을 금속으로 채우기 위해 추가되기도 한다.

7.7.2 평탄화된 금속화

그림 7.16(a)의 단순한 다단계 상호접속 공정으로부터 얻어진 형상은 리소그래피 공정에서 깊이와 영역 한계로 인해 마이크로 이하의 공정에는 이용될 수 없다. 3장에서 소개되었던 CMP 공정은 매우 평탄한 층을 만드는 데 사용된다. 그림 7.16(b)의 공정순서에서 경로를 채우는 기술이 금속층 사이의 경로들을 형성하는 데 사용된다. 텅스텐이 주로 경로 금속화 과정에 사용된다. 유전층 증착, 금속화 CMP 공정들은 원하는 상호접속 단계 수가 만들어질 때까지 반복된다. 6단계의 금속층을 가진 집적회로가 비슷한 공정을 이용하여 성공적으로 제작되었다. 알루미늄 금속화와 텅스텐 '플러그'를 이용한 평탄화된 다단계 금속 시스템이 그림 7.17에 나타나 있다.

그림 7.17
텅스텐 플러그를 갖는 다단계 알루미늄 금속화

7.7.3 저유전상수를 갖는 중간단계 유전층

상호접속에 수반되는 전달지연은 다른 집적회로에서 뿐만 아니라 고성능 마이크로 프로세서에 있어서도 중요한 문제이다. 이러한 상호접속에 수반된 RC 곱은 저항이나 전기용량 혹은 둘 모두를 줄임으로써 감소시킬 수 있다. 구리는 저항항을 감소시키기 위해 사용되며 자세한 사항은 7.8절에 기술되어 있다. 중간단계의 유전층으로 가장 보편적으로 사용되는 이산화실리콘의 상대유전상수는 3.9이다. 이 값은 실리콘 자체의 유전상수값(e_r = 11.7)보다는 작지만 다른 값에 비하면 꽤 큰 편이다. $e_r = 1$인 공기에 의해 격리된 상호접속은 GaAs 회로에 사용되고 있으나 실리콘 집적회로에 대해서는 성공적으로 적용되지 못하였다. 현재 연구진들은 실리콘 IC 기술에 적합하고 2.0 ~ 2.5 범위의 e_r 값을 갖는 유전체 물질을 찾아내기 위하여 노력하고 있다. 산화불소, 다공성 산화막, 그 밖의 많은 폴리머 물질에 대한 연구가 진행 중이다.

7.8 구리 상호접속과 상감공정

구리는 비저항(표 7.1 참조)이 낮아서 다층금속 시스템에서 다른 금속들 대신 사용되고 있다. 그러나 구리는 실리콘 내에서 깊은 준위 불순물이며 확산속도도 매우 빠르므로(그림 4.5 참조), 실리콘 기판과 소자를 오염시키는 것을 막으려면 매우 세심하게 주의를 기울여야 한다. 지금까지 논의되었던 금속화 기술은 금속이 모든 곳에 증착되고 난 후 원하지 않는 곳을 에칭하는 감법공정이었다. 구리를 제거하는 생산성 있는 건식 에칭공정이 개발되어 있지 않았으므로 부가적인 도금기술이 사용된다. 상감공정은 3장에서 논의되었던 것처럼 다층상호접속을 위해 사용되는 매우 평탄한 층을 만들기 위해 화학적 기계적 폴리싱을 사용한다.

7.8.1. 전기도금된 구리 상호접속

구리 상호접속 도선을 전기도금하는 두 가지 방법이 그림 7.18에 제시되었다. 우선 마스크를 통한 도금을 실시한다. 그림 7.18(a)에서처럼 전도성 시드층이 CMP 공정을 이용하여 이미 평탄화된 웨이퍼 위에 먼저 증착되어야 한다. 시드층은 도금공정 동안 전류가 필요할 때 전기적 통로를 제공한다. 그 후에 포토레지스트와 같은 마스크층이 웨이퍼 위에 증착되고 리소그래피 과정을 거쳐 패턴화된다. 웨이퍼는 도금 시스템에 담겨지고, dc 바이어스가 용액과 시드층 사이에 걸리게 된다. 구리 도금은 시드층이 도금 용액에 노출되어 있는 모든 부분에서 일어난다. 도금 공정 후, 마스크층이 제거되고 시드층이 에칭되어 기판 위에는 구리 상호접속 도선이 남아 있게 된다. 그러나 이러한 구조에서는 평탄하게 만들기가 어려워 오늘날의 ICs에 응용하는 데 제약이 된다.

7.8.2 상감도금

그림 7.18(b)의 상감공정은 [8]에서 지적했던 것처럼 IC 상호접속 구조를 만드는 데 이상적이다. 산화규소와 같은 절연층이 기판 위의 표면에 증착되고, 표준 광리소그래피가 원하는 상호접속 패턴을 형성하는 데 사용된다. 시드층 증착 후 표면 전체가 전기도금되어, 나머지 표면이 구리로 덮은 뿐만 아니라 여분의 구리는 CMP 공정단계를 이용하여 제거된다. 최종적으로 절연체 안에 상감된 상호접속 영역도 채워지고 평탄한 금속도선이 남게 된다.[1]

7.8.3 이중 상감공정

상감기술은 이중 상감공정이 개발되면서 비약적으로 발전했다. 이 공정은 그림 7.19에서 설명되었듯이 상호접속 도선과 상호접속 단계 사이의 경로들을 동시에 형성한다. 공정은 실리콘 질화물과 같은 얇은 에칭 방지막으로 코팅된 기판을 가지고 시작한다. SiO_2와 같은 절연체의 두 층이 얇은 중간 에칭 방지막으로 증착된다. 두 절연층은 최종 에칭 방지막에 의해 봉해진다.

창들이 경로 위치를 정의하는 실리콘 질화물층에 형성되고, 절연체는 실리콘 질화물층 위에서 끝나는 에칭 처리에 의해 제거된다. 상호접속 도선들을 정의하는 새로운 창들이 질화물을 통해 식각된다. 질화물 식각 방지막도 경로 밑부분에서부터 제거된다. 그 후 산화물이 상부와 하부에서 동시에 식각된다. 질화티타늄(TiN)과 같은 장벽층이 평탄한 구리층과 절연체 사이의 반응을 방지하기 위해 시드층 증착 전에 증착될 수 있다. 그 후 전기도금된

1. 상감공정에 의해 만들어진 금속 상호접속 구조는 절연물질 안에 삽입 혹은 상감된 것이다. 상감구조는 다마스커스에서 생산된 상감금속을 연상시켜 상감공정이라 불린다.

구리가 경로와 상호접속 도선 위에 동시에 만들어진다. 이 구조는 여분의 구리를 CMP 공정을 이용하여 제거함으로써 완성된다. 공정은 추가적인 상호접속층들을 쌓기 위해 반복된다. 최종적인 구리 상호접속은 얇은 TiN 피복층에 의해 둘러싸이게 된다.

그림 7.20은 이중 상감공정을 포함한 두 개의 다단계 금속 시스템을 보여준다. 우선 그림 7.20(a)는 텅스텐 경로 플러그와 두 단계의 상감 구리 상호접속을 갖는 4층의 알루미늄 구리 상호접속을 사용한다. 그림 7.20(b)의 두번째는 6단계의 구리 배선을 보여주고 있다.

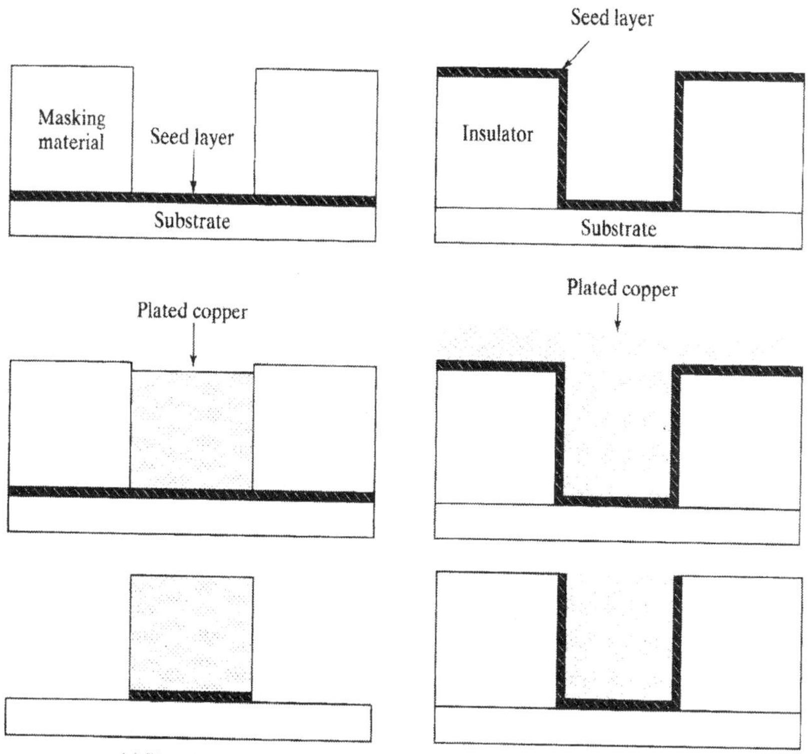

(a) Plated copper (b) Copper Damascene process

그림 7.18

구리 도금과 구리 상감공정 단계 (a) 마스크 창이 시드층 위에 만들어지고 구리가 창 안에 도금된다. 마스크 제거 후에 평탄하지 않은 구조가 형성된다. (b) 시드층이 패턴된 절연층 위에 증착되고, 구리가 전체 구조에 걸쳐 도금된다. 여분의 구리가 제거된 후 평탄한 표면이 남겨진다.

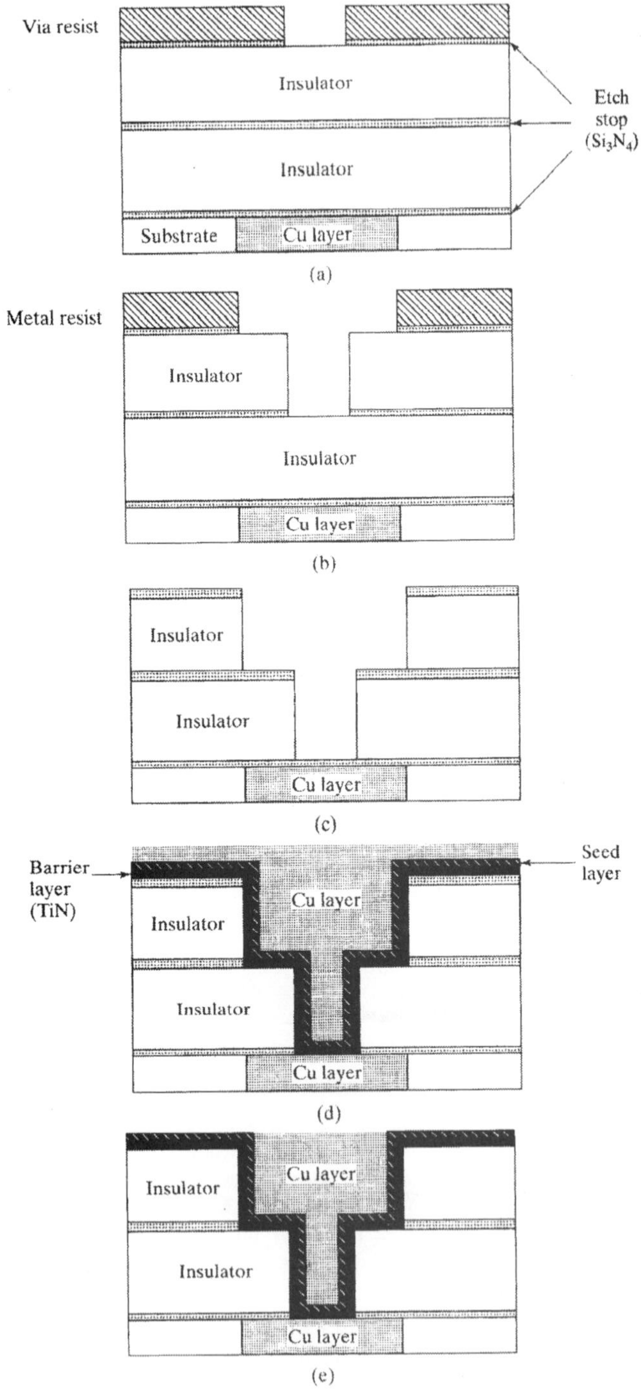

그림 7.19

이중 상감공정 순서 (a) 먼저 두 절연체층이 증착되고 상부 질화물층이 패턴된다. 절연층이 식각된다. 식각은 실리콘 질화물 식각 방지막에서 종료된다. (b) 질화물층이 패턴되고 식각된다. (c) 다음 산화물 식각 단계 후 폭이 다른 두 창이 두 산화물층에 형성된다. (d) 장벽층과 시드층이 증착되고 구리로 도금된다. (e) 여분의 구리를 제거한 후의 최종 구조

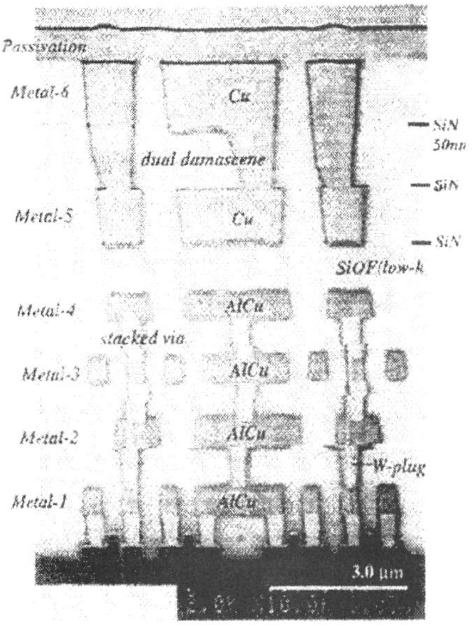

(a)

(b)

그림 7.20

6단계 금속화의 현미경 사진 (a) 이중상감 구리 (b) 하부에서 알루미늄-구리와 하부에서 플러그된 텅스텐이 혼합된 이중상감 구리. 두 구조물의 평탄도를 주목하라.

요약

이 장에서는 확산, 다결정 실리콘, 금속을 포함하는 현대 집적회로에서 사용되는 다양한 형태의 상호접속에 대해 살펴보았다. 확산영역과 다결정 실리콘은 면저항이 비교적 높아서 국부적인 상호접속에만 제한적으로 사용되는 경우가 많다. 다결정 실리콘 도선과 확산영역의 표면 위에 금속 실리사이드를 형성하는 것은 근본적으로 이들 상호접속의 면저항을 감소시킬 수 있다.

알루미늄과 실리콘 사이에 좋은 ohmic 접촉을 형성시키는 것에 관련된 문제들도 논의되었다. Ohmic 접촉 대신 Schottky장벽 다이오드가 형성되는 것을 막기 위해 알루미늄과 n형 실리콘 사이에 n+ 층이 필요하게 된다. 실리콘 내로 알루미늄이 침투하는 것은 얕은 접합에서 접촉을 형성하는 데 심각한 문제가 된다. 실리콘 혹은 실리사이드 접촉 속으로 알루미늄이 침투하는 것을 방지하기 위해 텅스텐과 티타늄과 같은 금속들이 실리콘 확산장벽으로 종종 사용된다.

높은 전류밀도에서 electromigration이라 불리는 파열기구를 사용하면 개방회로나 단락회로가 금속화층에서 생기게 된다. 약 1%의 실리콘과 4%의 구리가 함유된 알루미늄이 알루미늄 파괴현상과 electromigration 각각을 각각 최소화시키기 위하여 사용된다.

다단계 금속화 공정이 한 단계 이상의 금속화를 요구하는 집적회로에 대하여 발달되어 왔다. 오늘날 몇몇 공정은 세 단계의 다결정 실리콘까지 포함하며, 다른 공정은 네 단계의 금속화 공정을 사용한다

다단계 금속화를 위한 첫 번째 성공적인 접근은 알루미늄을 평탄화된 산화물이나 폴리이미델층으로 덮는 것이었다. 그러나 이러한 접근에 의해 얻어진 형상은 마이크로 이하 공정에 대해서 너무 거칠다는 것이 증명되었다. 상감공정은 매우 평탄한 다단계 금속화를 이루기 위해 전기도금된 구리 증착을 화학적 기계적 폴리싱에 결합한다.

참고문헌

[1] M. Hansen and A. Anderko, *Constitution of Binary Alloys*, McGraw-Hill, New York, 1958.

[2] M. Finetti, P. Ostoja, S. Solmi, and G. Soncini, "Aluminum-Silicon Ohmic Contact on 'Shallow' *n+/p* Junctions," *Solid-State Electronics*, 23, 255–262, March 1980.

[3] S. Vaidya, D. B. Fraser, and A. K. Sinha, "Electromigration Resistance of Fine Line Al for VLSI Applications," *Proceedings of 18th IEEE Reliability Physics Symposium*, pp. 165–167, 1980.

[4] S. P. Murarka, "Refractory Silicides for Integrated Circuits," *Journal of Vacuum Science and Technology*, 17, 775–792, July/August 1980.

[5] P. S. Ho, "VLSI Interconnect Metallization-Part 3," *Semiconductor International*, 128–133, August 1985.

[6] S. Venkatesen et al., "A High-Performance 1.8-V, 0.20-㎛ CMOS Technology with Copper Metallization," *IEEE IEDM Technical Digest*, pp. 769-772, December 1997.

[7] S. Yang et al., "A High-Performance 180 nm Generation Logic Technology," *IEEE IEDM Technical Digest*, pp. 197–200. December 1998.

[8] P. C. Andricacos, U. Uzoh, J. O. Dukovic, J. Horkans, and H. Deligianni, "Damascene Copper Electroplating for Chip Interconnections," *IBM Journal of Research and Development*, pp. 567-574, September 1998.

[9] M. Igarashi et al., "The Best Combination of Aluminum and Copper Interconnects for a High-Performance 0.18 ㎛ CMOS Logic Device," *IEEE IEDM Technical Digest*, pp. 829-832, December 1998.

[10] D. Edelstein et al., "Full Copper Wiring in a sub-0.25 ㎛ CMOS ULSI Technology," *IEEE IEDM Technical Digest*, pp. 773-776, December 1997.

[11] Y. Matsubara et al., "Low-k Fluorinated Amorphous Carbon Interlayer Technology for Quarter Micron Devices," *IEEE IEDM Technical Digest*, pp. 369-372, December 1996.

[12] E. M. Zielinski et al., "Damascene Integration of Copper and Ultra-low-k Xerogel for High-Performance Interconnects," *IEEE IEDM Technical Digest*, pp. 936-938, December 1997.

[13] Y. Matsubara et al., "RC Delay Reduction of 0.18 ㎛ CMOS Technology Using Low Dielectric Constant Fluorinated Amorphous Carbon," *IEEE IEDM Technical Digest*, pp. 841-844, December 1998.

더 읽을 책

[1] P. B. Ghate, J. C. Blair, and C. R. Fuller, "Metallization in Microelectronics," *Thin Solid Films,* 45, 69-84, August 15, 1977.

[2] G. L. Schnable and R. S. Keen, "Aluminum Metallizastion-Advantages and Limitations for Integrated Circuit Applications," *Proceedings of the IEEE,* 57, 1570-1580, September 1969.

[3] J. Black, "Physics of Electromigration," *Proceedings of the 12th IEEE Reliability Physics Symposium,* p. 142, 1974.

[4] C. Y. Ting, "Silicide for Contacts and Interconnects," *IEEE IEDM Technical Digest,* pp. 110-113, December 1984.

[5] S. P. Murarka, "Recent Advances in Silcide Technology," *Solid-State Technology,* 28, 181-185, September 1985.

[6] S. Sachdev and R. Castellano, "CVD Tungsten and Tungsten Silicide for VLSI Applications," *Semiconductor International,* pp. 306-310, May 1985.

[7] P. B. Ghate, J. C. Blair, C. R. Fuller, and G. E. McGuire, "Application of T_i:W Barrier Metallization for Integrated Circuits," *Thin Solid Films,* 53, 117-128, September 1, 1978.

[8] R. A. M. Wolters and A. J. M. Nellissen, "Properties of Reactive Sputtered TiW," *Solid-State Technology,* 29, 131–136, February 1986.

[9] T. Sakurai and T. Serikawa, "Lift-Off Metallization of Sputtered Al Alloy Films," *Journal of the Electrochemical Society,* 126, 1257–1260, July 1979.

[10] T. Batchelder, "A Simple Metal Lift-Off Process," *Solid-State Technology,* 25, 111–114, February 1982.

[11] S. A. Evans, S. A. Morris, L. A. Arledge, Jr., J. O. Englade, and C. R. Fuller, "A 1-㎛ Bipolar VLSI Technology," *IEEE Transactions on Electron Devices,* ED-27, 1373–1379. August 1980.

[12] Y. Sasaki, O. Ozawa, and S. Kameyama, "Application of $MoSi_2$ to the Double-Level Interconnections of I^2L Circuits," *IEEE Transactions on Electron Devices,* ED-27, 1385–1389, August 1980.

[13] R. A. Larsen, "A Silicon and Aluminum Dynamic Memory Technology," *IBM Journal of Research and Development,* 24, 268–282, May 1980.

[14] J. M. Mikkelson, L. A. Hall, A. K. Malhotra, S. D. Secombe, and M. S. Wilson, "An NMOS VLSI Process for Fabrication of a 32b CPU Chip," *IEEE ISSCC Digest,* 24, 106–107, February 1981.

[15] P. B. Ghate, "Multilevel Interconnection Technology," *IEEE IEDM Digest,* 126–129, December 1984.

문제

7.1 (a) 3.2 μohm-cm의 비저항을 가지는 1 ㎛ 두께의 알루미늄-구리-실리콘 도선의 면저항은 얼마인가?

(b) 길이 500 ㎛, 폭 10 ㎛의 도선의 면저항은 얼마인가?

(c) 만약 도선이 두께 1 ㎛의 산화물 위에 있다면 기판에 대한 이 도선의 전기용량은 얼마인가? (평행판에서의 전기용량 공식을 쓸 수 있다고 가정한다)

(d) 500 ㎛ 도선의 RC 곱은 얼마인가?

7.2 (a) 500 μohm-cm의 비저항을 갖는 다결정 실리콘 도선에 대해 문제 7.1을 반복하라.

(b) 25 μohm-cm의 비저항을 가지는 티타늄 실리사이드에 대해 문제 7.1을 반복하라.

(c) 1.7 μohm-cm의 비저항을 가지는 구리 도선에 대해 문제 7.1을 반복하라.

7.3 (a) 전기적으로 활성화된 불순물 농도를 최대로 얻을 수 있는 균일하게 도핑된 직사각형 영역을 가정하여 얕은 비소와 붕소 확산의 면저항값을 계산하여라.(그림 4.6을 보라) 정공과 전자의 이동도는 각각 75 cm^2/V-secm와 100 cm^2/V-sec이며 깊이는 0.25 ㎛이다.

(b) 위에서 얻어진 값들을 그림 4.6과 4.16에서 얻어진 확산에 의한 도선들에 대한 값들과 서로 비교하라. 붕소와 비소의 표면 농도를 전기적으로 활성화된 가능한 최대 농도로 간주하라.

7.4 500×15 ㎛ 알루미늄 도선이 그림 P7.4에서 보이는 것처럼 10×10 ㎛ 접촉 창을 통해 실리콘과 접촉을 만든다고 가정하자. 알루미늄은 1 ㎛ 두께이며 450℃에서 30분 동안 소둔하였다. 실리콘이 접촉 부분으로부터 거리까지 알루미늄을 포화한다고 가정한다. D는 아레니우스 관계를 따르는 알루미늄 내에서의 실리콘의 확산계수이며 $D = 0.04$ cm^2/sec, $E_A = 0.92$ eV이다. 실리콘이 접촉을 통해 균일하게 흡수되며 알루미늄과 실리콘의 밀도는 같다고 하자. 알루미늄은 얼마나 깊이 실리콘 내로 침투하겠는가?

그림 P7.4

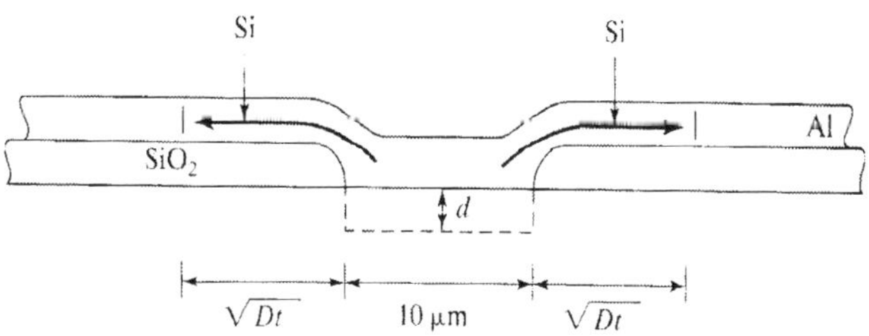

7.5 한 공정에서 1×1 ㎛ 접촉 창을 통해 알루미늄이 n+ 실리콘과 접촉을 형성하고 접촉 저항은 0.5 ohm이다.

(a) 이 접촉에서 비접촉 비저항은 얼마인가?

(b) 만약 접촉 창이 0.1 × 0.1 ㎛로 줄어들면 접촉 저항은 얼마가 되겠는가? 이 저항값은 VLSI 공정에 적합한가?

7.6 Electromigration에 의한 파열은 온도에 지수함수적으로 의존한다.

(a) 300 K와 400 K에서 같은 전류밀도에서 작동하는 동일한 알루미늄 도체의 MTF의 비는 얼마인가?

(b) 77 K(액체질소의 온도)와 400 K에서는? $E_A = 0.5$ eV를 사용하라.

7.7 (a) 그림 7.8에서 AlCu 도선에 대한 평균 파열시간은 얼마인가?

(b) 같은 그림에서 Cu 도선에 대해서는 얼마인가?

7.8 n+ 웨이퍼에 확산은 상호접속에 이용된다. 확산의 표면농도는 $4\times10^{19}/cm^3$이고 접합 깊이는 4 ㎛이다. 확산영역이 배경농도 $1\times10^{15}/cm^3$인 p형 웨이퍼에 형성된다.

(a) 이 확산영역의 면저항은 얼마인가?

(b) 확산영역의 폭이 15 ㎛일 때 단위길이당 전기용량을 계산하라. 그림 **P7.8**의 직사각형 형상이라고 가정하고 step−접합−전기용량 공식을 이용하라.

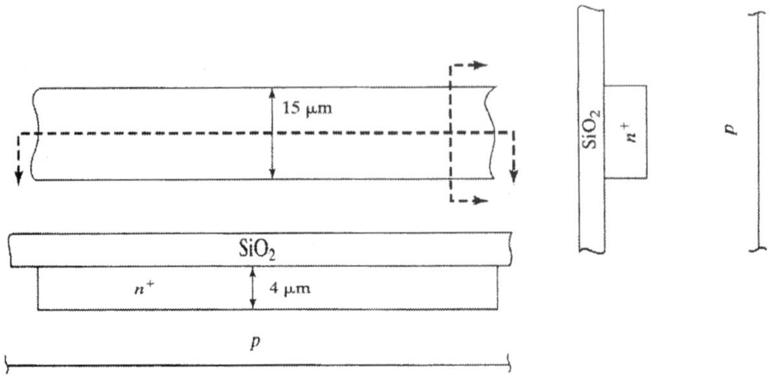

그림 P7.8

7.9 만약 전류밀도가 5×10^5 A/cm^{2}를 초과하지 않는다면 두께 1 ㎛, 폭 4 ㎛인 알루미늄 전도체에 허용되는 최대전류는 얼마인가?

7.10 만일 전류밀도가 10^6 A/cm^{2}를 초과할 수 없다면 두께 0.25 ㎛, 폭 0.5 ㎛인 알루미늄 도체에서 흐를 수 있는 허용 최대전류는 얼마인가?

7.11 1 ㎛ 높이의 0.25 × 0.25 ㎛ 텅스텐 플러그의 저항은 얼마인가?

7.12 (a) 1.7 μohm-cm의 비저항을 가지는 0.5 ㎛ 두께 구리도선의 면저항은 얼마인가?

(b) 길이 50 ㎛, 폭 0.5 ㎛인 도선의 저항은 얼마인가?

(c) 만일 $\varepsilon = 2\varepsilon_o$인 'low-K'를 갖는 유전체가 사용된다면 기판에 대한 이 도선의 전기용량은 얼마인가?

(d) 50 ㎛ 도선에 수반된 RC 곱은 얼마인가?

8장

패키징 및 수율

집적회로와 관련하여 생산원가의 절감은 많은 수의 집적회로 다이스를 포함하는 웨이퍼의 모든 공정을 행하는 대량 생산에 기인한다. 각 로트당 25~200개의 웨이퍼가 있고 각 웨이퍼당 수십만 개의 집적회로 다이스가 들어 있다. 그러나 웨이퍼 처리가 끝난 후, 전자 시스템에 쉽게 부착하기 위하여 각 다이스의 특성이 측정되고 분리되어 각각의 패키지로 조립된다. 조립 과정은 궁극적으로 최종 제품의 가격을 증가시킨다.

이 장에서는 특성 시험과 다이 분리에 관한 개요를 살펴보고자 한다. 그런 후에 다이 부착, 와이어 본딩과 집적회로에 사용되는 여러 가지 종류의 패키지에 관한 내용을 포함하는 집적회로 조립에 관하여 논의하고자 한다.

궁극적으로 집적회로 제작 비용은 소자의 조립과 특성 시험에 있어서의 총 수율과 밀접한 관계가 있다. 새로운 공정이나 회로 개발의 초기 단계에서 웨이퍼당 동작하는 다이 하나를 발견한다면 행운이라고 할 수 있다. 잘 개발된 회로 디자인을 이용한 공정에서도 60 ~ 80%의 수율을 얻기란 쉽지 않다. 그러므로 이 장의 결론으로 결함 밀도와 다이 크기에 따른 수율의 변화를 논의하고자 한다.

8.1 특성 시험

금속화와 부동태층 공정을 마친 후, 웨이퍼의 각 다이의 성능을 시험한다. 웨이퍼의 몇 군데에 성능 변수 측정을 위한 특별한 다이스를 배치시킨다. 이 단계에서 기본 공정 변수가 원하는 값 변위 안에 있는지를 알기 위해 dc 측정을 한다. 측정을 수행하기 위해 프로브 스테이션의 바늘처럼 날카로운 프로브를 낮추어 시험 다이의 패드에 접촉시킨다. 컴퓨터로 제어되는 측정장비는 회로를 통하여 프로브와 연결되어 있다. 만일 웨이퍼 검사 공정에서 기본 공정 및 소자 변수가 규격범위 안에 있다면 각 다이의 성능 시험이 시작된다.

컴퓨터로 제어되는 프로브 스테이션은 자동적으로 웨이퍼 위를 움직이며 각 다이의 부분들의 성능 시험을 실시한다. 결함 있는 다이스는 잉크를 떨어뜨려 표시한다. 그 후에 다이스가 웨이퍼로부터 분리되면 잉크 자국이 있는 다이스는 폐기된다. 그러나 마이크로 프로세서 같은 복잡한 집적회로의 소자 성능 시험은 너무 많아 거의 불가능하다. 그 대신 다이의 성능을 나타내는 최소 단계의 측정 시험이 컴퓨터를 이용하면 가능해진다. 웨이퍼-프로브 단계에서 성능 시험은 주로 정적인 측정이다. 고속 동적 측정은 프로브를 이용하여 하기가 힘들기 때문에 변수의 고속 측정은 일반적으로 다이 패키징이 끝난 후 수행된다.

웨이퍼의 전체 다이스 대 성능이 인정된 다이스의 비율이 각 웨이퍼의 수율을 결정한다. 수율은 직접적으로 집적회로의 가격과 관계 있는데 이에 관하여 8.7절에서 자세히 설명하고자 한다.

8.2 웨이퍼 thinning과 다이 분리

1장에서 이미 언급했듯이, 웨이퍼의 두께 범위는 350~1250 마이크론이다. 지름이 큰 웨이퍼는 집적회로 제조의 단계를 거칠 때 그 구조적 완전성과 평면성을 유지하기 위하여 두께가 두꺼워야 한다. 그러나 공정이 많아지면 다이스가 더 얇아야 한다. 많은 제조사들은 주로 두께가 약 275 ㎛의 웨이퍼를 사용한다. 플래시 메모리 카드, 신용카드, 그리고 의용전자는 125 ㎛ 두께의 다이스를 사용하는 대표적인 예이다. 얇게 하는 공정은 6장에 언급된 CMP와 유사한 후방 연마, 그리고 갈아내기로 이루어진다.

초기 성능 시험이 끝나면 각각의 집적회로 다이스는 웨이퍼로부터 분리된다. 분리 방법 중에는 웨이퍼를 지지대에 부착시키고 끝을 다이아몬드로 만든 절삭기를 이용하여 x축과 y축 방향으로 자동 절삭하는 것도 있다. 공정 중에 다이스의 주위에 75~200 ㎛의 절삭 경계를 정한다. 이 경계에는 산화막과 금속이 없고 가능하면 결정면과 잘 맞추어지도록 한다. <100> 웨이퍼에서는 웨이퍼 플랫과 평행한 방향을 갖는 웨이퍼 면과 직교하는 자연적으로 갈라진 틈이 있는 평면이 존재한다. <111> 웨이퍼에서는 수직으로 갈라진 틈이 있는 평면이 웨이퍼 플랫과 평행한 방향으로 있지만 웨이퍼 플랫과 직교하지는 않는다. 이것이 <111> 물질을 분리하고 다루는 데 있어서 문제가 된다.

선을 그은 후에 웨이퍼는 지지대에서 꺼내 부드러운 보호대 위에 뒤집어 놓는다. 압연기로 웨이퍼에 압력을 가하여 선을 따라 절단한다. 분리되는 동안 다이의 피해를 최소화하기 위하여 웨이퍼가 선을 따라 절단되도록 주의하더라도 항상 선을 긋고 분쇄하는 작업을 하

그림 8.1
150-mm 웨이퍼가 세워져 다이싱 소 할 준비가 되어 있는 모습

는 동안 다이에 대한 어느 정도 피해와 수율 저하가 발생한다.

오늘날, 다이아몬드 절삭기는 다이 분리에 널리 이용되고 있다. 그림 8.1과 같이 웨이퍼를 마이라 필름으로 된 끈적끈적한 종이가 놓여 있는 지지대에 설치한다. 절삭기를 이용하여 웨이퍼에 선을 긋든지 완전히 웨이퍼를 절단한다. 분리하고 나면 다이스는 마이라 필름에 부착된 상태로 있게 된다.

8.3 다이 부착

시각 검사를 이용하여 다이 분리시 망가진 다이스를 찾아내고 잉크가 묻은 다이스를 폐기시킨다. 조립 공정의 다음 단계는 좋은 다이스를 패키지로 만드는 것이다.

8.3.1 에폭시 다이 부착

에폭시 시멘트는 다이를 패키지나 헤더에 부착시킬 때 사용된다. 그러나 에폭시는 열전도성이 나쁜 전기 절연체이다. 그러므로 에폭시에 알루미나를 첨가하여 열전도성을 높이고 금이나 은을 함유한 에폭시를 이용하여 에폭시 결합 물질의 열저항을 감소시켜 다이와 패키지 간의 저항이 낮은 전기적 연결을 가능하게 한다.

8.3.2 공정 다이 부착

금-실리콘의 공정점은 약 3.6%의 실리콘과 96.4%의 금이 혼합되었을 때 370℃에서 생긴다. 금은 다이 분리 전에 웨이퍼의 뒷면에 증착되거나 또는 얇은 합금형태의 다이와 패키지 사이에 놓여질 수 있다. 공정결합을 이루기 위해서는 다이와 패키지가 390~420℃로 가열되어야 하고 초음파 세척 동작과 함께 압력이 다이에 가해져야만 한다. 공정결합은 금-주석 또는 금-게르마늄 등 다른 금속-합금 시스템에서도 가능하다. 땜납 부착 기법은 반도체 전력 소자 제작에도 사용된다.

8.4 와이어 본딩

와이어 본딩은 다이와 패키지 사이를 전기적으로 연결하는 방법으로 널리 사용되고 있다.

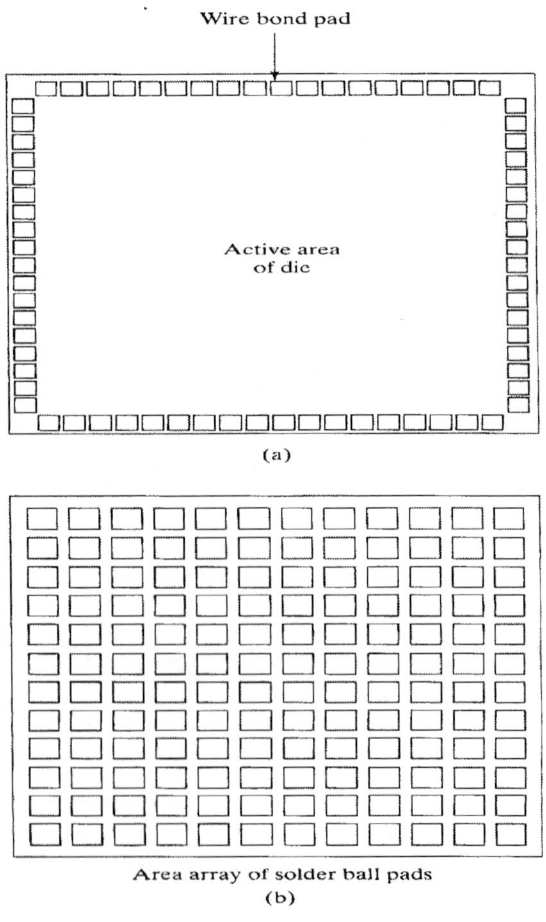

그림 8.2
다이 레이아웃 (a) 주변장치 (b) 패드의 면적 배열

다이의 결합 영역은 한 변의 길이가 100~125mm인 큰 정사각형의 패드로 다이의 주변에 자리잡고 있다. 그림 8.2는 125㎛ 피치 위에 2.5 × 2.5mm 다이의 100㎛ 패드가 올려져 있는 것을 보여준다. 대부분의 제조사에서는 안정성의 문제 때문에 모서리에 패드를 두지 않는다. 패키징에 연관된 다이 압력과 부숴짐은 모서리 부분에서 가장 많이 나타난다. 열압결합은 금으로 된 전선에 사용되고 초음파결합은 알루미늄 전선에 사용된다. 위의 두 가지 방법의 결합은 이루어진 열음파결합이라고 불린다. 현재 고밀도 전선결합으로 50~70㎛의 피치(그림 8.3)를 만들 수 있고, 2 또는 그 이상의 엇갈린 와이어 본딩 패드는 때로 가능한 패드/다이의 수를 증가시키는 데에 쓰인다. ITRS의 목표는 2010년 이전에 와이

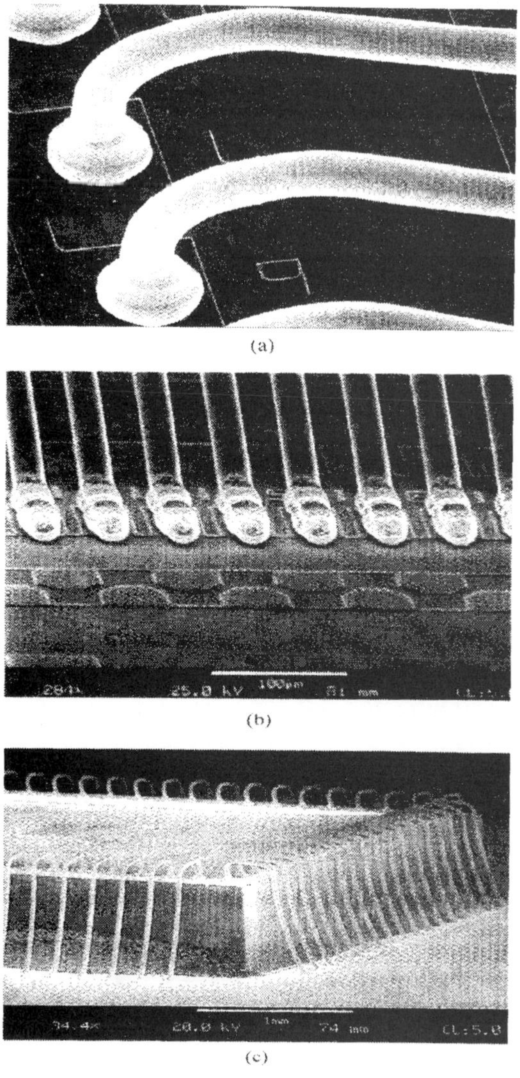

그림 8.3

(a) 금 볼 결합의 SEM 사진 (b) 고밀도 금 볼 결합의 SEM (c) 와이어 결합된 다이의 SEM. Courtesy of Kulicke and Soffa Industries, Inc. (K&S)

어 본드 피치를 40㎛ 이하로 줄이는 것이다. 가는 전선들은 집적회로 다이의 알루미늄 결합 패드와 패키지 사이를 연결하고 있다.

8.4.1 열압결합

못 머리 모양 결합 또는 볼 결합으로 불리는 열압결합 기술은 압력과 온도를 잘 이용하여 미세한 금 전선을 다이의 알루미늄 결합 패드와 패키지의 금도금 납에 부착시키는 것이다. 그림 8.4는 열압 또는 열음파결합의 형성 과정을 나타내고 있다.

지름 15~75㎛의 미세한 금 전선을 실패에서 공급하여 가열된 모세관을 통과하게 한다. 작은 수소 토치 또는 전기적 스파크로 전선의 끝을 녹여 전선 지름의 두세 배 정도 되는 공 모양의 금으로 된 볼을 만든다. 수동 또는 컴퓨터 제어하에서 볼의 위치를 결합 패드 위에 맞추고 모세관을 낮추어 볼이 못의 머리 모양이 되도록 압력과 모세관의 열을 이용하여 변형시킨다.

다음으로 모세관을 올린 후 전선을 결합기가 패키지 위에 자리잡도록 실패에서 공급한다. 두 번째 결합은 모세관의 끝에서 전선을 변형시켜 만드는 쐐기 결합이다. 두 번째 결합 후에 모세관은 위로 이동하고 전선은 결합의 끝에서 잘린다. 결합 머리 부분의 대칭성 때문에 결합기는 못 머리 모양의 결합 후에 어느 방향으로든 이동할 수 있다. 그림 8.3(a)는 금-볼 결합의 SEM 사진이다.

금-알루미늄 결합에서 '자주색 플라그'가 형성되는 문제가 발생한다. 금과 알루미늄은 반응하여 금속간 화합물을 형성한다. 그러한 화합물인 $AuAl_2$는 보라색을 띠며 이것은 잘못된 결합을 유도한다. 이 화합물은 전도성이 크다. 실질적으로 문제가 되는 전도성이 낮은 황갈

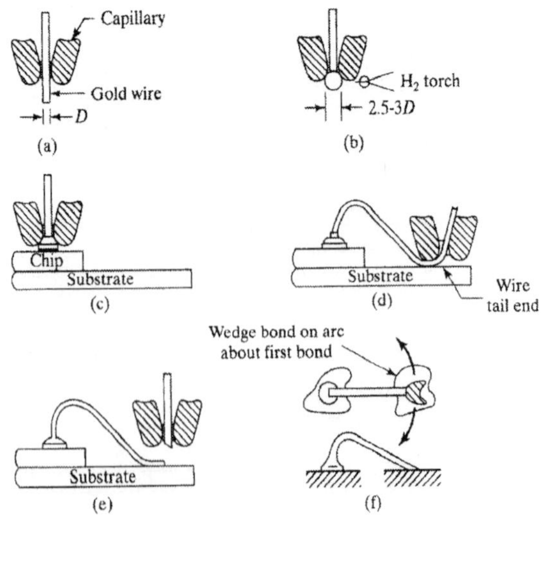

그림 8.4

금 전선의 열음파 볼-웨지 결합 (a) 모세관의 금 전선 (b) 캐패시턴스 방전 또는 금 전선의 끝 위로 수소 토치가 지나감에 의하여 이루어진 볼 형성 (c) 칩과 기판이 약 150℃로 가열된 상태에서 초음파로 전선을 여기시키면서 볼에 수직한 막대를 동시에 적용하여 이루어진 결합 (d) 전선 루프와 웨지 결합이 형성된 모습 (e) 웨지 결합에서 전선이 부러진 모습 (f) 고속 결합이 가능한 볼-웨지 결합의 기하학적 모습. 웨지가 볼로부터 곡선의 형태로 있으므로 결합 머리 부분 또는 패키지 테이블은 웨지 결합을 형성하기 위해 회전할 필요가 없다. Reprinted with permission from *Semiconductor International* magazine, May 1982[1]. Copyright 1982 by Cahners Publishing Co., Des Plaines, IL.

색의 Au_2Al 화합물도 존재한다.

열압결합 동안 기판은 150~200℃를 유지하게 된다. 결합 경계면의 온도는 280~350℃가 되고 Au−Al 화합물이 이 온도범위에서 많이 형성된다. 결합 공정 중에 다이 온도를 제한하면 금속간 화합물의 형성을 억제하므로 고온 공정 및 결합 후의 고온 저장은 피하여야 한다.

위의 문제와 더불어 많은 에폭시 물질들은 열압결합에서 필요한 온도에서 버티지 못하므로 열압결합은 초음파결합이나 열음파결합 기술로 대체되고 있다. 이에 관하여 다음의 8.4.2절과 8.4.3절에서 논의하고자 한다.

8.4.2 초음파결합

고온에서 알루미늄 전선의 산화는 전선 끝의 금으로 된 볼을 형성하기 어렵게 한다. 그 대안으로 개발된 공정이 압력과 빠른 기계적 진동을 이용하여 결합을 형성하는 초음파결합으로 알루미늄 전선의 경우에 사용된다. 알루미늄 전선을 실패로부터 초음파결합 기구의 구멍에 그림 8.5와 같이 공급한다. 결합을 형성하기 위하여 결합기를 결합 위치로 이동하여 낮추고 20~60kHz의 초음파 진동을 이용하여 상온에서 압력을 가하면서 금속을 변형시킨다. 진동은 또한 알루미늄에 존재하는 산화 필름을 부수는데 이렇게 되면 용접이 깨끗하고 강하게 된다.

두번째 결합이 형성된 후 결합기를 올리고 압력기를 이용하여 결합을 이루고 난 바로 뒷부분의 전선을 끊어 자른다. 결합기에서 적절히 전선을 정렬하기 위하여 초음파결합기는

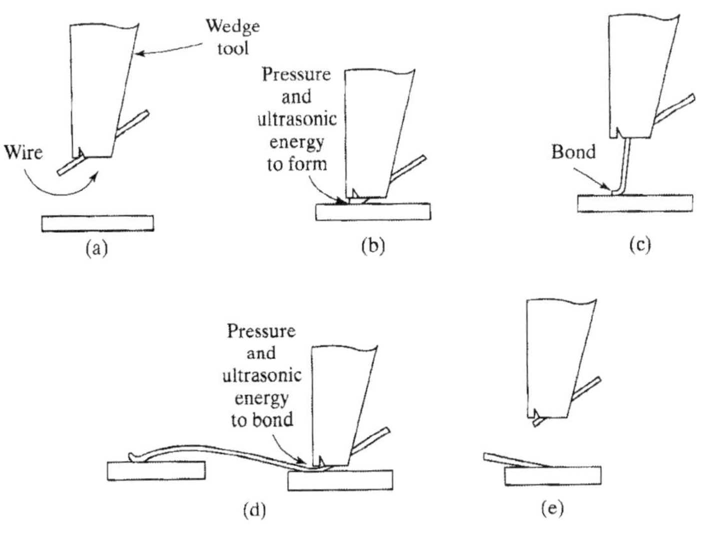

그림 8.5

(a) 초음파결합에 있어서 패키지 단자에 전선을 인도할 도구 (b) 결합을 형성하기 위한 압력과 초음파 에너지 (c), (d) 집적회로 칩 위에 전선을 내어 위치를 다시 잡는 도구. 도구의 위치를 낮추어 두 번째 결합을 형성한다. (e) 도구 들고 결합 부분의 전선을 자른다. Reprinted with permission from *Circuits Manufacturing*, January, 1980. Copyright Morgan-Grampian 1980.

첫 번째와 두 번째 결합을 하는 동안 오직 앞과 뒤로만 움직일 수 있고 패키지는 사각형의 다이스의 모든 결합을 완성하려면 90도로 회전이 되어야 한다.

8.4.3 열음파결합

열음파결합은 초음파 결합과 열압결합의 장점을 취한 결합이다. 결합 과정은 열압결합과 같고 단지 기판을 약 150℃로 유지한다는 점이 다르다. 초음파 진동은 압력하에서 금속을 움직이게 하여 강하게 용접한다. 대칭 결합기는 못 머리 모양 결합을 이룬 후에 어느 방향으로든 움직일 수 있도록 한다. 열음파결합은 쉽게 자동화가 가능하고 컴퓨터로 제어 가능한 열음파결합기는 초당 5~10개의 결합을 만들 수 있다.

8.5 패키지

집적회로 다이스는 여러 개의 패키지를 배열하여 붙일 수 있다. 이 절에서는 둥근 TO형 패키지, 이중 인라인 패키지, 핀 격자 배열, 단자 없는 칩 캐리어와 표면 부착용 패키지에 관하여 설명하고자 한다. 다음 장에서는 플립 칩 부착, 격자구 배열과 자동화된 테이프 결합에 관하여 살펴보고자 한다. 이의 목표는 패키지 자국을 반도체 다이의 사이즈와 같게 만드는 것이다. 이러한 패키지를 칩 크기 패키지라고 한다.

8.5.1 원통형 TO형 패키지

그림 8.6(a)는 초기의 집적회로 패키지 방법 중의 하나인 원형 TO형 패키지이다. 이 패키지는 4~48개의 핀을 이용하여 다른 형태의 구조를 만들 수 있다. 실리콘 다이를 금 도금된 머리 부분에 부착시키고 다이의 패드와 유리로 봉합된 부분과 머리 부분을 관통하게 한 코바의 단자 기둥을 와이어 결합으로 연결한다. 코바는 철과 니켈의 합금으로 유리 봉합과 같은 열팽창계수를 가지도록 고안되었다. 금속 캡은 다이 부착과 와이어 결합 후에 용접된다.

8.5.2 이중 인라인 패키지(DIP)

그림 8.6(b)의 이중 인라인 패키지는 비용이 저렴하고 만들기 쉽기 때문에 매우 많이 이용된다. 플라스틱과 에폭시 이중 인라인 패키지는 가장 저렴한 패키지이며 작게는 4단자에서 많게는 80단자에 이르기까지 제작이 가능하다. 후주조된 이중 인라인 패키지는 실리콘 다이를 먼저 부착한 후 금속 단자 프레임과 와이어 접합을 한다. 그 후 에폭시를 다이와 프레

임 주위를 주조한다. 그 결과로 실리콘 다이는 패키지의 중요한 부분이 된다. 플라스틱 이중 인라인 패키지는 그림 8.6(c)에 나타난 단일 인라인 패키지와 지그재그 인라인 패키지, 그리고 8.5.5절에서 설명할 표면 부착용 패키지에서 비롯되었다.

세라믹 이중 인라인 패키지는 다이를 금도금된 세라믹 기판 위의 공동에 부착시키고 금도금된 코바 단자와 와이어 결합을 한다. 세라믹 또는 금속 덮개는 공동의 윗부분을 봉합하는 데 사용된다. 세라믹 패키지는 플라스틱 패키지보다 상당히 비싸다. 이는 온도 변화가

그림 8.6

(a) TO형 패키지 (b) 플라스틱 DIP에서 볼과 웨지로 결합된 실리콘 다이. 주걱 모양의 결합을 지지하는 다이는 외부의 선과 연결되어 있다. (c) DIP, SIP, ZIP 패키지. 대부분의 상업용 제품의 경우 다이 결합 부분과 웨지 결합 패드는 선택적으로 도금된다. 외부 선은 땜납으로 도금되거나 패키지 몰딩 후에 내려앉는다. Copyright 1981, IEEE, Reprinted with permission from Ref. [3].

그림 8.7
칩의 위쪽 방향으로 공동을 가진 핀격자배열

큰 경우의 응용에 사용될 때를 고려하여 만드는 방법이다. 더불어 세라믹 패키지는 밀봉하여 봉합된다. 세라믹 패키지와 유사한 전 주조된 플라스틱 패키지도 가능하다.

8.5.3 핀 격자 배열(PGA)

이중 인라인 패키지는 약 80개의 핀이 필요한 집적회로 다이스의 패키지에 많이 이용되고 있다. 그림 8.7의 핀 격자 배열은 이중 인라인 패키지보다 밀도가 더 높다. 핀들은 일반적인 x−y 배열에 자리잡고 패키지는 수백 개의 핀들을 갖게 된다. 와이어 결합은 다이와 핀 배열을 펼친 금 연결선을 연결하는데 사용된다. 이 패키지의 또 다른 방식으로 플립 칩 공정이 사용된다. (이 부분은 8.6절에서 설명하겠다)

8.5.4 단자 없는 칩 캐리어(LCC)

그림 8.8은 두 종류의 단자 없는 칩 캐리어이다. 두 종류 다 다이는 패키지 중앙에 있는 공동에 부착되어 있다. 패키지와 다이 사이의 연결은 와이어 결합으로 되어 있고 공동은 금속, 세라믹 또는 에폭시 덮개로 봉합되어 있다. 그림 8.8(a)에 나타낸 패키지는 칩 캐리어의 윗면에만 접촉 패드가 있다. 칩 캐리어는 인쇄 배선회로 기판에 부착된 소켓에 있는 접촉 부위에 대하여 빈틈없이 압착되어 있다. 그림 8.8(b)는 다른 종류의 단자 없는 칩 캐리어이다. 도체들은 칩 캐리어의 가장자리에 홈을 판 형태로 되어 있고 다음 단계의 패키지를 위한 소켓의 접촉 핀들에 대하여 빈틈없이 압착되어 있다.

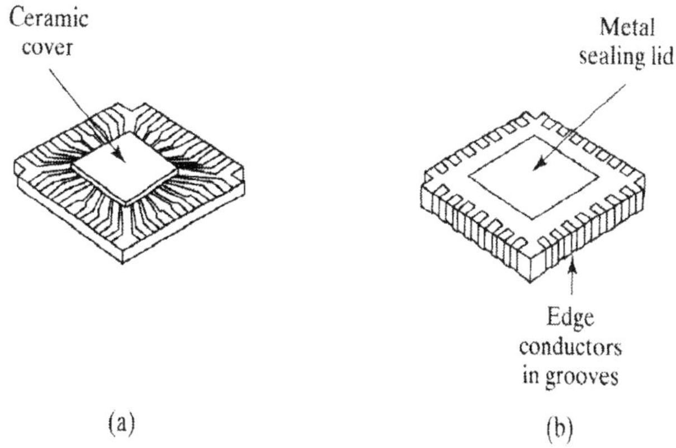

그림 8.8
(a) 윗면에 연결을 가진 전선 없는 세라믹 칩 캐리어 (b) 패키지의 옆면의 홈으로 연결한 단자없는 칩캐리어

8.5.5 표면 부착용 패키지

TO형, DIP형, 그리고 PGA형 패키지는 인쇄 배선회로 기판에 제작된 구멍 위에 부착된다. 표면 부착용 패키지에는 구멍이 필요치 않다. 그림 8.9(b)의 J형 패키지가 전선을 구부려서 패키지 아래로 연결되는 것과 달리 그림 8.9(a)와 같은 '갈매기 날개'형 패키지는 짧은 전선을 구부려서 패키지의 아래에서 멀어지는 방형으로 연결하는 것이다. 두 가지형 모두 인쇄 배선회로 기판의 표면에 직접 패키지를 결합시킬 수도 있고 혼성 패키지의 경우에도 가능하다. 그림 8.9(c)-(h)에 여러 종류가 나타나 있다. 앞절에서 설명한 단자 없는 칩 캐리어도 전선을 추가하여 표면 부착용으로 패키지할 수 있다.

8.6 플립 칩과 자동화된 테이프 결합 공정

위의 논의에서 유추할 수 있듯이 다이 부착과 와이어 본딩 공정은 수동작업이 많이 필요하며 따라서 비용이 많이 드는 편이다. 사실 조립과 시험 비용은 작은 다이 가격의 여러 배는 될 것이다. 와이어 본딩 공정의 각각 작업 신뢰성을 저하시키고 와이어 결합의 고장이 집적회로의 가장 일반적인 신뢰성 문제들 중의 하나가 된다. 따라서 다이와 패키지의 연결을 일괄 제작하기 위해 플립 칩과 자동화된 테이프 결합 공정이 개발되었다.

8.6.1 플립 칩 공정

플립 칩 부착 공정은 1960년대에 IBM에서 개발하였다. 첫 번째 단계는 그림 8.10에서와 같이 각각의 접합 패드의 윗면에 솔더 볼을 형성하는 것이다. 크롬, 구리와 금을 샌드위치 처럼 각각의 알루미늄 결합 패드의 윗면에 형성된 마스크를 통하여 순차적으로 증착시킨다.

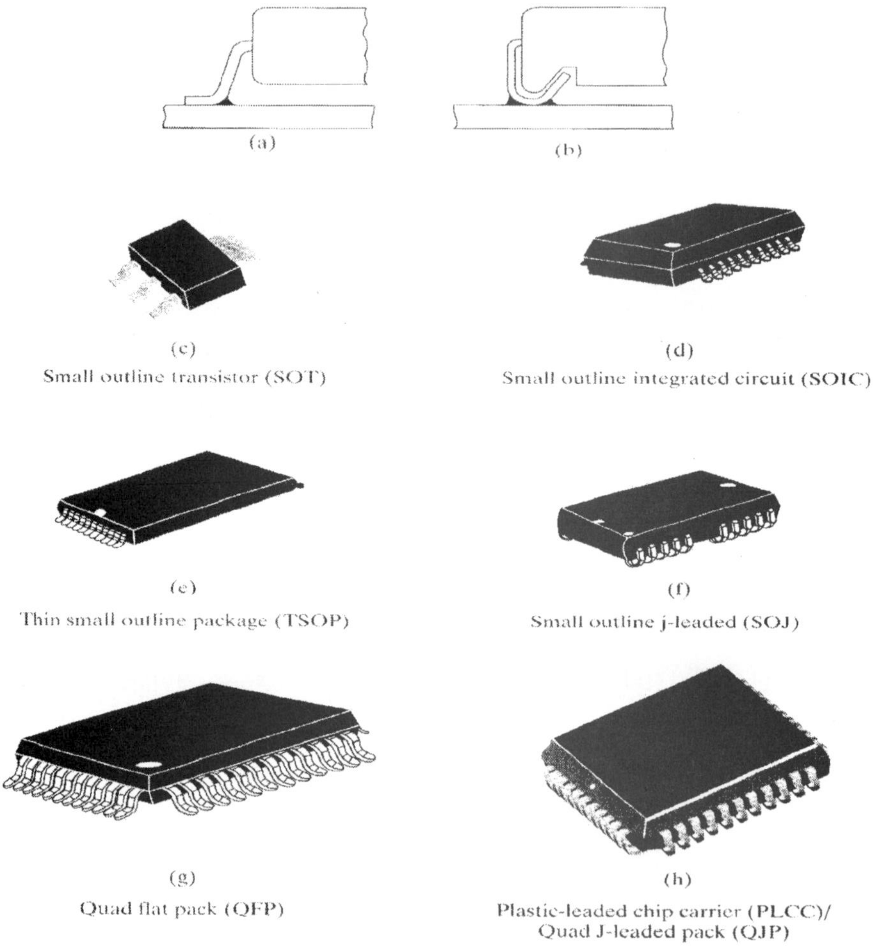

그림 8.9

(a) 갈매기 날개 모양의 패키지 (b) J형 전선의 표면 부착 패키지 (c) 작은 윤곽 트랜지스터 (d)작은 윤곽 IC (e) 얇고 작은 윤곽 (f) 작은 윤곽 J리드 (g) 4단 플랫 팩 (h) 플라스틱 리드 칩 캐리어 혹은 4단 J리드 패키지

크롬과 구리는 보호막이 되고 알루미늄 패드와의 접촉을 좋게 해준다. 금은 크롬과 잘 접합되어 솔더 증착 전에 산화보호막 역할을 한다. 납-주석 솔더는 금-구리-크롬 덮개 위에 마스크를 통하여 증착되며 그보다 약간 넓은 면적을 차지하게 된다. 다이가 가열되면 산화 표면으로부터 솔더가 침전하게 되고 금-구리-크롬 접합 패드 덮개의 윗면에 솔더 볼을 형성하게 된다.

시험 측정과 분리 후 다이스는 세라믹 기판 위에 뒤집혀서 놓이게 된다. 온도가 증가하게 되면 솔더가 다시 유동하게 되고 다이는 기판 위의 연결부위들과 직접적으로 접합하게 된다. 솔더 볼은 전기적으로 연결시키고 다이를 부착시킨다. 이 기술을 이용하면 수백 개를

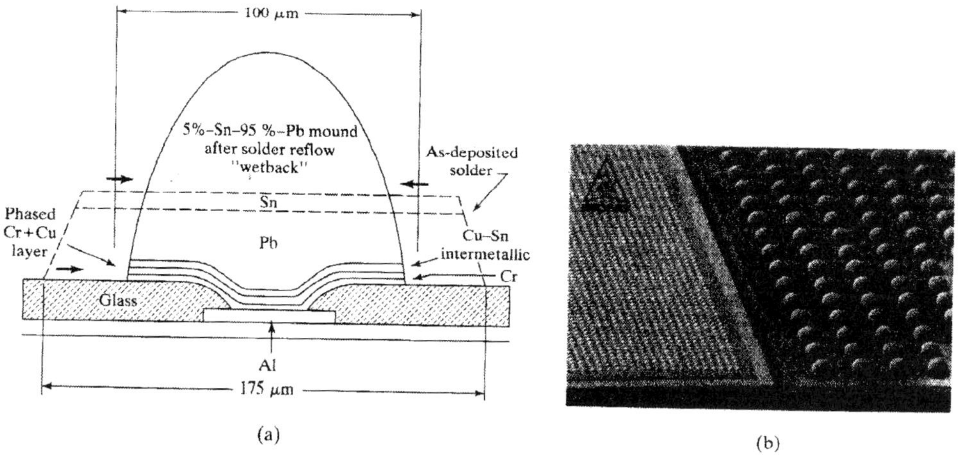

그림 8.10

(a) 땜납의 재유출 후 땜납 볼의 단면도. Copyright 1969 by International Business Machines Corporation; reprinted with permission from Ref. [4]. (b) 250 ㎛ 50 ㎛의 플립칩 납/수석 솔더 범프, Courtesy of MCNC Optical and Electronic Packaging Group.

동시에 접합할 수 있고 접합 패드들은 가장자리 주위에 놓이지 않고 다이의 표면 어느 곳에든지 놓일 수 있다. 더욱이 다이와 기판의 접합은 매우 가깝다. 이 기술의 주된 단점은 공정이 추가되고 복잡하며 다이와 기판 사이의 열저항이 크고 완성된 솔더 이음매를 눈으로 식별할 수 없다는 것이다. 안정성을 높이기 위하여, 칩과 기판 사이에 중간 물질을 채워 넣는다. 이 중간 물질은 대개 액상으로 주입되어 굳어진다. 이를 효과적으로 하기 위해, 중간 물질은 다이와 기판 모두에 접착성이 좋은 것이어야 한다.

다이 단계의 솔더 볼 자국에는 두 형태가 있다. 하나는 다이 주위의 와이어 접합을 솔더 볼로 대체시킨다. 그러나 플립 플롭 방식의 실제 전력은 큰 배열의 솔더 볼을 다이 전체에 사용하여 얻을 수 있다. 예를 들어, 그림 8.2(a)는 패드가 72개밖에 없지만, 면적 배열은 그림 8.2(b)와 같이 200-㎛ 피치에 125-㎛ 패드를 사용하여 144개의 상호접속을 얻을 수 있을 것이다.

IBM의 초기 기술은 어렵고 구현하기 힘든 공정이어서, 널리 사용되지 않았다. 근래에 들어 소량의 경우에 여광 인쇄방식으로 솔더 반죽을 침전시켜 솔더 볼을 형성시키는 방법이 사용되고 있다. 그림 8.11의 사진에 나타난 금 볼트 융기는 또 하나의 방법으로, 금사가 칩 패드에 결합되지만, 첫 번째 접착 후 선은 제거되고 패드에는 금의 융기만이 남게 된다. 이러한 칩은 나중에 뒤집어 쌓아 플립 칩 구조를 형성한다.

그림 8.11
전선 결합 공정의 조절로 형성된 범프. Courtesy of Kulicke and Soffa Industries, Inc. (K&S)

그림 8.12
(a) 볼 격자 어레이 단면도 (b) BGA를 사용한 인텔 마이크로프로세서. Courtesy of Intel Corp.

8.6.2 볼 격자 배열 (BGA)

볼 격자 배열(BGA)은 그림 8.12에 나타난 칩에 적용되기보다는 패키지의 솔더 볼에 주로 적용된다. 칩들은 BGA 기판에 주변 와이어 본딩 혹은 플립 칩 기술을 사용하여 올려진다. 표준 BGA 격자 볼 피치는 1270 ㎛ (50mm) 범위에 있다. 정교한 피치 BGA는 2000년 현재 500 ㎛에서 2010년에 300 ㎛으로 줄어들 것으로 예상된다.

8.6.3 자동화된 테이프 결합 공정

테이프 자동화 결합에 있어서 다이스는 35-mm 필름과 유사한 테이프에 의해 보호되는 구리 선에 부착되어 있다. 필름은 처음에는 구리로 덮여 있고 전선은 리소그래피와 에칭으로 한정되어 있다. 전선의 패턴은 수백 개의 연결 형태로 되어 있다.

다이를 부착하려면 앞에서 논의한 솔더 볼 기술의 개념과 유사한 공정이 필요하다. 혹 모양의 금은 다이 또는 테이프 위에 형성되어 다이와 테이프의 선을 결합하는 데 이용된

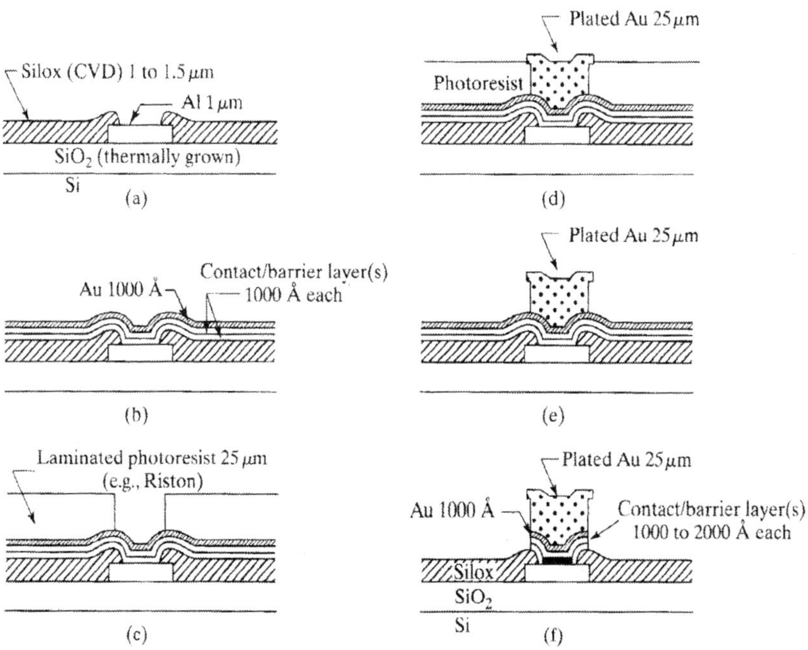

그림 8.13

알루미늄 야금 소자에 혹 모양의 금을 만드는 공정 순서 (a) 기판을 세척하고 스퍼터로 식각한다 (b) 전기도금을 위한 도체 필름으로 사용되는 접촉/장벽 층을 산화 보호를 위한 금 층과 함께 스퍼터로 증착한다 (c) 25-mm 두께의 포토레지스트 필름을 적층하여 현상한다 (d) 금은 혹 모양을 형성하기 위해 약 25-mm 높이로 전기도금한다 (e) 포토레지스트를 벗겨 낸다 (f) 스퍼터로 증착된 도체 필름을 화학적 또는 역스퍼터링 공정으로 제거한다. Reprinted with permission of *Solid State Technology*, published by Technical Publishing, a company of Dun & Bradstreet, from Ref. [5].

다. 그림 8.13은 결합 패드 위의 혹 모양의 금을 형성하는 과정의 개요를 나타낸 것이다. 샌드위치 모양의 다층으로 구성된 금속이 산화보호막 위에 증착된다. 그러고 난 후 상대적으로 두꺼운 감광수지막이 증착되는데 이 때 결합 패드 위의 창은 열려 있다. 전기도금을 이용하여 열린 공간에 금을 채워 넣는다. 그 후에 감광수지를 제거하고 습식 또는 건식 에칭을 이용하여 샌드위치 모양의 얇은 금속을 식각하여 없앤다. 최종 결과는 각 패드 위에 높이 25-mm 혹 모양의 금이 형성된다. 플립 칩 공정과 같이 결합 위치는 다이의 어느 곳이든지 가능하다.

부착 공정은 다이 위의 테이프를 그림 8.14와 같이 배열시킨다. 가열된 결합기의 머리 부

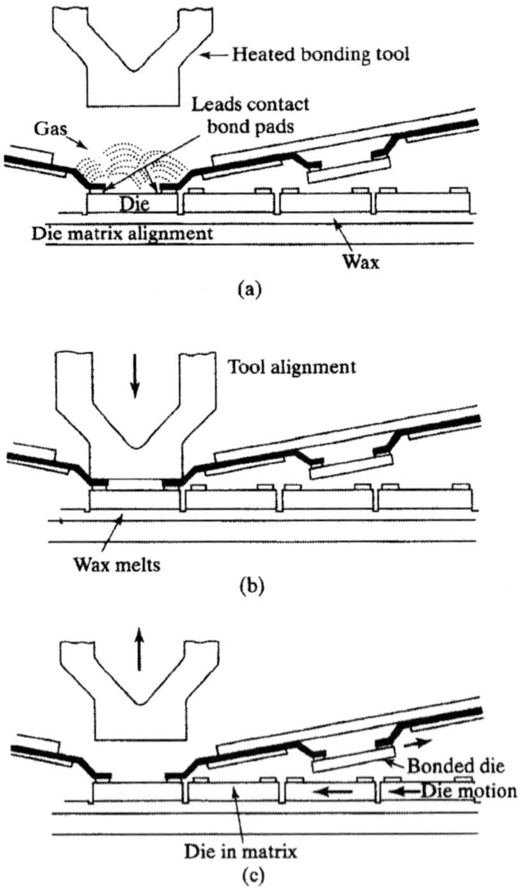

그림 8.14

테이프 자동화 결합 과정 (a) 밀납과 같이 지지된 필름 선을 움직여 다이 결합 패드 위에 정렬시킨 후 낮춘다 (b) 결합기를 낮추어 압력과 열로 결합을 형성한다. 열은 밀납을 녹이고 다이를 떨어지게 한다 (c) 결합기와 필름이 올라가고 결합된 다이는 깨끗하게 위로 이동하고 새 다이가 그 위치로 이동하게 되며 공정은 반복된다. Reprinted with permission from *Small Precision Tools Bonding Handbook*. Copyright 1976.

분을 이용하여 다이 방향으로 테이프에 압력을 가하여 열압결합을 형성한다. 생산 공정에서는 새 다이가 결합기의 머리 부분에 위치하여 자동적으로 결합을 형성하고 다음의 위치로 이동한다.

테이프 자동화 결합으로 부착된 부품은 다이스가 필름에 부착되었을 때 성능 시험과 초기 통전 시험인 번인(burn-in) 시험을 할 수 있다는 장점이 있다. 또한 집적회로 보호막과 혹 모양의 금이 반도체 표면을 완전히 밀봉하게 된다.

8.6.4 칩 축소 패키지

와이어 결합, TAB, 플립 칩 공정을 포함한 여러 기술은, 다이보다 크지 않은 패키지를 만들어 내는 칩 축소 패키지로 나아가고 있다. 8.15 (a), (b)의 두 그림은 CSP의 두 가지 실현 가

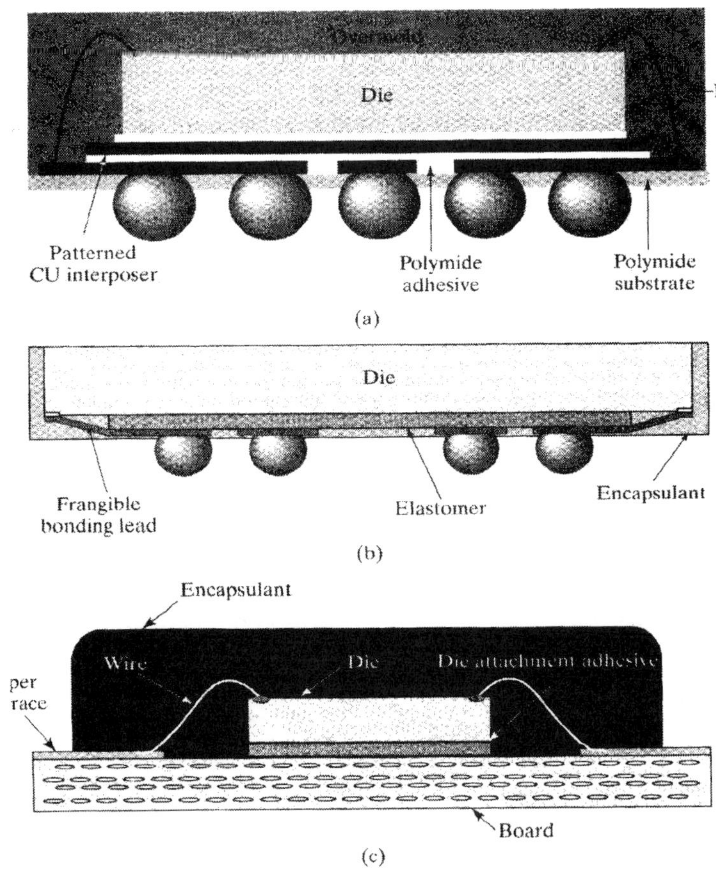

그림 8.15

(a) 전선 결합을 사용한 칩 축소 패키지 (b) CSP의 다른 형태 (c) 칩온 보드 패키지

능한 접근법이다. 하나는 와이어 결합된 다이이고, 또 하나는 TAB의 형태를 가지고 있다. 칩온 보드라 불리는 다른 방법은 그림 8.15(c)처럼 다이를 직접 인쇄된 회로나 유연한 기판에 직접 올려서 패키지를 없애는 것이다. 와이어 결합 또는 플립 칩 공정 모두 사용 가능하고, 최종 구조는 에폭시 덩어리로 코팅한다.

8.7 수율

집적회로 생산자의 가장 큰 관심사는 최종적으로 생산된 칩 중에 판매할 수 있는 것은 몇 개가 될 것인가 하는 점이다. 즉 공정이 완료된 후에 기판을 탐침으로 시험했을 때 동작하지 않는 기판 위 다이스의 비율이 문제가 된다. 움직이지 않는 이러한 다이스는 다이 분리와 패키지 공정 중에 폐기하게 되며 패키지된 소자들은 최종 고장 시험을 거치게 된다.

앞에서 언급한 바와 같이 작은 다이의 경우 패키지와 시험 비용이 큰 비중을 차지하므로 생산 단가를 좌우하는 주된 요소가 된다. 수율이 낮은 큰 다이의 경우 생산 단가는 기판 공정 단가에 따라 달라진다. 그러므로 집적회로 공정과 관련된 기판의 수율에 관한 모델링이 많이 시도되고 있다. 기판의 수율은 공정의 복잡성과 관련이 있고 집적회로 다이의 면적과 깊은 상관관계가 있다.

8.7.1 균일한 결함 밀도

다이의 면적이 수율에 어떻게 영향을 미치는지를 가시화하기 위하여 그림 8.16과 같이 120개의 다이 위치를 가지는 기판을 살펴봄으로써 알 수 있다. 점으로 표현된 것은 임의로 분

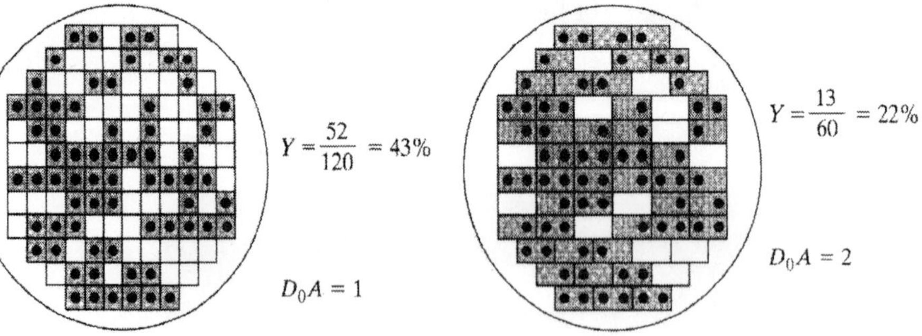

(a) (b)

그림 8.16

수율에 미치는 다이 크기의 영향을 나타내는 기판의 예. 점으로 표현된 것은 결점 있는 다이 위치를 나타내고 있다. (a) 수율이 43%인 특정한 다이의 크기 (b) 만일 다이의 크기가 2배가 되면 수율은 22%에 그친다.

포된 결함을 나타낸 것으로 기판을 탐침으로 측정하는 단계에서 다이가 고장을 일으키는 요인이 된다. 그림 8.16(a)에서는 120개의 다이 중에서 52개의 좋은 다이가 있으므로 수율은 43%이다. 만일 다이의 크기가 2배가 될 경우 그림 8.16(b)에서처럼 이러한 기판의 수율은 22%로 저하된다.

좋은 다이스의 수율 추정은 임의로 놓인 N개의 다이 위치에서 n개의 결함을 찾는 고전적인 통계이론에서 찾아볼 수 있다. 주어진 다이 위치에서 정확히 k개의 결함을 찾는 확률 P_K는 이항분포에 의하여 주어진다.

$$P_k = \frac{n!}{k!(n-k)!} N^{-n}(N-1)^{n-k} \tag{8.1}$$

n과 N이 큰 경우 식 8.1은 프와송 분포로 근사화된다.

$$P_k = \frac{\lambda^k}{k!} \exp(-\lambda) \tag{8.2}$$

여기서 λ = n/N이 된다. 따라서 수율은 다이가 결함을 발견하지 못하는 확률에 의하여 주어진다.

$$Y = P_0 = \exp(-\lambda) \tag{8.3}$$

기판의 면적은 NA가 되며 이때 A는 한 다이의 면적이 된다. 결함밀도(D_0)는 전체 결함 개수(n)를 모든 칩의 면적으로 나눈 값으로 주어지며 각 다이의 평균 결함 개수 (lambda)는 다음과 같이 주어진다.

$$\lambda = n/N = D_0 A, \quad \text{for} \quad D_0 = \text{n/NA} \tag{8.4}$$

따라서 프와송 분포에 의한 수율은 다음과 같다.

$$Y = \exp(-D_0 A) \tag{8.5}$$

이러한 표현은 초기 다이의 수율을 예측하는 데 사용되지만 D_0A >1인 큰 다이의 경우에는 추정값이 매우 작음을 알 수 있다. 식 (8.5)는 무언중에 결함 분포가 주어진 기판에 있어서 균일함을 가정하고 있고 기판이 변해도 변화하지 않음을 전제하고 있다. 그러나 이러한 전제조건은 현실적이지 못함을 바로 알 수 있다. 결함 밀도는 기판 취급과 공정에 따라 다르기 때문에 기판에 따라 변화한다. 주어진 기판에서 중심부보다 가장자리쪽에서 결함이 더 많이 발생하며 결함은 무리를 지어 발견되는 경향이 있다. 이러한 현실적인 문제로 비균일한 결함밀도를 연구하는 방향으로 유도되고 있다.

8.7.2 비균일한 결함밀도

머피에 의하여 비균일한 결함밀도 분포의 수율은 다음의 식으로부터 얻어진다.

$$Y = \int_0^\infty \exp(-DA)f(D)\,dD \tag{8.6}$$

여기서 f(D)는 D의 확률밀도이다. 머피는 그림 8.12에서 보이는 바와 같은 여러 가지 가능한 분포를 고려하였다. 그림 8.17(a)의 임펄스함수는 결함밀도가 모든 곳에서 같은 경우를 나타내고 있고 f(D)를 치환하면 식 (8.6)은 식 (8.5)가 된다. 그림 8.17(b)의 삼각분포는 정규분포를 단순히 근사화한 것으로 어떤 기판은 매우 적은 결함을 가지는 반면 어떤 기판은 $2D_o$까지의 결함을 갖는 경우를 나타낸다. 이 경우 식 (8.6)은 다음과 같이 수율을 나타낸다.

$$Y = \left[\frac{1-\exp(-D_0A)}{D_0A}\right]^2 \tag{8.7}$$

그림 8.17(c)에서 나타내는 균일한 분포의 결함밀도에서 수율은 다음과 같이 추정된다.

$$Y = \left[\frac{1-\exp(-2D_0A)}{2D_0A}\right] \tag{8.8}$$

역이항분포와 감마분포 같은 더 복잡한 확률분포도도 조사하였다. 이러한 분포의 수율을 다음과 같은 식으로 표현하였다.

$$Y = \left[1+\frac{D_0A}{\alpha}\right] \tag{8.9}$$

여기서 α는 집단변수를 나타내며 범위는 0.5에서 10 사이가 된다. 1999년의 ITRS는 식 (8.9)에 클러스터 상수 5를 사용하여 미래의 결함밀도를 예상했다. 랜덤한 결함에 의한 수

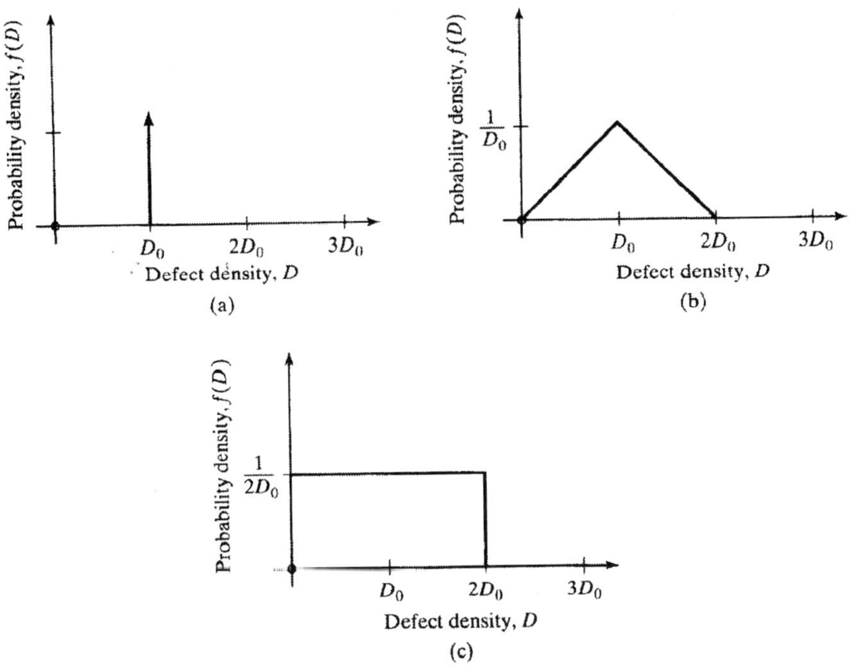

그림 8.17

가능한 결점 확률밀도함수 (a) 모든 기판이 정확히 같은 수의 결점을 가진 임펄스함수의 경우 (b) 가우시안 밀도를 근사화한 삼각함수의 경우 (c) 균일 밀도함수의 경우

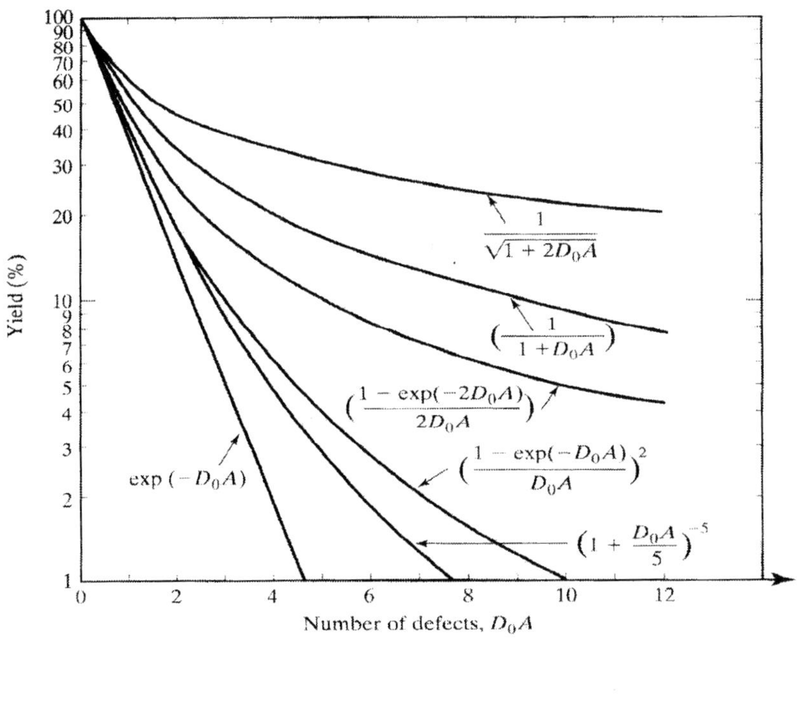

그림 8.18

다른 결점밀도에 대한 이론적인 수율곡선. 식 (8.5)부터 (8.9) 까지 참조

율 손실을 20% 이하로 하기 위하여, ITRS는 2010년에는 치명적 결함 크기가 30 nm 이하이고 필요 결함밀도가 $0.1/cm^2$으로 할 것을 계획하고 있다.

그림 8.18은 여러 가지 수율함수 대 D_oA, 즉, 면적 A를 갖는 다이의 평균 결함수를 나타내고 있다. 초기 수율은 프와송 통계에 근거하여 다른 함수보다 분명히 낙천적인 결과를 나타낸다. 그러나 α=5를 갖는 식 (8.9)에 표시된 역이함수율 모델은 지수함수에 근접하기 시작한다.(문제 8.9와 8.10 참조)

예제 8.1

150-mm 기판이 10 $defects/cm^2$의 기판밀도를 가지며 공정하는 데 200달러의 비용이 든다. 다이당 조립 및 시험 비용은 1.50달러이다. (a) 수율 공식 (8.7)에 근거하여 이 공정으로 5 × 5 mm 다이의 전체 생산비용은 얼마인가? (기판당 사각 다이스의 수는 약 N = π (R-S)2/S2으로 주어지며 여기서 R은 기판의 반지름이고 S는 다이의 한쪽 변의 길이이다) (b) 이 부분의 시장 가격은 2.50달러이다. 생산비용이 시장가격보다 낮아지는 기판의 수율은 얼마인가?

풀이 : 다이의 면적은 0.25cm이다. 그러므로 다이당 평균 결함의 수 D_oA = 2.5이다. 식 (8.7)은 수율이 13.5%임을 예측한다. 기판 반지름이 75mm이고 그 안에 616개의 다이스를 포함하고 있으므로 평균 기판은 83개의 좋은 다이스를 생산한다. 다이스를 패키지하는 데 드는 비용 C = (200/83) + 1.50 = 3.91달러이다. 생산가격이 시장가격이 되려면 2.50 = (200/ND) + 1.50달러가 만족되어야 하고 ND = 200으로 좋은 다이스를 기판당 가져야 하며 이에 상응하는 수율 Y = 200/616 = 0.325이거나 이보다 더 좋아야 한다.

요약

공정이 완료된 후에 기판은 특정 기판의 시험 위치를 이용하여 여러 가지 공정 및 소자 변수들을 검사하여 가려진다. 만일 변수들이 정해진 범위 내에 있는 경우 각 기판의 다이에 대해 성능을 시험하고 나쁜 다이에는 잉크로 표시하게 된다.

다음에 다이스를 다이아몬드 절삭기 또는 화선기-분쇄 공정을 이용하여 기판으로부터 분리한다. 어떤 다이는 분리공정 중에 피해를 입어 잃어버리게 된다. 남아 있는 좋은 다이스는 세라믹 또는 플라스틱 이중 인라인 패키지, 단자없는 칩 캐리어, 핀격자 배열 또는 표면 부착용 패키지에 에폭시 또는 공정 다이 부착 기술을 이용하여 부착된다.

다이 위의 결합 패드는 15~75 ㎛의 알루미늄 또는 금 전선을 초음파 또는 열음파결합을 이용하여 패키지의 선과 연결된다. 일괄 제조된 플립 칩과 테이프 자동화 결합 연결 공정은 동시에 수백 개의 결합을 형성하는 경우에 사용된다.

집적회로의 최종생산 단가는 만들어진 성능 좋은 부품의 수에 의해 결정된다. 종합적인 수율은 동작하는 패키지된 다이스의 개수와 기판의 원래 다이스의 개수의 비로 나타낸다. 수율의 저하는 기판 위의 결함, 공정에서의 실수, 조립 과정에서의 피해와 최종 시험 성능의 결여에 기인한다. 기판의 수율과 집적회로 다이의 크기와의 관계를 자세하게 살펴보았다. 다이의 크기가 클수록 기판에서 얻을 수 있는 좋은 다이의 개수는 감소하게 된다.

참고문헌

[1] J. W. Stafford, "The Implications of Destructive Wire Bond Pull and Ball Bond Shear Testing on Gold Ball-Wedge Wire Bond Reliability," *Semiconductor International*, p. 82, May 1982.

[2] W. C. Till and J. T. Luxon, *Integrated Circuits: Materials, Devices and Fabrication*, Prentice-Hall, Englewood Cliffs, NJ. 1982.

[3] J. R. Howell, "Reliability Study of Plastic Encapsulated Copper Lead Frame Epoxy Die Attach Packaging System," *Proceedings of the Reliability Physics Symposium*, IEEE pp. 104–110, 1981.

[4] P. A. Totta and R. P. Sopher, "SLT Device Metallurgy and Its Monolithic Extension," IBM *Journal of Research and Development*, 13, 226–238, May 1969.

[5] T. S. Liu, W. R. Rodgrigues de Miranda, and P. R. Zipperlin, "A Review of Wafer Bumping for Tape Automated Bonding," *Solid State Technology*, 23, 71–76, March 1980.

[6] B. T. Murphy, "Cost-Size Optima of Monolithic Integrated Circuits," *Proceedings of the IEEE*, 52, 1537–1545, December 1964.

[7] R. B. Seeds, "Yield and Cost Analysis of Bipolar LSI," *IEEE IEDM Proceedings*, p. 12, October 1967.

[8] C. H. Stapper, "On Yield, Fault Distributions, and Clustering of Particles," *IBM Journal of Research and Development*, 30, 326–338, May 1986.

[9] *The International Technology Roadmap for Semiconductors*, The Semiconductor Industry Association (SIA), San Jose, CA: 1999. (http://www.semichips.org)

더 읽을 책

[1] G. G. Harman and J. Albers, "The Ultrasonic Welding Mechanism as Applied to Aluminum-and Gold-Wire Bonding in Microelectronics," *IEEE Transactions on Parts,* Hybrids and Packaging, PHP-13, 406–412, December 1977.

[2] K. I. Johnson, M. H. Scott, and D. A. Edson, "Ultrasonic Wire Welding-Part I: Wedge- Wedge Bonding of Aluminum Wires," *Solid State Technology,* 20, 50–56, March 1977.

[3] K. I. Johnson, M. H. Scott, and D. A. Edson, "Ultrasonic Wire Welding-Part II: Ball-Wedge Wire Welding," *Solid State Technology,* 20, 91–95, April 1977.

[4] C. Plough, D. Davis, and H. Lawler, "High Reliability Aluminum Wire Bonding," *Proceedings of the Electronic Components Conference, IEEE*, pp. 157–165, 1969.

[5] N. Ahmed and J. J. Svitak, "Characterization of Gold-Gold Thermocompression Bonding," *Proceedings of the Electronic Components Conference, IEEE*, pp. 92–97, 1976.

[6] L. S. Goldmann, "Geometric Optimization of Controlled Collapse Interconnections," *IBM Journal of Research and Development,* 13, 251–265, May 1969.

[7] K. C. Norris and A. H. Landzberg, "Reliability of Controlled Collapse Interconnections," *IBM Journal of Research and Development,* 13, 266–271, May 1969.

[8] J. E. Price, "A New Look at Yield of Integrated Circuits," *Proceedings of the IEEE,* 58, 1290–1291, August 1970.

[9] C. H. Stapper, Jr., "On a Composite Model to the IC Yield Problem," *IEEE Journal of Solid-State Circuits,* SC-10, 537–539, December 1975.

[10] C. H. Stapper, "The Effects of Wafer to Wafer Defect Density Variations on Integrated Circuit Defect and Fault Distributions," *IBM Journal of Research and Development,* 29, 87–97, January 1985.

문제

8.1 기판의 특정 시험 영역을 이용하여 쉽게 감시할 수 있는 공정 또는 소자 변수를 10개 이상 나열하라.

8.2 간단한 마이크로 프로세서가 115개의 플립 플롭을 가지고 있어 2^{115}개의 가능한 상태를 나타낸다. 만일 시험 측정기로 100nsec마다 새로운 정적 시험을 할 수 있다면 마이크로 프로세서 칩의 모든 상태를 시험하는 데 몇 년이 걸리겠는가? 만일 기판이 100개의

다이스를 가진다면 기판을 시험하는 데 얼마나 걸리겠는가?

8.3 (a) 한 열의 패드가 사용된다면 10×15 mm 다이에 얼마나 많은 패드가 놓일 수 있는가? 125 ㎛ 피치 위에 100-㎛ 패드를 사용하고 모서리에는 패드가 없다고 가정하라.

(b) 100-㎛ 피치 위에 75-㎛ 패드를 사용한다고 가정하고 (a)를 계산하라.

(c) 200-㎛ 피치 위에 125-㎛ 볼 패드를 사용한다면, 같은 다이에 면적 배열을 사용했을 때 몇 개의 솔더 볼이 들어가겠는가?

8.4 D_oA = 10defects인 큰 집적회로 다이의 네 가지 수율 공식을 비교하라. 여기서 집단변수는 1이라고 가정한다. 다른 수율 공식을 이용하는 경우 지름이 100mm와 150mm인 기판에서 몇 개의 좋은 다이를 각각 기대할 수 있는가? (기판당 정사각형의 다이 수는 $N = \pi(R-S)^2/S^2$의 식에서 유추할 수 있고 여기서 R은 기판의 반지름이고 S는 다이의 한쪽 변의 길이이다.) 여기서 S = 5mm라 가정한다.

8.5 만일 다이가 그림 8.11(a)의 크기의 4배인 경우 그림 8.11의 결점 지도에서의 기판 수율은 얼마인가? 프와송 통계 분포에 의한 수율은 얼마로 예측되는가? 그림 8.11의 데이터가 식 (8.9)에 의하여 가장 잘 표현된다고 가정하자. 그 경우 데이터를 가장 잘 근사화할 수 있는 집단변수는 얼마인가?

8.6 새로운 회로를 설계하려면 5 × 8mm 크기의 다이와 지름이 125mm인 기판이 필요하다. 공정에서 10defects/cm^{2}의 결함밀도를 가지고 있고 기판 공정 비용은 250달러 이다.

(a) 제품을 완성하는 데 시험 및 패키징 비용으로 1.60달러가 든다면 최종 제품의 가격은 얼마인가?

(b) 회로 설계가 두 개의 칩으로 분할되고 각각의 다이는 부가적인 패드와 I/O 회로를 위해 면적이 15% 증가하였다. 만일 시험 및 패키징 비용이 위와 같다면 두 개의 칩의 경우 비용은 얼마인가? 식 (8.8)에 근거하여 해답을 구하라. (기판당 다이스의 수에 근거한 문제 8.3을 참조하라)

8.7 (a) 결함밀도가 5defects/cm^{2}이고 기판 공정 비용이 150달러인 경우 문제 8.5를 다시 계산하라.

(b) 결함밀도가 5defects/cm^{2}이고 기판 공정 비용이 300달러인 경우 문제 8.5를 다시 계산하라.

8.8 다이의 면적이 25mm^{2}이고 100-mm 지름의 기판에 2defects/cm^{2}의 공정률로 제작된다. 새로운 공정이 개발되어 다이 면적을 반으로 줄일 수 있다. 그러나 크기가 작아질수록 새로운 공정의 비용은 30% 증가하고 10defects/cm^{2}만을 얻을 수 있다.

(a) 이 새로운 공정으로 바꾸는 것이 경제적인가?

(b) 새로운 공정의 결함밀도가 얼마일 때 원래의 공정과 비용이 같아지는가?

(c) 당신이라면 경제적이 아닐지라도 새로운 공정을 도입하겠는가? 그 이유는 무엇인가.

(d) 다이의 크기가 얼마일 때 두 공정의 비용이 같아지는가? 이 문제를 해결하기 위해 식 (8.8)을 이용하라.

8.9 집단변수가 무한대에 가까워질 때 식 (8.9)의 수율 분포의 극한값을 구하라.

8.10 수율 식 (8.5)와 (8.9)의 D_0A가 1~10이고 a = 5와 5,000일 때의 수율 예상을 비교하라.

8.11 D_0=0.1/cm^{2}이라 가정하라. 150mm, 200mm, 300mm 웨이퍼의 평균 결함 수는?

8.12 100-mm 기판에서 150-mm 기판으로 바꾸었을 경우 기판 공정 비용이 150달러에서 250달러로 변하고 결함밀도는 10defects/cm^{2}로 같다고 가정하자. 다이 비용이 같아지기 위한 두 개의 다이 크기를 구하라. 집단변수를 2라 하고 식 (8.9)를 이용하라. 반복 계산에 의해 답을 구하기 위해 계산기나 개인용 컴퓨터를 이용하라.

8.13 만일 결함 위치가 같지만 다이의 패턴이 90도만큼 회전되었다면 그림 8.11(b) 의 다이의 수율은? 그림 8.11(a)의 다이 면적의 4배에 해당하는 경우 좋은 다이스의 개수는 몇 개인가?

8.14 결함밀도를 위한 가우시안 확률밀도함수는 다음과 같이 주어진다.

$$f(D) = \frac{2}{D_0\sqrt{\pi}} \exp -\left[\frac{2(D-D_0)}{D_0}\right]^2 \text{, for } 0 \le D \le 2D_0 \text{, and 0 otherwise}$$

여러 가지 D_0A의 값에 대한 수율 Y를 계산하고 그 결과를 식 (8.7)의 삼각분포의 경우와 비교하라. (적분을 실행하기 위해 계산기나 컴퓨터를 이용할 수 있다)

8.15 그림 8.11에 나타낸 기판들은 실제적으로 120개의 결함을 기판 위에 무순으로 자리잡고 있다. 이 중 몇 개의 칩은 여러 개의 결함을 가지고 있다. 식 (8.1)을 이용하여 몇 개의 다이스가 정확히 1개, 2개, 3개, 4개 및 5개의 결함을 가지고 있는지 예측하라.

8.16 (a) 공정이 클러스터 계수 5로 결정된다면 20 × 20mm 다이에 수율 75%를 얻으려면 결함농도는 얼마가 되어야 하는가?

(b) 80% 수율에 대해 계산하라.

(c) 90% 수율에 대해 계산하라.

8.17 (a) 공정이 클러스터 계수 6으로 결정된다면 20 × 20mm 다이에 수율 75%를 얻으려면 결함농도는 얼마가 되어야 하는가?

(b) 85% 수율에 대해 계산하라.

9 장

MOS 공정 집적화

9장에서는 공정, 소자 설계 및 회로 구현과의 관계를 살펴보고자 한다. 공정은 일반적으로 특정 회로를 응용할 때 가능한 한 최고의 성능을 발휘하기 위하여 개발되었고 공정을 연구하는 사람은 회로에 대한 충분한 이해와 소자 변수 및 소자 실현과의 관계를 이해하여야 한다.

이 장에서는 채널 길이의 제어, 구현 기본법칙 및 기본법칙 설계, 소스 드레인 항복 및 펀치 스루 전압과 임계전압 조정을 포함하는 MOS 공정 설계에 대한 기본적인 개념들을 살펴보고자 한다. 금속-게이트 기술을 먼저 논하고 그 후에 자기 배열 실리콘-게이트 기술을 설명하고자 한다. CMOS 공정 기술과 이방성 식각에 관한 논의로 이 장을 끝마치고자 한다.

9.1 MOS 소자의 기초

MOS 공정 설계와 기본 소자 동작 간의 관계를 알아보기 위해 먼저 이 시리즈의 6권에 잘 나타난 MOS 트랜지스터의 정적 전류-전압 관계를 논의하고자 한다. 그림 9.1은 두 개의 금속게이트를 갖는 NMOS 트랜지스터의 단면을 나타내고 있다. 선형 동작 영역에서 드레인 전류는 다음과 같이 주어진다.

$$I_D = \overline{\mu_n} C_0 (w/L)(V_{GS} - V_{TN} - V_{DS}/2) V_{DS} \tag{9.1}$$

$V_{GS} \geq V_{TN}$과 $V_{DS} \leq V_{GS} - V_{TN}$. $C_o = K_o \varepsilon_o / X_o$는 단위 면적당 산화막의 캐패시턴스이고 $\overline{\mu_n}$은 반전층의 다수 캐리어의 평균이동도이며 V_{TN}는 임계전압이다. W와 L은 채널의 폭과 너비이다.

첫 번째 규격으로 요구되는 것은 소자가 지탱할 수 있는 V_{GS}와 V_{DS}의 최대값을 정하는 회로 공급 규정전압이다. 일단 이 전압이 결정되고 나면 회로 설계자가 조정할 수 있는 식 (9.1)의 유일한 변수는 트랜지스터의 폭과 길이다. 그러므로 회로 설계자는 회로의 토폴로지와 평면 모양을 변화시켜 요구되는 회로 기능을 만족시켜야 한다.

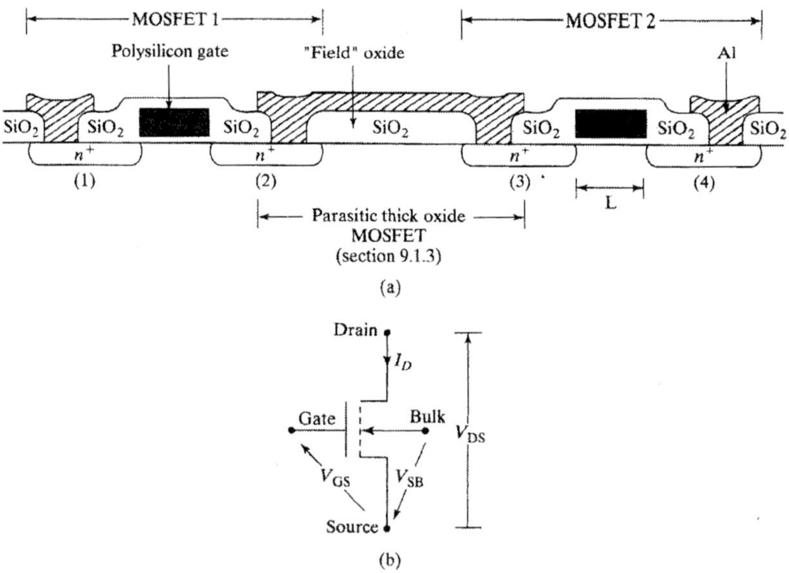

그림 9.1

(a) 두 개의 인접한 NMOS 트랜지스터를 나타내는 집적회로의 단면도. 기생 NMOS 소자는 소스와 드레인으로 작용하는 확산된 (2)와 (3) 영역과 전계산화막 간의 알루미늄 연결에 의하여 형성된다. (b) NMOS 트랜지스터의 게이트 소스, 드레인 소스와 소스 벌크 전압의 정의

다른 소자 변수들은 소자 구조 및 특성을 궁극적으로 결정하는 공정 순서, 시간, 온도 등을 정하는 공정 연구가에 의하여 고정된 값을 가진다. 이러한 변수에는 게이트 산화막 두께, 전계산화막 두께, 기판 도핑과 전계 및 임계를 조정하기 위한 주입이 포함된다. 공정 연구가는 또한 회로 구현에 상응하는 설계법칙 또는 기본법칙을 제공해야 한다. 여기에는 최소 채널 길이와 폭, 동일하거나 다른 마스크 단계에서의 표시 사이의 간격과 다른 마스크의 표시 사이의 중복이 포함된다. 또한 공정을 잘 수행하기 위하여 마스크 정렬 순서와 오차 범위를 정립하여야 한다.

9.1.1 게이트산화막 두께

각 단자 전압에 대하여 MOS 트랜지스터의 전류 흐름은 게이트 산화막 두께에 반비례한다. 게이트 산화막은 일반적으로 산화막 항복과 신뢰도를 모두 고려하여 가능한 한 얇게 만든다. 고품질의 실리콘 디옥사이드는 일반적으로 전계가 5~10 MV/cm에서 항복이 일어나며 이는 10 nm의 산화막에 5~10 V를 가하는 것과 같다. 현재의 공정은 산화막의 두께가 2~10 ㎛인 것을 사용한다. 10 ㎛ 이하인 것은 터널링에 의한 전류가 발생하고 그로 인하여 산화막이 가지고 있는 절연성을 잃게 된다. 또한 산화막 두께의 선택은 산화막으로의 열 전자 주입과 연관되며 이러한 문제는 이 책의 범위를 넘으므로 생략하도록 한다. 여러 다른 게이트 산화막 재료가 조사되고 있다. 산소질화물은 게이트 산화막의 형성 중, 혹은 형성 후에 질소를 실리콘 디옥사이드 시스템에 첨가함으로 형성된다. 연구가들은 여러 고 유전 상수 게이트 물질을 조사하여 더 두꺼운 산화막을 사용해도 트랜지스터의 정전 용량과 전달 정전 용량을 줄이지 않는 문제에 대해 연구하고 있다.

9.1.2 기판 도핑과 임계전압

임계전압은 MOS 소자의 전도를 일으키는 데 필요한 게이트 전압을 결정하는 중요한 변수이다. 균일하게 도핑된 기판을 가진 소자의 임계전압은 다음과 같이 주어진다.

$$\text{NMOS: } V_{TN} = \Phi_M - x - \frac{E_g}{2q} + |\Phi_F| + [\sqrt{2K_s\varepsilon_0 qN_B(2|\Phi_F| + V_{SB})}]/C_O - Q_{tot}/C_o \quad (9.2)$$

$$\text{PMOS: } V_{TP} = \Phi_M - x - \frac{E_g}{2q} - |\Phi_F| - [\sqrt{2K_s\varepsilon_0 qN_B(2|\Phi_F| - V_{BS})}]/C_O - Q_{tot}/C_o$$

$$|\Phi_F| = (kT/q)\ln(N_B/n_i)$$

여기서 N_B는 기판 도핑이다. 알루미늄 게이트의 $\Phi_M - x$는 −0.11이고 n+ 도핑된 폴리실리콘의 $\Phi_M - x$는 0이며 p+ 도핑된 폴리실리콘의 $\Phi_M - x$는 +1.12이다.

Q_{tot}[1] 는 cm^2당 산화막과 계면의 전체 전하량을 나타내며 이 전하량은 그림 9.2의 곡선에 있어서 V_{TN}의 값을 음수값 쪽으로 평행이동시킨다. 이 전하량의 임계전압에 대한 기여는 초기 MOS 소자 제작에 있어서 매우 중요한 영향을 미친다. Q_{tot}는 양극을 띠며 이러한 성질이 MOS 트랜지스터의 임계전압을 더 음극을 띠게 한다. p채널 트랜지스터가 인핸스먼트 모드 소자 ($V_{TP} > 0$)가 되는 반면에 n채널 트랜지스터는 공핍 모드 소자 ($VT < 0$)가 된다.

1. $Q_{tot} = Q_F + Q_{IT} + r_M Q_M$

MOS 기술의 초기 단계에서는 Q_{tot} 값은 크고 오직 성공적인 MOS 공정은 PMOS 기술에만 가능하였다. 그 후 산업체에서 산화막과 계면에서의 전하량에 대한 근원을 이해하고 이온 주입 기술이 발전하면서 홀보다 전자의 이동도가 큰 장점을 이용한 NMOS 기술이 주로 이용되고 있다. 오늘날에는 전체 전하량이 좋은 MOS 공정을 이용하였을 때 5×10^{10} charges/cm^2 이하로 감소하였으며 임계전압에 대한 산화막 전하의 기여가 최소화되었다.

기판 도핑은 FM의 절대값과 제곱근의 표현으로 임계전압 식에 나타난다. 50 nm의 게이트 산화막을 갖고 Q_{tot}가 0인 n채널과 p채널 폴리실리콘-게이트 소자의 임계전압 대 기판 도핑에 대해 그림 9.2에 나타냈다. 기판 도핑의 선택은 드레인과 기판 사이의 항복전압, 드레인과 소스 사이의 펀치 스루 전압, 소스와 기판 그리고 드레인과 기판 사이의 캐패시턴스와 기판의 민감성 또는 기판 바이어스 효과를 포함하여 고려하여야 하므로 상당히 복잡하다.

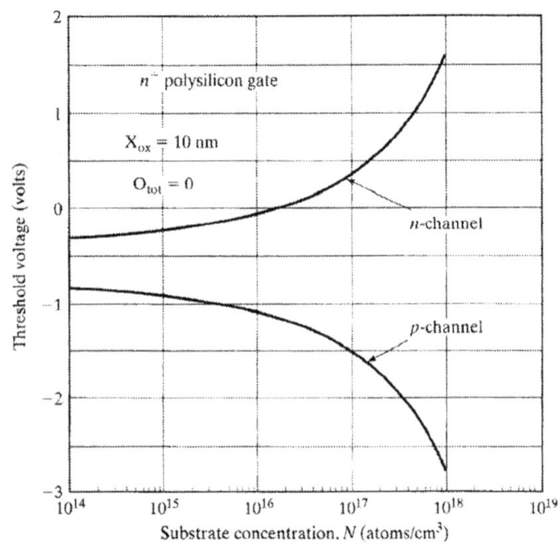

그림 9.2
식 (9.2)로부터 계산된 50 nm 게이트를 가진 n채널과 p채널 폴리실리콘게이트 트랜스터의 임계전압

9.1.3 접합 항복

소스와 드레인 영역은 일반적으로 저항을 최소화하기 위하여 많이 도핑되어서 공핍층이 완전히 기판까지 확장할 수 있는 한쪽의 접합을 형성한다. 그림 9.3(a)는 한쪽의 pn 접합에 의한 항복전압과 도핑 농도와의 관계를 나타낸 것이다. 접합에 있어서 항복전압은 도핑의 정도가 증가할수록 감소하게 된다. 항복전압은 또한 접합에 있어서 공간-전하 지역의 곡률의 반지름의 함수가 된다. 접합 곡률은 공핍층에서 곡률 부분 영역의 전기장을 강하게 하여 1차원 접합 이론에서 예측하는 항복전압을 작게 만든다. 직사각형의 확산 영역은 그림 9.3(b)와 같이 원통형과 구면형 곡률을 가지는 영역으로 구성된다. 도핑 정도에 무관하게 아주 얕은 구면 접합 항복이 10V 이하에서 일어난다는 것은 주목할 만하다.

9.1.4 펀치 스루

펀치 스루는 드레인 공핍 영역이 소스 공핍 영역과 닿으면서 발생하고 기판 도핑은 MOSFET이 'off' 상태일 때 위에서 설명한 공핍층이 병합되는 것을 막기 위하여 잘 선택하여야 한다. 펀치 스루는 채널 길이가 소스-기판 간의 공핍층의 폭과 드레인 기판의 공핍층의 폭의 합보다 큰 경우 일어나지 않는다. 논리회로의 부하 소자로 이용되는 트랜지스터의 경우 소스-기판 사이와 드레인 기판 사이의 접합은 드레인 공급 전압과 기판 공급 전압을 더한 전압과 같은 전압을 지탱하여야 한다. 공핍층의 폭은 한쪽 단계 접합의 폭을 계산하는 공식으로부터 추정된다.

$$W_d = \sqrt{(2K_s\varepsilon_0(V_A + \Phi_{bi}))/qN_B}$$

$$\Phi_{bi} = 0.56 + (kT/q)\ln(N_B/n_i) \quad (9.3)$$

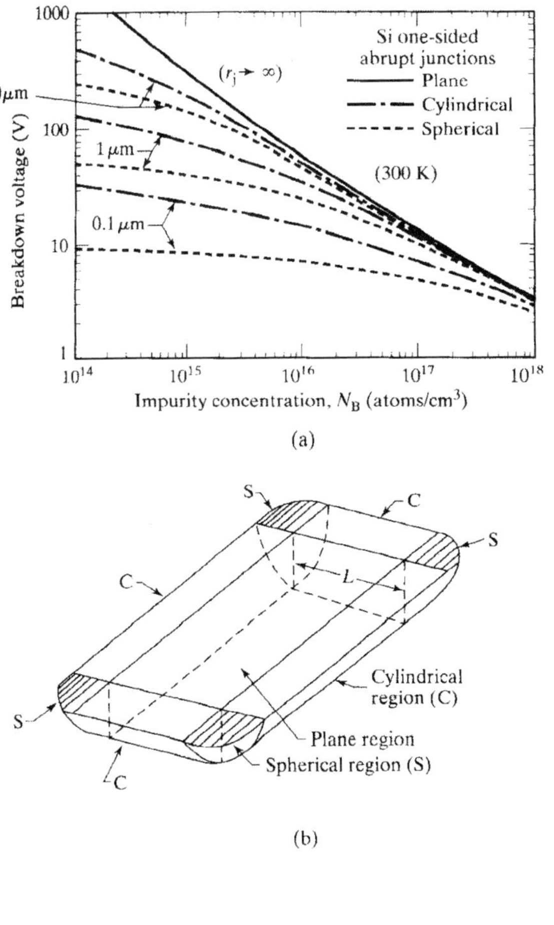

그림 9.3

(a) 급격한 pn 접합 항복전압 대 원통형 및 구면형 구조의 얕게 도핑된 접합 측면의 불순물 농도. r_j는 곡률 반경이다. (b) 직사각형 창을 통한 확산에 의한 원통형 및 구면형 영역의 형성. Copyright, 1985, John Wiley & Sons, Inc. Reprinted with permission from ref. [5].

여기서 V_A는 전체 인가 전압이고 Φ_{bi}는 접합의 내부 확산 전위이다. 만일 채널 길이가 $2W_d$ 보다 클 경우 펀치 스루는 일어나지 않는다. 그림 9.4에서는 pn 접합의 공핍층의 폭과 도핑 및 인가 전압과의 관계를 나타내고 있다. 펀치 스루는 매우 짧은 채널을 갖는 트랜지스터를 제외하고 도핑 정도를 제한하는 요소는 아니다. 이온 주입이 채널이 짧은 소자의 채널 밑 부분의 도핑을 높여 펀치 스루 전압을 증가시키기 위하여 사용된다.

9.1.5 접합 캐패시턴스

확산 접합과 관련하여 단위 면적당 캐패시턴스는 평판 간격이 W_d인 평판형 캐패시턴스 공식에 의하여 주어진다.

$$C_j = K_s \varepsilon_0 / W_d$$

도핑이 증가할수록 캐패시턴스는 증가한다. 바이어스가 0이고 도핑 농도가 $10^{16}/cm^3$인 경우 접합 캐패시턴스는 약 10 nf/cm^2가 된다.

식 (9.2)에서는 임계전압의 소스-기판 간의 전압 V_{SB}에 대한 의존도를 나타내고 있다. 이러한 변위를 기판 민감도 또는 기판 바이어스 효과라고 하며 이 값은 기판 도핑 정도가 증가함에 따라 나빠진다.

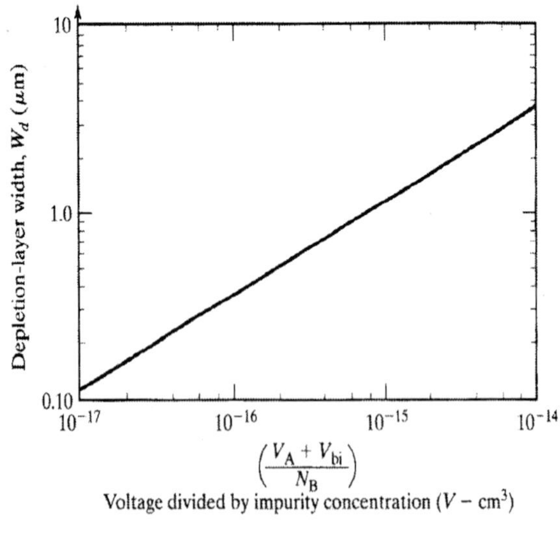

그림 9.4
식 (9.3)으로부터 계산된 계단 접합의 한 측면의 공핍층 폭과 도핑 및 인가 전압과의 관계

위에서 기판 도핑의 장단점을 살펴보았다. 기판 도핑은 직접적으로 임계전압과 연관되어 있다. 접합 캐패시턴스와 기판 민감도를 최소화하고 항복전압을 최대화하기 위하여 기판

도핑을 줄이는 것이 바람직하다. 이동도 또한 낮은 도핑에서 커지는 경향을 보인다. 다른 한편으로는 도핑 농도가 큰 기판은 펀치 스루 전압을 증가시킨다.

9.1.6 임계 조정

이온 주입은 일상적으로 기판 도핑과 연관된 변수들로부터 임계전압을 분리시키는 데 사용된다. 기판 도핑은 항복, 펀치 스루, 캐패시턴스와 기판 민감도를 종합적으로 고려하여 정해지고 그 후에 임계전압은 공정에 피상적인 이온 주입 과정을 첨가함으로써 원하는 값을 얻도록 조정된다. 그림 9.5는 표면에서의 불순물의 농도를 조정하기 위하여 사용된 주입된 불순물의 농도를 스텝 함수로 근사화한 것을 나타내고 있다. 이렇게 첨가된 불순물은 임계전압의 자리 이동을 야기하며 이를 근사화하면 다음과 같다.

$$\triangle V_{TN} = (1/C_O)(qQ_i)(1 - x_i/2x_d), \quad x_i \ll x_d, \quad x_d = \sqrt{qN_B/4K_s\varepsilon_0|\Phi_F|} \qquad (9.4)$$

여기서 $Q_i = x_iN_i$는 주입된 불순물의 선량을 나타내며 x_d는 게이트 밑의 공핍층 폭을 나타낸다. 피상적인 주입의 경우 임계전압은 근사적으로 주입된 불순물의 선량에 비례한다. 억셉터 불순물의 경우 임계전압은 (+) 방향으로 이동하며 도너 불순물의 경우 (−) 방향으로 이동한다.

NMOS 공핍모드 ($V_{TN} < 0$) 트랜지스터는 일상적으로 고성능 논리회로에 응용하기 위하여 설계된 공정에서 이용된다. NMOS의 임계전압을 감소시키기 위하여 n형 불순물을 주입하여 그림 9.6과 같이 트랜지스터의 소스와 드레인 영역을 연결하기 위한 내부 생성 채널을 형성한다. 공핍모드 트랜지스터의 소자 특성은 인핸스먼트-모드 NMOS 트랜지스터의 특성과 동일하지는 않아도 유사하며 임계전압을 이동시키기 위하여 필요한 불순물의 선량은 식 (9.4)를 이용하여 추정할 수 있다.

예제 9.1

n+ 폴리실리콘 게이트를 갖는 NMOS 트랜지스터가 10 nm 게이트 산화막을 가지며 기판 도핑이 $10^{16}/cm^3$이 되고 소스/드레인 접합 깊이가 0.25 ㎛가 되도록 제작되었다. 이 소자의 임계전압과 드레인/기판 항복전압을 구하라. 만일 기판 바이어스가 0V인 경우 1 ㎛ 채널 길이의 경우 펀치 스루 전압은 얼마인가? 임계전압을 0.7 V가 되게 하기 위해 얕은 붕소 주입을 이용하였다. 주입된 붕소의 농도는 얼마인가? $V_{SB} = 0$과 $Q_{tot} = 0$으로 가정한다.

풀이 : n+ 폴리실리콘-게이트 트랜지스터의 경우 $\Phi_M - \chi - E_g/2q = -0.56V$이고 $|\Phi_F| = 0.36$ volts ($n_i = 1 \times 10^{10}/cm^3$이고 $kT/q = 0.026V$인 경우)이다. $V_{SB} = 0$인 경우 임계전압 식은 $V_{TN} = -0.56 + 0.36 + 0.14V = 0.06V$이 된다. 기판 도핑이 $10^{16}/cm^3$이고 0.25 ㎛ 곡률 반경을 가지는 구면 항복의 경우 식 (9.3)에서부터 유추하면 드레인/기판 항복전압은 20V로 추정된다. 펀치 스루 전압을 추정하기 위해 2W = 1 ㎛과 $V_A = V_D$이고 여기서 V_D는 드레인 전압이다. 여기서 $V_D = 1.01V$를 얻는다. 얇은 주입의 경우 임계전압의 이동은 약 $\Delta V_T = q\Delta Q/C_o$ 이다. 전압 이동이 1.04V이고 산화막 두께는 10 nm이므로 ΔQ는 $1.64 \times 10^{12}/cm^2$이 된다.

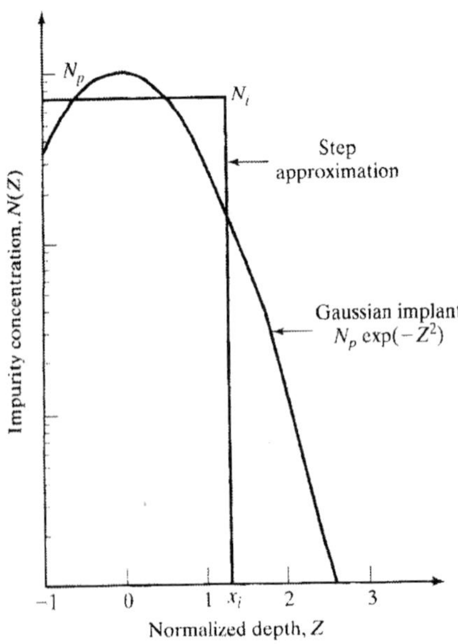

그림 9.5
이온 주입을 이용하여 얻은 임계전압을 추정하는 데 사용된 가우시안 불순물 분포의 계단함수로의 근사화

9.1.7 필드 영역 고려 사항

그림 9.1의 두 개의 트랜지스터 사이의 영역을 필드 영역이라 부르며 두 개의 인접한 MOS 소자 사이의 절연 분리를 위해 설계되어야 한다. 이를 위하여 여러 가지 인자들이 고려되어야 한다. 필드 영역 위의 금속선은 소스와 드레인 역할을 하는 확산 영역 (2)와 (3)을 가지는 '기생 NMOS 트랜지스터'의 게이트로 작용한다. 이러한 기생 소자가 동작하지 않도록 하기 위하여 이 영역의 임계전압 크기는 일반적인 게이트 전압보다 상당히 커야만 한다.

식 (9.2)에 의하면 임계전압은 필드 영역의 산화막 두께가 증가하고 필드 산화막 아래의 도핑 농도가 증가할수록 커진다. '필드 산화막'은 일반적으로 트랜지스터의 게이트 산화막보다 3~10배 정도 두껍게 제작한다.

다른 문제점이 NMOS 트랜지스터에서 발생한다. NMOS 트랜지스터의 기판이 p형인 경우 일반적으로 붕소를 도핑한다. 열산화 처리를 하면 그 결과 실리콘 표면으로부터 붕소가 공핍되는 것을 알고 있고 식 (9.2)에서와 같이 붕소의 공핍은 트랜지스터의 필드 영역에서 임계전압을 감소시킨다. 필드 주입 단계는 자주 현대 공정에 추가되어 임계전압을 증가시키고 필드 산화막 성장시 붕소의 공핍을 보상한다.

PMOS 소자의 경우 기판은 일반적으로 인으로 도핑한다. 산화 처리하는 동안 인은 표면에 쌓이게 되고 필드 영역에 있어서 임계전압을 증가시키게 된다. 그리하여 인이 축적되면 기생 필드 소자가 off 상태로 된다.

9.1.8 MOS 트랜지스터 고립

제대로 바이어스된 두 개의 MOS 트랜지스터가 가까이 배치되면, 이들은 그림 9.7과 같이 역바이어스된 소스 기판과 드레인 기판의 접합으로 고립된다. 이 MOS 소자는 자기 고립되었다고 한다. 고립을 얻기 위한 추가적인 구조는 필요가 없고, 이 사실은 다음 장에 논의될 접합이 고립된 바이폴라 구조에 MOS 기술에 크기적 장점을 준다. 그러나 이 고립을 유지하기 위하여 여러 소스 드레인 다이오드를 둘러싸는 공핍층은 겹치지 않아야 하며, 이 사항이 소자들 사이의 최소 간격을 제한한다. 두 개의 인접한 트랜지스터의 간격은 최대 공핍층의 폭보다 두 배는 커야 한다.

그림 9.6

(a) 얕은 이온 주입층을 이용한 공핍 모드 NMOS 트랜지스터의 형성

(b) 공핍 모드 MOSFET의 게이트 아래의 순수 불순물 분포

예제 9.2

식 (9.3)을 이용하여 기판의 도핑이 3 × 10^{16}/cm^3이고 드레인 기판의 최대 전압이 5V일 때, 두 개의 인접한 NMOS 트랜지스터의 최소 간격을 계산하라.

풀이 : n+ p 드레인−기판 접합은 단면 스텝 접합이므로, 식 (9.3)을 사용하는 것이 옳다. 내부 포텐셜은 다음과 같이 나타낸다.

$$V_{bi} = 0.56\,V + (0.058\,V)\ln(3\times10^{16}/10^{10}) = 0.94\,V$$

공핍층의 폭은 다음과 같다.

$$W_d = \sqrt{2(11.7)(8.854\times10^{-14}F/cm)(5\,V + 0.94\,V)/(1.6\times10^{-19}\,C)(3*10^{16}/cm^3)}$$
$$= 0.51\mu m$$

각 트랜지스터는 드레인 주위에 공핍층이 있어서, 이 거리의 두 배만큼 각 소자는 떨어져 있어야 한다. 그리고 트랜지스터 사이의 최소 간격은 1.02 ㎛이다.

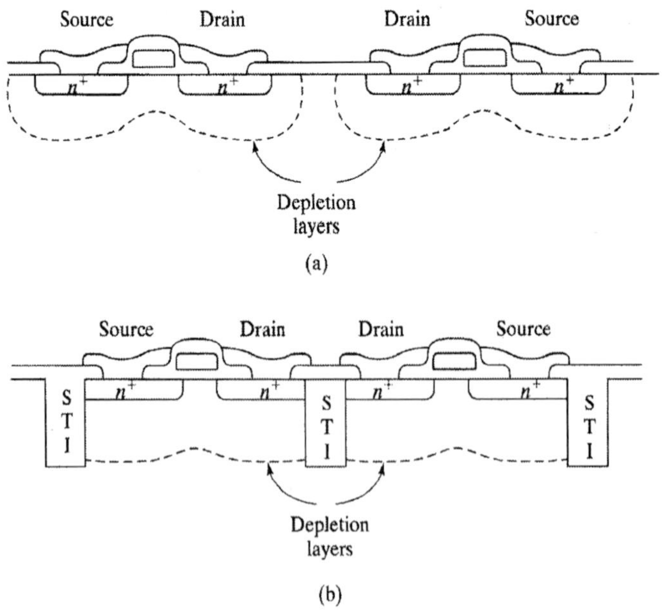

그림 9.7

고립 전략 (a) 진성 (b) 얕은 트렌치 고립

초창기의 2㎛ 혹은 그 이상의 리소그래피를 기반으로 한 기술상에서는, 예제 9.2와 같이 간격을 계산하면 별 문제가 없었다. 그러나 마이크론 이하의 진보된 기술에서는 이러한 고립 계산은 충분치 못하다. 이는 그림 3.12와 같은 우묵한 산화막 기술을 발전시켰다. 그리고 더욱 근래에 이르러 MOS와 양극성 기술의 STI의 활용을 초래했다. 그림 9.7(b)에 나타난 STI에서, 공핍층은 산화막에 의해 효율적으로 절단되고 분리되었다. 드레인 확산간의 최소 거리는 STI 구간의 최소폭으로 정해지고, 이상적으로 소자의 최소 크기에 달한다. 매우 평평한 STI 구간은 3장에서 언급된 CMP 공정을 사용하여 제조된다. 그림 9.7에서 pn 접합 경계는 STI 산화막을 교차한다. 이 계면은 잠정적으로 접합 누설 위치를 표현하지만, 제대로 제어된 공정에서는 문제가 되지 않는다. MOS와 양극성 트랜지스터에서 pn 접합은 실리콘 표면에서 산화막을 교차한다는 것을 주의하라.

9.1.9 약하게 확산된 드레인 구조

소자들이 작게 축소되면서 확산 정도는 높아지고, 큰 곡률을 가지는 매우 얕은 접합의 기판이 쓰인다. 그리고 전기장의 세기는 강해지는 경향을 보인다. 이러한 모든 요소는 드레인-기판 접합면에서 항복 현상을 야기한다. 약하게 도핑된 여러 드레인(LDD) 구조는 항복 문제를 제어하기 위해 개발되었다. 그림 9.8에 이러한 개념을 나타내었다. 폴리실리콘 게이트의 경계를 정한 뒤, n형 주입을 사용하여 채널의 연장을 확정짓는 LDD 연장선을 형성한다. 산화막 혹은 질화물 역전류기가 열산화 공정 혹은 CVD에 의하여 게이트의 가장자리에 생성되고 높게 도핑된 소스와 드레인 접촉 지역이 주입된다. LDD 지역의 감소된 도핑은 트랜지스터의 항복전압을 향상시킨다. 그림 9.8과 같은 구조를 얻어내기 위하여 많은 종류의 공정이 개발되었다.

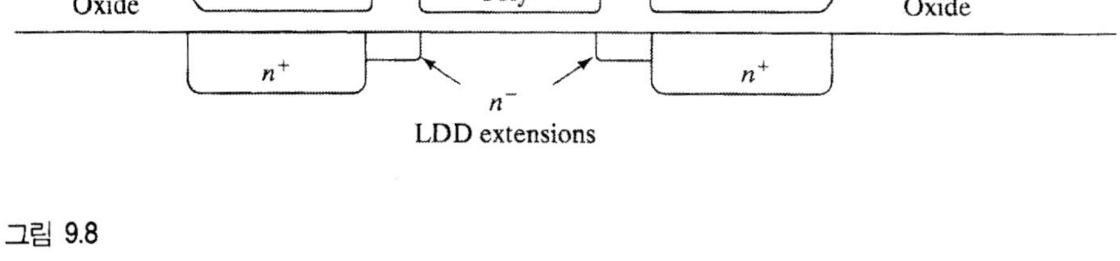

그림 9.8
약하게 도핑된 소스 드레인 지역이 있는 자기정렬 폴리실리콘 게이트

9.1.10 MOS 트랜지스터 축소

MOS 트랜지스터의 물리적 크기를 줄일 수 있는 기술로 인하여 IC는 밀도가 높아지고 한층 복잡해졌다. MOSFET 축소의 이론적 기반은 Dennard, Gaensslen, Kuhn 그리고 Yu에 의해 수립되었다. 이 이론에 의하면 기하학적 모형이 변해도 소자에 가하여지는 전기장의 세기는 일정해야 한다. 그러므로 물리적 크기가 α배로 줄면, 여기에 가하여지는 전압도 같은 비로 줄어들어야 한다.

이러한 법칙은 식 (9.5)에 있는 MOSFET의 전달 전도율과 선형 지역의 드레인 전류에 적용되어, 세 개의 물리적 크기 W, L, X_o가 α배로 줄면, 항복전압을 포함한 각각의 전압은 같은 비로 줄어든다. n채널 MOSFET에 대해서는 다음과 같다.

$$I_D^* = \overline{\mu}_n \frac{K_O \varepsilon_O}{\left(\frac{X_O}{\alpha}\right)} \frac{\left(\frac{W}{\alpha}\right)}{\left(\frac{L}{\alpha}\right)} \left(\frac{V_{GS}}{\alpha} - \frac{V_{TN}}{\alpha} - \frac{V_{DS}}{2\alpha}\right) \frac{V_{DS}}{\alpha} = \frac{I_D}{\alpha} \tag{9.5}$$

$$K_n^* = \overline{\mu}_n \frac{K_O \varepsilon_O}{\left(\frac{X_O}{\alpha}\right)} \frac{\left(\frac{W}{\alpha}\right)}{\left(\frac{L}{\alpha}\right)} = \alpha \overline{\mu}_n \frac{K_O \varepsilon_O}{X_O} \frac{W}{L} = \alpha K_n$$

감소된 드레인 전류는 원래의 값에 α배 한 것임을 알 수 있다. 이에 반하여, 전달유전율 K_n^*은 이 비율로 증가하였다. 같은 방법으로, 소자의 총 게이트-채널 캐패시턴스 또한 α배로 줄었다.

$$C_{GC}^* = (C_{OX}^*)^* W^* L^{**} = \frac{K_O \varepsilon_O}{\left(\frac{X_O}{\alpha}\right)} \frac{\left(\frac{W}{\alpha}\right)}{\left(\frac{L}{\alpha}\right)} = \frac{C_{GC}}{\alpha} \tag{9.6}$$

우리는 논리회로의 지연은 회로와 관련된 트랜지스터의 캐패시턴스를 축전, 방전하는 능력에 달려 있음을 알고 있다. i = *Cdv/dt*이므로, 축소된 논리회로의 지연은 다음과 같다.

$$\tau^* = C_{GC}^* \frac{\triangle V^*}{I_D^*} = \frac{C_{GC}}{\alpha} \frac{\frac{\triangle V}{\alpha}}{\frac{I_D}{\alpha}} = \frac{\tau}{\alpha} \tag{9.7}$$

회로의 지연 또한 α배로 향상되었음을 알 수 있다.

크기를 α배로 축소시킴에 따라, 면적당 회로의 수는 α 제곱 배로 증가할 것이다. 축소에 따른 중요한 관심은 회로당 전력이 축소됨에 따라 단위 면적당 전력(전력밀도)이 어떻게 변하는가이다. 트랜지스터 회로의 총 전력은 전압과 트랜지스터 드레인 전류의 공급과 같을 것이다.

$$P^* = V_{DD}^* I_D^* = \left(\frac{V_{DD}}{\alpha}\right)\left(\frac{I_D}{\alpha}\right) = \frac{P}{\alpha^2} \text{ and } \frac{P^*}{A^*} = \frac{P^*}{W^* L^*} = \frac{\frac{P}{\alpha^2}}{\left(\frac{W}{\alpha}\right)\left(\frac{L}{\alpha}\right)} = \frac{P}{WL} = \frac{P}{A} \quad (9.8)$$

이 식은 매우 중요하다. 이는 제대로 축소되어도 면적당 전력은 상수로 유지된다는 것이다. α 제곱 배로 회로 수를 늘려도, 주어진 면적에 있는 집적회로 다이의 총 전력은 유지된다. 크기가 축소되어도 전압을 5V로 일정하게 가하여 축소법칙을 위반함으로써, 오늘날 집적회로의 감당할 수 없는 전력 레벨을 야기시켰다. 이 문제는 NMOS 기술을 CMOS 기술로 이전시켜야만 해결할 수 있다.

논리 집단을 비교하는 데에 유용하게 쓰이는 것이 전력-지연 곱(PDP)이다. 전력과 지연시간의 곱은 에너지를 나타내고, PDP는 단순한 논리연산을 수행하는 데 필요한 에너지를 나타낸다.

$$PDP^* = P^* \tau^* = \frac{P}{\alpha^2}\frac{\tau}{\alpha} = \frac{PDP}{\alpha^3} \quad (9.9)$$

PDP는 축소의 장점을 모두 보여준다. PDP는 축소비율의 세제곱만큼 감소한다. 리소그래피의 각 세대는 축소비율 $\alpha = \sqrt{2}$에 해당한다. 그러므로 각각의 신기술 세대는 회로의 수를 2배로 늘리고 PDP를 약 3만큼 증가시킨다. 표 9.1은 축소시 성능 향상도를 나타낸다.

9.2 MOS 트랜지스터 레이아웃과 설계법칙

트랜지스터와 회로 레이아웃을 위한 설계는 '설계법칙' 또는 '기본 법칙'으로 불리는 일련의 법칙에 의해 이루어진다. 이러한 법칙은 기술과 최소 크기, 간격과 트랜지스터를 정의하는 여러 가지 모양의 중복을 구체적으로 제시하고 있다. 공정들은 주어진 리소그래피에 의해 생성되어 기판의 표면에 안정적으로 전달된 최소 선 또는 공간의 폭인 '최소 특정 크기' 주위를 설계한다.

일련의 기본법칙을 만들기 위해 두 마스크 단계 사이에서 발생할 수 있는 최대 오차 정렬을 인식하고 있어야 한다. 그림 9.9a에서는 접촉 창 위에 정렬된 금속선의 명목적인 위치를 나타내고 있다. 금속은 모든 방향에 대해 적어도 하나의 '정렬 허용 한도'에 의하여 접촉 창과 중복된다. 제작 공정 동안 정렬은 완전할 수 없고 실제 구조는 x와 y 방향 모두 오차 정렬을 갖는다. 그림 9.9(b)부터 d까지 나타내고 있는 것은 x, y와 동시에 양 방향에 대한 최악의 패턴의 오차 정렬의 결과를 나타내고 있다. 이러한 일련의 설계 법칙은 이러한 '정렬 허용 한도'가 양 방향에 대하여 같음을 전제로 하고 있다.

표 9.1 전기장 스케일링 결과

Performance Measure	Scale Factor
Area/Circuit	$1/\alpha^2$
Transconductance arameter	α
Current	$1/\alpha$
Capacitance	$1/\alpha$
Circuit Delay	$1/\alpha$
Power/Circuit	$1/\alpha^2$
Power/Unit Area(Power Density)	1
Power-Delay Product(PD)	$1/\alpha^3$

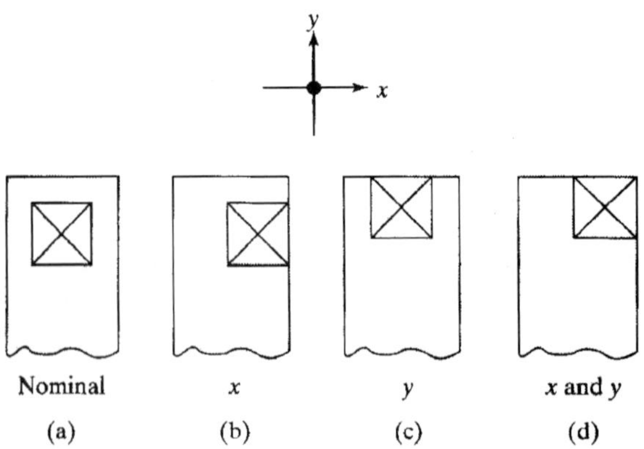

그림 9.9
(a) 접촉 및 금속 마스크의 일반적인 정렬 (b) x방향 (c) y방향 (d) x 및 y 방향으로의 최악의 오정렬

9.2.1 금속-게이트 트랜지스터 레이아웃

최초의 MOS 기술은 게이트 재료로 알루미늄을 사용했다. 이러한 메탈-게이트 소자는 오늘날의 실리콘 공정에서 사용되지는 않지만, 이 레이아웃을 이해하면 메탈 게이트 공정의 한계와 이를 대체한 셀프 얼라인드 실리콘-게이트 기술을 이해하는 데 많은 도움이 된다. 알루미늄의 낮은 용융점은 메탈 증착 다음에 오는 공정을 크게 제한시킨다. 텅스텐과 같은 내화성 강한 메탈이 셀프 얼라인드 메탈-게이트 MOS 공정의 실험에 사용되었다.

그림 9.10에서는 기본적인 금속-게이트 공정의 순서를 나타내고 있다. 첫 번째 마스크는 소스와 드레인 확산의 위치를 지정하고 있다. 확산이 끝난 후 두 번째 마스크가 얇은 게이트 산화막의 성장을 위한 창을 지정하기 위하여 사용된다. 세 번째와 네 번째 마스크는 접촉 개방과 금속 패턴의 윤곽을 나타낸다. 최종 보호층 마스크를 생략한 금속-게이트 마스크 순서는 다음과 같다.

1. 소스/드레인 확산 마스크	첫 번째 마스크
2. 얇은 산화막 마스크	첫 번째 단계와 정렬
3. 접촉 창 마스크	첫 번째 단계와 정렬
4. 금속 마스크	두 번째 단계와 정렬

정렬 순서는 기본 법칙의 정렬 오차한도를 잘 고려하여 구체화하여야 한다. 위의 금속게이트의 예에서 보면 두 번째와 세 번째 마스크 단계는 첫 번째 단계와 정렬하여야 하고 네 번째 단계는 두 번째 단계와 정렬하여야 한다.

먼저 MEAD와 Conway에 의하여 개발된 법칙의 개념과 유사한 금속-게이트 트랜지스터를 위한 일련의 설계법칙을 살펴보자. 이러한 기본법칙은 단순히 단일 변수의 크기를 바꿈으로써 하나의 기술개발에서 다른 기술개발로 설계를 쉽게 변형할 수 있는 방법을 제공한다. 이러한 목표를 달성하기 위해 법칙들은 단계 사이의 정렬 오차 허용한도를 상당히 여유있게 하여야 한다. 한편 상당히 좁은 허용한도를 갖는 기본법칙은 다음 장에서 살펴보겠다.

일련의 금속 게이트 설계법칙을 그림 9.11에 나타내었다. 최소 모양 크기 F는 2λ이고 정렬 허용오차 T는 λ이다. 변수 λ는 예를 들어 5 ㎛, 0.25 ㎛ 또는 0.1 ㎛ 일 수 있다. 이러한 기본법칙을 이용하여 설계된 트랜지스터는 만일 잘못된 정렬의 크기가 정해진 정렬 허용오차 T보다 큰 경우 제대로 동작이 안 될 수 있다.

금속 단계에 있어서 최소 선폭과 공간은 2λ와 같다. 어떤 공정에서는 금속 단계가 다른 단계보다 가장 거대한 토폴로지와 연관되기 때문에 금속 선폭을 크게 한다.

확산 단계에서 최소 선폭은 2λ이다. 확산 사이의 최소 공간은 인접한 선들의 공핍층이 하나로 병합되지 않게 하기 위하여 3λ로 증가시킨다. 그러나 트랜지스터의 소스/드레인 확산 사이의 간격은 2λ로 한다.

이러한 일련의 법칙에서 두 마스크 단계 사이의 정렬 허용오차는 1λ로 가정하고 이 오차는 정렬하고 있는 단계에서 상대적으로 다른 단계의 정상위치의 최대 이동값을 나타낸다. 1λ 이동은 x 또는 y 방향 둘 다 발생할 수 있다.

사각 접촉은 최소 모양 크기가 각 방향으로 2λ이다. 접촉은 최악 정렬의 경우에도 금속에 의해 완전히 덮이도록 하여야 한다. 정렬 순서에 관련하여 1λ 또는 2λ의 금속 경계는 접촉

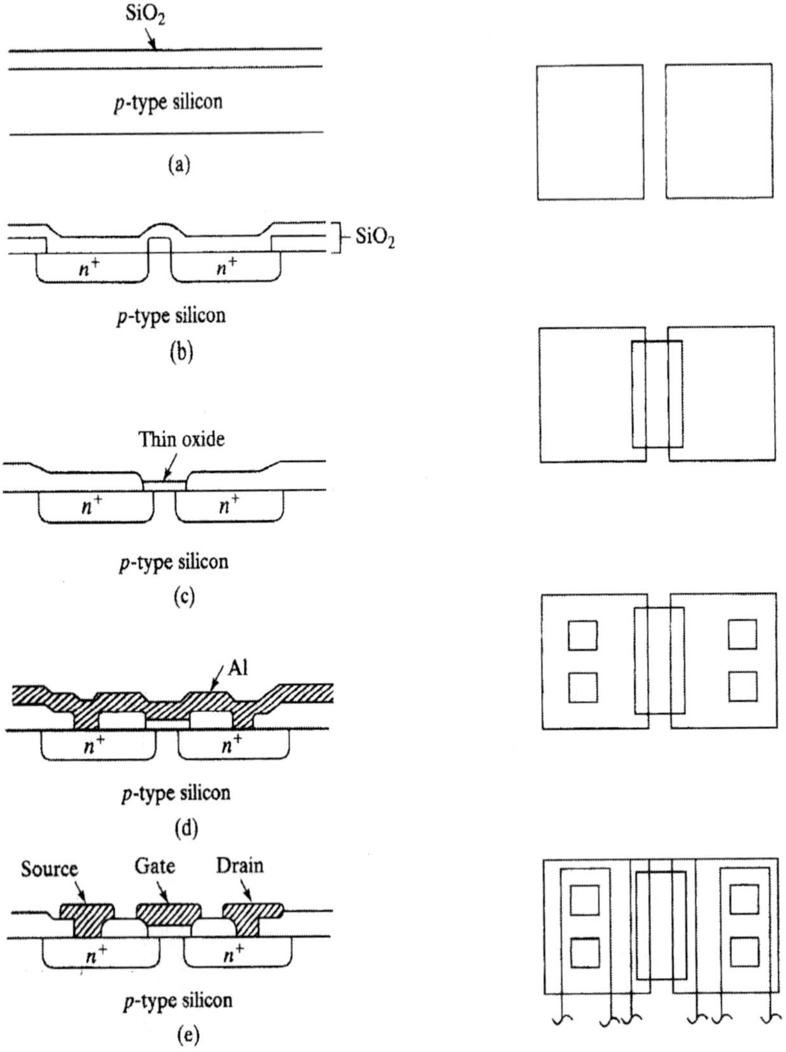

그림 9.10

금속 게이트 공정의 마스크 단계 및 소자 단면 (a) 첫 번째 마스크 단계를 위한 기판 (b) 소스/드레인 확산과 산화막 재성장 후의 기판 (c) 게이트-산화막 성장 후의 모습 (d) 접촉 창 마스크와 알루미늄 증착 후의 모습 (e) 금속 접촉점 설계 후의 모습

창의 가장자리가 되어야 한다. 마찬가지로 접촉 창은 접촉 아래에 있는 확산 영역의 1λ 또는 2λ의 경계에 의하여 완전히 둘러싸여야 한다.

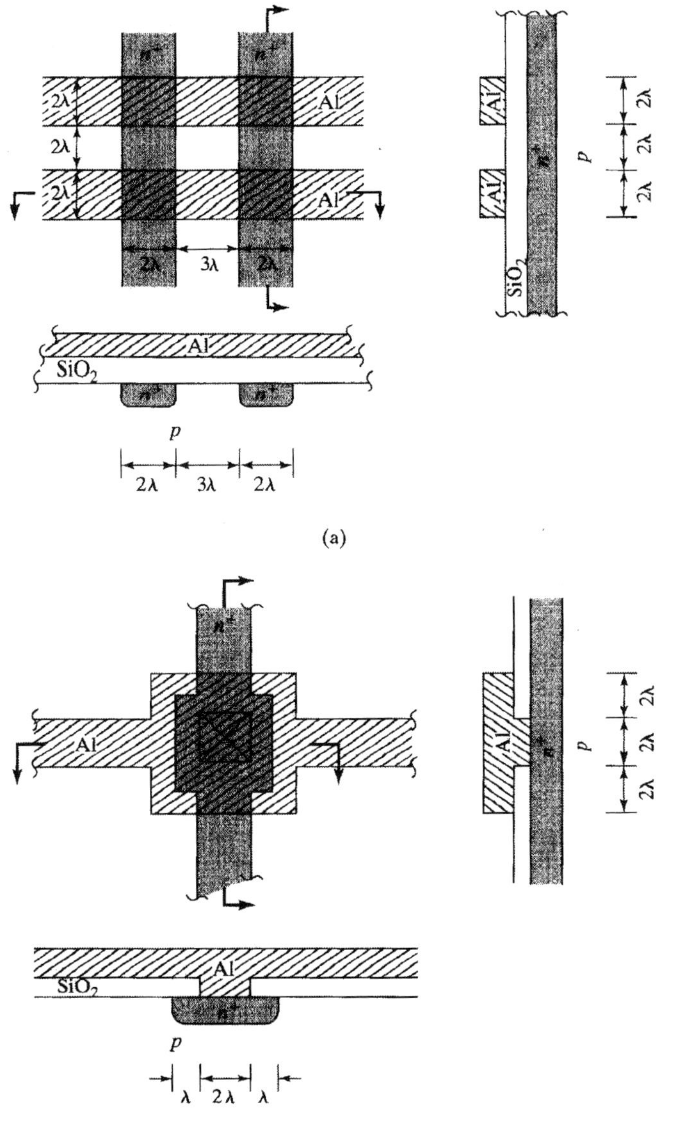

그림 9.11
1과 4단계에 정렬된 2와 3단계가 2 단계에 정렬된 정렬 순서에 기초한 간단한 일련의 "λ-based" 설계법칙 또는 기본법칙 (a) 금속과 확산된 연결 선을 위한 법칙 (b) 금속과 확산 사이의 접촉을 위한 법칙

여기서 설명하는 금속 게이트 트랜지스터에서 얇은 산화막 영역은 확산 단계에 정렬되므로 길이 방향에 있어서 소스/드레인 확산 위에 1λ만큼 중첩되어야 한다. 소스/드레인 영역은 폭 방향으로 적어도 1λ만큼 얇은 산화막을 지나서 자리잡아야 한다. 접촉은 확산 단계에 정렬되는 것에 반해 금속 단계는 얇은 산화막 단계에 정렬된다. 그러므로 최악의 배치는 접촉 창 주위의 2λ의 금속 경계와 얇은 산화막 영역 주위의 1λ 경계가 요구된다.

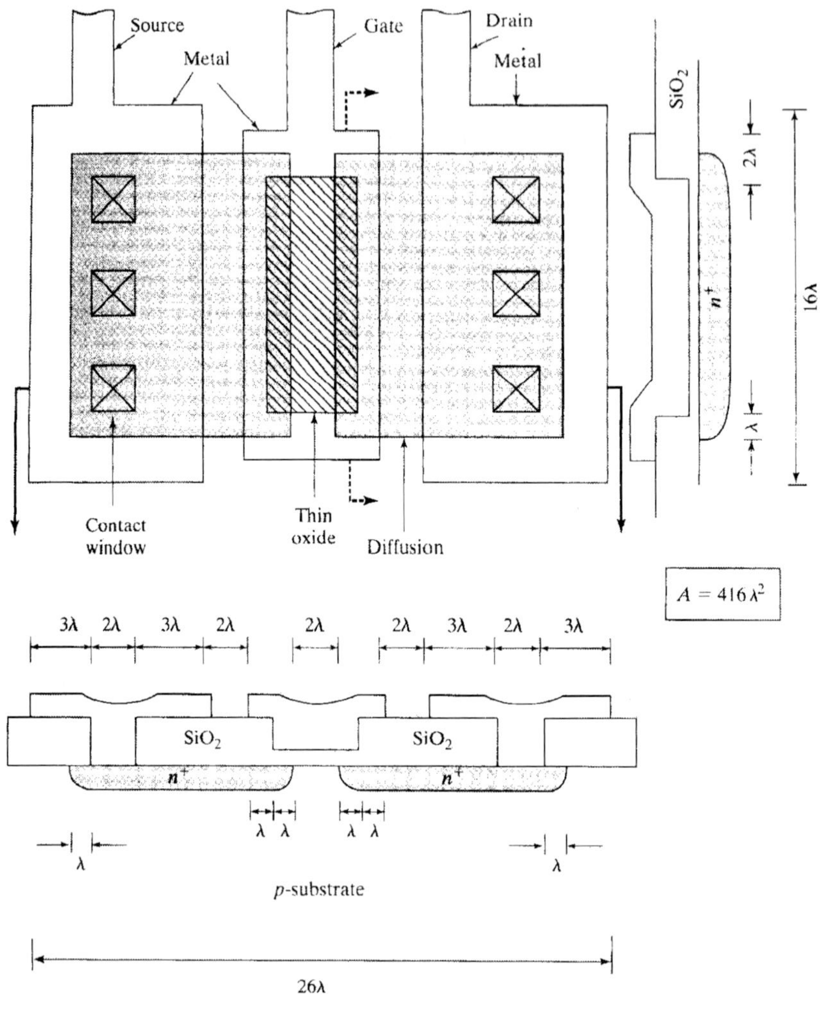

그림 9.12

그림 9.9의 설계법칙을 이용하여 Z/L 비율이 5/1인 금속 게이트 트랜지스터의 최소 크기. 능동 게이트 영역은 전체 소자 면적의 5% 이하이다.

그림 9.12는 마스크 단계에서 Z/L = 10λ/2λ = 5/1를 갖는 최소 크기의 NMOS 금속 게이트 트랜지스터의 수직 단면과 수평 배치를 나타내고 있다. 두 개의 확산은 2λ의 최소 모양 크기에 의하여 떨어져 있다. 얇은 산화막은 확산과 길이 방향으로 1λ만큼 중첩되어 있고 폭 방향으로 1λ만큼 적게 중첩되어 있다. 금속은 1λ만큼 산화막과 중첩되어야 한다. 축적된 정렬 허용오차는 게이트 금속의 최소폭이 6λ가 되도록 한다. 금속 선 사이의 간격은 2λ가 되어야 한다. 정렬 순서에 의하여 접촉 구멍 위의 금속은 폭이 8λ가 되어야 하고 접촉 구멍은

확산 가장자리 안쪽으로 1λ만큼 들어가야 한다. 이러한 결과로 얻어진 최소 트랜지스터는 길이 방향으로 26λ와 폭 방향으로 16λ를 가진다.

새로운 설계법칙이 이러한 배치에 적용되었다. 게이트 금속은 일반적인 배치에서 금속선의 가장자리가 확산의 가장자리 위에 직접 떨어지는 것을 막기 위하여 확산으로부터 1λ의 간격을 둔다.

이러한 구조를 살펴봄에 있어 여러 가지를 관찰하였다. 첫 번째로 트랜지스터는 소자의 능동 채널 면적이 $20\lambda^2$ 을 갖는 반면에 416 λ^2 의 전체 면적을 가진다. 나머지 면적은 최소 모양 크기와 정렬 허용오차 법칙의 제한 속에 여러 영역과 접촉을 하기 위하여 요구된다. 두 번째로 게이트 금속이 트랜지스터의 소스와 드레인 영역을 중첩하는 얇은 그리고 두꺼운 산화막의 실질적인 면적이 있다. 이것이 트랜지스터에 있어서 게이트와 소스간 그리고 게이트와 드레인간의 캐패시턴스를 증가시킨다. 이러한 금속-게이트 트랜지스터 배치에 있어서 채널은 길이 방향에 있어서 접합 가장자리와 폭 방향의 얇은 산화막 영역에 의하여 정의된다.

또한 스스와 드레인 영역에 여러 개의 작은 접촉 창이 있음을 알 수 있다. 일반적으로 기판 전체에 같은 크기의 접촉 창을 만든다. 공정 관점에서 볼 때 같은 크기의 접촉 창은 식각 공정 동안 같은 시간을 개방하여 얻어진다.

9.2.2 폴리실리콘 게이트 트랜지스터 배치

폴리실리콘 게이트 기술을 이용하여 제작된 트랜지스터는 금속 게이트 공정을 이용하여 제작한 것보다 많은 중요한 이점을 가지고 있다. 폴리실리콘 게이트는 증착 이후의 고온 공정을 견딜 수 있고, 이는 공정을 매우 유연하게 한다. 실리콘 게이트는 고온에서 직접 산화시켜 게이트 위의 유전층을 형성할 수 있다. 높게 도핑된 폴리실리콘은 산화 고립으로 인해 다른 금속층이 쉽게 건널 수 있게 해준다. 그러나 대개의 이점은 레이아웃과 캐패시턴스 감소에 있다. 우리는 폴리실리콘 게이트 트랜지스터의 배치 및 구조를 살펴봄으로써 여러 가지 이점을 발견해 보고자 한다.

1장에서 언급한 기본적인 폴리실리콘 게이트 공정 마스크 순서(보호막이 없는)는 다음과 같다.

1. 능동 영역(얇은 산화막) 마스크	첫 번째 마스크
2. 폴리실리콘 마스크	1단계와 정렬
3. 접촉 창 마스크	2단계와 정렬
4. 금속 마스크	3단계와 정렬

몇 가지 새로운 설계법칙이 이러한 공정을 위해 도입되었다. 폴리실리콘선과 공간은 모두 2λ의 최소 모양 크기를 갖는다. 폴리실리콘 게이트는 λ의 정렬 허용오차에 의하여 얇은 산화막과 중첩된다. 위의 정렬 순서는 접촉점 주변에 1λ의 금속 경계와 1λ의 폴리실리콘 경계를 요구한다. 그러나 접촉 구멍은 허용오차의 축적에 의하여 얇은 산화막과 2λ 경계를 갖는다.

그림 9.13에서는 이러한 설계법칙에 의한 Z/L = 5/1인 폴리실리콘 게이트 소자의 배치를 나타내고 있다. 전체 면적은 $168\lambda^2$이다. 금속 게이트 소자에서 5% 이하인 것과 비교할 때 이 경우 능동 채널 영역은 전체 면적의 12%로 나타낸다. 폴리실리콘 게이트는 소스 드레인 주입공정에 있어서 장벽 재료로 작용하고 그 결과 게이트의 가장자리와 소스 드레인 영역의 가장자리가 자기정렬이 되도록 한다. 채널에 대한 게이트의 자기정렬은 트랜지스터의 크기를 감소시키고 게이트와 소스 드레인 영역 사이의 중첩영역을 없앤다. 게다가 소스 드레인 금속화 공정이 게이트에 가깝게 위치할 수 있으므로 트랜지스터의 크기는 감소하게 된다. 폴리실리콘 게이트의 배치에 있어 채널은 길이 방향의 폴리실리콘 게이트와 폭 방향의 얇은 산화막에 의하여 정의된다.

이 공정에서 얻을 수 있는 매우 중요한 부가적인 장점은 폴리실리콘에 의하여 제공되는 연결공정의 3번째 단계이다. 폴리실리콘 기술에 있어서 회로 연결은 확산, 금속과 폴리실리콘 단계에서 가능하다.

가장자리와 관련된 설계법칙은 이러한 배치에 다시 도입된다. 금속선은 폴리실리콘 게이트로부터 1λ의 간격을 가지고 있어 정상적인 배치의 경우 금속선의 가장자리가 폴리실리콘선의 가장자리의 위로 직접 연결되는 것을 방지하게 된다.

9.2.3 더 적극적인 설계법칙

지금까지 논의한 설계법칙은 최소 모양 크기(F)와 정렬 허용오차(T)에 초점을 맞추어 설계한 것이었다. F와 T는 주로 행하여지는 리소그래피의 종류에 의하여 결정된다. 그러나 공정을 통한 선폭의 팽창 및 축소는 또한 기본법칙에 의하여 크게 영향을 받는다. 이러한 팽창 또는 축소는 마스크 제작, 노출, 현상, 식각 또는 확산공정 수행시 발생한다. 이러한 선폭의 변화는 일반적으로 설계법칙에 반영된다.

부가적으로 정렬 변위는 통계적인 처리를 요구한다. 최악의 오정렬은 단지 매우 작은 시간 비율에 발생한다(정규분포의 경우 3σ 오정렬은 단지 2%의 시간에 발생한다). 일련의 법칙은 최악의 정렬 허용오차가 매우 비관적인 경우에 근거하고 있다. 예를 들어 접촉점이 한 방향으로 λ만큼 오정렬되어 있고 동시에 금속 단계는 반대 방향으로 λ만큼 오정렬되어 있다고 가정할 경우 전체적으로 축적된 오차는 2λ가 된다. 그러나 이러한 상황은 거의 일어날 확률이 없다.

폴리실리콘 게이트 공정에서 두 설계법칙을 견고하게 하는 경우의 효과를 살펴보자. 첫 번째로 하나의 층의 가장자리를 다른 층의 가장자리와 정렬시킨다. 두 번째로 접촉 창을 1 λ만큼 전계 산화막 위로 덮도록 하자. 그 결과로 생긴 폴리실리콘 게이트 정렬 순서를 이용한 배치를 그림 9.14에 나타내고 있다. 소자의 전체 면적은 25%가 감소한 $120\lambda^2$이 되었고 능동 채널 영역은 전체 트랜지스터 면적의 17%를 차지하게 된다. 여기서 우리는 기본법칙이 소자 영역에 어떻게 영향을 미치는지를 알 수 있다.

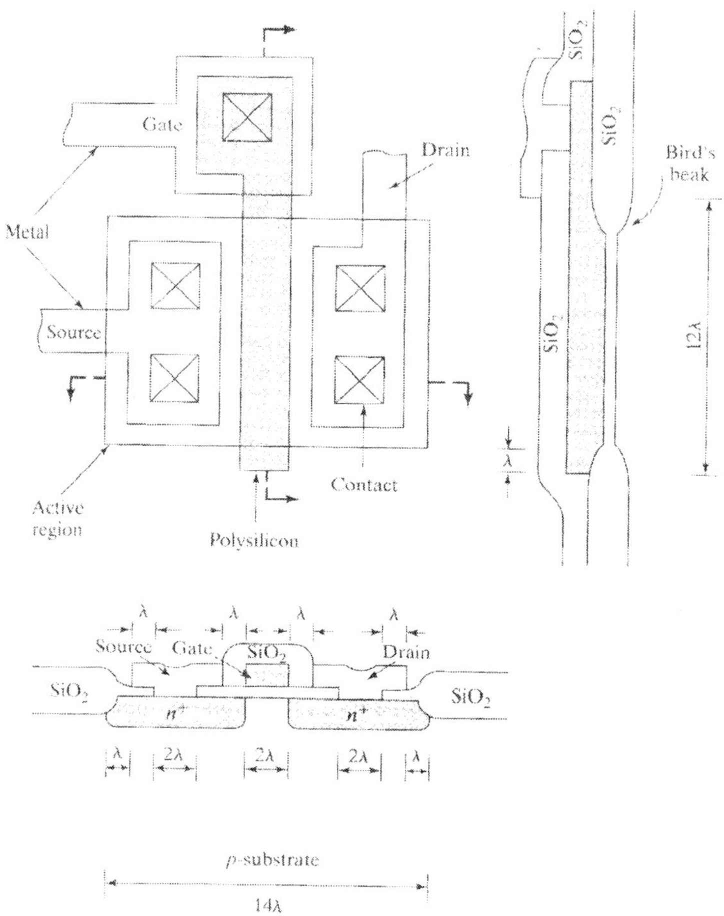

그림 9.13

Z/L = 5/1인 폴리실리콘 게이트 트랜지스터 배치의 최소 크기. 능동 게이트 영역은 트랜지스터 면적의 12%를 차지하며 기생 게이트 캐패시턴스는 최소화된다.

9.2.4 채널 길이와 폭의 영향

그림 9.15에서는 설계법칙의 정의와 관련된 공정의 상호관계에 대한 다른 예를 나타내고 있다. 여기서 우리는 소스 드레인 접합 깊이가 λ이고 측면 확산과 깊이 방향의 확산이 같은 금속 게이트 공정을 가정하였다. 소스 드레인 확산이 산화막의 열린공간의 가장자리 밑으로 측면 확산이 일어나기 때문에 접촉 창은 마스크 단계에서 확산 가장자리와 정렬되어야 할 뿐만 아니라 최종 구조의 확산 경계의 1λ 안에 들어가야 한다.

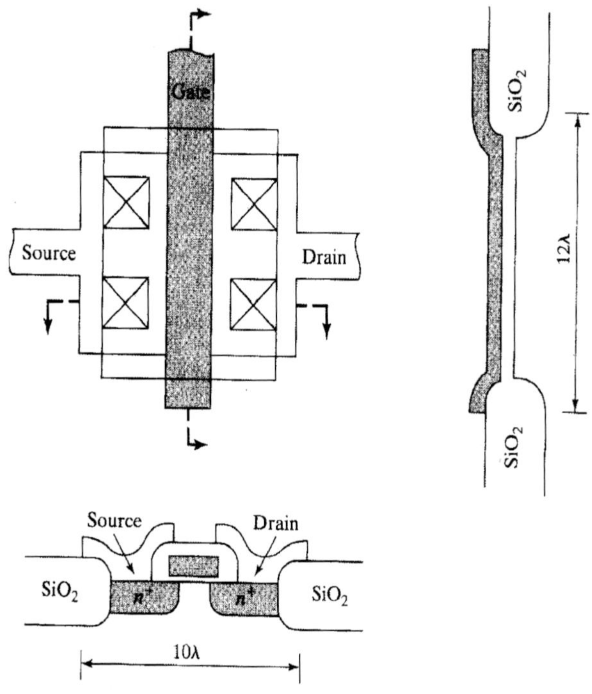

그림 9.14

두 개의 기본법칙이 완화된 폴리실리콘 게이트 트랜지스터의 더 적극적인 배치. 이 경우 능동 게이트 면적은 전체 소자 영역의 17%가 된다.

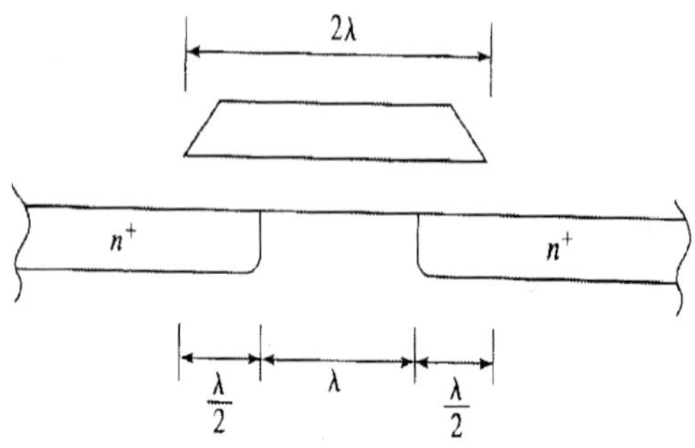

그림 9.15

확산 창의 가장자리 밑으로 생기는 측면 확산에 의한 폴리실리콘 게이트 NMOS 소자의 채널 길이 바이어스. 트랜지스터는 마스크 단계에서 L=2λ을 가지나 소자 제작 후에는 실제로 L=λ를 가진다.

그러나 측면 확산은 소자에서 같은 전기적 채널 길이를 얻기 위하여 마스크 단계에서 채널 길이가 두 배가 되어야 한다. 실제 채널 길이 $L = L_m - \Delta L$가 되고 여기서 L_m은 마스크에 원래 그려진 채널 길이이고 ΔL은 공정 중에 생긴 채널 길이의 감소량이 된다. 이 영역은 공정의 제어가 요구되는 중요한 영역이다. 채널 길이가 짧은 소자에 있어서 ΔL은 소자가 쓸모없게 될 수 있도록 하는 중요한 변수이다. 그림 9.15의 금속 게이트 배치에 있어서 마스크 단계에서는 $W_m = 10\lambda$, $W_m/L_m = 10\lambda/2\lambda = 5/1$이 되고 제작된 트랜지스터에 있어서는 $W/L = 10\lambda/\lambda = 10/1$이 된다.

소스 드레인 영역에 이온 주입된 자기정렬 폴리실리콘 게이트 기술의 발전이 주된 향상을 가져왔다. 폴리실리콘 게이트 공정은 전체는 아니지만 대부분의 측면 확산에 의한 채널 길이의 감소와 금속 게이트 공정에 있어 정렬 허용오차로부터 기인하는 중첩 캐패시턴스를 없앨 수 있다.

그림 9.14에서 다른 채널 바이어스 소스를 볼 수 있다. '새의 부리 모양'은 능동 영역 마스크에 의하여 정의된 능동 영역에서 밑으로의 크기를 감소시키고 폴리실리콘 게이트 트랜지스터의 채널 폭에 공정 바이어스를 제공한다. $W = W_m - \Delta Z$이고 여기서 W_m은 마스크 단계에서의 폭이고 ΔW는 공정 중의 채널폭 감소량이다.

집적회로의 대량 생산을 위해 발전된 매우 협소한 오차를 갖는 일련의 설계법칙에서 모든 임계 규격들은 공정과 정렬 순서에 따라 조정된다. 이러한 것이 종종 일련의 50~100개의 설계법칙을 일치시키는 배치를 만든다. 그러한 일련의 법칙은 기술 특성화가 필요하며 한 세대의 리소그래피에서 다음 세대로 전달될 수 없다. 미드와 콘웨이 형 법칙은 심하게 비관적이어서 실리콘 면적의 많은 부분을 낭비한 법칙과 지나치게 복잡하여 모든 초과 면적을 극소화한 법칙의 중간에 위치한다. 미드와 콘웨이형 설계법칙은 실리콘 면적이 아니라 설계 시간을 주된 관심사로 여기는 집적회로의 소량 생산에 이용된다.

9.3 CMOS 기술

현재 CMOS 기술은 상업적으로 가장 중요한 실리콘 기술이다. 1980년대 중반에 이르러, 공정의 복잡성보다 저전력 장점의 비중이 높아짐에 따라 기술의 중심이 되었다. 오늘날 CMOS를 마이크론 이하로 축소시킴에 따라 이 기술을 전력과 속도면에서 경쟁력을 갖게 되었다.

9.3.1 n우물 공정

그림 1.8에 나타낸 기본적인 CMOS 공정은 p우물 확산과 NMOS 및 PMOS 트랜지스터를 요

구한다. 기판의 비저항률은 요구되는 PMOS 특성을 만족하도록 선택되어지고 부가되는 주입 단계는 PMOS의 임계 상태를 독립적으로 조정하기 위하여 이용된다. P-우물과 기판 사이의 접합은 깊이에 있어서 몇 마이크론에서부터 많게는 20 마이크론까지의 범위를 갖는다. P-우물의 순수 표면농도는 기판농도보다 충분히 커서 NMOS 트랜지스터의 이동도와 임계전압을 떨어뜨리지 않는 적절한 공정 제어를 할 수 있어야 한다. P-우물의 표면농도는 일반적으로 기판 불순물 농도의 3~10배 정도가 된다. 부가적인 주입 단계는 종종 NMOS 임계전압을 조정하는데 이용된다.

9.3.2 p우물과 이중우물 공정

최초로 성공한 CMOS 기술은 그림 1.8의 반대인 p우물 공정을 이용하였다. 그러나 더 좋은 성능에 대한 연구는 NMOS 트랜지스터를 n채널 이동도가 가장 높은 약하게 도핑된 기판 지역에 위치시킨 n우물 공정을 낳았다. 최근, 그림 9.16과 같은 이중-우물 공정이 개발되어 n과 p 채널의 특성의 최적화를 동시에 가능케했다.

약하게 도핑된 n 혹은 p 증착층이 강한 n 혹은 p 형의 기판에 성장된다. 개별적인 주입과 확산은 NMOS와 PMOS를 둘 다 형성케 한다. 저항률이 낮은 기판은 기판저항 R_s를 만들어내며 나중에 논의될 래치업 저항을 향상시킨다.

9.3.3 게이트 도핑

초기의 폴리실리콘 게이트 CMOS 공정은 그림 9.2와 같이 n+ 폴리실리콘 게이트를 양쪽의 트랜지스터로 사용했다. 많은 공정에서, PMOS 트랜지스터 위의 n+ 게이트의 사용은 표면채널 소자라기보다는 매립 채널 소자를 형성하여 소자의 항복점 전의 작동 정지를 야기한다는 것이 발견되었다. 이중 우물 공정의 출현과 양 소자의 최적화를 위한 연구 결과, p+ 도핑된 폴리실리콘 게이트가 도입되었다. p+ 게이트의 사용으로, PMOS 소자 특성은 운동도의 차이를 제외한 대부분이 NMOS 소자와 비슷해졌다. 항복전압도 비슷해졌다. 그림 9.16에 묘사된 이중 우물 공정은 p+와 n+ 폴리실리콘 게이트를 만들어낸다는 것에 주목하라. p+ 게이트는 n+ 주입중에는 포토레지스트층에 의해 보호된다.

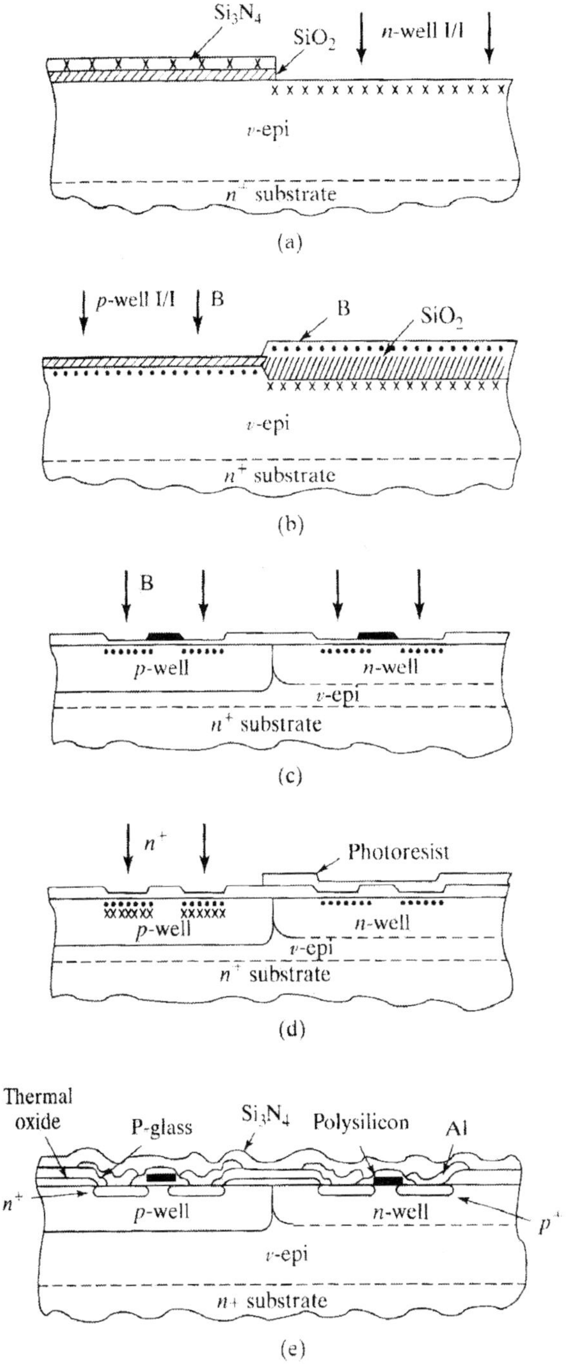

그림 9.16

공정의 여러 단계에서의 이중 우물 CMOS 구조. (a) n 우물 주입 (b) p 우물 주입 (c) 비선택적 p+ 소스 드레인 주입 (d) 포토레지스트 마스크를 사용한 비선택적 n+ 소스 드레인 주입 (e) 최종 구조 Copyright 1980, IEEE. reprinted with permission from Ref. [10]

예제 9.3

CMOS 공정이 $10^{15}/cm^3$으로 도핑된 n형 기판을 사용하였다. 주입/내부 침투 계획은 4 × $10^{17}/cm^3$의 순수 표면농도와 7.5 ㎛의 접합 깊이를 갖는 p 우물을 형성하기 위해 사용되었다. (a) 1150℃에서 내부 침투 시간은 얼마인가? (b) 실리콘에서 주입 농도를 계산하라. (c) 산화막 두께가 10 nm라면 n과 p채널 트랜지스터의 임계전압은 얼마인가?

풀이: 3 ㎛의 접합 깊이와 낮은 표면 농도는 우물 구조가 두 단계 확산 또는 주입/확산공정에 의하여 가우시안 분포를 가진다. 1.1 × $10^{17}/cm^3$의 최종 표면농도는 표면에서 1 × $10^{17}/cm^3$의 순수농도를 가지게 한다. 따라서 Dt 곱을 계산하면 다음을 얻는다.

$$Dt = x_j^2/4 \ \ln(N_0/N_B) = 9.38 \times 10^{-9} \mathrm{cm}^2$$

1150℃에서 D = 8.87 × 10^{-13} cm^2/sec 이고 이것으로부터 t = 2.94를 얻는다. 실리콘에서의 농도는 Q = $N_o\sqrt{\pi Dt}$ = 1.89 × 10^{13} $/cm^2$이 된다. 10^{16} $/cm^3$의 도핑농도를 가지는 n형 기판에 p채널 소자가 자리잡는다. 그림 9.2로부터 임계전압은 -1.1V가 된다. 깊은 우물 구조의 확산은 거의 상수이며 표면 근처에서 10^{17} $/cm^3$의 값을 갖는다. 그림 9.2는 4V의 n채널 임계전압을 갖게 됨을 알 수 있다. 임계전압 조정을 위한 주입은 n채널 임계전압을 증가시키기 위해 이 공정에 필요함을 알 수 있다.

9.3.4 CMOS 고립

CMOS 기술에서 고립을 유지하기 위하여, 9.2.4절에서처럼 트랜지스터가 떨어져 있을 뿐만 아니라 그림 9.17에서처럼 우물의 가장자리가 떨어져 있어야 한다. 최소간격은 드레인 확산을 에워싸는 공핍층과 우물 기판 접합의 공핍층의 합이다. 최소간격의 예상에 대한 예제가 예제 9.4에 나와 있다.

예제 9.4

그림 9.4를 이용하여 서로 이웃한 NMOS 드레인, 그리고 기판 도핑이 3 × $10^{16}/cm^3$, 우물 도핑이 $3 \times 10^{17}/cm^3$일 때 CMOS 공정에서의 PMOS 트랜지스터 최소간격을 계산하라. 드레인-기판 최대 전압은 3.3V이다. 우물이 3.3V의 역바이어스가 가해졌다고 가정하라.

풀이: 그림 9.4일 경우, 식 (9.3)에서 내부 포텐셜을 유추해 내야 한다. NMOS인 경우,

$$V_{bi} = 0.56V + (0.0258V)\ \ln(3\times10^{17}/10^{10}) = 1.0V$$

PMOS 트랜지스터와 우물-기판 접합일 경우,

$$V_{bi} = 0.56V + (0.0258V)\ \ln(5\times10^{16}/10^{10}) = 0.96V$$

그림 9.4를 사용하여, 다음과 같은 공핍층 두께를 예상할 수 있다.

$$\left(\frac{V_A + V_{bi}}{N_B}\right) = \frac{3.3V + 0.96V}{5\times10^{16}/cm^3} = 8.5\times10^{17}\,V-cm^3 \rightarrow w_d = 0.33\,\mu m$$

$$\left(\frac{V_A + V_{bi}}{N_B}\right) = \frac{3.3V + 1.0V}{3\times10^{17}/cm^3} = 1.4\times10^{17}\,V-cm^3 \rightarrow w_d = 0.13\,\mu m$$

공핍층은 (0.33 + 0.33 + 0.13) = 0.79 ㎛를 차지한다. 안전 여백을 더하면 이 경우의 최소 간격은 약 1.25 ㎛가 된다.

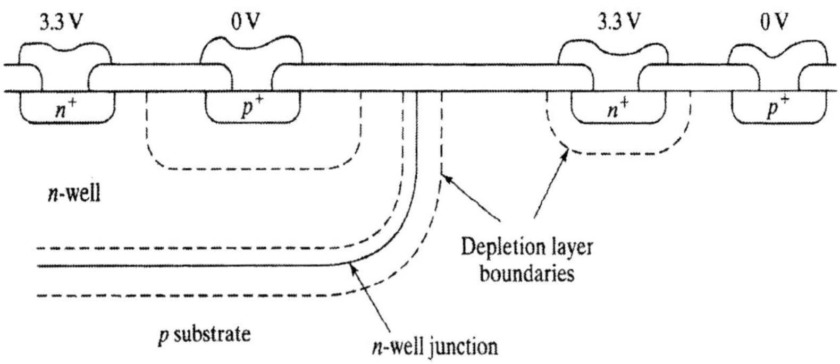

그림 9.17
n 우물 CMOS 기술에서 고립을 얻기 위해 필요한 최소 간격 요구치

공핍층 넓이에 추가하여, 총 거리에 얼라인먼트 간격을 더하여 최악의 얼라인먼트 경우에도 최소 간격이 유지되도록 하여야 한다. 또한, 깊은 well의 확산은 CMOS 레이아웃에 고려해야 할 우물 반지름을 추가시킨다.

9.3.5 CMOS

그림 9.18에서 보이는 바와 같이 합쳐진 pnp와 npn 트랜지스터가 4개의 층으로 구성된

(pnpn) 측면의 SCR을 형성하는 CMOS 공정에서 기생 양극 소자가 형성된다. 만일 이 SCR 이 "on" 상태가 되면 소자는 "latchup" 이라고 불리우는 조건에 의하여 파괴된다. P우물 의 깊이와 소스/드레인 영역과 p우물의 가장자리사이의 간격은 양극 트랜지스터의 전류 이득과 션트 저항 RS 와 RW의 크기를 최소화하도록 주의깊게 선택하여야 한다. CMOS 공정은 NMOS 나 PMOS 공정에는 없는 몇가지의 부가적인 기본법칙이 있다. 양극 트랜지스터에 관한 자세한 논의는 10장에서 하도록 하겠다.

두개의 션트 저항의 저항값을 감소시키기 위하여 종종 "가드 링" 확산이 그림 9.19에서처럼 공정에 부가된다. 가드 링은 PMOS 또는 NMOS 트랜지스터의 소스/드레인 확산을 이용하여 형성되거나 독립된 확산 단계를 첨가하여 형성된다.

9.3.6 얕은 트렌치 고립

마이크론 이하의 발전된 공정은 이중 우물 공정이 그려진 그림 9.19과 같은 얕은 트렌치 고립을 사용한다. NMOS와 PMOS 소자는 STI 산화막 지역에 의해 구획지워진다. STI와 강하게 도핑된 기판의 조합은 양극성 소자의 전류이득을 감소시키고 션트 저항을 감소시켜 가드링을 불필요하게 해준다. LDD 연장은 두 소자와 게이트 주변의 실리콘 질화물 역전류기에 중요하다. 셀프 얼라인드 탄탈륨 실리카이드 층 또한 폴리실리콘 게이트, 소스, 드레인 지역의 시트 저항을 감소시키기 위해 사용한다. 이러한 종류의 CMOS 공정은 0.18㎛ 이하의 소자에 쓰인다.

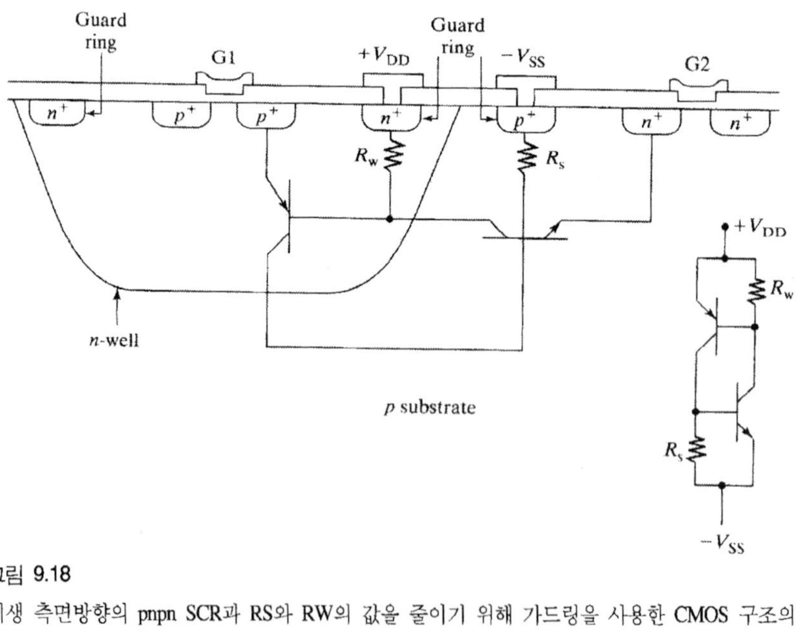

그림 9.18

기생 측면방향의 pnpn SCR과 RS와 RW의 값을 줄이기 위해 가드링을 사용한 CMOS 구조의 단면도.

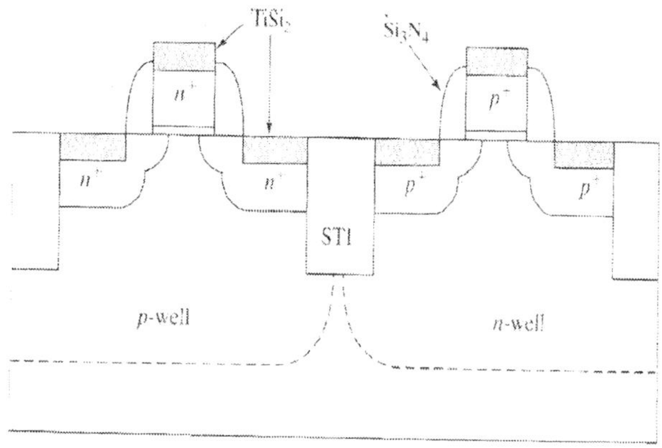

그림 9.19
이중 우물 CMOS 기술에 얕은 트렌치 고립을 사용. Copyright IEEE 1998. Reprinted with permission from Reference[20]

9.4 절연체 위의 실리콘

절연체 기판은 소자 고립과 래치업 문제를 확실히 해결해준다. 초창기에는 절연성 기판을 얻기 위하여 실리콘 크리스털 구조와 잘 맞는 사파이어 기판에 단일 크리스털 실리콘을 성장시켰다. NMOS와 PMOS를 실리콘 박막에 제조하여 CMOS 기술을 발전시켰다. 이 기술은 SOS(Silicon-on-sapphire)기술이라 불린다. 이러한 초기의 시도는 실리콘-사파이어 경계면의 문제로 좌초되었으나 나중에는 이를 제어하여 이용가능한 기술로 발전시켰다.

실리콘-실리콘 디옥사이드 경계면을 고도로 제어할 수 있는 기술은 새로운 절연체 위의 실리콘(SOI)기술로 이어졌다. 고에너지 이온 주입을 사용하여 약하게 도핑된 실리콘 웨이퍼의 표면 밑에 산소 원자를 배치시킨다. 주입 다음으로, 높은 온도에서 웨이퍼를 어닐링하여 그림 9.20과 같이 실리콘 표면 밑에 매립 산화막층을 생성한다. 이 기술을 SIMOX라고 한다. 이 뒤에 이중 우물 통을 약하게 도핑된 기판에 형성시키며 트렌치 고립으로 분리시킨다. 그 뒤 NMOS와 PMOS 소자를 통에서 제조하여 SOI CMOS 공정을 마친다.

실리콘 웨이퍼-웨이퍼 결합은 원래 MEMS를 위해 개발되었지만 SOI 기판을 제조하는 데에도 사용된다. 실리콘 웨이퍼를 산화시켜 절연 SiO_2 층을 형성한다. 두 번째 실리콘 웨이퍼를 산화된 표면과 맞붙여 고온에서 어닐링하여 두 웨이퍼 간의 접합을 형성한다. 당연히, 이 공정에는 표면의 깨끗함이 매우 중요하다. 실리콘의 위층은 화학 식각으로 얇게 하여 원하는 두께를 만든다. 또다른 방법은 기계적 래핑과 폴리싱 공정으로 실리콘 웨이퍼를 얇게 하는 것이다.

요약

이 장에서는 공정 변수와 항복전압, 펀치 스루 전압, 임계전압, 접합 캐패시턴스 간의 상호 관계를 포함하는 MOS 소자 특성과 트랜지스터 배치와 관련된 공정 설계의 상호 연관성을 살펴보았다. 큰 기판 도핑이 펀치 스루 전압을 최대화하는데 필요한 반면에 접합 캐패시턴스, 기판 감도와 접합 항복전압을 최소화하기 위해서는 기판 도핑이 작은 것이 요구된다. 이온 주입의 사용으로 회로 설계자가 트랜지스터의 임계전압을 독립적으로 조정하는 것이 가능하다.

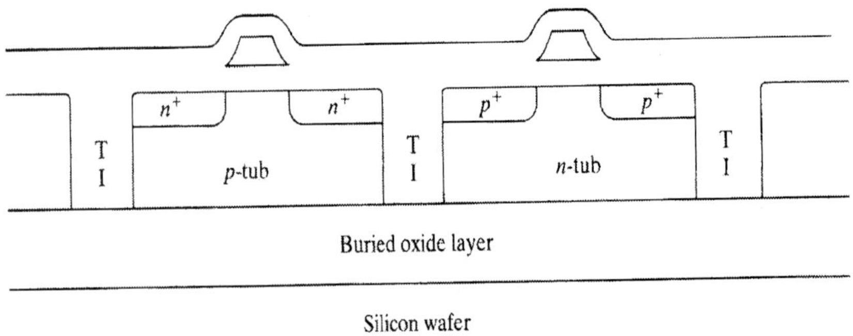

그림 9.20
고립된 트렌치의 유전체 위의 실리콘 기술

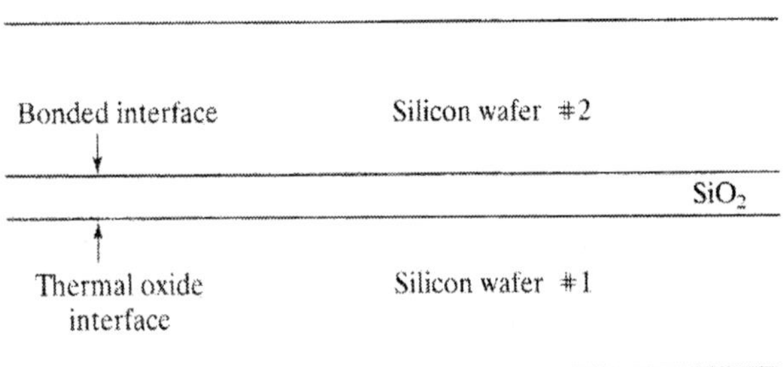

그림 9.21
결합된 웨이퍼 SOI 형성

최소 모양 크기와 정렬 허용 오차와 관련된 기본 개념을 발전시켰고 간단한 일련의 배치 설계법칙을 논의하였다. 배치설계법칙과 트랜지스터의 크기의 밀접한 관계에 대하여도 설명하였다. 폴리실리콘-게이트 기술은 주어진 W/L 비율을 갖는 트랜지스터를 위한 금속-게이트 기술보다 상당히 작은 소자 면적을 가질 뿐만 아니라 소자의 기생 게이트 캐패시턴스를 최소화한다. 부가적으로 폴리실리콘 게이트 공정은 궁극적으로 측면 확산에 의한 채널 길이 바이어스를 감소시킨다.

이온 주입과 확산을 복합적으로 이용하여 CMOS 기술에서 요구되는 p형 또는 n형 우물을 형성하는데 일반적으로 사용된다. 집적회로 CMOS는 종종 n채널과 p채널 소자 모두의 독립적인 최적화가 가능한 이중-우물 공정을 사용한다.

마이크론 이하의 공정에서 높은 밀도를 얻기 위해서, 소자간에 매우 좋은 고립을 제공하는 트렌치 고립을 사용한다. 트렌지스터의 소스와 드레인 지역은 산화 고립 지역에서 인접해도 된다. 강하게 도핑된 기판의 고립과 이중-우물 공정은 래치업을 억제하고 가드링의 필요를 없애준다. 고립과 캐패시턴스 감소는 SOI 기판으로 얻어진다. 초기의 SOS는 사파이어 기판에 얇은 실리콘 막을 성장시켰다. 오늘날 SOI 기판은 산소의 고에너지 주입 혹은 화학 식각 이후의 직접 웨이퍼-웨이퍼 접합으로 만든다.

참고문헌

[1] R. F. Pierret, *Field Effect Devices*, Volume IV in the Modular Series on Solid State Devices, Addison-Wesley, Reading, MA, 1983.

[2] S. A. Abbas and R. C. Dockerty, "N-channel Design Limitations due to Hot Electron Trapping," *IEEE IEDM Digest*, pp. 35–38, 1975.

[3] T. H. Ning, C. M. Osburn, and H. N. Yu, "Threshold Instability in IGFETs due to Emission of Leakage Electrons from Silicon Substrate into Silicon Dioxide," *Applied Physics Letters*, 29, 198–199, 1976.

[4] P. E. Cottrell and E. M. Buturla, "Steady State Analysis of Field Effect Transistors via the Finite Element Method," *IEEE IEDM Digest*, pp. 51–54, 1975.

[5] S. M. Sze, *Semiconductor Devices-Physics and Technology*, John Wiley & Sons, New York, 1985.

[6] C. A. Mead and L. Conway, *VLSI Design*, Addison-Wesley, Reading, MA, 1980.

[7] Brian Spinks, *Introduction to Integrated Circuit Layout*, Chapter 7, Prentice-Hall, Englewood Cliffs, NJ, 1985.

[8] A. Ochoa, W. Dawes, and D. Estreich, "Latchup Control in CMOS Integrated Circuits," IEEE Transactions on Nuclear Science, NS-26, 5065–5068, December 1979.

[9] R. S. Payne, W. N. Grant, and W. J. Bertram, "The Elimination of Latchup in Bulk CMOS," *IEEE IEDM Digest*, p. 248c251, December 1980.

[10] L. C. Parrillo, R. S. Payne, R. E. Davis, G. W. Reutlinger, and R. L. Field, "Twin-Tub CMOS-A

Technology for VLSI Circuits," *IEEE IEDM Digest*, p. 752–755, December 1980.

[11] B. J. Baliga and D. Y. Chen, *Power Transistors: Device Design and Applications*, IEEE Press, New York, 1984.

[12] K. P. Roenker and L. W. Linholm, "An NMOS Test Chip for a Course in Semiconductor Parameter Measurements," *National Bureau of Standards Internal Report* 84-2822, April 1984.

[13] T. J. Russell, T. F. Leedy, and R. L. Mattis, "A Comparison of Electrical and Visual Alignment Test Structures for Evaluating Photomask Alignment in Integrated Circuit Manufacturing," *IEEE IEDM Digest*, p. 7A–7F, December 1977.

[14] D. S. Perloff, "A Four-Point Electrical Measurement Technique for Characterizing Mask Superposition Errors on Semiconductor Wafers," *IEEE Journal of Solid-State Circuits*, SC–13, 436–444, August 1978.

[15] A. Hori et al., "High Speed 0.1㎛ Dual Gate CMOS with Low Energy Phosphorus/Boron Implantation and Cobalt Silicide," *IEEE IEDM Technical Digest*, pp. 575–578, December 1996.

[16] H. Hwang, D-H Lee and J. M. Hwang, "Degradation of MOSFETs Drive Current Due to Halo Ion Implantation," *IEEE IEDM Technical Digest*, pp. 567–570, December 1996.

[17] A. J. Auberton-Hervé, "SOI: Materials to Systems," *IEEE IEDM Tehnical Digest*, pp. 3–10, December 1996.

[18] T. Hashimoto et al., "A 0.2㎛ Bipolar-CMOS Technology on Bonded SOI with Copper Metallization for Ultra High-speed Processors." *IEEE IEDM Technical Digest*, pp. 209–212, December 1998.

[19] CMOS: From Bulk to SOI, IBIS Technololgy Corporation *Technical Note*, 1999, http://www.ibis.com.

[20] S. Yang et al., "A High Performance 180 nm Generation Logic Technology," *IEEE IEDM Digest*, pp. 197–200, December 1998.

[21] W. Maly, *Atlas of IC Technologies: An Introduction to VLSI Processes*, The Benjamin/Cummings Publishing Company, Inc., Menlo Park, CA: 1987.

[22] R. H. Dennard, F. H. Gaenssien, L. Kuhn and H. N. Yu, "Design of Micron MOS Switching Devices," *IEEE IEDM Digest*, pp. 168, December 1972.

문제

9.1 10 nm의 게이트 산화막을 가지는 MOSFET이 버틸 수 있는 최대 게이트소스 전압은 얼마인가? 산화막은 5 MV/cm에서 항복이 일어나고 기판 전압은 0V로 가정한다.

9.2 (a) 두 개의 n+ 확산된 선들이 10^{15} 붕소원자/cm^3으로 도핑된 기판에서 평행하게 이동한다. 기판은 −2V로 바이어스되어 있고 두 개의 선은 +3V 전원이 연결되어 있다. 1−D 접합 이론을 이용하여 두 선의 공핍층이 합병되지 않을 수 있는 두 선간의 최소 간격을 구하라.

(b) 3×10^{16}/cm 도핑 레벨에 대해 이 문제를 반복하라.

9.3 1−D 접합이론을 이용하여 채널 길이가 1 ㎛인 MOSFET의 펀치 스루 전압을 추정하라. 이 경우 기판 도핑은 $3 \times 10^{16}/cm^3$으로, 기판 바이어스는 0V로 가정한다.

9.4 그림 9.2와 비슷한 항복 그래프를 그려라. 그 대신 p+ 게이트가 PMOS 트랜지스터에 사용되었다고 가정하라.

9.5 10 nm 게이트 산화막으로 향상된 NMOS 소자 (V_{TN}>0)을 만들기 위한 기판의 최소 도핑 농도는?

9.6 그림 P9.6에 나타낸 도핑 분포를 갖는 NMOS 트랜지스터의 임계전압을 구하라. 게이트 산화막 두께가 50 ㎛인 n+ 폴리실리콘게이트 트랜지스터를 가정한다.

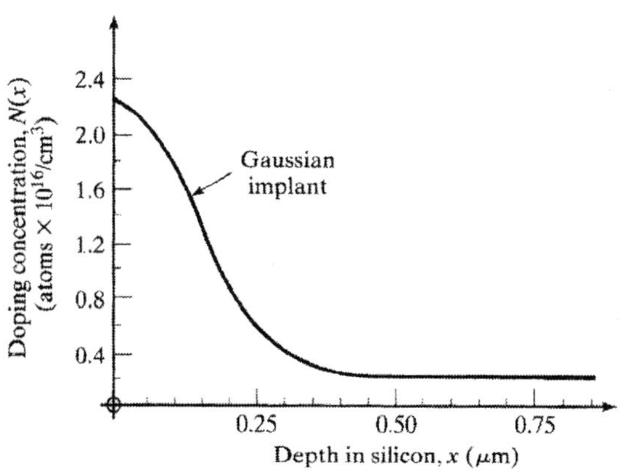

그림 P9.6

9.7 실리콘 표면에서 최고 농도를 갖는 주입은 NMOS 트랜지스터의 임계전압을 조정하는데 사용된다. 우리는 그림 9.5와 유사하게 사각 근사화를 이용하여 주입을 모델링하고자 한다. 두 불순물 분포의 처음 두 모멘트를 같게 하여 $N_i = N_p\pi/4$와 $x_i = \Delta R_p \sqrt{8/\pi}$를 증명하라.

9.8 한 MOS가 1 ㎛에서 0.25 ㎛로 축소되었다. 단위 면적(cm^2)당 회로수는 얼마인가? 전력−지연 시간의 곱은 얼마나 향상되었나?

9.9 전압은 그대로인데 크기만 α배로 줄었다고 가정하자. 트랜지스터의 드레인 전류는 어떻게 변화하는가? 전력회로와 전력밀도는 어떻게 변하는가?

9.10 고성능 NMOS 논리 공정은 부하 소자로 공핍 모드 NMOS 트랜지스터를 이용한다. 이 경우 얕은 비소나 황을 채널 영역에 주입함으로써 얻어지는 음수값의 임계전압이 요구된다. 기판 도핑이 $3 \times 10^{16}/cm^3$이고 게이트 산화막 두께가 50 nm인 n+ 폴리실리콘 게이트 NMOS 트랜지스터의 임계전압이 −3V가 되도록 하기 위한 비소의 농도를 계산하라.

9.11 그림 1.8을 p우물인 경우의 CMOS 공정에 대하여 그려라.

9.12 우리가 설계법칙의 예로 든 것은 반으로 줄인 정렬 허용오차를 사용하였다. 이 비는 매우 느슨한 정렬 성능이다. 그림 9.13 T=α로, F=4α로 하여 새로운 설계법칙을 구하라. 이 법칙으로 최소 크기의 폴리실리콘 게이트 트랜지스터를 그려라. 그림 9.13에서 λ=2α일 때와 이것의 면적을 비교하라.

9.13 n우물 CMOS 공정은 $3 \times 10^{15}/cm^3$의 기판 도핑으로부터 시작된다. 표면 근처에서의 우물 도핑은 약 $3 \times 10^{16}/cm^3$으로 유지된다. 게이트 산화막의 두께는 둘 다 40 ㎛이다.

(a) n채널 트랜지스터와 p채널 트랜지스터의 임계전압을 식 (9.2)를 이용하여 구하라.

(b) NMOS의 임계전압을 +1V 이동시키고 PMOS의 임계전압을 −1V 이동시키기 위한 붕소의 도핑 농도를 구하라. 이 경우 임계전압의 이동은 얕은 이온 주입에 의하여 생성된다고 가정하고 산화막 전하는 무시한다.

9.14 초창기의 CMOS 논리회로는 8V 이상의 전압을 사용하였다. 기판 도핑이 $3\times10^{15}/cm^3$, 우물 도핑이 $6\times10^{16}/cm^3$, 최대 드레인 기판 전압은 8V이고 우물이 8V로 역바이어tm 되었을 때의 CMOS 공정에서 이웃한 NMOS와 PMOS 트랜지스터 드레인의 최소 간격을 구하라.

9.15 이중 우물 공정은 3 ㎛의 두께, n+ 기판에 10Ωcm ν 에피층으로 시작된다.

(a) 드라이브인 확산 이후에 이온 주입으로 p우물을 형성하고 표면 농도 $10^{16}/cm^3$, 깊이 2 ㎛가 되게 하려 한다. 1075℃에서 드라이브인 시간과 실리콘의 불순물 양은? 우물의 측면 확산 거리는?

(b) 인으로 만든 n우물을 같은 기판에 만들려 한다. 드라이브인 확산 이후에 이온 주입으로 p우물을 형성하고 표면 농도 $5\times10^{16}/cm^3$, 깊이 1.5 ㎛가 되게 하려 한다. 1075℃에서 드라이브인 시간과 실리콘의 불순물 양은? n우물의 측면 확산 거리는?

(c) 기판이 비소로 $10^{20}/cm^3$으로 도핑되었다면 n+ 기판에서부터의 전체 이웃 확산의 양은?

9.16 그림 9.10에 나타난 MOSFET 배치의 경우 마스크에서 최악의 오정렬로 야기되는 상황

을 복합적인 그림으로 그려라. 이 경우 금속은 얇은 산화막에 정렬되고 얇은 산화막과 접촉점은 확산 공정에 정렬된다.

9.17 9.2절의 금속게이트 트랜지스터를 위한 새로운 일련의 기본법칙을 만들라. 이 경우 2, 3, 4단계는 모두 1단계에 정렬되는 것으로 가정한다. 새로운 법칙을 이용하여 그림 9.12의 트랜지스터를 다시 그려라. 이 두 가지 중 어느 배치가 좋고 나쁜지를 논하라.

9.18 모든 측면 확산을 고려한 적극적인 배치를 가정한 경우 금속게이트 NMOS 트랜지스터의 단면도와 일련의 마스크의 복합적인 그림을 그려라. 이 경우 소스 드레인 접합 깊이는 2.5 ㎛로 가정하고 측면 확산은 수직 확산의 80%로 가정한다. λ는 2 ㎛로 W/L = 10/1로 가정한다.

9.19 그림 P9.19의 회로 개략도가 주어진 것을 이용하여 3-입력 단자 NMOS NOR-게이트의 배치를 그려라. 확산은 어느 곳에서든지 가능함을 주의하라. 폴리실리콘게이트 소자를 위해 발전된 더욱 적극적인 기본법칙을 이용하라.

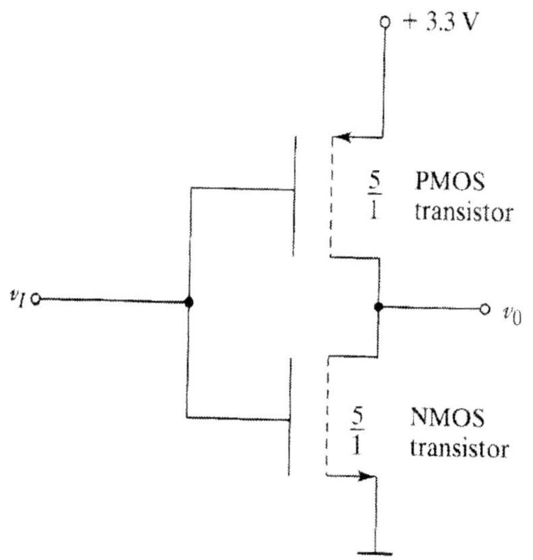

그림 P9.19

9.20 그림 9.13의 트랜지스터 1-기반 그라운드 법칙을 사용한 n우물 기술에 대해 그림 P9.20의 CMOS 반전기의 설계도를 그려라. 그리고 소스와 드레인 지역은 우물의 모서리에서 최소 8λ 떨어져 있다고 가정하라. CMOS 반전기의 전체 면적은? 게이트의 전체 면적은?

9.21 문제 9.20을 반복하라. 이번에는 얕은 트렌치 고립이 4λ라고 가정하라. 소스와 드레인 지역이 그림 P9.19처럼 산화막에 붙어도 된다.

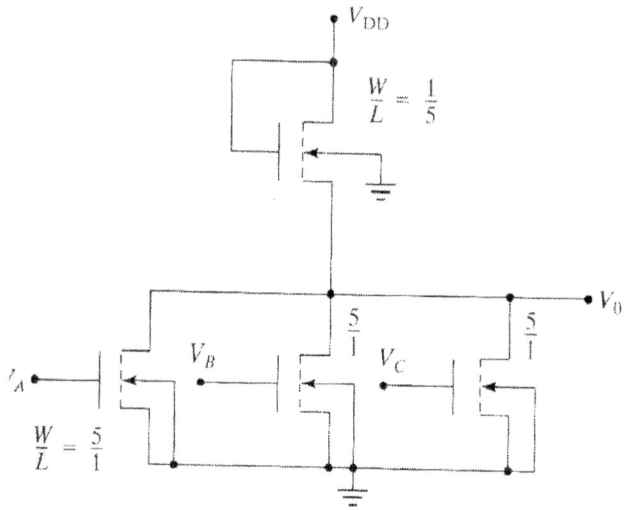

그림 P9.20

9.22 매립 SiO_2를 형성하기 위하여 실리콘 표면 밑에 산소를 주입하는데 높은 에너지가 사용된다. SiO_2 층의 폭은 0.25 ㎛로 하려 한다.

(a) 실리콘에 필요한 산소의 양은?

(b) 시간당 5개의 200mm 웨이퍼를 만들기 위해 어떤 빛이 필요한가?

(c) 이온빔에 얼마나 많은 전력이 공급되었는가?

9.23 많은 형태의 정렬(alignment) 테스트 구조들이 개발되어져 왔다[12,13]. 그림 P.23은 확산 마스크에 대하여 접촉 윈도우 마스크의 비정합성(misregistration) 을 측정하기 위하여 사용되어지는 간단한 테스트 구조를 나타내고 있다[14]. 하나는 수직방향 그리고 다른 하나는 수평방향의 두개의 전위차계 (potentionmeter)들은 확산된 저항(diffused resistor)를 이용하여 제작되어진다. 접촉 A와 C의 거리는 접촉 C와 E의 거리와 같고, 패드 D로부터의 접촉의 거리는 패드 C와 패드 E 사이 거리의 반이다. 패드 B와 F사이에 전류가 가해지고, 패드 C-D 그리고 D-E사이의 전압이 측정되어진다.

(a) $\Delta Y = 1/2L\,(V_{DE} - V_{CD})/V_{AC}$ 로 주어질 경우 y 방향에서의 비정합성을 보여라.

(b) x 방향에서도 같은 비정합성에 대한 관계식을 보여라 ((a)의 식을 이용)

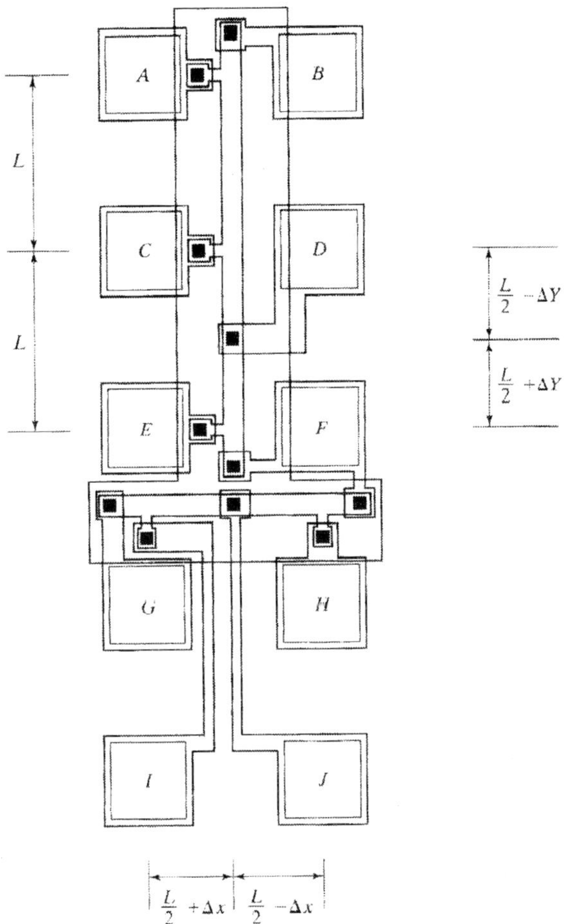
A
B
C
D
E
F
G
H
I
J
L
L
$\frac{L}{2} - \Delta Y$
$\frac{L}{2} + \Delta Y$
$\frac{L}{2} + \Delta x$
$\frac{L}{2} - \Delta x$

그림 P9.23

10장

양극 공정 집적화

이 장에서는 제작 공정과 양극 소자 설계 및 배치간의 상호 관계에 대하여 살펴보고자 한다. 특히 불순물의 분포와 전류이득, 전이시간, 항복전압 같은 소자 변수간의 관계를 자세히 살펴보고 양극 공정의 기본 설계법칙을 소개한다. 고성능 양극 트랜지스터를 제작하기 위한 침전된 산화처리, 깊은 트렌치와 얕은 트렌치, 자기정렬 공정의 사용, 폴리실리콘 전극에 관하여 논의할 것이다. 유전체와 컬렉터-확산 고립 공정, 실리콘-게르마늄 증착-베이스 트랜지스터와 양극과 CMOS 소자의 밑거름인 고등 BiCMOS 기술에 대해 논의할 것이다.

10.1 접합-분리 구조

전통적인 SBC 공정은 양극성 트랜지스터의 한계를 비롯한 양극성 IC 공정으로 제조된 여러 소자를 다룬다. 그림 10.1(a)의 기본적인 접합 분리 양극 공정은 수십 년 동안 IC 산업계에서 사용되어 오고 있으며 표준 매립형 컬렉터(SBC) 공정으로 알려져 있다. 이러한 접합 분리 공정에서 이웃에 근접한 소자들, 분리하기 위하여 역방향 전압을 가한 계속되는 pn 접합 소자에 의하여 분리된다(그림 10.1b 참조). SBC 공정은 공급 전원이 15V를 초과하는 아날로그 및 전력 회로 응용을 위한 주된 양극 공정으로 자리잡고 있다. SBC 공정은 원래 논리회로에 사용되었지만 대부분의 디지털 기술은 MOS 공정을 위하여 최초로 발전된 폴리실리콘과 다른 기술의 진보를 이용하여 자기정렬된, 산화막 분리 공정을 발전시켜 왔다. <111> 방향은 양극성 제조에 오랫동안 쓰였다. 그러나 몇 해 전부터 양극성 공정은 <100> 방향 기판 또한 사용

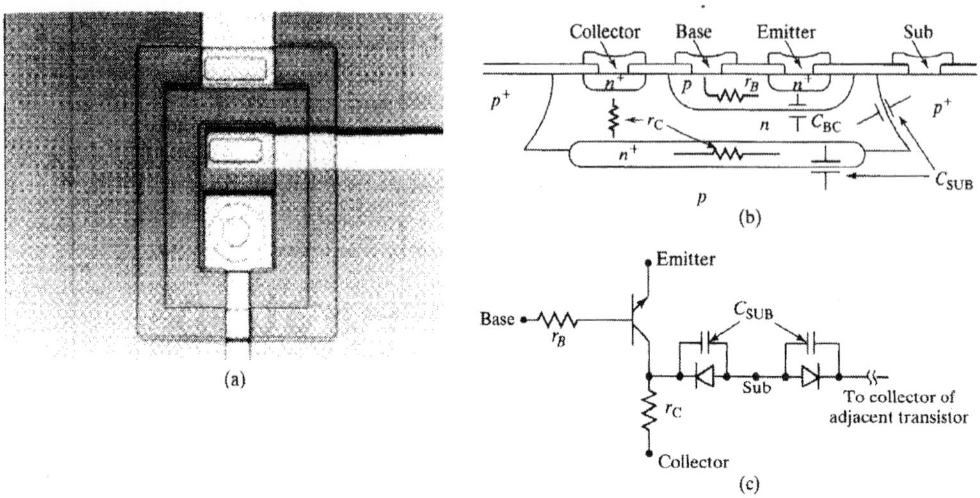

그림 10.1

(a) SBC 트랜지스터의 사진 (b) 컬렉터-베이스 캐패시턴스와 베이스 및 컬렉터 직렬 저항이 표시된 SBC 공정으로 제작된 트랜지스터의 단면도 (c) 인접한 트랜지스터 사이가 고립된 이어지는 다이오드를 나타내는 트랜지스터를 위한 집중 회로 모델

한다. 이는 MOS 기술로부터 공정의 이전을 도입한 것이다.

그림 10.1(a)의 SBC 구조를 위한 공정 흐름도는 1.4절에서 논의하였고 여기에서는 개략적으로 설명하고자 한다. n+ 매립된 층은 <111> 방향의 p형 기판에 선택적인 확산을 이용하여 형성되고 그 위에 n형 에피택셜층이 성장한다. 분리된 n형 컬렉터 섬 구조는 붕소의 깊은 확산에 의하여 형성된다. 베이스와 에미터는 에피택셜층으로 계속되는 p형과 n형 확산에 의하여 형성된다. 구조는 접촉 창과 금속화 공정을 실행함으로써 완료된다.

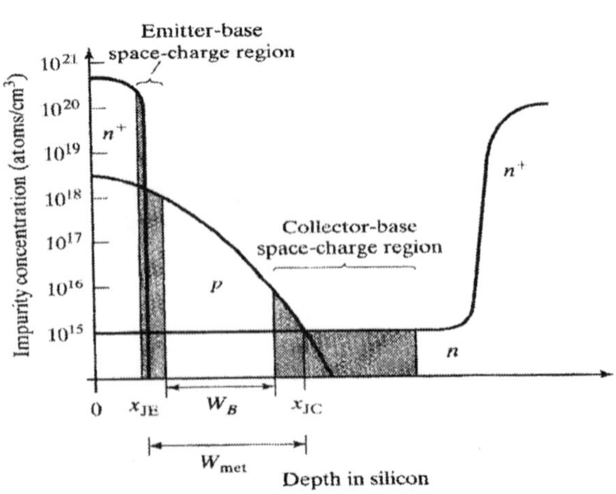

그림 10.2

일반적인 양극 접합 트랜지스터에서의 깊이 방향의 불순물 분포. 그림자 영역은 에미터-베이스간과 컬렉터-베이스 간의 공간 전하 영역을 나타낸다. 야금 베이스 폭과 전기적 베이스 폭은 각각 W_{met}와 W_B로 나타낸다.

그림 10.2에는 소자 중앙 단면에서의 SBC 불순물 분포를 나타내고 있다. 다음의 몇 개의 절에서는 이러한 분포의 설계가 소자 성능을 좌우하는 중요한 요소와 어떤 관계가 있는지를 알아보고자 한다. 이러한 SBC 공정의 기본적인 분포 설계의 이해로 다른 종류의 공정들과 비교하여 장단점을 알 수 있게 된다.

10.2 전류이득

회로를 유용하게 하기 위하여 양극 트랜지스터는 적어도 디지털 응용을 위해 10~20의 전류이득을 가져야 하며 아날로그 응용을 위해서는 더 큰 값을 가져야 한다. 양극 트랜지스터의 전류이득은 다음과 같은 식으로 표현된다.

$$\beta^{-1} = \frac{G_B}{G_E} + \frac{W_B^2}{\eta L_B^2} \tag{10.1}$$

베이스의 폭 W_B는 트랜지스터의 전기적으로 중성을 나타내는 베이스 영역의 폭을 말한다. 상수 η는 베이스의 불순물 분포의 모양에 의하여 결정되며 그 범위는 2~20 정도가 된다. L_B는 베이스의 소수 캐리어를 위한 확산 길이를 나타낸다. G_B와 G_E를 각각 베이스와 에미터의 검멜수라 한다.

검멜수는 다음과 같이 정의된다.

$$G_B = \int_{base} \frac{N(x)}{D_B(x)}\,dx \quad \text{and} \quad G_E = \int_{emitter} \frac{N(x)}{D_E(x)}\,dx \tag{10.2}$$

여기서 D_E와 D_B는 에미터와 베이스의 소수 캐리어 확산상수이다. 에미터에 있어 많이 도핑된 효과는 G_E의 값을 일반적으로 $10^{13} \sim 10^{14}\text{sec/cm}^4$으로 제한한다. 베이스 폭은 베이스의 두 공간-전하 영역의 가장자리 사이의 거리로 정의된다. 베이스가 넓은 트랜지스터의 경우 베이스 폭은 그림 10.2에 나타난 야금 접합 사이의 거리와 거의 같다. 베이스가 좁은 트랜지스터의 경우 공간-전하 영역은 야금 베이스 폭으로부터 감하여야 하며 그것에 관하여 10.4절에서 논의하도록 하겠다.

큰 전류이득을 위해서 식 (10.1)은 가능한 한 작아야 한다. 베이스와 에미터의 검멜수의 비율은 작아야 하며 베이스 영역의 폭도 작아야 하고 L_B는 커야만 한다. 그림 10.3에서는 확산 길이와 불순물 농도의 의존성에 관하여 나타내고 있다. 도핑이 증가하면 L_B는 감소하나 일반적인 베이스 도핑 농도의 경우 10 ㎛보다 크다. 현대의 고주파 트랜지스터에서 베이스 폭 W_B는 일반적으로 확산 길이 L_B보다 훨씬 작으며 식 (10.1)의 첫 번째 항이 전류이득을 결정한다.

식 (10.1)과 (10.2)에서 에미터는 큰 이득을 얻기 위해 베이스보다 상대적으로 많이 도핑해야 한다. 양극 트랜지스터를 제작하는 경우 각각 계속되는 확산은 갈수록 많이 도핑되고 마지막의 n+ 확산은 자연스럽게 에미터로 최선의 성능을 나타내게 된다.

예제 10.1

다음의 변수값을 이용하여 트랜지스터의 전류이득을 계산하라.

$N_E/D_E = 5 \times 10^{13}$ sec/cm^4, $N_B/D_B = 10^{12}$ sec/cm^4, $W_B = 1$ ㎛, $L_B = 20$ ㎛, $\eta = 10$.

풀이 : 위의 변수를 식 (10.1)에 대입하면 $\beta^{-1} = 0.02 + 0.00025$와 $\beta = 50$을 얻는다. 이 트랜지스터의 경우 전류이득은 검멜수의 비에 의하여 주로 얻어진다.

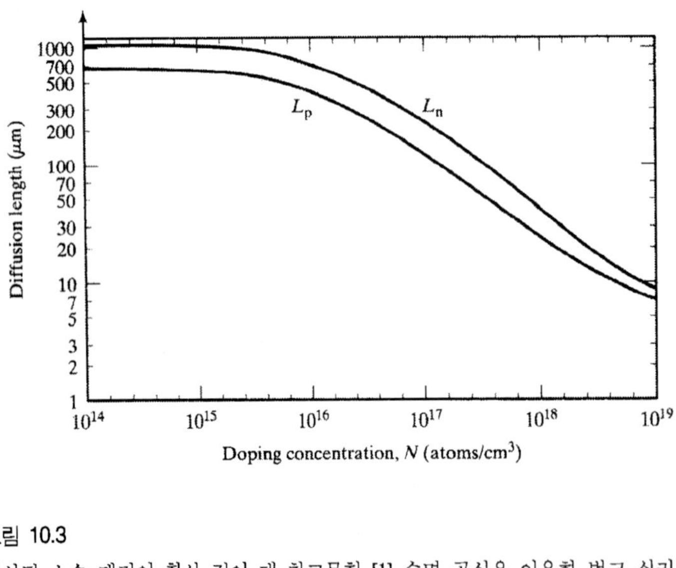

그림 10.3

계산된 소수 캐리어 확산 길이 대 참고문헌 [1] 수명 공식을 이용한 벌크 실리콘의 도핑 농도

10.3 전이시간

다른 중요한 양극 소자의 변수는 트랜지스터의 에미터와 컬렉터 단자 사이의 캐리어 이동 시 생기는 지연이다. 논리 스위칭 속도와 증폭 주파수 응답 모두 전이시간에 의하여 제한되며 전이시간은 다음과 같이 정의된다.

$$\tau = r_E C_{BE} + W_B^2/\eta D_B + (C_{jc} + C_{sub})\, r_C + X_C / 2V_s \tag{10.3}$$

트랜지스터의 단위 이득 주파수 f_T는 다음과 같이 근사화되어 주어진다.

$$f_T = \frac{1}{2\pi\tau} \tag{10.4}$$

식 (10.3)의 첫번째 항은 베이스 전이시간으로 불리며 중립 베이스 영역 W_B를 캐리어가 가로지르는 데 걸리는 시간을 나타낸다. 두 번째 항은 컬렉터 직렬 저항 r_C를 통하는 컬렉터 접점을 연결하는 캐패시턴스를 충전하는 것과 관련된 지연을 나타낸다. 캐패시턴스 C_{JC}와 C_{sub}은 컬렉터베이스 간과 컬렉터기판 간의 접합 면적과 베이스, 컬렉터, 기판 영역의 도핑 농도에 의하여 결정된다. 세 번째 항은 컬렉터베이스 접합의 공핍층을 캐리어가 가로지르는 것과 관련된 지연시간이다. X_C는 공핍층의 폭이고 V_S는 캐리어의 포화 속도이다.

지연시간을 최소화하기 위하여 베이스의 폭은 가능한 한 좁게 하고 매립된 층을 추가하여 r_C의 값을 최소화하며 캐패시턴스를 최소화하기 위하여 도핑을 작게 한다. 접합의 캐패시턴스 추정은 한쪽의 단계 접합 공식인 식 (9.3)을 이용하는데 캐패시턴스는 접합의 작게 도핑된 쪽의 농도에 의하여 결정된다.

예제 10.2

다음의 변수값을 이용하여 양극 트랜지스터의 전이시간을 계산하라.

W_B = 1㎛, η = 10, D_B = 20 cm^2/sec, C_{JC} + C_{sub} = 2 pF, r_c = 250 ohms, X_C = 10 ㎛, V_S = 10^7 cm/sec.

풀이 : 위의 값을 식 (10.3)에 대입하면 다음의 세 가지 항의 값을 알 수 있다. (i) 0.25 × 10^{-9} sec (ii) 0.05 × 10^{-9} sec (iii) 0.5 × 10^{-9} sec 전이시간의 결과 값은 0.85 × 10^{-9} sec이며 단위 이득 주파수 f_T는 188 MHz이다.

양극성 트랜지스터의 고주파 대역에서의 중요한 척도는 베이스 저항과 컬렉터베이스 캐패시턴스의 곱, r_B C_{BC}이다. 이 곱은 단일 스테이지 증폭기의 이득-대역폭을 제한하는데에 쓰인다. 좁은 대역폭은 r_B의 값을 증가시킨다. 베이스 도핑을 증가시키면 베이스 저항이 증가하나, C_{BC}와 C_{BE}를 증가시킨다. 최적화된 r_BC_{BC} 곱에 의해 베이스 특성을 결정하는 것은 디자인의 중요한 부분이다.

10.4 베이스 폭

식 (10.1)부터 식 (10.3)까지는 베이스 폭을 가능한 한 좁게 만들어 소자 성능을 향상시키고자 하는 것을 나타내고 있다. 베이스 폭을 감소시키는 주된 제한 요소는 항복전압 요구 조건과 공정 제어에서 발생하는 변위에 기인한 허용오차이다. 저전압의 논리 소자는 야금 베이스 폭이 1 ㎛ 이하가 된다. 아날로그 회로에 이용되는 고전압 소자 또는 전력 응용의 경우 베이스 폭은 큰 역방향 전압을 가하였을 때 컬렉터와 베이스 간의 공핍층을 지지할 수 있도록 베이스 폭이 충분히 커야 한다.

그림 10.4

공간 전하 영역폭 대 균일하게 도핑된 기판으로 가우시안 확산에 의해 형성된 pn 접합의 도핑과 전압 (a) 전체 공간 전하 영역폭 x_T (b) 전체 공간 전하 영역폭 중 많이 도핑된 쪽의 폭(x_1)과 얕게 도핑된 쪽의 폭(x_2)의 비율. Reprinted with permission from the AT&T Technical Journal. Copyright 1960 AT&T.

트랜지스터의 실제 베이스 폭은 그림 10.2에서와 같이 베이스 안으로 침투한 에미터베이스간과 컬렉터베이스간 공간전하 영역 부분에 의하여 야금 베이스 폭이 감소하는 것에 의하여 결정된다. 에미터와 베이스는 모두 접합 부분 근처에서 대량으로 도핑되어 있고 에미터베이스 접합에서 공간전하 영역의 폭이 일반적으로 매우 작지만 거의 베이스 전체로 확장된다. 그 폭을 그림 9.4로부터 추정할 수 있다.

컬렉터베이스 간 공간전하 영역의 폭은 접합 양단에 걸리는 전압에 의존하며 베이스와 컬렉터 영역 모두에게로 확장된다. 그림 10.4에서는 SBC 공정을 사용하여 제작된 양극 트랜지스터의 일반적인 상황인 균일하게 도핑된 기판으로 가우시안 확산에 의해 형성된 pn 접합 양면에서의 공핍층 폭을 나타내고 있다.

가해진 전압과 배경 농도의 비에 따른 공간전하 영역 폭 X_T가 그림 10.4(a)에 나타나 있다. 같은 그림 밑 부분에 강하게 도핑된 부분과 약하게 도핑된 부분(x_2)의 전체적 분리가 나타나 있다.

예제 10.3

1-ohm-cm n형 에피택셜층에 만들어진 양극 트랜지스터의 컬렉터베이스 접합의 각 측면의 공간전하 영역의 폭을 추정하라. 접합 양단의 역방향 전압은 40V이고 컬렉터베이스 접합 깊이는 5 ㎛이다.

풀이 : 에피택셜층의 도핑 농도는 $4 \times 10^{15}/cm^3$에서 $V/N_B = 1 \times 10^{-14}$ Vcm^3을 얻는다. 그림 10.4(a)에서 전체 공핍층의 폭은 약 4 ㎛이다. 그림 10.4(b)로부터 77% 또는 3.1 ㎛가 컬렉터 영역으로 확장되고 23% 또는 0.9 ㎛가 베이스 영역 쪽으로 확장됨을 알 수 있다.

대량으로 베이스를 도핑하는 경우 베이스의 공간전하 영역 크기가 감소하며 좁은 베이스 설계를 가능하게 한다. 그러나 대량으로 베이스를 도핑하는 경우 베이스의 검멜수가 증가하는 경향을 보이며 이것이 트랜지스터의 전류이득을 감소시킨다. 대량 도핑은 또한 컬렉터 접합 캐패시턴스를 증가시키고 그리하여 식 (10.3)에 나타나 있는 전이시간을 증가시킨다. 이것이 동시에 여러 가지 다른 소자 변수를 최적화하고자 할 때 문제를 야기시키게 된다.

10.5 항복전압

공정 설계자는 회로 응용에서 트랜지스터에 인가되는 전압의 크기를 이해하고 있어야 한다. 예제 10.3의 소자는 40V를 견디어야 하고 아마도 아날로그 응용을 목적으로 설계되었다. 다른 한편으로 논리회로 응용을 위하여 설계된 트랜지스터는 상대적으로 낮은 전압을 지탱하면 된다. 예를 들어 트랜지스터-트랜지스터 논리회로에 사용되는 소자는 단지 7V만 지탱하면 된다. 10.8절에 설명된 기가헤르츠의 고립 산화막 소자는 2.5V 미만의 항복전압을 가지기도 한다.

그림 10.5
에미터베이스 접합 항복전압 대 에미터베이스 접합 깊이를 변수로 가진 베이스 표면 농도. Reprinted with permission from Solid-State Electronics, Vol. 17, P.R. Wilson, "The Emitter-Base Breakdown Voltage of Planar Transistors," Copyright 1974, Pergamon Press, Ltd.

10.5.1 에미터베이스 항복전압

에미터-베이스 항복전압은 9.1.2절에서 논의한 바와 같이 도핑 농도와 접합 곡률의 반지름에 의하여 결정된다. 항복은 전기장이 가장 큰 접합 영역에서 먼저 발생하며 이는 일반적으로 도핑이 가장 큰 접합 부분에 해당된다. 따라서 실제 항복전압은 낮게 도핑된 접합 부분의 도핑 농도에 의하여 결정된다.

높은 전류이득을 얻기 위하여 에미터 영역은 대량으로 도핑되며 이 접합의 항복전압은 상대적으로 낮게 도핑된 베이스 영역의 불순물 농도에 의하여 결정된다. 베이스의 불순물 농도는 표면에서 가장 큰 값을 가지므로 에미터베이스 접합은 표면에서 먼저 항복을 일으키기 쉽다. 접합 곡률은 전기장을 향상시키며 항복전압을 감소시킨다. 그림 10.5는 에미터베이스 접합의 항복전압을 베이스 영역의 최종 표면농도의 함수로 나타낸 것이며 접합 반지름을 변수로 나타내었다. 에미터베이스 항복전압은 접합의 양쪽면에 상대적으로 큰 불순물 농도를 가지므로 낮은 값을 갖는다.

예제 10.4

npn 트랜지스터가 1㎛ 깊이의 에미터베이스 접합을 가지며 예제 4.2에서 주어진 베이스 확산을 가진다. 이 접합의 예상되는 항복전압은 얼마인가?

풀이 : 그림 4.9의 베이스 영역 표면농도는 1.1 × $10^{18}/cm^3$이다. 그림 10.5를 이용하여 이러한 표면농도와 1㎛ 깊이를 가지는 경우의 항복전압은 약 4.8V가 됨을 알 수 있다. (대부분의 일반적인 양극 트랜지스터에서 에미터베이스 접합은 10V보다 훨씬 작은 값에서 항복이 일어난다)

10.5.2 순환 에미터

지금까지 설명한 구조는 사각 혹은 직각 모양의 에미터 구역으로 그려졌지만, 아날로그 기술의 적용에는 순환 에미터가 주로 사용된다. 순환 에미터를 사용하면 접합이 더 좋아지고, 접합 곡률을 증가시켜 에미터베이스 접합의 항복전압도 증가한다. 그림 10.6은 미분 증폭기의 접합을 향상시키는 데에 종종 쓰이는 상호 연결된 npn 트랜지스터이다.

10.5.3 컬렉터-베이스 항복전압

양극 트랜지스터는 두 가지 메커니즘에 의하여 과대한 컬렉터 전류를 전도시킨다. 첫 번째는 컬렉터베이스 접합의 제너 또는 항복 사태 메커니즘이다. 위에서 논의한 바와 같이 항복은 도핑 농도가 가장 큰 지역에 국한된 것이지만 주로 접합에서 낮게 도핑된 면의 도핑 농도에 의하여 결정된다. 컬렉터는 균일하게 도핑된 에피택셜층에 형성된다. 베이스 영역은 에피택셜층 안으로 확산되며 접합에서 더 많이 도핑된 면이다. 컬렉터가 균일하게 도핑되어 있으므로 접합 항복은 접합 곡률에 의하여 향상된 전기장에서 먼저 발생한다. 그림 10.7에서 컬렉터베이스 접합의 항복전압을 에피택셜층의 불순물 농도와 접합 반지름의 함수로 나타내었다.

두번째 항복 메커니즘은 그림 10.7에 있는 베이스 영역의 펀치 스루이다. 에피택셜층은 베이스 영역보다 더 낮게 도핑되어 있고 컬렉터베이스 접합 공핍층은 에피택셜층 안으로 많이 확장된다. 컬렉터베이스 전압이 증가함에 따라 공핍층은 에피택셜층 안으로 더 깊이 확장되며 결국에는 n+ 매립층과 부딪치게 된다. 이 시점에서 공핍층의 확장이 베이스에서 일어나며 컬렉터베이스 전압의 증가가 남아 있는 베이스 영역을 빠르게 '펀치 스루'하게 된다.

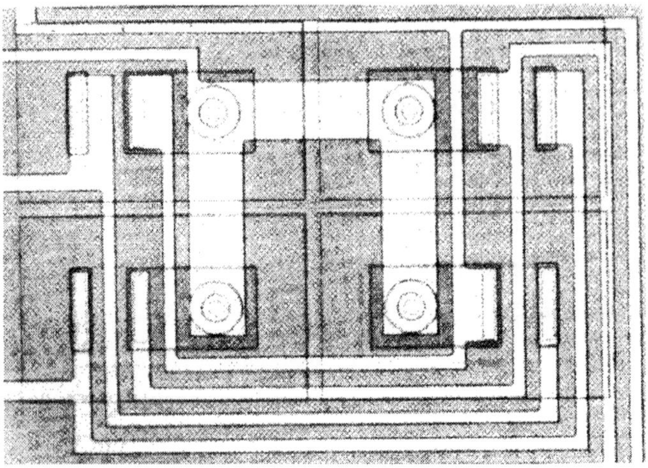

그림 10.6
십자 연결된 순환 에미터가 있는 4개의 트랜지스터

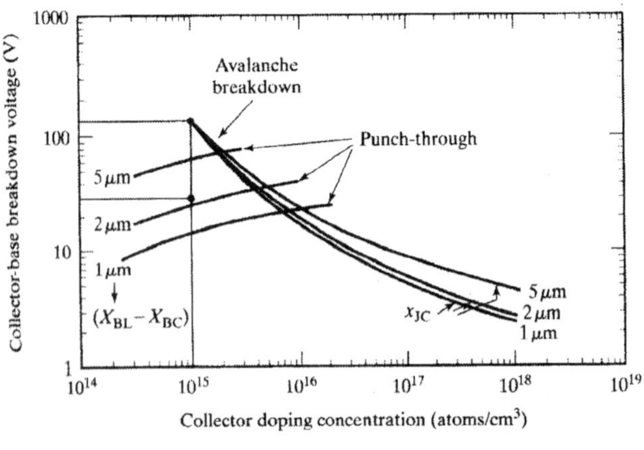

그림 10.7
컬렉터베이스 접합 항복전압 대 컬렉터베이스 접합 깊이와 펀치 스루 한계를 변수로 갖는 컬렉터 도핑 농도. Reprinted from the *JOURNAL OF THE ELECTROCHEMICAL SOCIETY*, Volume 113 (1966), pages 508−510, by permission of the publisher, The Electrochemical Society, Inc., [19] and Pergamon Press, Ltd. [20]

그림 10.7의 또 다른 그림은 펀치 스루에 의하여 컬렉터베이스 접합 항복전압이 제한되는 것을 나타내고 있다. 위에서 언급한 바와 같이 펀치 스루 전압을 결정하기 위한 주된 변수는 에피택셜층의 도핑과 컬렉터베이스 접합과 n+ 매립층 사이 영역의 폭($X_{BL}-X_{BC}$)이다.

일반적으로 다른 소자의 요구 조건은 설계 제한 조건 때문에 갈등을 일으킨다. 높은 제너 항복전압은 낮은 에피택셜층의 도핑을 요구한다. 낮은 에피택셜층의 도핑은 펀치 스루를 방지하기 위해 상대적으로 넓은 에피택셜층의 두께를 요구한다. 그러나 에피택셜층에서의 넓은 공핍층 폭은 전이시간을 증가시키고 소자의 주파수 응답을 감소시킨다.

예제 10.4

만일 컬렉터베이스 접합 깊이가 5 ㎛이라면 $10^{15}/cm^3$의 도핑 농도를 가진 10 ㎛ 두께의 에피택셜층을 가지는 트랜지스터의 컬렉터베이스 항복전압은 얼마인가? 여기서 매립층은 위로 2 ㎛ 확산되었다고 가정한자.

풀이 : 먼저 고립된 pn 접합의 사태 항복전압을 알아보자. 그림 10.6에서 $10^{15}/cm^3$ 도핑의 경우 항복전압은 약 130V이다. 다음으로 펀치 스루 한계 조건인 $X_{BL}-X_{BC}$ = 3 ㎛를 확인하여야 한다. 그림 10.7로부터 트랜지스터는 약 30V에서 펀치 스루가 일어난다. 따라서 컬렉터베이스 항복전압은 이 트랜지스터의 펀치 스루에 의하여 30V로 제한된다.

10.6 SBC 기술의 기타 요소들

저항, 다이오드, pnp 트랜지스터와 같은 다른 전자 요소들이 양극성 기술에서 회로를 설계하는 데 필요한 것은 명백하다. 여러 다른 저항률의 여러 저항 구조가 있다. SBC 기술은 베이스 지역에서 전자 고이동도에 의해 특성지어지는 npn 트랜지스터로 최적화된다. 고성능 pnp 트랜지스터는 이 기술을 사용하기 어렵다. 그러나 두 종류의 pnp 트랜지스터가 제조될 수 있다. 그 첫 번째는 기판 pnp인데 이는 컬렉터가 기판에 붙어 있는 것이다. 두 번째는 측면 pnp인데 이는 중립성 컬렉터, 베이스, 에미터 터미널을 가지고 있지만 수직 npn 트랜지스터에 비해 전류이득, 주파수 응답이 약하다.

10.6.1 에미터 저항

저항은 그림 10.9와 같이 에미터 확산으로 형성될 수 있다. 에미터는 저저항률 지역이기 때문에 작은 저항에만 쓰일 수 있다. 굽어진 형태의 패턴으로 저항에 필요한 사각형의 수를 얻는 경우도 있다. 그림 10.9에서, 에미터 지역은 상대적으로 높게 도핑된 p형 분리 지역 옆에 배치되는데, 이 부분은 대개 전압원의 −극에 직접 연결된다. pn 접합에 가해지는 역전압에 의해 저항−기판 간의 분리가 이루어진다. 저항 본체는 n+ − p+ 접합으로 이루어져 면적당 접합 캐패시턴스가 크고 낮은 항복전압을 가지게 된다.

10.6.2 베이스 저항

통상의 저항은 그림 10.10처럼 n형 증착 지역의 베이스 확산을 사용한다. 여기서 다시 한 번, 굽어진 형태의 저항 패턴으로 원하는 저항값을 얻을 수 있다. 저항 본체에는 계속 역전압을

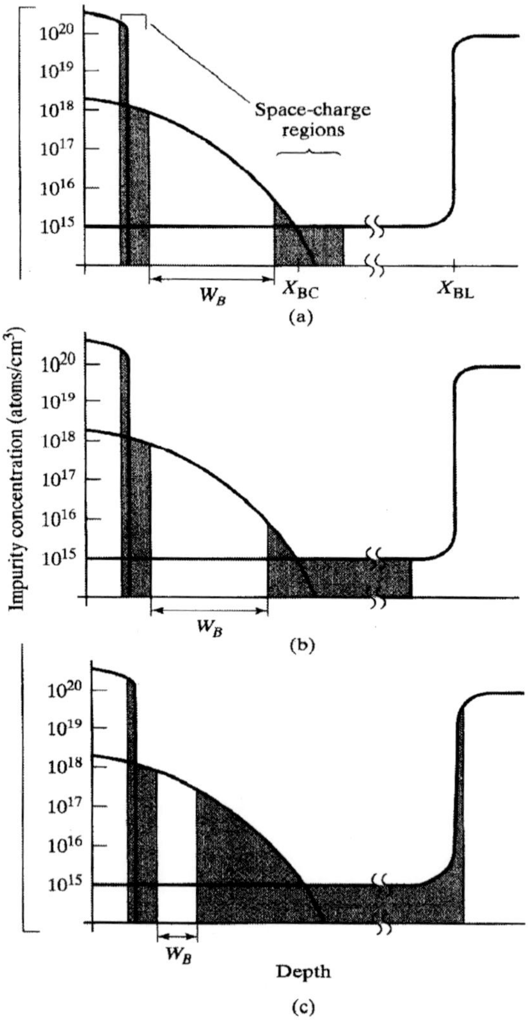

그림 10.8

컬렉터베이스 전압의 증가에 따른 컬렉터베이스 공간 전하 영역 성장 (a) 바이어스가 없는 경우 (b) 컬렉터베이스 전압이 작은 경우 (c) 컬렉터베이스 전압이 펀치 스루 전압보다 조금 작은 경우

표 10.1 SBC 기술에서의 저항들

Resistor Layer	Sheet Resistance (Ω/□)	Absolute Tolerance(%)	Matching (%)
Emitter Diffusion	5~20	20	2
Base Diffusion	100~200	20	0.2~2
Epitaxial Layer	1000~5000	30	5
Pinched Base	2000~10,000	50	10
Ion Implanted	100~1000	3	0.1~1

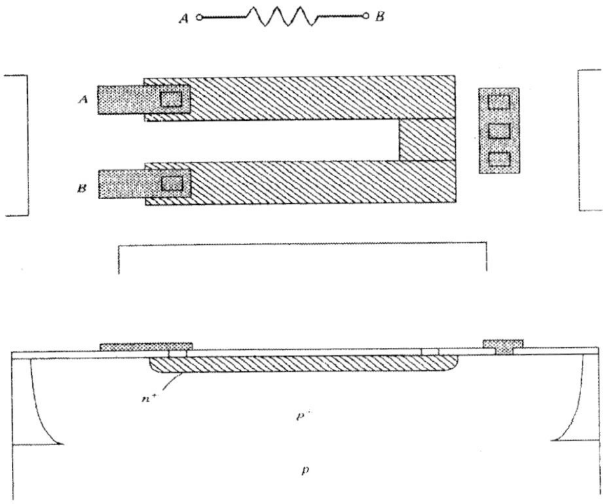

그림 10.9

고립 지역에 n+ 에미터 확산을 한 저항

가하여 n형 지역 접촉이 저항의 +단 혹은 회로의 +단에 연결되어야 한다. n+ 지역은 알루미늄 접촉 밑부분에 배치되어 쇼트키 다이오드가 아닌, 오믹 접촉의 형태를 유지시킨다.

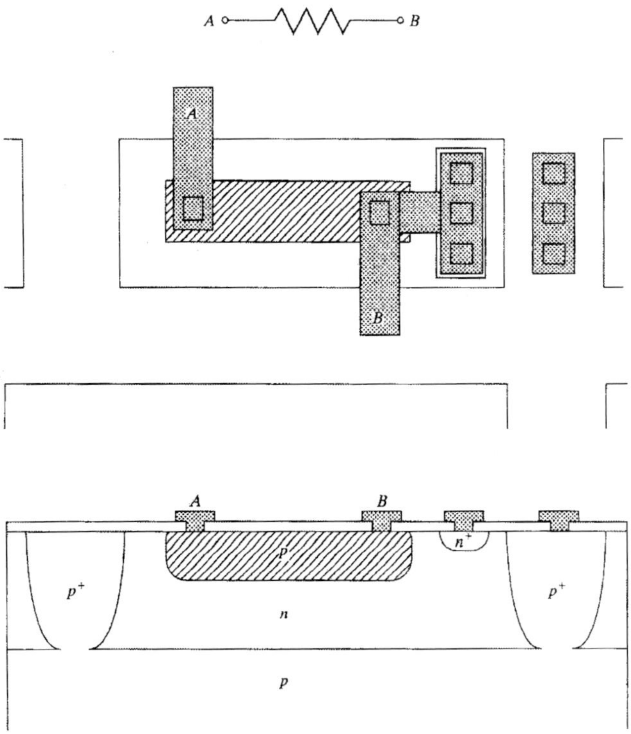

그림 10.10

표준 p형 베이스 확산을 사용해 만든 저항

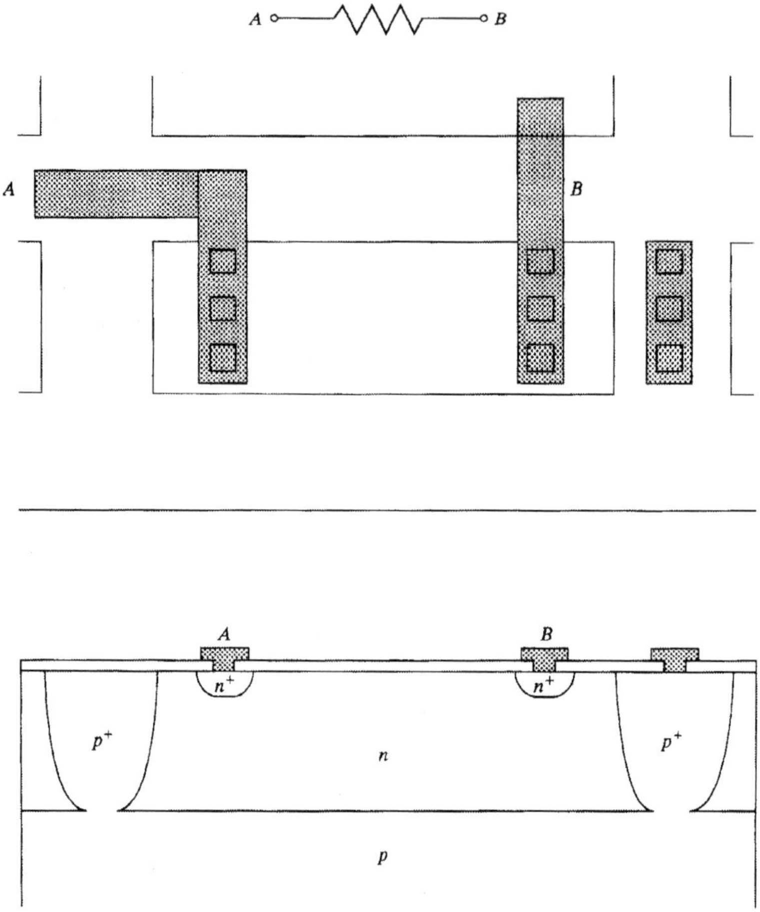

그림 10.11
n형 에피택셜층으로 만든 저항

10.6.3 에피택셜층 저항

에피택셜층 자체가 높은 저항률을 가지고, 적은 수의 사각 형태로 높은 저항을 형성할 수 있다. 그러나 정확한 값으로 제어하기는 어렵다. 에피택셜층의 저항은 분리된 에피택셜 지역에 그림 10.11과 같이 두 개의 오믹 접합을 만들어서 형성시킨다.

10.6.4 핀치 저항

높은 저항률은 얻는 다른 방법은 그림 10.12와 같이 베이스 확산 두께를 에미터 확산으로 교차시켜 얇게 하는 것이다. 이 구조는 npn 트랜지스터와 매우 흡사하다. 다른 점은 에미터 확산이 에피택셜층을 지나 p형 지역의 모서리까지 병합되어 있다는 것이다. 여기서 얻어진 고저항률 지역은 npn 트랜지스터의 활성 베이스 지역과 연관된다. 저항값은 펀치 베이스 지역의 두께와 밀접한 관련이 있고, 절대 허용오차는 상대적으로 낮다. 펀치된 베이스 저항은 A, B가 소스와 드레인이고, n이 게이트로 동작하는 JFET로 사용될 수도 있다.

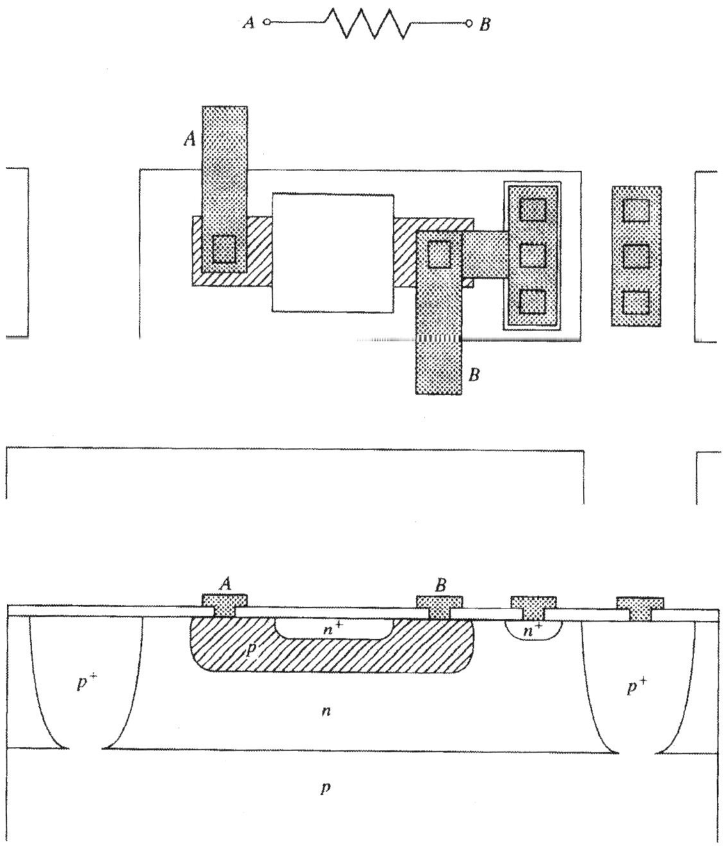

그림 10.12
비치된 베이스 저항

10.6.5 기판 pnp 트랜지스터

기판 pnp 트랜지스터라고 불리는 것은 그림 10.13과 같이 p형 확산(에미터), 분리 에피택셜층(베이스), 그리고 p형 기판(컬렉터)으로 형성된다. 베이스 폭 W_B는 p형 확산의 바닥과 n형 에피택셜층의 바닥의 거리로 계산되는데, 이는 npn 소자의 그것보다는 훨씬 넓다. 그러므로 npn 트랜지스터보다는 전류이득과 주파수 응답이 좋지 않다. 또한 p형 기판에서 만

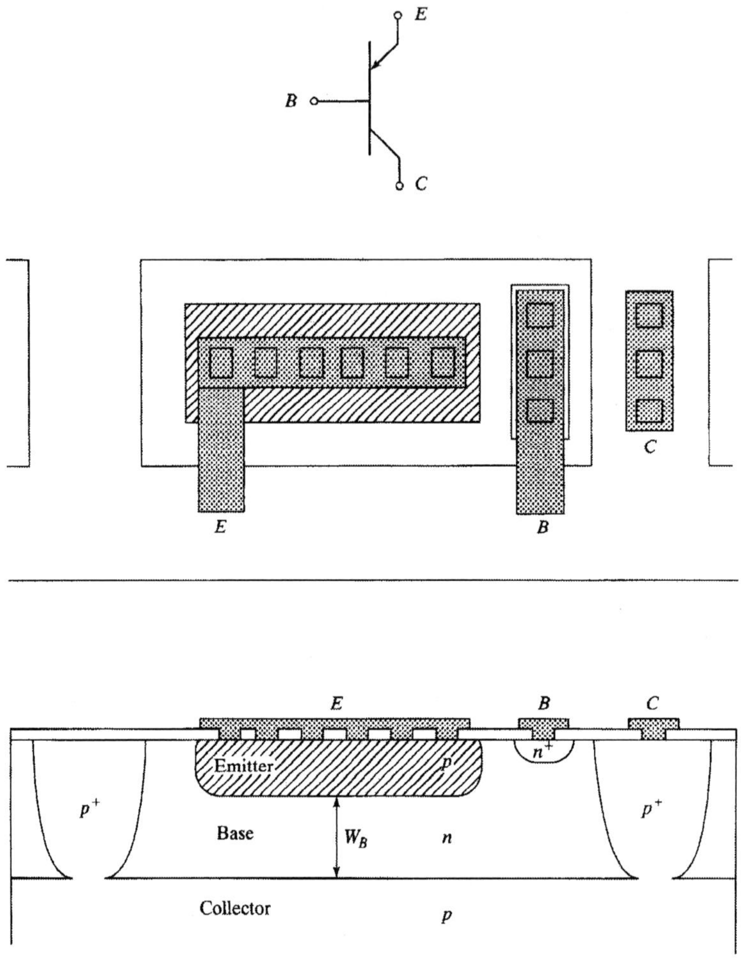

그림 10.13

기판 pnp 트랜지스터

들어진 컬렉터는, 회로의 −극 끝단에 연결된다. 그러므로 베이스와 에미터만이 연결 가능하다. 그럼에도 불구하고 기판 pnp 구조는 op-amp의 출력단에서 에미터 종동자로 쓰이곤 한다. pnp 구조는 n우물 CMOS 기술에서도 나타나는데 p형 소스 드레인 지역, n우물, 그리고 p형 기판에서 형성된다. p우물 CMOS 기술상에서는, 기판 npn 트랜지스터를 형성할 수 있다.

10.6.6 측면 pnp 트랜지스터

그림 10.14의 측면 pnp 구조는 컬렉터, 베이스, 에미터 접촉이 다른 곳에 얽매이지 않은 트

랜지스터를 나타낸다. 에미터와 컬렉터는 npn 트랜지스터의 베이스에 쓰이는 p형 지역에 형성된다. 베이스 폭은 두 번의 확산 리소그래피 간격에 측면 확산의 정도를 더해서 결정되고 이는 npn 트랜지스터의 그것보다 훨씬 넓다. 이는 전류이득을 낮게 하고 f_T를 나쁘게 한다. 에미터는 모든 방향으로 캐리어를 주입하고 컬렉터는 두 p형 지역 사이의 베이스를 통과하는 캐리어만을 흡수하기 때문에 높은 전류이득을 얻기가 힘들다. 그러므로 pnp 트랜지스터는 그림 10.14처럼 컬렉터가 에미터를 에워싸고 있는 형태로도 만들어진다.

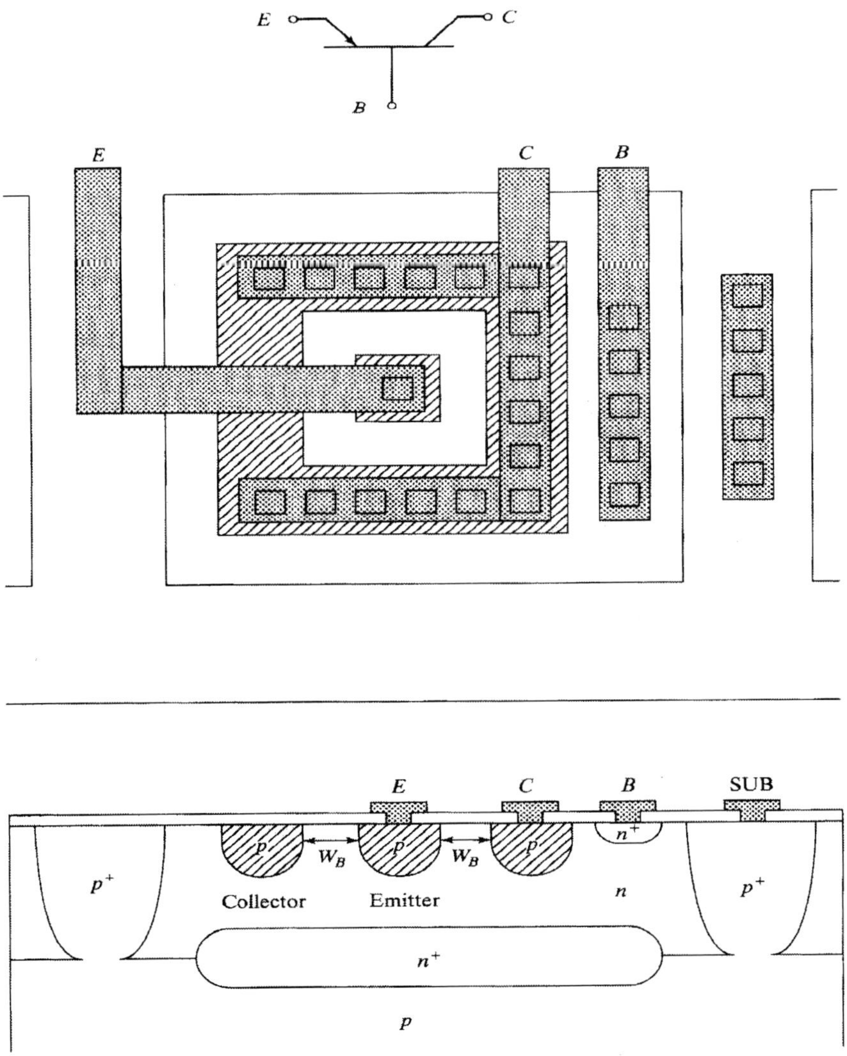

그림 10.14
둘러싸인 측면 pnp 트랜지스터 구조

10.6.7 쇼트키 다이오드

전통적인 쇼트키 TTL과 같은 양극성 논리회로는 npn 트랜지스터와 같은 포화 상태를 방지하기 위해 쇼트키 다이오드를 사용했다. 단순한 쇼트키 다이오드는 그림 10.15(a)와 같이 약하게 도핑된 n형 층에 알루미늄 접촉을 붙임으로써 만들 수 있다. 순환 다이오드 레이아웃처럼 가끔 p형 링을 사용하여 전기장이 높을 때 금속 접촉의 모서리에서 나타나는 문제를 최소화하기도 한다. 결국에는 pn 다이오드에 병렬로 쇼트키 다이오드를 배치하지만, 전방 전도가 쇼트키 다이오드의 낮은 전압에서의 전압 강하를 제어한다.

쇼트키 다이오드는 pn 접합 다이오드보다 역방향으로 더 높은 누설 전류와 항복전압을 갖는다. 이 문제의 해결방법은 그림 10.15와 같이, 쇼트키 다이오드 내부 지역에 다중 p형 확산을 가하는 것이다. 순방향으로는 다중 쇼트키와 pn 접합 다이오드는 병렬로 연결되어 있지만, 쇼트키 다이오드의 낮은 전압 강하가 다이오드의 순방향 지역에 주된 영향을 끼친다. 그러나 역방향으로 전압을 가했을 때, pn 다이오드의 공핍 영역은 병합되고 역방향 항복이 쇼트키 다이오드라기보다는 pn 접합처럼 나타난다. 이 구조는 pn 접합의 이해를 높여 새로운 결과를 도출해 낼 수 있다.

10.7 레이아웃 고려 조건

이 절에서는 SBC 트랜지스터를 위한 마스크 설계 레이아웃에 관하여 알아보고자 한다. 분석은 공정 설계와 레이아웃의 상호관계를 이해하고자 한다. 특히 10.8절에서 논의될 고성능 디지털 기술에 있어서는 사실과 차이가 있지만 양극 트랜지스터를 위한 일련의 마스크의 윗면은 종종 큰 측면 확산에 의하여 최종 소자 구조가 크게 변하게 된다.

10.7.1 매립층과 고립 확산

인접한 매립층 사이의 간격과 간섭하는 고립 확산의 폭은 두 개의 트랜지스터를 얼마나 가깝게 간격을 정하느냐에 따라 결정된다. 전기적인 분리를 유지하기 위해 기판은 회로에서 가장 큰 음전압에 결합시킨다. 다른 한편으로 트랜지스터의 컬렉터는 종종 같은 회로에서 가장 큰 양전압에 연결된다. 그리하여 컬렉터 기판 접합은 회로에 공급되는 양전압과 음전압의 합과 같은 전압을 지탱할 수 있게 설계된다. 아날로그 회로의 경우 이 값은 일반적으로 40V를 넘는다. 60V의 일반적인 설계값은 안전한 적정 여유를 갖도록 한다.

그림 10.16은 트랜지스터의 고립 영역 근처의 p와 n 물질에서의 공핍층을 나타내고 있다. 고립 확산의 도핑은 표면에서 막대한 값을 가지며 고립층과 원래 기판을 분리시킨다. 표면에서 고립 확산을 정의하는 창은 최소 모양 크기가 되나 표면에서 고립 영역의 전체 폭은

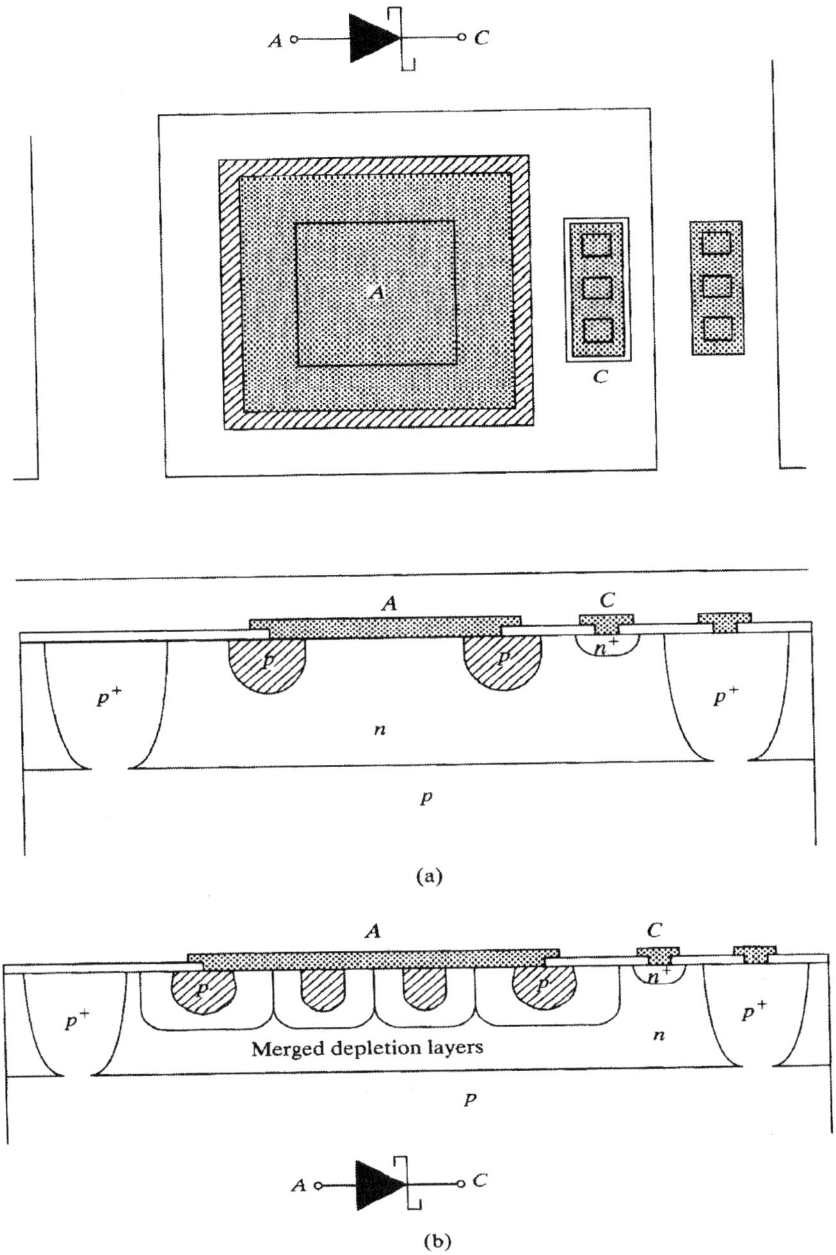

그림 10.15

(a) p형 항복 보호 고리가 있는 쇼트키 배리어 다이오드 (b) 고 역항복 쇼트키 배리어 다이오드

측면 확산에 의하여 결정된다. 예를 들어 에피택셜층의 두께가 15 ㎛이고 최소 모양 크기가 10 ㎛이라면 수직 확산과 측면 확산이 같다는 가정하에 고립 영역의 폭은 40 ㎛에 근접한다. 명백히, 이 형태의 고립은 VLSI/ULSI 회로에는 사용 불가능하다.

한편 n+ 매립층 확산은 일반적으로 p+ 고립 확산층을 분리하지 않는다. 만일 두 확산이 만난다면 접합 항복전압은 감소하게 되고 접합 캐패시턴스는 증가하게 된다. 그러므로 n+ 영역과 고립 확산층 사이의 최소 간격에 관한 레이아웃 설계 법칙을 정하여야 한다.

10.7.2 고립 확산 간격에 대한 베이스 확산

표면에서 그림 10.16의 컬렉터베이스 간과 컬렉터기판 간의 공핍 영역은 합병되어서는 안 된다. 최소 간격은 공급 전압에 대한 지식과 에피택셜층의 불순물 농도로부터 결정된다. 또한 정렬 순서와 축적되는 정렬 허용오차를 고려한 부가적인 간격이 더해져야만 한다.

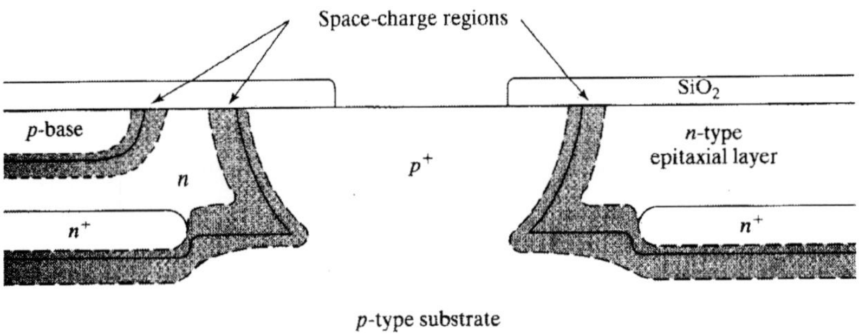

그림 10.16
두 양극 트랜지스터 사이의 고립 영역. 간격은 두 공간 전하 영역이 합병되지 않도록 충분히 커야 한다.

예제 10.6

만일 정렬 허용오차가 1 ㎛이고 에피택셜층의 비저항이 10 ohm-cm인 경우 양극 트랜지스터의 표면에서 고립 확산의 가장자리와 베이스 확산의 가장자리 사이의 최소 간격은 얼마인가? 두 접합은 각각 40V를 지원받고 있음을 가정하자. 여기서 컬렉터베이스 접합 깊이는 5 ㎛를 이용하자.

풀이 : 10 ohm-cm을 갖는 에피택셜층은 $5 \times 10^{14}/cm^3$의 불순물 농도를 가지므로 $V/N_B = 8 \times 10^{-14}$ V-cm^{3}이 된다. 그림 10.7로부터 전체 공핍층 폭은 약 10 ㎛가 되고 에피택셜층에서 8.7 ㎛이다. 고립 컬렉터 접합의 조건은 근본적으로 같으므로 최소 간격은 8.7 ㎛의 공핍층 폭의 두 배에 정렬 허용오차 1 ㎛를 더한 값과 같고 그 값은 18.4 ㎛가 된다.

10.7.3 에미터 확산 설계법칙

에미터와 베이스 확산의 가장자리 사이의 최소 간격은 베이스에서 에미터와 컬렉터의 공핍층의 합, 에미터와 베이스 마스크 사이의 축적된 정렬 허용 오차와 능동 베이스 영역의 폭보다 커야만 한다.

기본적인 SBC 공정에서 n+ 에미터 확산은 컬렉터에서의 좋은 오믹 접촉을 형성하기 위하여 사용된다. 이러한 컬렉터 접촉 확산은 p형 베이스나 고립 확산과 관련된 공핍층을 분리해서는 안 된다. 만일 분리가 일어나면 접합의 항복전압은 감소하게 되고 접합 캐패시턴스는 증가하게 된다.(문제 10.7 참조)

10.7.4 레이아웃의 예

가상적인 양극 트랜지스터를 위한 일련의 설계 법칙이 표 10.1에 주어지고 그림 10.17은 이러한 법칙과 측면 확산의 최대로 하는 것을 기본으로 최소 크기 트랜지스터의 레이아웃을 나타내고 있다. 여기서 주목할 점은 에미터의 바로 밑에 있는 영역인 트랜지스터의 능동 면적은 약 4536 ㎛^{2}의 전체 소자 면적의 작은 부분이라는 점이다. 최종 에미터 면적은 11 × 11 ㎛, 또는 121 ㎛^{2}가 되고 이는 전체 트랜지스터 면적의 2.67%만을 나타내고 있다.

표 10.2 그림 10.17을 위한 양극 트랜지스터 설계 법칙

최소 모형 크기	5 ㎛
단계 사이의 최악 정렬 허용오차	2 ㎛
에피택셜층 두께	10 ㎛
컬렉터-베이스 접합 깊이	5 ㎛
에미터-베이스 접합 깊이	3 ㎛
최소 에미터/컬렉터 표면 간격	5 ㎛
최소 베이스/고립 표면 간격	5 ㎛
최소 컬렉터 접촉 n^+ 확산/고립 간격	5 ㎛
최소 컬렉터 접촉 n^+ 확산/베이스 간격	5 ㎛
매립층 확산(위와 아래 방향으로)	2 ㎛
매립층/고립 간격	5 ㎛
매립층 패턴 슬리프트	10 ㎛
측면 확산 = 수직 확산	

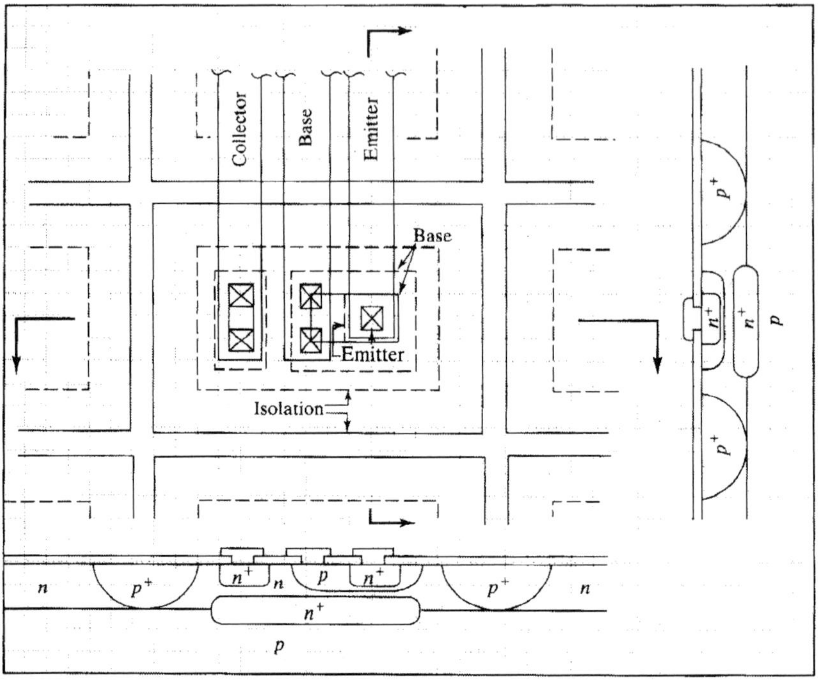

그림 10.17

표 10.2의 설계법칙에 근거한 최소 크기 양극 트랜지스터의 배치. 매립층은 배치를 분명히 하기 위해 윗도면에 표시하지 않았다. 각 사각형의 크기는 5 × 5 ㎛이다.

나머지 면적은 접촉점을 만들거나 공핍층을 지지하거나 인접한 소자 사이를 분리하는 데 사용된다. 이러한 레이아웃에서 고립 면적은 2800 ㎛^{2}, 또는 전체 면적의 60% 이상이 된다. 고립 영역의 최소화는 고성능 소자에 있어서 단지 밀도의 향상뿐만 아니라 접합 캐패시턴스의 감소에 있어서도 매우 중요한 문제이다.

트랜지스터 레이아웃의 윗면에서의 실선은 트랜지스터를 제작하기 위해 사용되는 마스크의 가장자리를 나타낸다. 여러 개의 점선들은 에미터, 베이스 및 고립 확산의 최종 위치를 나타낸다. 표 10.1 설계법칙의 경우 에미터 확산을 위한 창은 에미터 접촉 창과 정확하게 일치한다. 3 ㎛의 측면 확산이 에미터 접촉 창을 위하여 요구되는 2 ㎛ 정렬 허용오차보다 크기 때문이다.

베이스 확산은 깊이가 5 ㎛이고 측면으로 5 ㎛ 확산되는 것을 가정한다. 레이아웃에서 베이스 접촉 창은 실제로는 마스크 단계에서 베이스 영역의 바깥쪽까지 확장되나 확산 후에 베이스 영역 안의 정렬 허용오차보다 크다. 이 점이 공정과 레이아웃의 상호관계를 이해하는 좋은 예가 된다. 하지만 매우 적극적인 설계자만이 이러한 법칙을 고려할 것이다.

베이스-접촉 금속화 공정의 폭은 형태를 명확히 하도록 최소 모양 크기보다 크다. 이것은 다른 설계 법칙의 제한 때문에 공간이 유용한 경우와 같아서 소자의 크기에 영향을 주지 않는다. 두 개의 베이스와 두 개의 컬렉터 접촉 창들은 최소 베이스와 n+ 컬렉터 접촉 영역 내에서 들어맞는다. 컬렉터 접촉 창은 에미터의 경우와 같이 n+ 확산 창의 가장자리와 정렬된다.

또한 매립층 마스크는 그림의 명확성을 위해 생략되었다. 이러한 특정 구조에서 매립 층과 연관된 설계법칙은 레이아웃의 크기를 제한하는 요소는 아니다.

10.8 진보된 양극 트랜지스터

디지털 논리회로의 경우 구조는 가능한 한 짧은 전이시간을 가지도록 최적화한다. 이러한 경우 베이스 폭의 최소화, 전체 접합 면적의 최소화를 위한 가능한 한 캐패시턴스의 제거, 컬렉터 공간 전하 영역폭의 최소화와 컬렉터와 베이스의 직렬 저항의 축소 등이 요구된다. 전류이득의 감소는 전이시간의 축소와 서로 교환된다. 앞에서 언급했듯이 전에는 <111>웨이퍼가 양극 공정에서 사용되었지만, 최근에는 <100>실리콘이 주로 사용되고 있다.

10.8.1 로코스 고립 자기정렬 접촉 구조

그림 10.18에서는 매우 얇은 에피택셜층과 얕은 이온 주입된 베이스와 에미터 영역을 이용하여 이러한 목표를 이루기 위한 고성능 양극 구조를 보여주고 있다. 산화막 분리를 이용하여 가능한 대부분의 pn 접합 면적을 제거할 수 있다. 에미터와 베이스의 옆면은 실제적으로 산화막 고립 영역에 의하여 벽으로 막혀 있다. n+ 매립층은 r_C를 최소화하기 위해 상대적으로 넓으며 전체 베이스 영역은 베이스 저항을 감소시키기 위하여 최소화하여야 한다. 자기정렬된 접촉점은 베이스, 에미터 및 컬렉터 영역에 만들어진다.

그림 10.18의 트랜지스터의 형성은 일반적인 시트 저항이 단위 면적의 제곱당 10~50 W인 매립층의 주입과 확산 공정으로 시작된다. 산화막 마스크는 제거되고 얇은 에피택셜층이 표면에 성장된다. 침전된 산화막 고립 공정은 소자 사이를 분리하기 위해 사용되고 또한 컬렉터와 에미터 접촉점 사이의 필요없는 접합 면적을 제거하기 위해 사용된다. 산화 처리 전에 에피택셜층의 일부분은 식각되어 없어짐으로써 결과적으로 산화 처리가 에피택셜층 전체로 확장된다. 주입은 산화 처리 중에 기판에서 붕소 공핍을 극복하는 데 사용된다.

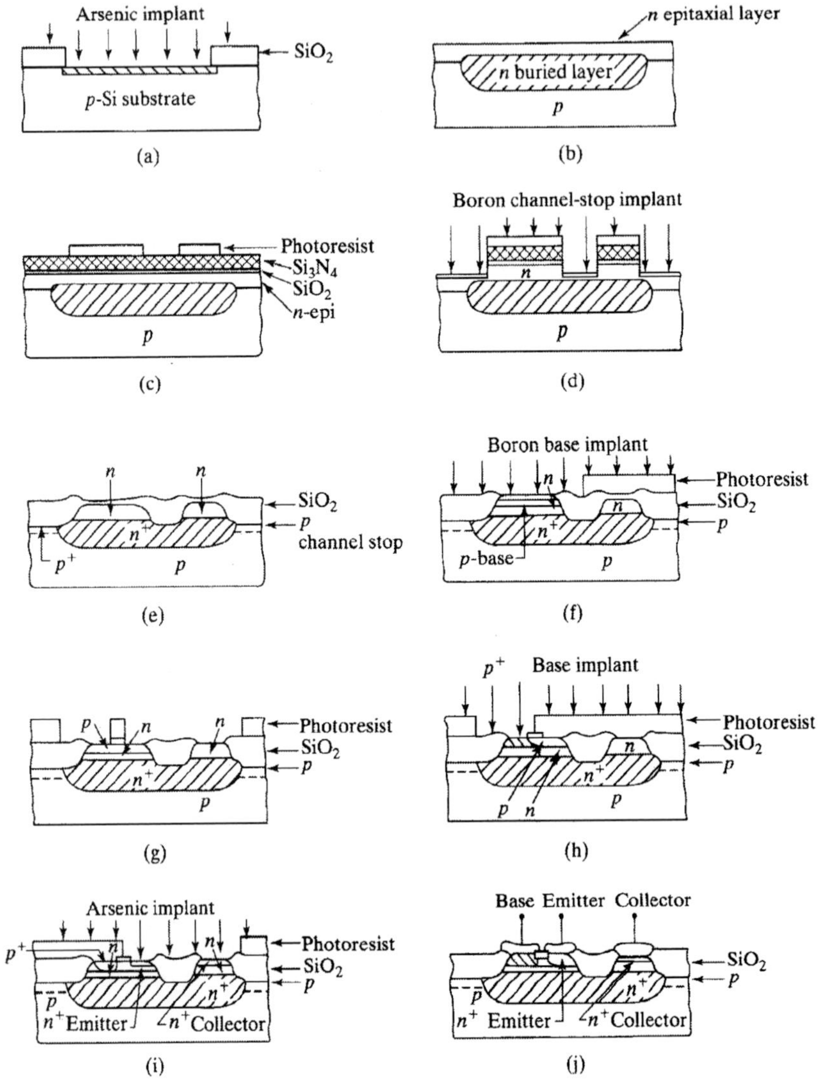

그림 10.18

고성능 산화막 고립 양극 트랜지스터의 공정 순서 (a) 매립층 형성 (b) 에피택셜층 성장 (c) 선택적 산화 공정을 위한 마스크 (d) 침전된 산화막 성장 전의 붕소 주입 (e) 선택적 산화 공정 (f) 베이스 마스크와 붕소 베이스 주입 (g) 에미터, 베이스 접촉 및 컬렉터 접촉 마스크 (h) p+ 베이스 접촉 주입 (i) 에미터와 컬렉터 접촉을 위한 비소 주입 (j) 다층 금속화 공정을 통하여 완성된 구조. Copyright, 1985, John Wiley & Sons, Inc. Reprinted with Permission from ref. [5].

다음으로 실리콘 질화물-산화물의 이중층을 제거하고 산화막을 표면에 성장시킨다. 붕소 주입으로 얇은 능동 베이스 영역이 생성된다. 마스크는 에미터와 베이스, 에미터 및 컬렉터의 접촉점을 동시에 정의하기 위한 창을 만들기 위해 사용한다. 주의할 점은 하나의 산화막 선은 금속과 금속 간의 간격과 축적된 정렬 허용오차의 합으로 정해진다는 점이다.

포토레지스트는 베이스 접촉 영역의 이온 주입시 전위 장벽물질로 사용된다. 이러한 p+ 이온 주입은 소자의 베이스 저항을 감소시킨다. 포토레지스트는 또한 에미터와 컬렉터 접촉 영역의 이온 주입시 전위 장벽물질로 이용된다. 유의할 점은 이러한 두 마스크 단계는 CMOS 공정에서 임계 조정을 위하여 사용된 것들과 유사한 중대하지 않은 윤곽 마스크를 사용한다는 것이다.

접촉점은 베이스와 에미터 이온 주입을 위해 사용한 같은 개방구를 통하여 만들어진다. 이러한 접촉 면적은 금속화 공정 전의 짧은 습식 또는 건식 식각에 의하여 모두 깨끗해진다. 이러한 구조와 연관된 매우 얕은 접합 깊이 때문에 금속화 공정은 접촉 영역에 있는 전위 장벽 금속을 포함한 여러 층이 샌드위치 모양으로 있는 구조가 된다. 회로를 이루기 위한 소자의 연결은 일반적으로 여러 단계의 금속 공정이 관련된다.

10.8.2 이중 폴리실리콘 자기정렬 공정

그림 10.19는 오늘날까지 고성능 양극 소자를 대표하는 초창기의 이중폴리실리콘 자기정렬 공정의 윤곽을 나타낸다. 감도가 떨어지는 매립 n+층과 n-에피택셜층이 p형 기판에 제작된다. 소자간의 고립은 깊은 트렌치에 의해 이루어진다. 식각 후, 트렌치 벽은 산화 공정을 거쳐 폴리실리콘으로 채워진다. p+주입을 사용하여 트렌치의 붕소 공핍을 최소화한다. 다음, 얕은 트렌치 지역을 형성하여 평평한 표면을 얻는다. n+ '가라앉은' 확산을 사용하여 n+ 매립 컬렉터층과 접촉시킨다.

폴리실리콘은 이온 주입으로 p형 불순물이 증착, 도핑된다. 베이스 개방 부분이 결정되고, 진성 베이스 부분이 이 개방 부분을 통해 주입되고, 폴리실리콘이 산화된다. 이어지는 어닐링과 공정 단계에서, 외부 베이스 지역은 폴리실리콘이 형성되는 p형 접촉으로부터 약하게 도핑된 진성 베이스 지역으로 확산된다. 높은 폴리 도핑은 외부 베이스 지역에서 베이스 저항으로의 영향을 최소화시킨다. 폴리실리콘의 산화막은 에미터 접촉과 베이스 접촉을 분리시키는 고립층 역할을 한다. 폴리실리콘 측면의 산화막의 첨가는 MOS 소자의 LDD 공정과 비슷한 것임에 주의하라.

폴리실리콘의 두 번째 층에는 n+가 도핑되고 증착 후 어닐링되어, p형 베이스에 아주 얇은 에미터 지역을 형성한다. 비소 도핑은 확산계수가 작기 때문에 주로 사용된다. n+ 폴리실리콘은 에미터와 n+ 컬렉터 싱커와의 접촉을 유지해 준다. 진성 베이스, 베이스 접촉, 그리고 에미터는 단일 리소그래피 공정으로 형성되며 이로 인해 자기정렬이라고 불리는 것에

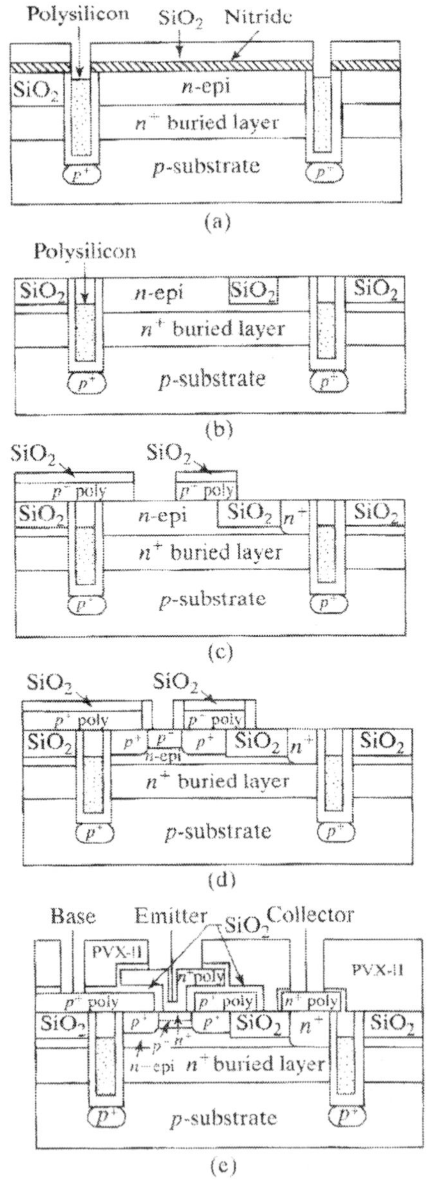

그림 10.19

f_T=10 GHz인 고성능 양극 트랜지스터 (a) 폴리실리콘과 실리콘 디옥사이드를 재보충한 깊은 트렌치 고립을 이용하여 얻은 고립 (b) 선택적 산화 공정 후의 구조 (c) 증착되고 패턴을 이룬 p+ 폴리실리콘 (d) 도핑된 폴리실리콘이 도핑된 베이스 영역과 베이스 접촉을 형성하기 위한 확산. 자기정렬 주입이 진성 베이스를 형성한다 (e) n+ 폴리실리콘이 에미터와 트랜지스터의 에미터 및 컬렉터 접촉을 이루기 위한 확산. Copyright 1985 IEEE. Reprinted with permission from ref. [6].

유의하라. 에미터, 베이스, 베이스 접촉층의 정렬 허용의 제거로 인해 트랜지스터 크기가 줄어들고, 소자 캐패시턴스 또한 줄어든다.

이러한 공정에서, 소자는 매우 얕은 에미터와 좁은 베이스 폭을 가져야 높은 f_T를 가질 수 있다. 공핍층 연장선과 베이스 저항을 억제 제어하기 위해 베이스 지역의 도핑이 증가되어야 하고, 좁은 베이스와 증가된 도핑 정도가 트랜지스터의 항복전압을 낮출 수 있다. 이러한 많은 소자가 2.5V 이하에서 작동할 수 있도록 설계된다. 또한 전체 '온도 예산'이 매우 작다.

10.8.3 실리콘-게르마늄 에피택셜 베이스 트랜지스터

실리콘에 게르마늄을 더함으로써, GaAs, InP, InAs와 같은 3–5족 혼합 반도체와 비슷한 방법으로 '밴드갭 공학'을 할 수 있다. 게르마늄은 실리콘과 같은 4족이므로 실리콘에서 불순물로 작용하지 않는다. 그러나 게르마늄이 격자에서 실리콘을 대체하면, 물질의 밴드갭을 변화시킨다. 이 밴드갭의 변화가 전류이득을 증가시키며 내부 베이스 전기장이 트랜지스터의 단일 이득을 증가시킬 수 있다. 이 글을 저술할 때에는, SiGe 이종접합 양극 트랜지스터에서 200GHz를 넘는 차단 주파수가 보고되었다.

SiGe HBT에서, 게르마늄은 소자의 베이스 지역을 형성시키는 에피택셜 단계에서 최대 농도 15%를 가지고 베이스 부분에 들어가게 된다. 그림 10.20(a)에 SiGe 소자의 단면도가 나타나 있고, 이 구조의 전자현미경 사진은 그림 10.20(b)에 나타나 있다. 이 구조는 깊고 얕은 트렌치를 사용하여 고립시킨다. 베이스 부분은 세밀히 제어된 에피택셜 성장을 고진공 상태에서 제조되는데, 실리콘 틀에 단일 크리스털 진성 베이스 지역을 만들지만, 결과적으로 산화막 위에 폴리크리스털린 실리콘을 형성한다. 에피택셜 성장 중, 진성 베이스 지역에 여러 게르마늄 형태가 들어가 SiGe 소자를 만들어 낼 수 있다. 방식용 게이트 구조는 폴리실리콘을 많이 도핑하여 진성 베이스 지역의 측면 벽을 만들어 내는 p+ 주입으로부터 에미터 지역을 보호하기 위해 사용된다. 에미터는 강하게 도핑된 폴리실리콘 에미터 접촉의 증착 후 아웃 확산으로 형성된다. 베이스 불순물 주입의 전이 강화 확산은 베이스 윤곽의 제어를 힘들게 할 수 있고, 에피택셜 베이스의 사용은 계단형의 전이와 좁은 베이스 폭을 얻을 수 있게 해준다.

SiGe HBT의 전형적인 분포을 그림 10.21에 나타내었다. 게르마늄의 추가 없이, TED가 주입된 베이스 소자는 베이스폭이 넓어질 수도 있지만, 이 분포은 그림 10.19와 같이 산화막-고립 이중-폴리실리콘 구조의 특징이기도 하다. 그림 10.21에서, 금속성 베이스 너비는 100 nm 이하이고, 에미터베이스 접합은 폴리실리콘 표면의 150 μm 밑에 있다. 원하는 게르마늄 도핑 분포은 베이스 에피택시를 하는 동안 얻어진다. 박막의 안정성을 위해, 최대 농도는 대개 15% 이하로 유지된다. 이 분포에서는 인이 도핑된 컬렉터와 비소가 강하게 도핑된 컬렉터 밑 지역이 뚜렷하게 나타난다.

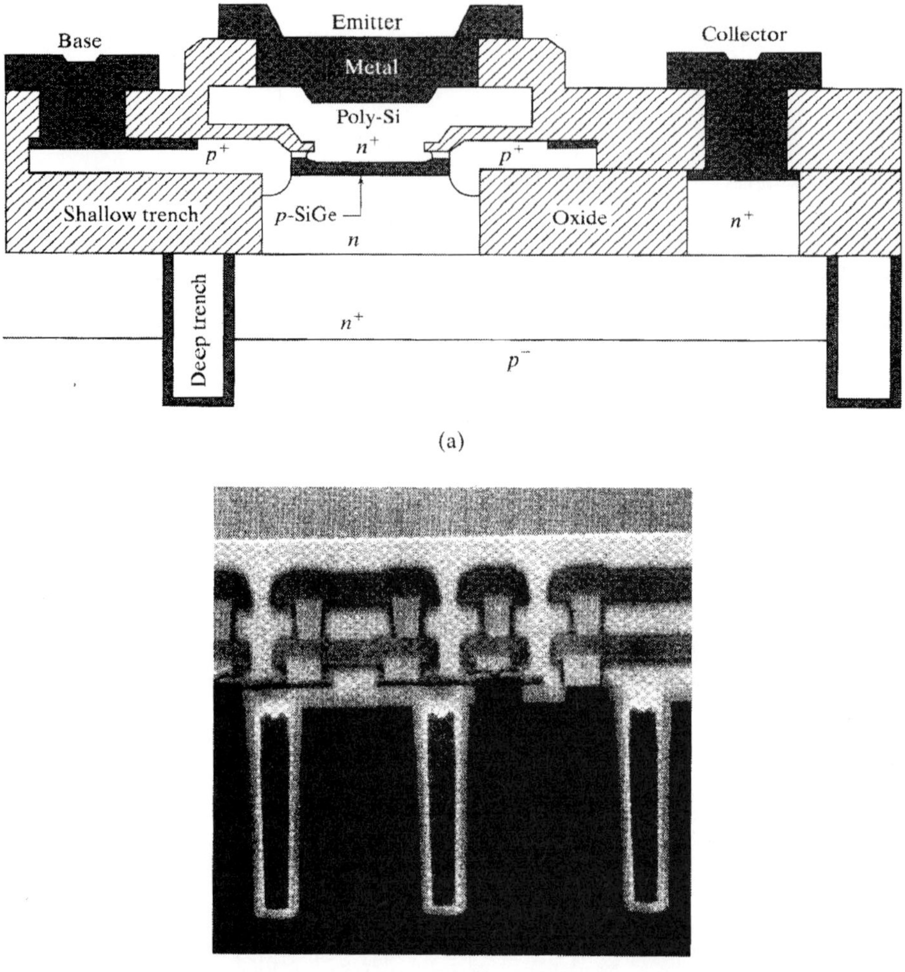

그림 10.20

(a) 에피택셜 베이스 실리콘-게르마늄 이질 접합 양극 트랜지스터의 단면도 (b) 5 ㎛ 깊이의 트렌치 고립의 실제 구조 사진. Copyright 1985, IEEE. Reprinted with permission from Ref. [9]

10.9 다른 양극 고립 기술

소자 고립에 대한 여러 가지 다른 흥미로운 접근 방법이 수년에 걸쳐 개발되었다. 여기에서는 그 중 세 가지 방법에 대해 알아보고자 한다. 유전체 고립 공정은 아직도 고성능 아날로그 회로에 사용되고 CDI 공정은 산화막 고립 구조에 의하여 많은 부분 대체되었다.

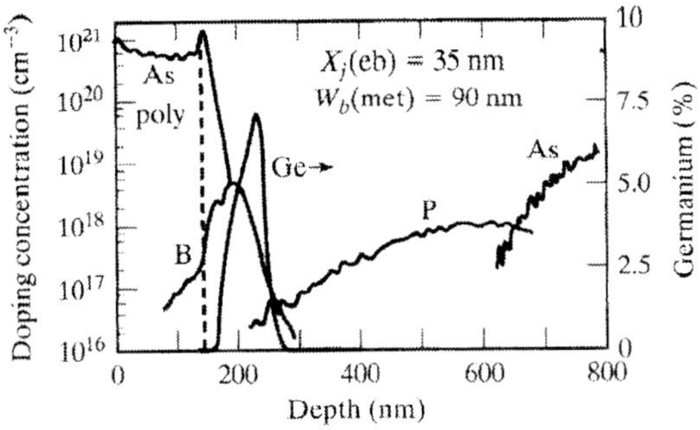

그림 10.21
SiGe HBT 불순물 윤곽. Ge가 제거되어도 고성능 실리콘 BJT도 같은 윤곽이 나타난다. Copyright 1985, IEEE. Reprinted with permission from Ref. [9]

10.9.1 컬렉터 확산 고립 구조(CDI)

그림 10.22에 나타내고 있는 컬렉터 확산 고립 구조는 주로 디지털 응용을 위해 개발되었다. 이 공정은 p형 고립 확산 공정을 제거함으로써 소자의 면적을 줄이고 공정의 복잡성을 감소시켰다.

이 공정은 트랜지스터에서 컬렉터로 사용되는 낮은 시트 저항을 갖는 매립층의 확산 공정으로부터 시작한다. 얇은 p형 에피택셜층은 베이스 영역을 형성하고 다음 단계에서 성장된다. 소자 고립은 컬렉터 접촉 면적을 제공하고 트랜지스터를 완전히 둘러싸는 n^+ 확산에 의하여 얻어진다. 얕은 에미터가 다음으로 이온 주입되고 소자 안으로 확산된 후 접촉점과 금속화 공정이 이어진다. 일반적인 CDI 공정 변수는 단위 면적당 15~50 ohm의 매립층 시트 저항, 두께 2-㎛와 0.25 ohm-cm의 에피택셜층 및 1 ㎛ 이하의 깊이를 갖는 에미터이다.

이 공정을 채용하면 최소의 r_C를 갖는 고성능의 좁은 베이스 트랜지스터를 생산할 수 있지만 상대적으로 큰 컬렉터 베이스 간과 컬렉터 기판 간 캐패시턴스를 갖는다. 그리하여 이러한 공정은 비록 공정의 복잡함에 따르는 상당한 비용을 감수하더라도 이러한 캐패시턴스를 최소화하기 위하여 진보된 산화막 고립 구조로 대부분 대체되고 있다.

10.9.2 유전체 고립

양극 공정의 최종 목표 중 하나는 pnp와 npn의 성능을 비슷하게 만들 수 있는 공정을 찾아내는 것이었다. 이러한 공정은 보완적인 양극 공정이라고 불린다. 그러나 소자간의 기생 결합과 래치업 민감도가 npn 공정에 확산을 막아 수직 pnp 트랜지스터 생산을 못하게 한다. 그 대신 두 종류의 트랜지스터의 고립을 위해 몇몇 형태의 유전체 고립이 사용되었다.

최초의 성공적인 유전체 고립 공정은 Harris Semiconductor에 의해 개발되었다. 그리고 이의 기본 공정 순서는 그림 10.23에 있다. 깊은 V형 홈이 <100>형 실리콘 웨이퍼에 식각된다. 비선택적 n+ 확산 후에, 표면에 실리콘 산화막을 성장시킨다. 그 뒤 웨이퍼 표면에 두꺼운 폴리크리스털린 실리콘이 증착된다. 그림 10.23(b)와 같이 V형 홈이 노출될 때까지 래핑으로 웨이퍼 뒷면의 실리콘을 제거한다. 그 뒤에 표면을 기계, 화학적으로 폴리싱한다. 웨이퍼를 뒤로 돌리면, 실리콘의 수율 공간이 실리콘 산화 유전층으로 고립되어 있다. 그 뒤 통상의 공정으로 npn 트랜지스터를 형성한다. 이는 비싸지만 중요한 변위가 보완적인 수직 npn, pnp 트랜지스터를 형성 가능케 한다. 이는 고성능 아날로그 회로의 제조에 사용되며 방사능에 강하여 군용으로도 쓰인다.

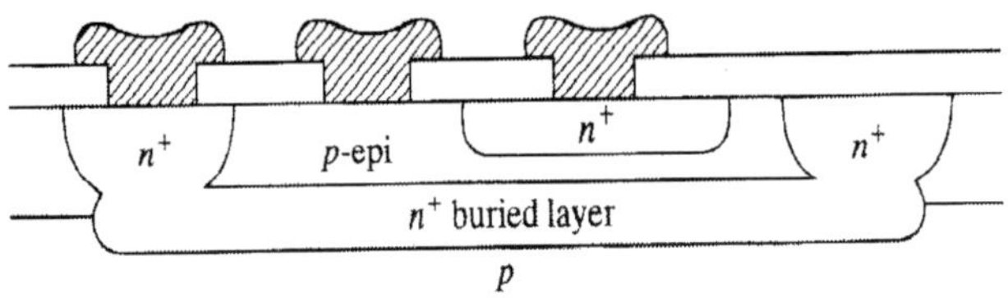

그림 10.22
CDI 공정으로 제작된 트랜지스터의 단면도

최근에는 매립 산화막, 접합 웨이퍼 SOI, 산화막과 폴리실리콘 보충제 있는 깊은 트렌치 RIE 등과 같이 공정이 발전하여 유전체적 고립 BJT를 간단하게 만들 수 있게 되었다. 그림 10.24(a)는 이와 같은 공정으로 만들어지는 트랜지스터의 단면도이다. 이 공정에서, 기판은 접합된 SOI 웨이퍼이다. 그러나 SIMOX 웨이퍼 또한 사용될 수 있다. 강하게 도핑된 p, n형 매립 컬렉터가 주입되고 npn 컬렉터를 위한 n형 에피택셜층이 성장된다. 매립된 산화층을 깔아 깊은 트렌치를 식각하여 소자간의 고립을 얻는다. 그 뒤 트렌치를 산화막과 폴리실리콘으로 채운다. 표면의 LOCOS 고립은 npn, pnp 트랜지스터의 개별적 베이스 지역 주입 후에 이루어진다. 도핑 안 된 폴리실리콘층이 증착된 후 n, p형 불순물이 선택적으로 주입된다. 주입된 폴리실리콘층의 아웃 확산으로 두 종류의 트랜지스터 에미터가 형성된다. 이 공정은 f_T가 2.5 GHz인 보완적 트랜지스터를 만들어 낸다. 그림 10.24(b)는 같은 공정으로 저항, 캐패시터, 쇼트키 다이오드를 만드는 방법이다.

10.10 BICMOS

양극, MOS 소자의 장점을 모두 살리는 공정을 찾는 것이 제조학의 오랜 목표였다. 시간이 흘러감에 따라 NMOS, CMOS, 그리고 양극 공정은 매우 복잡해졌다. 예를 들어 최첨단 CMOS 공정은 20~25개의 마스크 단계가 있다. 기본 공정은 비싼 대신 단계가 줄어들어 매우 간단해졌으며 CMOS와 양극 공정을 합쳐 BiCMOS라고 한다. 이에 대한 좋은 예가 [14]에 있다.

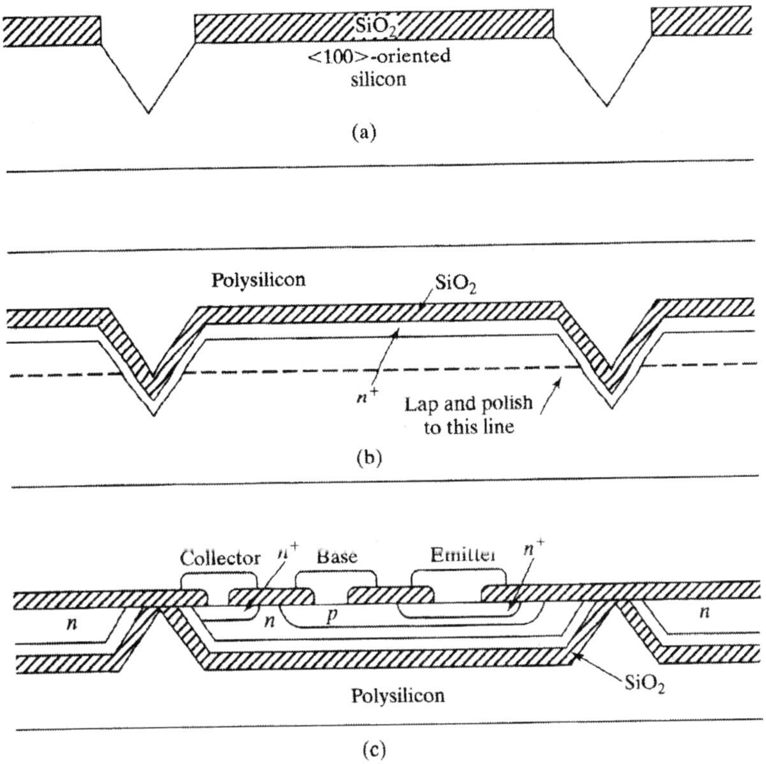

그림 10.23

유전체 고립 공정의 여러 가지 단계 (a) 실리콘 기판에서 부등방성을 갖도록 V형 홈을 식각한다. (b) n+ 확산과 산화 공정을 실시한 후의 구조. 기판은 뒤집어지고 점선을 따라서 래핑되고 연마된다. (c) 실리콘이 고립된 섬 모양으로 제작된 양극 트랜지스터

그림 10.25에 BiCMOS 기술의 세 가지 접근방법이 제시되어 있다. CMOS 소자가 있기 때문에, <100> 실리콘이 BICMOS 공정의 기판이 된다. 첫 번째 경우인 [15]는 p형 기판에 많은 농도의 n, p형 매립층을 형성한다. 에피택셜 성장 뒤, n우물, p우물 지역이 주입과 확산에 의해 형성되고, 이 두 우물에 NMOS, PMOS 소자가 형성된다. npn 트랜지스터−대개는 SiGe HBT−는 측면의 폴리실리콘 벽이 있는 에피택셜 베이스 접촉이 있고, 폴리실리콘 에미터가 있다. 표준 측면 pnp 트랜지스터는 npn 소자에 사용된 것과 흡사하게 n 지역에 형성될 수 있다.

그림 10.15(b)에 도시된 공정은 LOCOS 고립으로 시작하여 이온 주입과 확산을 사용하여 n-tub, p-tub를 기판에 만들어 NMOS, PMOS, npn, pnp 트랜지스터에 사용된다. 이 공정에서 고에너지의 붕소와 인을 주입하여 양극 트랜지스터 컬렉터 저항을 줄이기 위한 매립층을 형성한다. npn은 이온 주입된 베이스와 비소 도핑된 n+ 폴리실리콘 에미터를 갖는다. 여기

서 수직 pnp 트랜지스터는 p-tub 지역의 한 곳에 인 베이스 주입과 p+ S/D 주입을 에미터로 사용하여 형성된다. pnp, npn 트랜지스터의 f_T는 각각 10 GHz, 40 GHz를 넘어간다. NMOS, PMOS 소자는 5 nm 게이트 산화막을 가지는 규소화합 폴리실리콘 게이트 LDD 소자이다.

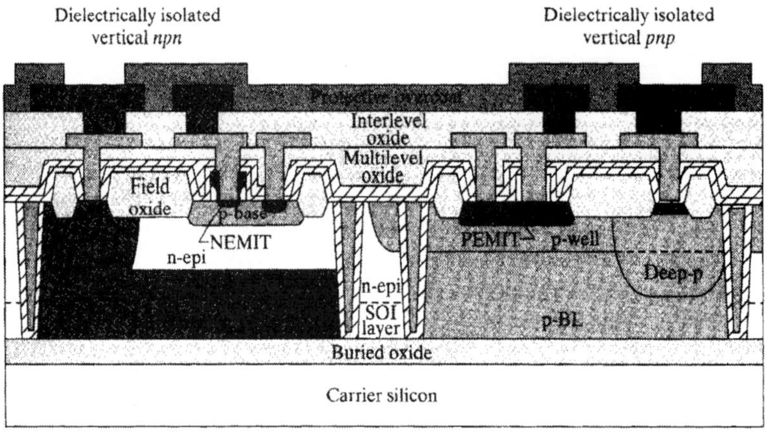

npn and *pnp* transistors

(a)

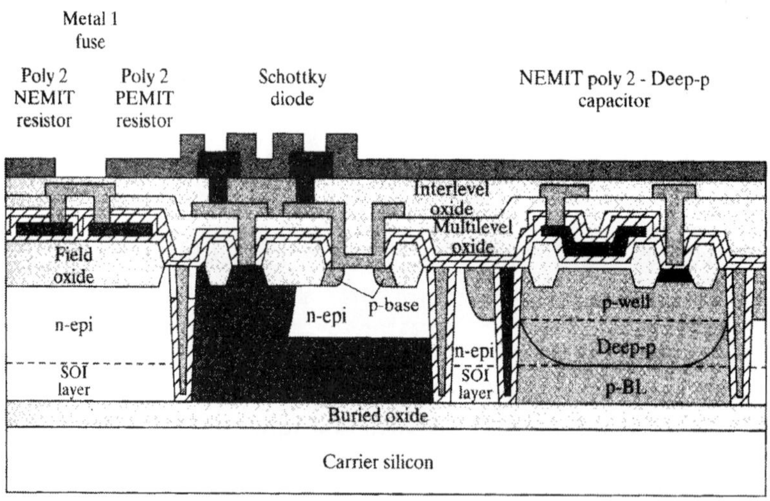

Passive components

(b)

그림 10.24

(a) 고성능 양극 트랜지스터 (b) 얕은 트렌치 고립을 사용해 SIMOX 웨이퍼에 만든 수동 소자. Copyright 1997, IEEE. Reprinted with permission from Ref. [13].

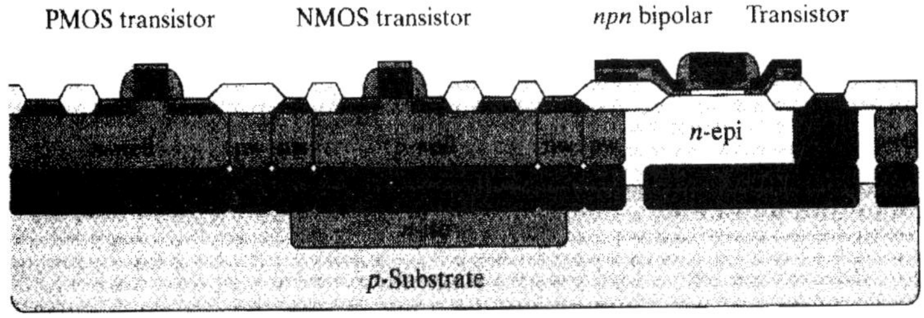

Schematic cross section of the BiCMOS6G technology

(a)

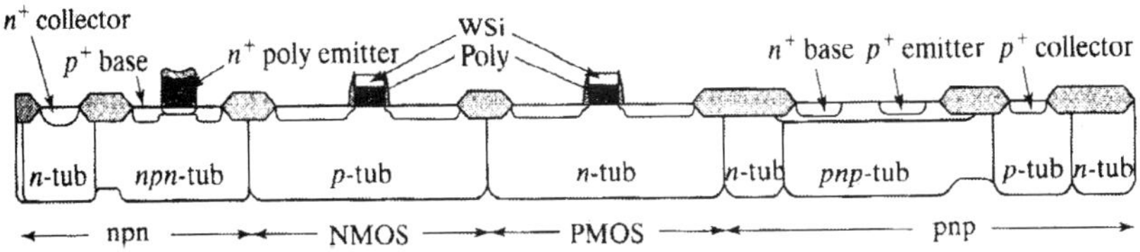

Schematic cross-sectional view of HECIBiC technology.

(b)

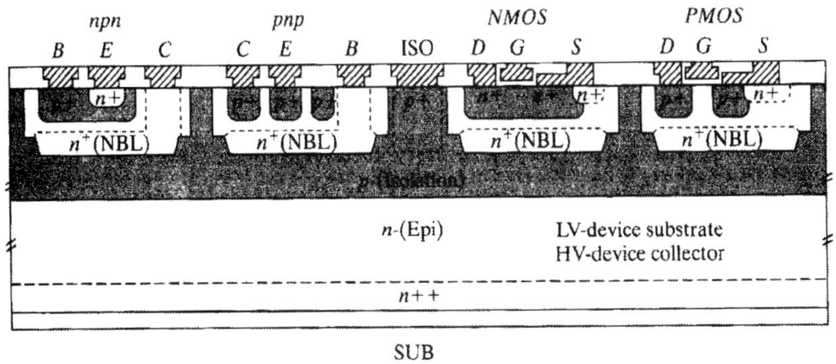

(c)

그림 10.25

BiCMOS 기술 단면도 (a) 이중 우물 CMOS +npn 공정. 우물 형성 전에 n, p형 매립층 확산을 한다. (b) 이중 우물 공정, BJT의 컬렉터 저항을 줄이기 위해 고에너지 주입을 사용하였다. (c) 전력 반도체 사용을 위해 설계된 BiCMOS 소자. Copyright 1999, 1998, 1997, IEEE. Reprinted with permission from Ref. [15,16,17]

세 번째 BiCMOS 구조[17]는 IC 공정의 부분으로 이 또한 수직 전력기기를 포함한다. 여기에서 n+ 매립층은 CMOS와 양극 소자 밑에 형성된다. 에피택셜층 성장에 이어, n-tub 형성, p+ 고립, 간단한 공정이 사용되어 수직 npn, 측면 pnp, 그리고 PMOS 트랜지스터를 형성한다. p우물이 n-tub에 더해져서 NMOS 소자의 기판이 된다. NMOS 트랜지스터의 소스, p우물, n-tub의 접합이 소스 접촉에 의함에 유의하라. n+ 후면 접촉이 있는 n에피택셜층은 이 공정에 포함된 수직 전력기기 구조에 필요하다.

요약

표준 매립형 컬렉터(SBC) 공정은 아날로그 및 전력 회로 응용을 위한 IC 산업을 통하여 널리 사용된다. 최근에 개발된 디지털 양극 기술은 MOS 동적 RAM의 사용을 위해 개발된 공정의 진보로부터 많은 것을 얻었다. 이러한 것들은 산화막 고립, 다결정 실리콘의 사용, 이온 주입 공정의 도입을 포함한다.

아날로그 응용을 위한 양극 기술은 일반적으로 50V까지의 항복전압을 가지고 수백 배에 해당하는 전류이득을 갖도록 설계한다. 결과로 얻는 소자는 500 MHz보다 작은 차단 주파수를 가진다. 유전체 고립은 소자간의 고립 기술 중 최고이며, 진정한 보완적 양극 소자와 고전압에서 동작 가능한 소자를 만들 수 있게 한다.

디지털 응용을 위한 소자는 훨씬 낮은 전류이득과 공급 전압을 가지고 동작한다. 현대 VLSI 양극 공정은 폴리실리콘 에미터와 베이스 접촉 지역을 갖는 자기정렬 에피택셜 베이스 지역을 사용한다. 얕고 깊은 트렌치 고립은 조합되어 양극 트랜지스터의 면적과 캐패시턴스를 최소화한다. 매우 좁은 베이스 트랜지스터 또한 이온 주입에 의해 제작 가능하다. 이러한 요인이 40 GHz를 넘는 차단주파수를 수용하는 소자의 설계를 가능케 한다. 에피택셜 베이스 트랜지스터의 베이스 지역에 게르마늄을 넣어 SiGe 이질 접합 트랜지스터를 제조한다. 이들 소자는 이미 차단주파수 200 GHz를 넘어섰다.

양극, MOS 공정의 복잡성은 수렴되어 단일 복합 기술로 두 종류의 트랜지스터를 제조할 수 있게 되었다. 많은 접근 방식이 있지만, 이들은 BiCMOS 기술이라고 불린다.

참고문헌

[1] J. G. Fossum, "Computer-Aided Numerical Analysis of Silicon Solar Cells," *Solid-State Electronics*, 19, 269–277, April 1976.

[2] H. Lawrence and R. M. Warner, Jr., *Bell System Technical Journal*, 39, 389–403, March 1960.

[3] P. R. Wilson, "The Emitter-base Breakdown Voltage of Planar Transistors," *Solid-State Electronics*, 17, 465–467, May 1974.

[4] R. A. Colclaser, *Microelectronics Processing and Device Design*, John Wiley & sons, New York, 1980.

[5] S. M. Sze, *Semiconductor Devices-Phusics and Technology*, John Wiley & Sons, New York, 1985.

[6] R. C. Jaeger, *Microelectronic Circuit Design*, McGraw-Hill Book Company, Burr Ridge, IL: 1997.

[7] B. M. Wilamowski, "Schottky Diodes with High Breakdown Voltage", *Solid-State Electronics*, Vol.

26, no. 5. pp. 491-493, May 1983.

[8] M. Vora, Y. L. Ho, S. Bhamre, F. Chien, G. Bakker, H. Hingarh, and C. Schmitz, "A Sub-100 Picosecond Bipolar ECL Technology, *IEEE IEDM Technical Digest*, pp. 34-37, December 1985.

[9] John D. Cressler, "Reengineering Silicon: Si-Ge Heterojunction Bipolar Technology," *IEEE Spectrum*, pp. 49-55, March 1995.

[10] E. F. Crabbe, et al., "Vertical Profile Optimization of Very High-Frequency Epitaxial Si and SiGe-Base Bipolar Transistors," *1993 IEEE IEDM Digest*, pp. 83-86, December 1993.

[11] C. J. Sanders, W. R. Morcom, and C. S. Kim, "An Improved Dielectric-junction Combination Isolation Technique for Integrated Circuits," *IEEE IEDM Technical Digest*, pp. 38-40, December 1973.

[12] J. L. Davidson and D. R. Mason, Method of Etching Silicon Crystals, U. S. Patent #3,728,179, issued April 17, 1973.

[13] R. Patel, W. Milam, G. Cooley, M. Corsi, J. Erodljac and L. Hunter, "A 30-V Complementary Bipolar Technology on SOI for High-Speed Precision Analog Circuits," *1997 IEEE BCTM Digest*, pp. 48-51, September 1997.

[14] D. Harame, "High-performance BiCMOS Process Integration Trends, Issues and Future Direction," *IEEE BCTM Digest*, pp. 36-43, September 1997.

[15] A. Monroy, et al., BiCMOS6G: A High-performance, 0.35-㎛ SiGe BiCMOS Technology for Wireless Applications," *IEEE BCTM Digest*, pp. 121-134, September 1999.

[16] Y-F Chyan, et al., "A 50-GHz, 0.25-㎛ Implanted-Base High-energy Implanted Collector Complementary Modular BiCMOS (HEICBiC) Technology for Low-power Wireless-communication VLSIs," *IEEE BCTM Digest*, pp. 128-131, September 1998.

[17] A. Leone, N. Speciale, S. Graffi, G. Masetti and V. Graziano, "Modeling Parasitic Bipolar Devices in Advanced Smart-power Technologies," *IEEE BCTM Digest*, pp. 127-130. September 1997.

[18] B. T. Murphy, V. J. Glinski, P. A. Gary, and R. A. Pederson, "Collector Diffusion Isolated Integrate Circuits," *Proceedings of the IEEE*, 57, 1523-1527, September 1969.

[19] C. C. Allen, L. H. Clevenger, and D. C. Gupta "A Point Contact Method of Evaluation Epitaxial Layer Resistivity," *Journal of the Electrochemical Society*, 113, 508-510, May 1966.

[20] H. F. Wolf, *Silicon Semiconductor Data*, Pergamon Press, Oxford, 1969.

문제

10.1 에미터와 베이스의 불순물 농도가 각각 N_E와 N_B인 균일하게 도핑된 트랜지스터의 검

멜수식을 유도하라. 에미터의 유효폭은 L_E이고 베이스의 폭은 W_B이다. 당신의 결과를 이 시리즈의 3권에 있는 식 (2.46)과 비교하라. $N_E = 10^{20}/cm^3$, $N_B = 10^{18}/cm^3$, $W_B = 4$ ㎛, $L_E = 20$ ㎛, $L_B = 50$ ㎛, $D_B = 20cm^2/sec$와 $D_E = 5cm^2/sec$인 경우 전류이득은 얼마인가? $\eta = 1$ 로 가정한다.

10.2 식 (10.1)을 이용하여 그림 10.2에 주어진 불순물 분포를 갖는 트랜지스터의 전류이득을 추정하라. $W_B \ll L_B$와 $D_B = 20cm^2/sec$을 가정한다. $N_E/D_E = 5 \times 10^{13} sec/cm^4$, $x_{JE} = 1.5$ ㎛, $x_{JC} = 4$ ㎛을 이용하라.

10.3 $X_{BL}-X_{BC} = 5$ ㎛인 트랜지스터의 최대 컬렉터베이스 항복전압은 얼마인가? 이 항복전압을 얻기 위하여 사용되는 에피택셜층의 도핑값 범위는 어디인가?

10.4 제너 표준 다이오드는 종종 에미터베이스 접합의 항복을 이용하여 형성된다.

(a) 1㎛ 깊이의 접합의 경우 6V의 항복전압을 얻기 위한 베이스 표면의 농도는 얼마인가?

(b) 만일 베이스 표면의 농도가 반으로 줄어든다면 다이오드의 실제 항복전압은 얼마가 되겠는가?

10.5 식 (9.3)에 주어진 한쪽 계단 접합을 위한 표현을 이용하여 예제 10.3의 트랜지스터의 컬렉터베이스 공핍층 폭을 계산하라. 그림 10.4로부터 유도된 폭과 비교하면 어떤지 설명하라.

10.6 에미터의 유효 검멜수는 근본적으로 에미터의 밴드갭 축소에 의한 분포로부터 계산된 값에 의하여 감소된다. 시트 저항이 10 ohms per square인 비소 에미터의 경우 4 장의 식을 이용하여 G_E를 계산하라.

10.7 10.7.3절에서 n+ 컬렉터 접촉 확산의 올바른 위치 선정의 중요성에 관하여 논의하였다. 이러한 점을 나타내기 위해 3개의 간단한 npn 트랜지스터를 그림 P10.7에 그린 구조를 이용하여 n형 기판에 제작하였다. n+ 컬렉터 링은 컬렉터 직렬 저항 R_C를 감소시키는 데 사용된다. n+ 링과 베이스 확산의 가장자리 사이에 0 ㎛, 3 ㎛ 및 5 ㎛의 3가지 다른 간격이 사용되었다. 이 세 경우에 왜 항복전압이 다른지 설명하고 세 가지 소자의 컬렉터베이스 항복전압을 추정하라. 베이스 표면 농도는 $10^{18}/cm^3$으로 가정하고 접합 깊이는 5 ㎛로 가정하라.

10.8 표면 조건이 제너 다이오드의 항복전압을 나쁘게 할 수 있다. 준표면 항복은 그림 P10.8에 나타난 분포를 가진 이온 주입된 공정을 사용하여 얻을 수 있다. 이 다이오드의 항복전압을 추정하라.

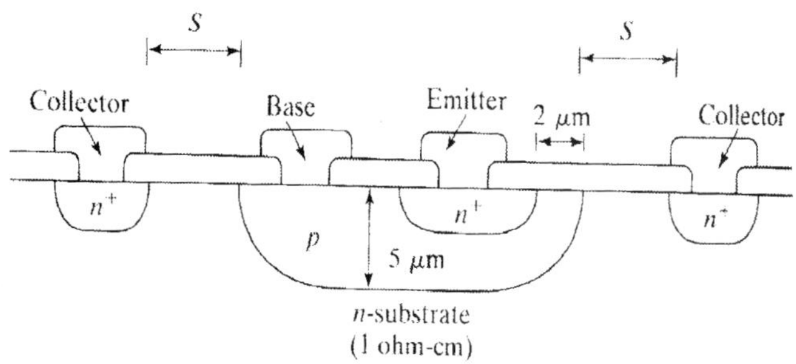

그림 P10.7

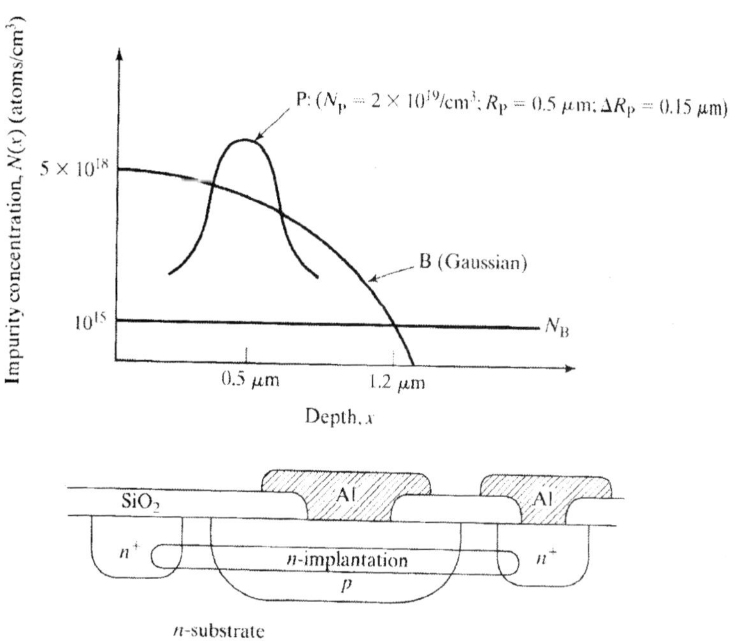

그림 P10.8

10.9 간단한 측면 pnp 구조가 그림 P10.9(a)에 나타나 있다. 이 트랜지스터의 전류이득은 수집 제한적이며 식 (10.1)을 만족하지 않는다. 에미터는 모든 방향으로 균일하게 전류를 주입한다고 가정하고 컬렉터는 그 쪽으로 오는 모든 전류를 수집한다고 가정하자.

(a) 이러한 가정하에 베이스 공통 전류이득 a = I_C/I_E의 값은 얼마인가? 에미터 공통 전류이득 β는 얼마인가?

(b) β의 표현을 소자의 길이와 폭의 함수로 유도하라. 주어진 면적하에서 이득을 최대

화하기 위하여 길이와 폭의 관계는 어떻게 되는가?

(c) 어떠한 기하 모양이 전류이득을 최적화하는가?

10.10 그림 P10.10의 기하 모양을 갖는 15㎛ 두께의 에피택셜층을 가진 접합 고립형 구조의 고립 확산을 위한 확산 스케줄을 정하라.

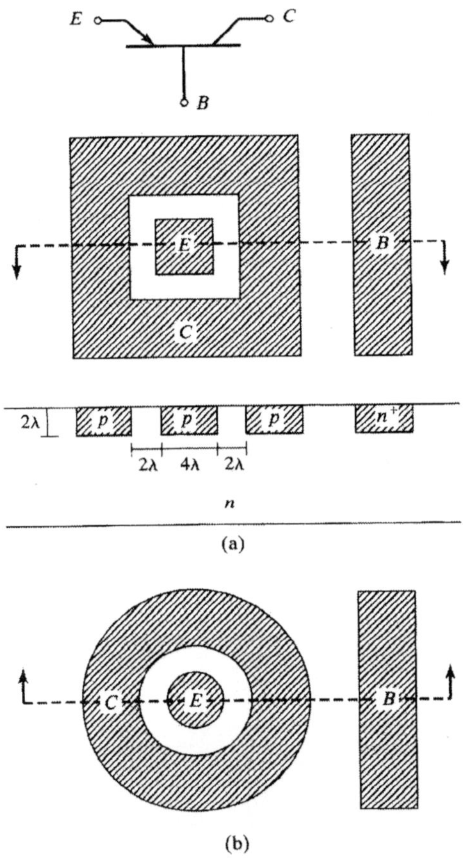

그림 P10.9

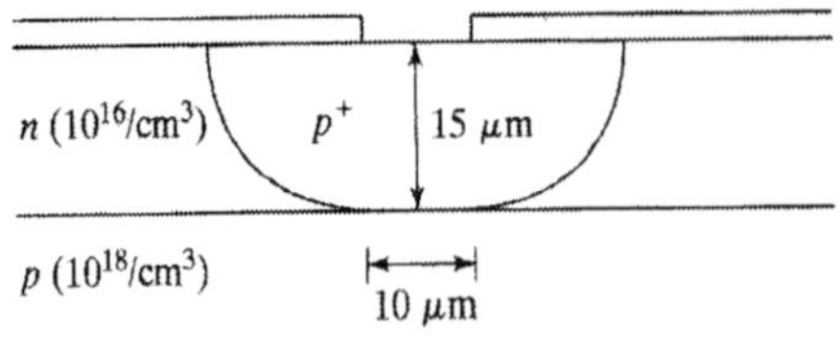

그림 P10.10

(a) 밑에서의 고립 폭은 10 ㎛라고 가정하고 기판으로부터 위로의 확산은 없다고 가정하고 측면 확산과 수직 확산은 같다고 가정한다.

(b) (a)의 확산 시간을 기판으로부터 붕소가 위로 확산하는 것을 고려하여 조정한다. 이 경우 기판은 상수값인 $10^{18}/cm^3$의 농도를 갖는 붕소 불순물이 무한히 공급되는 것을 나타낸다고 가정한다.

10.11 거리 $X_{BL}-X_{BC}$가 5 ㎛이고 에피택셜층의 도핑이 $10^{18}/cm^3$인 특정한 양극 SBC 공정을 생각하자. 한쪽 단계 접합 공식인 식 (9.3)을 이용하여 이 트랜지스터의 펀치 스루 전압을 추정하라. 이 결과를 그림 10.7의 결과와 비교하라.

10.12 예제 10.5에서의 펀치 스루 전압과 제너의 전압이 같으려면 어떤 에피택셜층의 도핑을 하면 되겠는가.

10.13 그림 P4.10의 저항이 에피층 저항이라고 가정하라.

(a) 표 10.2에 따라 측면 확산을 무시하면 저항값은 얼마인가?

(b) 저항이 베이스층에서 형성되었다면?

(c) 에미터층 저항이라면?

10.14 다음에 대한 단면도를 그려라.

(a) p-우물 CMOS 공정의 기판 npn 트랜지스터

(b) n-CMOS 공정의 기판 pnp 트랜지스터

10.15 그림 10.17의 설계를 조정 허용치 1 ㎛로 다시 그려라.

10.16 쇼트키를 쌓은 양극 트랜지스터는 컬렉터 지역에 베이스 접촉 금속을 얹어서 쇼트키 배리어 다이오드를 컬렉터베이스 접합과 병렬로 놓아 만들어진다. 이 구조의 단면도를 그리고, 다이오드의 모서리에 가드링을 추가시켜라.

10.17 그림 10.19의 산화막 고립 양극 트랜지스터에 필요한 마스크 단계를 나열하라. 어떤 것이 별로 중요하지 않은 정렬 단계인가?

10.18 그림 10.21의 불순물 형태에서의 에미터베이스, 컬렉터 베이스의 항복전압과 펀치스루 전압을 구하라. 베이스 지역의 게르마늄은 무시한다.

10.19 그림 10.21의 불순물 윤곽에 대하여 베이스 공간 전하 지역의 연장선을 예측하라. 본문에서는 금속 베이스 폭이 100 nm로 예측되었다. 실제의 베이스 지역은?

10.20 그림 10.21의 비소와 붕소 윤곽과 연관된 허용 가능한 Dt 곱을 예측하라.

(a) 표면에서 비소는 $10^{21}/cm^3$의 농도로 에러함수의 윤곽을 띠고, $x' = 50$ nm에서 붕소와 $5\times10^{18}/cm^3$으로 접한다고 가정하라. Dt 곱의 값은? 만약 비소가 1000℃에서 확산되었다면, 확산 시간은?

(b) 표면에서 붕소는 $5\times10^{18}/cm^3$의 농도로 가우시안 함수의 윤곽을 띠고, $x' = 100$ nm

에서 인과 $5\times10^{16}/cm^3$으로 접한다고 가정하라. Dt 곱의 값은? 만약 붕소가 1000℃에서 확산되었다면, 확산 시간은?

10.21 p 확산을 npn 공정에 더한 보완적 양극 공정의 단면을 그려라. 여러 확산에 대해 필요한 바이어스를 보이고, 문제가 있다면 지적하라.

10.22 실리콘 양극 트랜지스터의 f_T가 50 GHz가 되도록 설계하려 한다. 통과 시간은? 트랜지스터가 r_C=40옴이라고 가정하라. $(C_{jc}+C_{sub})$가 가질 수 있는 최대값은? 컬렉터 공핍층 폭의 최대값은? r_E=25옴이라면, 에미터 캐패시턴스의 최대값은?($V_s=10^7$cm/sec, n=10, D_B=20cm^2/sec라고 가정하라)

10.23 그림 10.25(a)−(c)의 BiCMOS의 잠재적 래치업 경로를 설명하라.

10.24 매립 SiO_2를 형성하기 위하여 실리콘 표면 밑에 산소를 주입하는 데 높은 에너지가 사용된다. SiO_2 층의 폭을 0.5 ㎛로 하려 한다.

(a) 실리콘에 필요한 산소의 양은?

(b) 시간당 4개의 200mm 웨이퍼를 만들기 위해 어떤 빛이 필요한가?

(c) 이온빔에 얼마나 많은 전력이 공급되는가?

10.25 CDI 공정은 주로 디지털 응용에 사용되는 것으로 알려져 있다. 이러한 구조의 어떤 특성이 이러한 사실을 입증하는가?

10.26 (a) CDI 공정에 요구되는 마스크는 몇 개인가?

(b) 이 공정의 좋은 마스크 정렬 순서를 설계하라.

10.27 어떤 CDI 공정은 0.25ohm-cm 에피택셜 베이스층과 5-ohm-cm 기판을 사용한다. 에미터베이스 접합 간과 콜렉터베이스 접합 간의 항복전압을 추정하라. 에미터 접합 깊이는 1 ㎛이고 에피택셜층의 두께는 2 ㎛이다.

11 장

MEMS 공정

MEMS는 오늘날 마이크로 일렉트로닉 연구의 가장 흥미로운 분야이다. MEMS 기술은 여러 분야의 발전을 합쳐 자체적인 학과를 이루었다. 오늘날의 마이크로 머신 시스템은 신호처리, 아날로그와 디지털 집적회로로 비전기적 요소인 압력, 온도, 화학 센서, 기계 기어, 작동기, 3차원 반사 구조 등의 계산 능력을 가지고 있으며, 생화학적인 적용도 시작되고 있다. 이 장에서는 간략하게 연구가 진행되고 있는 여러 소자와 구조를 다루겠다. 더 많은 세부사항은 Madou[1], Kovac[2], 그리고 Muller[3]와 Trimmer[4]에 의해 편집된 요약본, 그리고 많은 출판물[5−8]에 나타나 있다. 가장 최근의 이 분야에 대한 연구는 bienniel International Conference on Solid Sensors and Actuators, the Solid-state Sensors and Acuator Workshop과 IEEE International Electron Devices Meeting에서 소개된다.

MEMS 마이크로 일렉트로닉 크기에 실리콘을 조각하거나 기계로 만드는 기술을 기본으로 한다. 이런 마이크로머시닝 기술은 (i) 벌크 마이크로머시닝 (ii) 표면 마이크로머시닝 (iii) 고배율 전기도금 구조.의 세분야로 나누어진다. 첫째, 벌크 마이크로머시닝은 실리콘에 여러 형태의 트렌치, 공동, 막을 실리콘에 이방성 습식 식각으로 만드는 기술이 개발된 60년대에 시작되었다. 이는 70년대에 들어 불순물 의존성 식각 정지, 웨이퍼 분리 공정, 웨이퍼 합성 접착에 의해 계속 발전했다. 그 후 20년 동안, IC 공정의 정체 리소그래피 기능을 사용한 표면 마이크로머시닝이 새로운 광선, 콤, 마이크로 작동기, 순환식 구조를 형성했다. 이 기간에는 센서의 특성을 발전시킨 회로도 사용되었다. 90년대에 두꺼운 폴리머 주형, 전기도금, 표준 CMOS와 양극 공정을 사용한 여러 MEMS 제조 공정을 이용하여 고배율 구조를 생산하게 되었다. 다음 절에서 공정 형태의 기본을 설명하겠다.

11.1 실리콘의 기계적 특성

실리콘으로 만든 기계 소자의 제조를 알아보기 전에, 실리콘 결정의 기계적 특성을 알아보자. 예를 들어, 이들 특성은 공명 광선, 콤 작동기, 압력 격판을 설계하는 데 필요하다. 표 11.1에 여러 물질의 기계적 특성을 비교해 놓았다.

실험을 하는 많은 학생들은 실리콘이 쉽게 깨지는 물질임을 금방 알아낸다. 이 특성은 플라스틱 같은 많은 금속과는 반대이다. 그러나 표를 잘 살펴보면, 실리콘은 생각하는 것만큼 섬세하지 않다는 것을 알 수 있다. 사실, 실리콘은 꽤 강하며 진성 항복 강도가 철이나 텅스텐보다도 높다. knoop 강도도 비슷하게 높으며, young율 또한 철과 비슷하다.

그러나 웨이퍼는 비교적 얇고 반지름이 넓다. 이 상태에서는 깨지기 쉽다. 단일 크리스털 금속은 크리스털 평면에서 깨어지기 쉽고 벌크, 표면, 웨이퍼 모서리에서 갈라짐이 생길 수 있다. 웨이퍼에서 잘라낸 일부분도 가끔 이른 파손을 가져올 수 있는 미세 부서짐과 흠이 모서리에 생길 수 있다. 이에 반해, 최종 형태의 웨이퍼를 잘라낸 후에는, 2.5×2.5cm 다이는 매우 단단하다. 실리콘 질화물의 높은 knoop 강도가 완성된 웨이퍼의 우수한 패시베이션이 되는 이유가 됨에 유의하라. 또한 실리콘 질화물은 수분 침투로부터 밀폐된 방수막이 된다.

표 11.1 몇 가지 물질의 기계적 특성

Meterial	Density (g/cm^2)	Yield Strength (GPa)	Knoop Hardness (kg/mm^2)	Young's Modulus (GPa)	Thermal Expansion Coefficient(10^{-6}/K)	Thermal Conductivity (W/cm-K)
Si	2.3	7.0	850	190	2.3	1.6
SiO_2(Fibers)	2.5	8.4	820	73	0.55	0.014
SI_3N_4	3.1	14	3500	390	0.8	0.19
Diamond	3.5	53	7000	1000	1.0	20
Aluminum	2.7	0.17	130	70	25	2.4
Tungsten	19	4.0	490	410	4.5	1.8
Steel(max.)	7.9	4.2	1500	210	12	0.97
Polysilicon		1.2		170		

11.2 벌크 마이크로머시닝

벌크 실리콘 식각, 혹은 벌크 마이크로머시닝은 실리콘 기판에서 선택적으로 특정 지역을 제거하는 것으로, 단순한 구멍의 형성에서부터 웨이퍼 전체의 용해까지 가능하다. 원래의 마이크로머시닝 공정은 대개가 습성 약품을 사용하였는데, 오늘날에는 가스와 플라즈마가 널리 퍼져 있다. 꼼꼼히 설계하면 이 식각 공정은 온칩 CMOS 회로 제조에 사용 가능하고, 여러 센서와 작동기에 벌크 마이크로머시닝이 사용된다.

11.2.1 등방성, 이방성 식각

몇몇 벌크 마이크로머시닝의 가능한 윤곽이 그림 11.1~11.3에 제시되어 있다. 그림 11.1의 등방성 식각은 2장에서도 다루었다. 여기서 식각은 모든 방향으로 같이 진행되며 표면의 마스크 물질을 도려낸다. 식각 도중 유체를 흔들어 주면 더욱 둥근 모양을 얻을 수 있지만 표면을 더 도려내지는 않는다.

이에 반하여, 이방성 식각은 특수한 크리스털 평면을 빠른 속도로 공략하여 식각된 표면을 평평하게 하고 만나는 지점은 얇은 각이 되도록 한다. 실리콘의 경우, <100>과 <110> 평면이 <111> 평면보다 잘 식각된다. 예를 들어 KOH, 물, 그리고 알코올 혼합물은 <100>, <110>, <111> 평면을 40 : 30 : 1의 비율로 식각한다.

이 식각률의 선택성은 그림 11.2와 같은 여러 공동 구조를 만들 수 있게 해 준다. <100> 실리콘에, <111> 평면이 54.74도로 교차하여, 이들 평면으로 피라미드형 공동과 v형 홈을 형성한다. 산화막 개방으로 식각 부분이 지정되고 여기서부터 수직으로 <100> 평면이

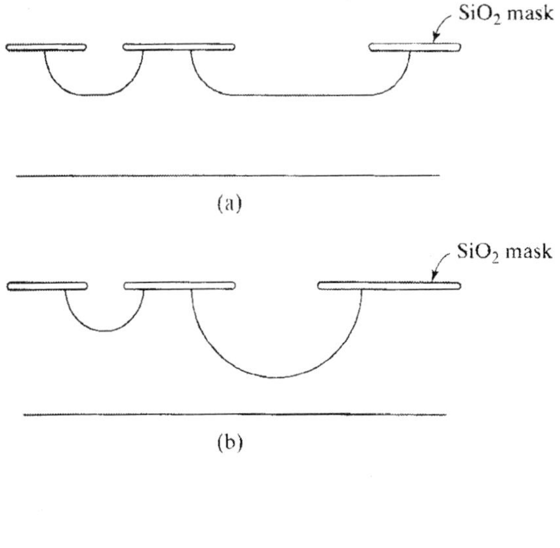

그림 11.1
(a) 흔들지 않은 등방성 식각 (b) 흔들어 준 것

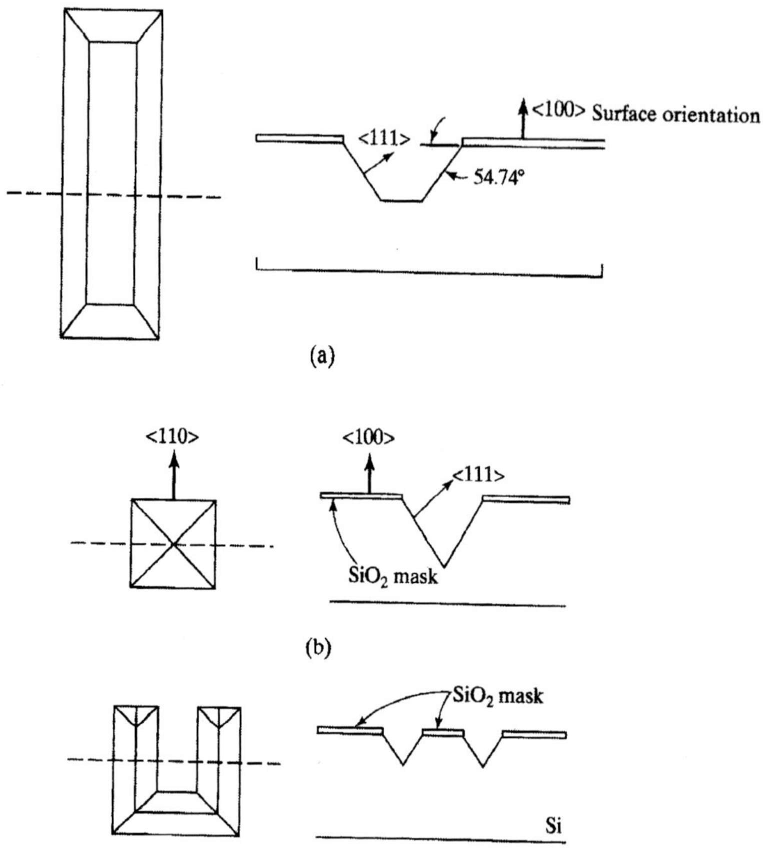

그림 11.2

<100> 실리콘의 이방성 식각은 느린 <111>평면 식각을 노출시켜서 표면과 54.74°를 이룬다. (a) 바닥이 평평한 트렌치의 형성 (b) 역피라미드 모양의 공동 (c) v형 홈 모양의 공동

<111> 평면에 노출될 때까지 식각된다. <100> 표면은 9° 회전으로 같은 모양이기 때문에 공동의 네 면이 비스듬하고 바닥은 평평하게 된다. 식각이 계속되면, <111> 평면이 서로 교차하게 되어, 그림과 같이 역피라미드 모양 혹은 v형 홈이 형성된다. 공동의 평평한 밑면의 깊이는 식각률과 시간에 의해 결정된다. 이에 반하여 v형 홈은 자체적으로 멈추는 구조인데, 이는 <111> 평면의 느린 식각률과 표면의 마스크 개방 너비로 공동의 깊이가 결정되기 때문이다. 웨이퍼로 식각 공동을 만들어 형성한 잉크젯 프린터 노즐은 [11]초기의 이방성 식각 기술을 설명한다. 무한의 선택성을 가진 식각 용매만이 옆면을 <111> 평면으로 할 수 있다는 것을 이해해야 한다. 실제 옆면의 각도는 400 : 1 식각 선택률에 대해서는 54.6°이고, 20 : 1 선택률에 대해서는 52°이다.

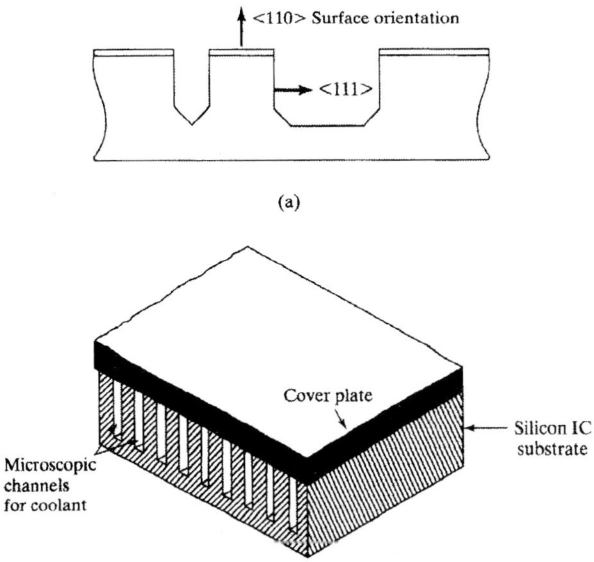

그림 11.3

(a) <110>실리콘의 이방성 식각은 수직의 벽이 있는 공동을 형성할 수 있다. (b) Tucker와 Pease에 의해 개발된 미세 채널 열 배출구 열저항이 0.1℃/W로 측정되었다. Copyright 1981, IEEE. Reprinted with permission from Ref. [13].

수직의 옆면을 가진 공동은 그림 11.3(a)와 같이 <110> 표면을 가진 웨이퍼로 만들 수 있다. 이러한 표면에 대해서는, 느리게 식각되는 <111> 평면이 수직의 옆면을 만들어 낸다. 이 기법은 Tuckerman과 Pease [13]에 의해 사용되어 그림 11.3(b)와 같은 실험적인 낮은 열저항을 가진 미세 채널 열 싱크의 제조에 쓰였다. 여기에 주의할 점이 하나 더 있다. 또 하나의 <111> 평면이 트렌치의 벽면에 노출되어 표면과 22°를 이루고 있다. 식각 배리어 개방구가 길고 좁아야 그림과 비슷한 깊은 공동을 만들 수 있다.

11.2.2 칸막이 형성

그림 11.4와 비슷한 실리콘 칸막이가 오랫동안 열적 고립과 여러 형태의 압력 센서로 사용되었다. 여기서 비교적 긴 공동이 웨이퍼 뒷면에 식각되고 표면의 몇 마이크론 두께의 실리콘 칸막이에 의해 정지된다. 이중 폴리싱된 웨이퍼가 양면 공정에 사용되며, 특수한 분리 광학 또는 적외선 웨이퍼 시야를 사용한 특수한 양면 얼라인먼트 시스템이 MEMS 기술을 위해 개발되었다. 왁스층을 사용하여 식각 도중 웨이퍼의 윗면을 보호하지만 더 복잡한 기계적 고정대를 사용하여 습식 이방성 식각 도중 한 면을 보호하기도 한다.

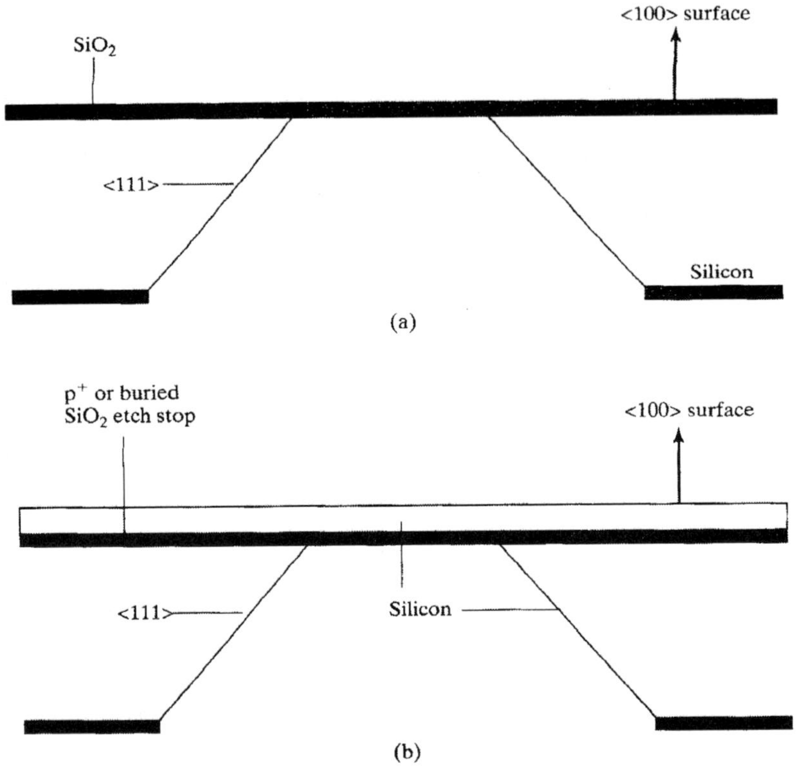

그림 11.4

실리콘 웨이퍼 뒷면의 이방성 식각으로 형성된 칸막이 (a) 식각 정지로 사용된 SiO_2 층/칸막이 (b) 매립된 SiO_2 혹은 p+ 층은 식각 정지로 사용되어 얇은 칸막이를 형성할 수 있다.

500 ㎛ 웨이퍼를 식각하여 25 ㎛ 이하를 남기기 위해서는 빈틈없는 식각 제어가 필요하다. 그러나 이 문제를 제어할 수 있는 이방성 식각의 다른 특성이 발견되었다. 높게 도핑된 붕소 지역에서는 식각이 정지된다는 것이 발견되었다. 식각 용매에 따라 $10^{20}/cm^3$으로 도핑된 붕소가 식각 시간을 10배에서 100배로 늘린다. 다른 가능성은 SIMOX나 합성 접합된 SOI 웨이퍼와 같이 매립된 산화층으로 식각을 정지시키는 것이다. 사실, SOI 웨이퍼를 제조하려 오늘날 사용되는 웨이퍼와 웨이퍼의 접합 기술은 원래 MEMS 기술을 위해 개발된 것이다.

더욱 유연한 식각 정지 방법인 전기 화학적 방법은 샘플이 식각 용매에 들어가 있을 때에 반도체의 서로 다른 n형과 p형 지역에 전압을 가하는 것이다. 이 방법으로, 식각은 n형 혹은 p형 지역에서 정지되도록 제어할 수 있다.

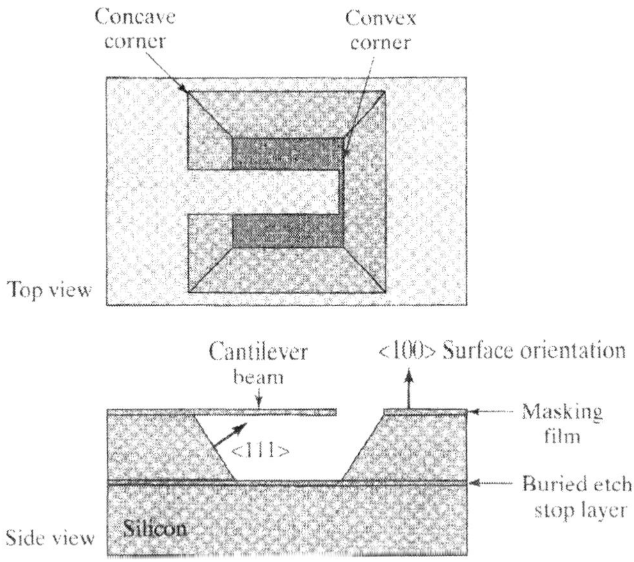

(a)

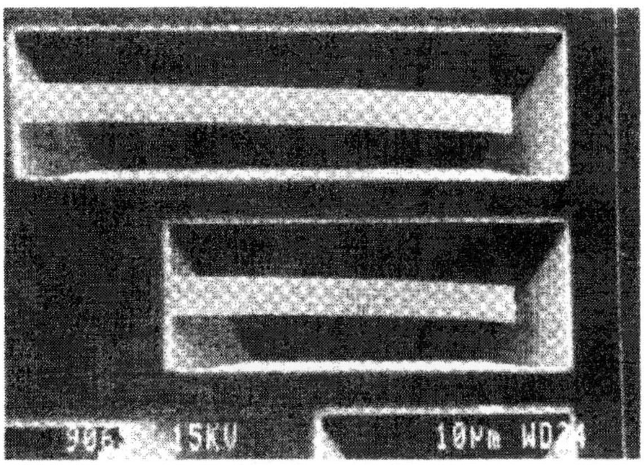

(b)

그림 11.5
(a) 매립된 식각 정지를 사용하여 <100> 실리콘을 이방 식각하여 공동을 만들고 밑을 잘라내어 자유로운 컨틸레버대를 형성한다. (b) SiO_2로 형성된 컨틸레버대의 SEM 사진. reprinted with permission from Ref. [14]

11.2.3 컨틸레버대와 분리 구조

그림 11.5는 벌크 마이크로머시닝을 사용한 컨틸레버대 구조의 형성을 나타낸다. 이 경우, 에피택셜 실리콘 웨이퍼의 표면에 공동이 식각되고 p형 혹은 산화막 식각 정지층에서 정지된다. 동시에, 식각 용매가 산화막 지역의 밑에서 실리콘을 완전히 제거한다. 공정이 끝나

면 컨틸레버대는 실리콘 공동에 걸치게 된다. 실리콘 디옥사이드, 실리콘 질화물, 그리고 금속으로 덮인 대는 여러 공정 선택을 제공한다. 한 경우에, 정전기 편향을 사용하여 컨틸레버대의 위치를 교정하여 단순 기계적 빛 변조기를 형성할 수 있다.

기계적 구조는 p+ 식각 정지 기술을 사용하여 웨이퍼에서 완전히 분리시킬 수 있다. 캐패시티브 압력 센서의 제조가 그림 11.6에 나타나 있다. 웨이퍼는 먼저 이방성으로 식각되어 표면에 공동 형태가 만들어진다. 그 다음 높은 농도의 붕소 확산을 하여 구조의 물리적 지지대가 될 지역을 표시한다. 낮은 농도의 붕소 확산이 더해지고, 격리용 유전 박막이 얕은 확산에 증착되고 본떠진다. 웨이퍼 벌크가 실리콘 식각에 희생되어 확산된 p형 지역에 의해 구분된 완전히 조각된 구조가 나타난다. 이 공정은 웨이퍼 용해 공정이라 불린다. 이 경우, 분리 구조는 병렬판 캐패시터의 한 면을 형성하며 다른 캐패시터 양극과 상호 접속을 함유한 유리 기판에 음극성으로 접합된다.

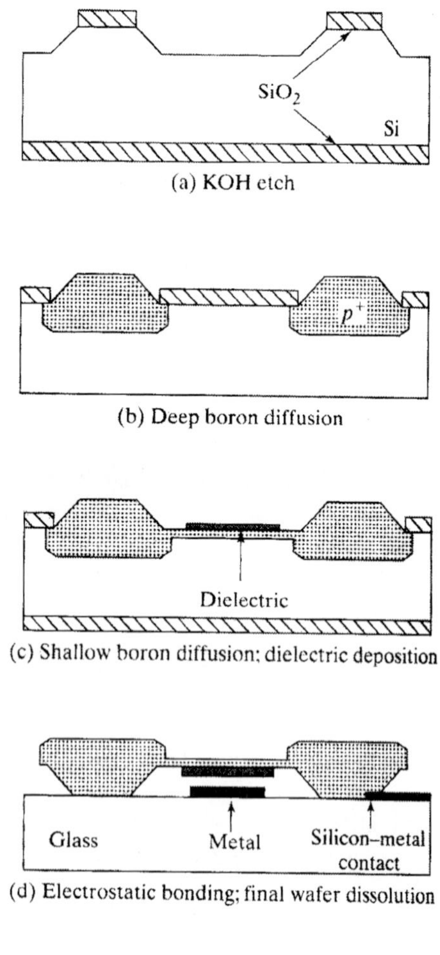

그림 11.6 용해 웨이퍼 공정

(a) 원하는 표면 형태의 공동을 식각 (b) p+ 식각 정지 지역을 선택적 식각으로 형성 (c) 두 번째 p 지역은 얇은 칸막이와 절연층을 정의한다. (d) 결합과 웨이퍼 대부분을 제거한 후 남는 구조. Copyright 1990, IEEE. Reprinted with permission from Ref. [14].

11.3 실리콘 식각 용매

앞에서 설명한 구조는 제대로 특성화된 식각 용매를 필요로 하고, 여러 화학약품이 실리콘 마이크로머시닝을 위해 제조되었다. 중요한 식각 용매의 화학 성질이 표 11.2에 나타나 있다. 많은 제조가 환경 문제와 클린 룸 호환성의 문제로 습성 화학약품에서 플라즈마 기반의 건성 식각으로 변하고 있다.

11.3.1 등방성 식각

불산, 질산, 초산의 합성물인 HNA가 가장 주된 실리콘의 등방성 습성 식각 용매이다. 그림 11.2와 같이 용매를 흔들어 둥글어지는 것과 밑을 도려내는 것을 제어할 수 있다. 상온, 대기압에서 고체인 XeF_2는, 상온의 진공에서 승화하며 실리콘의 건성 이방성 식각 용매가 된다. XeF_2는 포토레지스트, 실리콘 디옥사이드, 알루미늄에 높은 선택성이 있다.

표 11.2 벌크 실리콘 식각물질의 비교

	HNA ($HF+HNO_3$ +Acetic Acid)	Alkali-OH	EDP (ethylene diamine pyrochatechol)	TMAH (tetramethyl-ammonium hydroxide)	XeF_2	SF_6 Plasma	DRIE (Deep Reactive Ion Etch)
Etch Type	wet	wet	wet	wet	dry[2]	dry	dry
Anisotropic?	no	yes	yes	yes	no	varies	yes
Availability	common	common	moderate	moderate	limited	common	limited
Si Etch Rate ㎛/min	1 to 3	1 to 2	0.02 to 1	= 1	1 to 3	= 1	> 1
Si Roughness	low	low	low	variable[3]	high[4]	variable	low
Nitride Etch	low	low	low	1 to 10 nm/min	low[5]	low	low
Oxide Etch	10 to 30 nm/min	1 to 10 nm/min	1 to 80 nm/min	= 1 nm/min	very low	low	low
Al Selective	no	no	no[6]	yes[7]	yes	yes	yes
Au Selective	likey	yes	yes	yes	yes	yes	yes
p++Etch Stop?	no(n slows)	yes	yes	yes	no	no (some dopant effects)	no
Electrochemical Stop?		yes	yes	yes	no	no	no
CMOS Compatible?[8]	no	no	yes	yes	yes	yes	yes
Cost[9]	low	low	moderate	moderate	moderate	high	high
Disposal	low	easy	difficult	moderate	N/A	N/A	N/A
Safety	moderate	moderate	low	high	moderate?	high	high

[2] Sublimation from solid source.
[3] Varies with wt% TMAH. can be controlled to yield very low roughness.
[4] Addition of Xe to vary stoichiometry in F or Br etch systems can yield optically smooth surfaces.
[5] Low for low hydrogen content film.
[6] Some formulation do not attack Al, but are not common.
[7] With added Si, polysilicic acid or pH control
[8] Defined as(1) allowing wafer to be immersed directly with no special measures and (2) no allkali ions.
[9] Includes cost of equipment.

11.3.2 이방성 식각

이방성 식각은 흔한 식각 용매인 KOH를 써서 자주 사용되었다. 여러 KOH 용매는 <110> : <100> : <111> 평면 선택도를 600 : 400 : 1까지도 얻을 수 있으며 산화막, 질화물, 그리고 강하게 도핑된 붕소 도핑 정지 지역에 좋은 선택성을 가지고 식각률을 2 ㎛/min까지 조정할 수 있다. 그러나 KOH는 부식성이고 알루미늄을 손상시킨다. 알칼리 이온, 특히 염은 MOS 게이트 산화막에서 심각한 오염도를 가짐을 유의하여야 한다. pottasium 이온은 비슷한 문제가 있고 KOH는 대개의 IC 클린룸에서 쓰이지 않는다.

위험하기는 하지만 EDP는 <100> : <111> 선택도를 35 : 1까지, 식각률을 1 ㎛/min으로 줄일 수 있어, 실리콘의 불순물 의존성 이방성 식각에 유용하게 쓰인다. 선택도와 식각률은 KOH보다 낮지만 p형 도핑에 대한 선택도는 상당히 높다. EDP는 KOH와 같이 알루미늄 금속화를 막고 CMOS 집적회로에서의 사용을 제한한다. EDP 혼합물은 매우 부식성이 강하고 발암성이 있어서, 아주 가끔 통상의 IC 클린룸에서 사용된다. 이때 안전 수칙을 지키려면 역류응결기가 필요하다.

4주기의 암모늄 혼합물인 TMAH는 클린룸에서 사용 가능한 유용한 실리콘 습성 식각 용매이다. TMAH는 알칼리 이온을 가지고 있지 않으며 클린룸급 용매에 적합하다. 식각률은 약 1 ㎛/min이지만, <100> : <111>선택도는 10~35 : 1로 언급된 3개 중에서는 가장 낮다. 붕소 농도가 $10^{20}/cm^3$ 이상이 되면 식각률이 급격히 떨어진다. 실리콘 다이옥시드, 질화물, 알루미늄에 대한 식각률은 TMAH 용매의 비율을 맞추어 조정할 수 있다.

벌크 실리콘의 건식플라즈마, 반응성 이온 식각은 이방성, 등방성 식각 가능성의 모든 범위를 제공한다. SF_6는 플라즈마 시스템에 주로 사용되는 가스 소스이다. CFC의 분열로 인한 무불소 광선 습성 식각의 등방성 식각과 비슷한 식각률을 보인다. CFC는 몇몇 플라즈마 시스템에 쓰여 식각 지역의 벽에 폴리머를 증착시킨다. 이들 폴리머는 옆벽의 식각률을 줄여 등방성 플라즈마 식각과 같은 결과를 얻는다.

DRIE(깊은 반응성 이온 식각)는 고배율 구조를 생산하는 데에 쓰인다. Bosch 공정은 플라즈마 식각 시스템에 대안성 식각과 폴리머 증착 과정을 수반한다. 고배율의 수직 옆면 구조는 포토레지스트와 실리콘 디옥사이드 마스크층에 대한 고선택도가 있어야 제조 가능하다. SIMOX, 혹은 웨이퍼 접합 공정으로 인한 매립 SiO_2에 의해 정확하게 식각을 정지시킬 수 있다. 실리콘 웨이퍼 전체의 수직 윤곽을 식각하기 위한 DRIE 시스템도 개발되었으며 실리콘 웨이퍼를 얇게 하는 건식 플라즈마 기술도 이용할 수 있다.

그림 11.7은 깊은 RIE를 사용한 구조이다. 실리콘 웨이퍼에 공동이 먼저 식각되면 두 번째 웨이퍼가 윗면에 부착되고 식각으로 원하는 두께로 만든다. 그 뒤 DRIE를 사용하여 얇아진 실리콘 재료를 고배율 스프링 구조로 만든다. DRIE 구조는 20~25 : 1의 배율로 축소할 수 있다.

11.4 표면 마이크로머시닝

플라즈마 공정 이외의 벌크 마이크로머시닝 공정은 실리콘 웨이퍼의 표면 혹은 뒷면에 비교적 큰 구조를 만드는 데 가장 많이 쓰인다. 이에 반해 표면 마이크로머시닝은, 집적회로 공정의 전체 리소그래피 기능을 사용하여 실리콘 웨이퍼의 표면에 미세 구조를 쌓아 올린다. 이 공정은 보통 증착, 실리콘 다이옥시드, 폴리실리콘, PSG 그리고 실리콘 질화물의 패턴과 제거를 수반한다. PSG는 불산 용매에 비교적 식각률이 높기 때문에 '희생층'으로 널리 쓰인다.

11.4.1 컨틸레버대, 브리지, 봉쇄된 공동

전형적인 표면 마이크로머시닝은 이러한 구조의 예를 들어 설명하는 것이 가장 좋다. 그림 11.8은 스스로 서 있는 폴리실리콘 브리지와 컨틸레버대의 형성을 보여준다. 첫째로, 열과 CVD 산화막의 혼합으로 방식용 실리콘-디옥사이드층이 형성되고 패턴되어 폴리실리콘층의 고정점을 개방하고, 그후 증착하고 패턴하여 대와 브리지 모양을 형성한다. 폴리실리콘층은 뛰어난 스텝 적용 범위가 가능하다. 이후 웨이퍼는 49% HF 용매에 담가 방식용 산화막을 식각하고, 컨틸레버대와 브리지를 실리콘 기판에 고정된 것만 남긴다.

만약 브리지 구조의 네 모서리가 가늘게 되면, 그림 11.9처럼 봉쇄된 공동으로 전환된다. 이러한 공동은 유체 채널이나 봉쇄 압력 기준으로 사용된다.

이용되는 구멍이 폴리실리콘층을 통해 식각되거나, 폴리실리콘의 고정된 부분의 틈으로 형성된다. 공동은 스퍼터링, 기화, 혹은 CVD로 증착된 물질의 박막으로 봉쇄되거나 폴리실리콘층을 산화하여 반응성 봉쇄가 형성된다. 포토레지스트, 에폭시, 혹은 폴리아미드가 공동을 봉쇄하는 데에 쓰이기도 한다. 진공에서 대기압까지의 봉쇄 조건을 얻기 위한 공정이 개발되었다.

11.4.2 이동 가능한 평면 내의 구조

두 번째 표면 마이크로머시닝 예는 기초적 순환식 구조의 형성으로 이는 그림 11.10의 터빈, 연결 기어, 혹은 미세 모터의 기본을 이룬다. 열적 산화막의 층이 실리콘 표면에 성장되고 패턴된다. 두 번째 마스크를 사용하여 그림 11.10(a)처럼 산화막의 중앙 스텝을 만든다. 두 번째 폴리실리콘층이 증착되고 패턴된 CVD로 덮여 폴리실리콘의 반응성 이온 식각을 하는 동안 장벽층으로 쓰인다. 완성된 구조에 추가의 CVD 산화막이 증착되고 플라즈마 식각으로 패턴되어 중앙에 구멍을 열어 회전대의 기판 고정점이 된다. 두 번째 폴리실리콘층이 증착되고 식각되어 대의 회전축이 된다. 산화층은 마지막 분리 단계에서 불산으로 식각

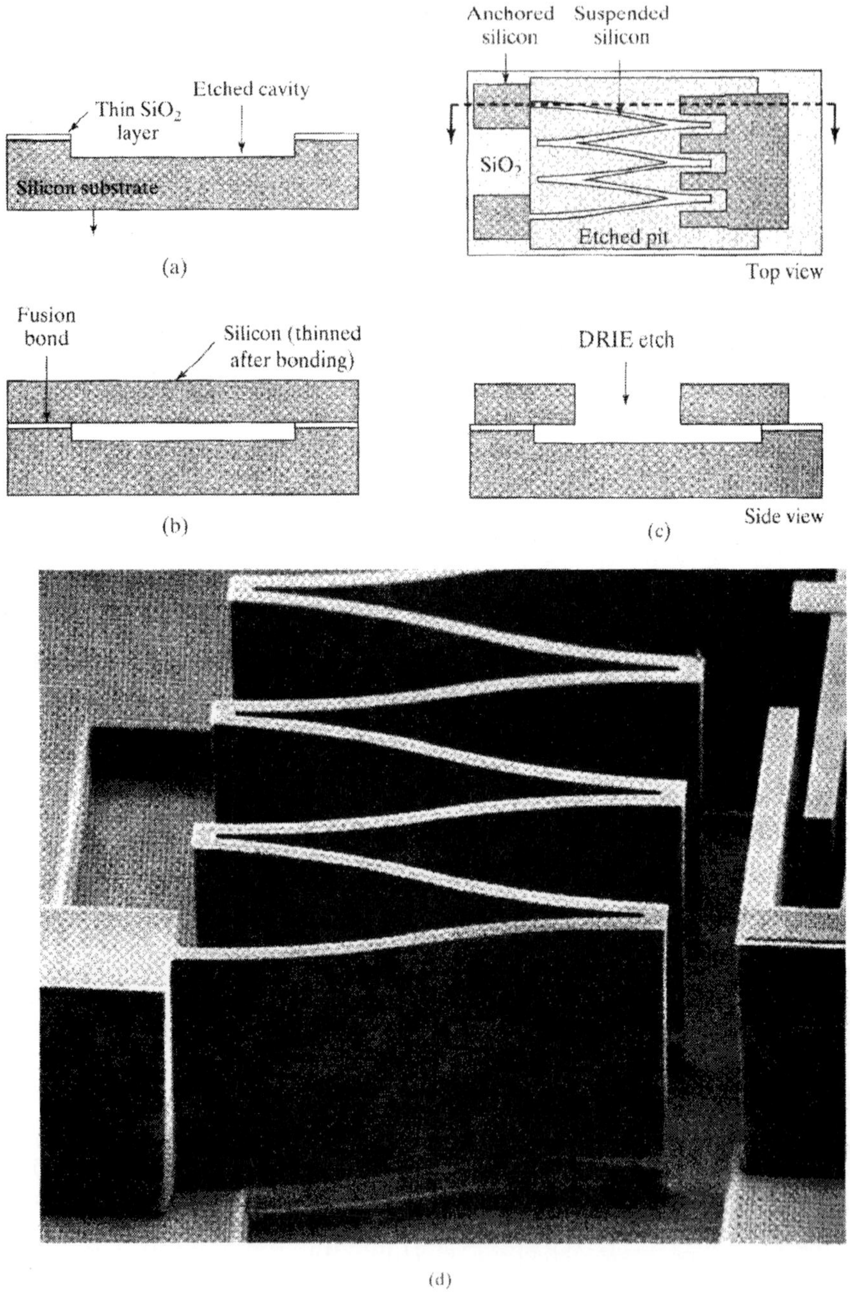

그림 11.7

깊은 RIE 식각을 사용한 스프링 구조의 형성 (a) 실리콘에서 공동을 식각 (b) 식각된 공동 위에 두 번째 웨이퍼를 결합시키고 얇게 한다. (c) DRIE 공정 후의 스프링 구조 (d) 완성된 스프링 구조의 현미경 사진. Copyright 1998, IEEE. Reprinted with permission from Ref. [10].

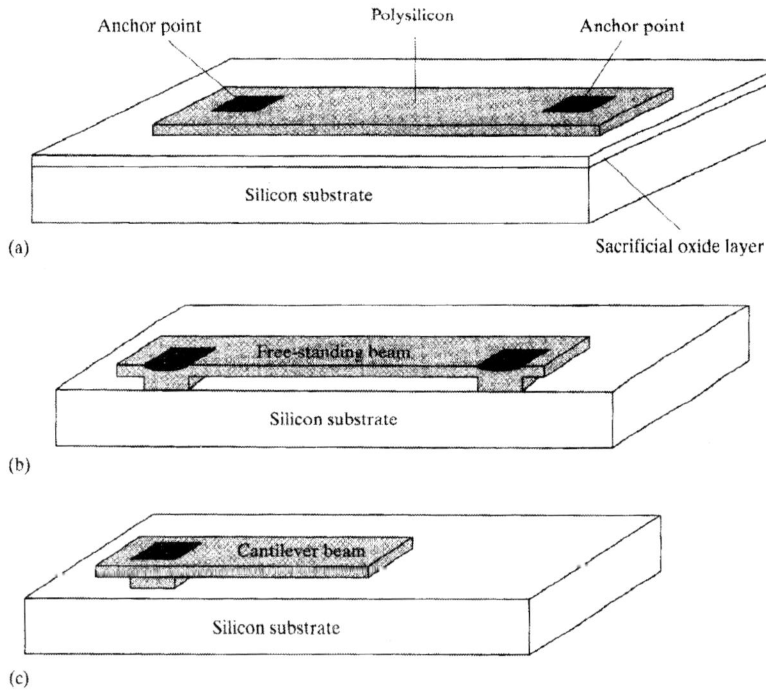

그림 11.8

표면 마이크로머시닝 (a) 증착과 패턴 후의 폴리실리콘 브리지 (b) 희생 산화막을 제거한 후의 브리지 (c) 브리지 지지대가 제거되면 컨틸레버대가 형성될 수 있다.

되어 제거되는 희생층이다. 산화막이 식각되면, 회전대는 축을 따라 자유롭게 회전한다. 회전축, 회전대, 그리고 기판의 여러 틈은 증착층의 두께에 의해 결정되며 이 구조에서는 대략 1−3 ㎛이다.

그림 11.11은 입력 인도, 출력 신호 감지에 사용되는 정전기 콤이 있는 공명대 구조를 나타낸다. 중앙 구조에 있는 대는 두 점으로 기판에 고정되고 이렇게 하지 않으면 자유롭게 진동할 것이다. 콤의 한쪽 끝에 정전기적으로 여기되면 출력 신호는 다른 끝에서 제거된다. 신호 전달은 높은 Q 공명을 갖는 주파수에 의존하며 대의 물리적 차원과 물리적 특성에 의해 결정된다.

공명 콤 구조는 미세 작동기의 움직임을 유도하는 데에 쓰이고 크리스털 진동자와 통신 수신, 송신기의 여러 필터의 대체품으로 연구되고 있다.

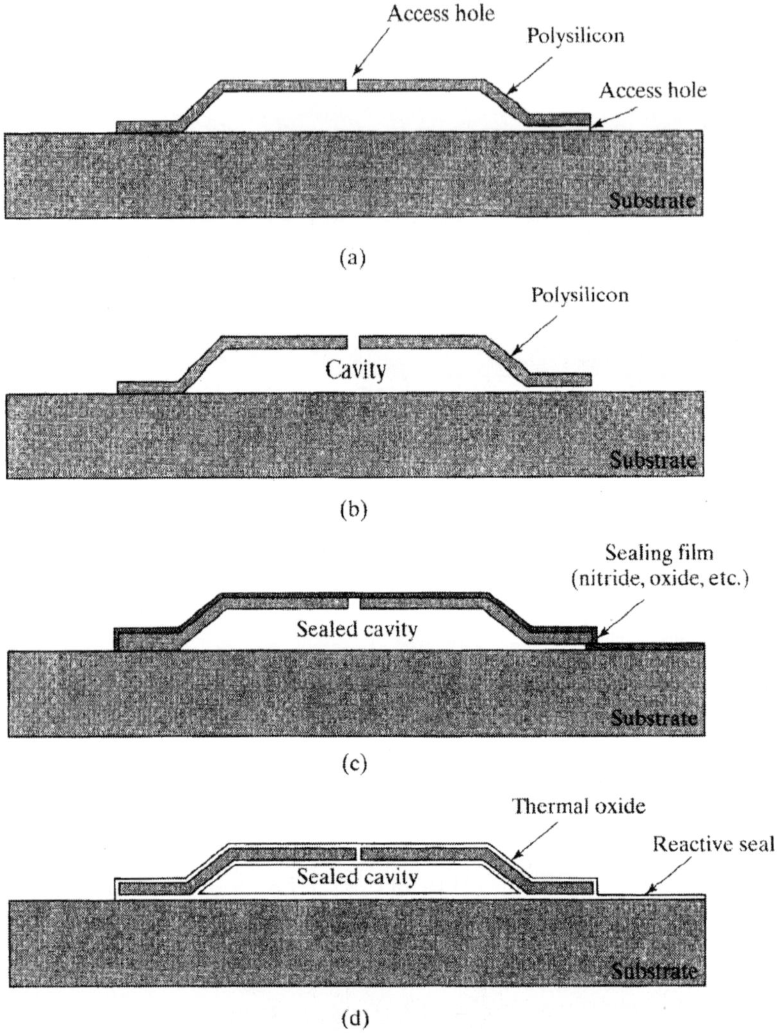

그림 11.9

밀봉된 공동 형성 (a) 구멍 있는 방식용 산화막에 폴리실리콘 캡을 덮어 식각 용매가 들어올 수 있도록 한다. (b) 산화막을 제거해서 덮인 공동을 형성한다. (c) 공동은 여러 증착된 박막으로 밀봉될 수 있다. (c) 반응성 밀봉은 열적 산화로 형성될 수 있다.

11.4.3 평면 외의 동작

지금까지 설명한 표면 마이크로머신 구조는 원래 2차원적이다. 웨이퍼의 평면을 벗어나 3차원으로 동작이 나아가기 위해서는, 어떠한 형태의 작동기와 관절 구조를 제조해야 한다. 그림 11.12는 그림 11.13에 나타난 제조 순서로 만들어질 수 있는 세 가지 관절 구조이다.

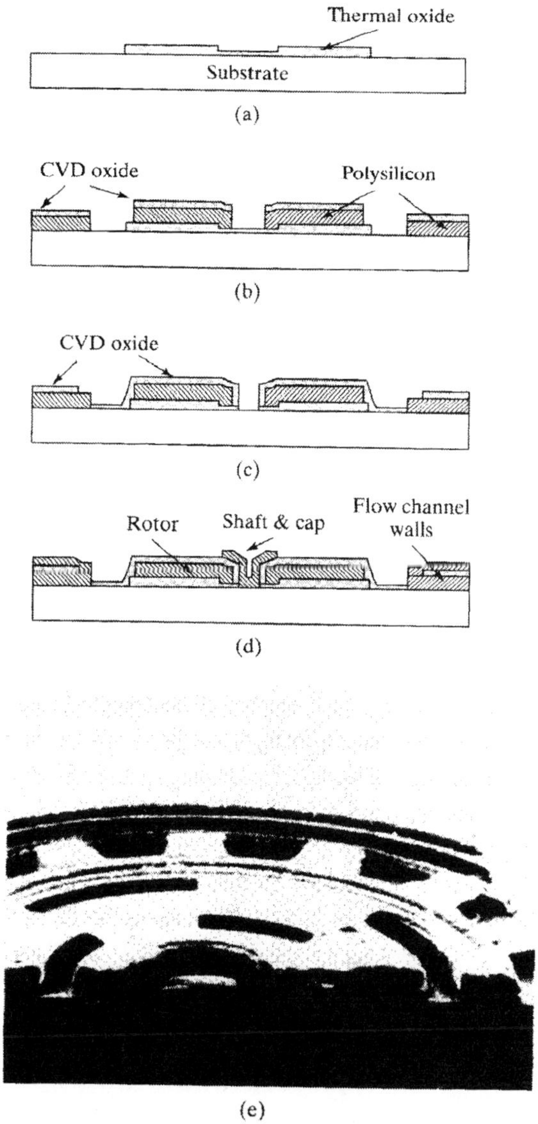

그림 11.10

표면 마이크로머시닝에 의해 형성된 순환식 구조 (a) 방식용 산화막 정의 (b) 폴리실리콘 증착과 CVD 산화막 이후의 구조. 리소그래피로 구조의 중앙에 회전자를 정의하고 실리콘 표면의 옆면에 폴리실리콘을 고정시켰다. (c) 두 번째 방식용 산화막의 증착과 패턴 (d) 폴리실리콘 두 번째 층에 회전축을 정의 (e) 반으로 잘라낸 240 ㎛의 지름을 갖는 기어의 부분 SEM 사진. Copyright 1988, IEEE. Reprinted with permission from Ref. [20].

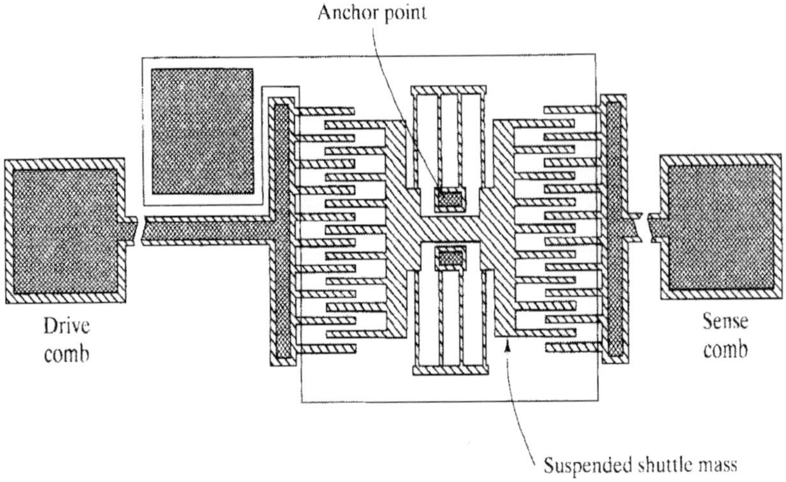

(a)

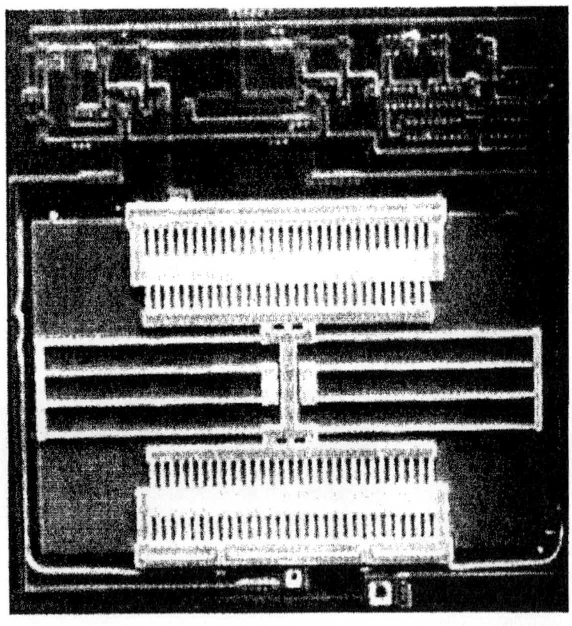

(b)

그림 11.11
(a) 정전기 콤 인도가 있는 폴리실리콘 공명대의 설계도 (b) 제조된 구조의 전자현미경 사진. Copyright 1993, IEEE. Reprinted with permission from Ref. [21].

관절 구조의 형성은 실리콘 웨이퍼 표면에 1~2 ㎛의 PSG 희생층으로 이뤄진 3단 박막의 증착과 같은 두께의 도핑되지 않은 폴리실리콘층의 LPCVD 증착으로 시작되고, 마지막으로 두 번째 PSG 층이 증착된다. 950℃의 나이트로젠에서 어닐링하여 PSG 층에서 폴리실리콘을 인으로 도핑하고 폴리실리콘의 기계적 압박을 최소화한다.

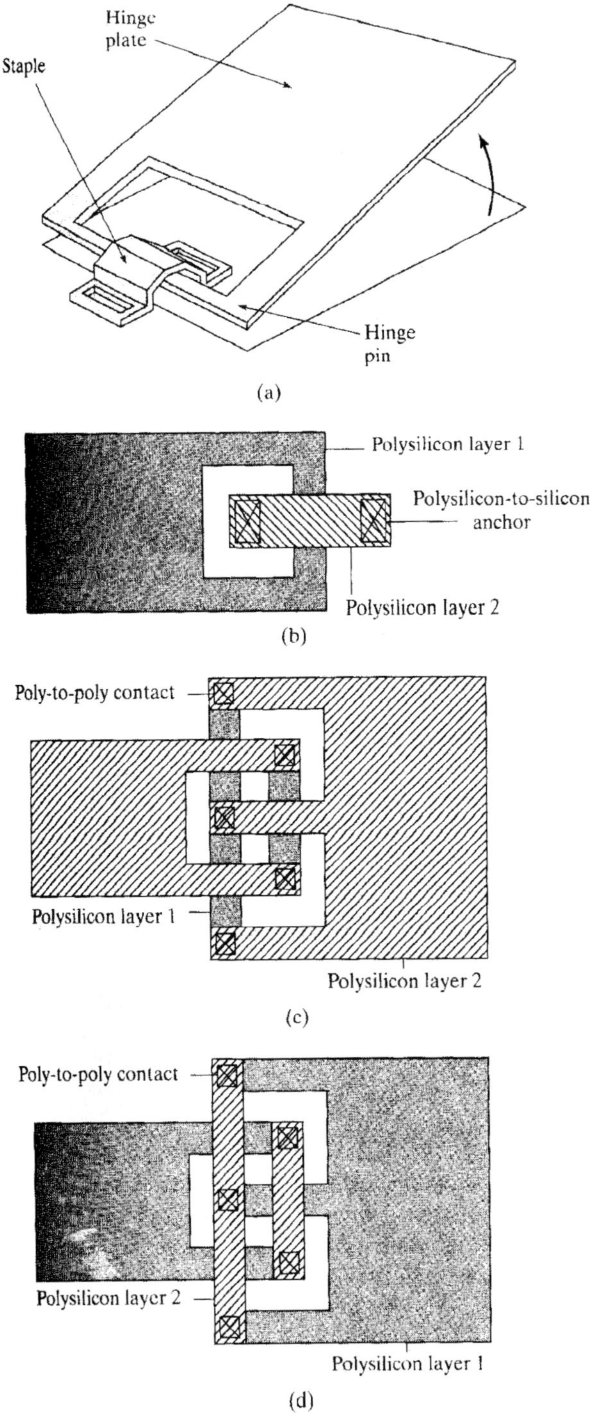

그림 11.12

2차원 관절 (a) 들린 관절의 개념도 (b) (a)와 유사한 실리콘 표면에 고정된 관절의 설계도 (c), (d) 구 형태의 관절로 서로 연결된 폴리실리콘 판. 이 판은 실리콘에 대해 자유롭게 움직인다. Copyright 1992, Pergamon Press, Sensors and Actuators, Reprinted with permission from Ref. [22].

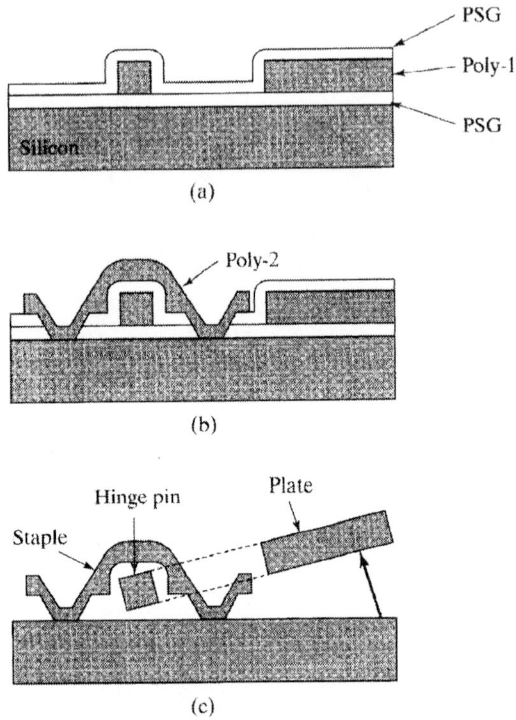

그림 11.13
그림 11.12(a)의 관절 형성 (a) 두 개의 방식용 산화층을 갖는 첫 번째 폴리실리콘 판의 관절판 정의 (b) 두 번째 폴리 층에 고정된 '스테이플'의 형성 (c) 방식용 산화층 제고 후의 고정대와 판. Copyright 1992, Pergamon Press, Sensors and actuators. Reprinted with permission from Ref. [22].

다음, 맨 위의 PSG 층을 완전히 제거하고, 폴리실리콘층을 패턴하여 원하는 관절판과 핀 평면을 그림 11.12에서 얻는다. 두 번째 PSG 희생층이 증착되고 패턴되어 기판 혹은 첫 번째 폴리실리콘층으로의 접촉점을 연다. 두 면의 폴리실리콘과 PSG를 증착하고 또 한번의 도핑-어닐링 단계를 거친다. 위의 PSG를 재가동하고, 두 번째 폴리실리콘층을 패턴하여 기판에 고정시키거나 두 폴리실리콘층을 접촉시켜 관절을 형성하기 위한 구조를 정의한다. 마지막 단계는 HF, 세정, 그리고 건조를 통해 방식용 PSG 산화막을 식각하여 구조를 분리하는 것이다.

이 관절 소자는 이제 자유로이 표면 위로 움직일 수 있다. 첫 번째 예의 소자에서, 동작은 매우 구식의 방법으로 이루어졌다. 최근 들어 웨이퍼 평면 밖으로 관절을 들어 위치를 조정할 수 있는 메커니즘을 포함한 구조가 제조되었다. 그림 11.14는 Sandia National Laboratories에서 제조된 이러한 3차원 구조의 예를 보여준다.

11.4.4 분리시 문제점

습식 분리 구조의 민감한 문제는 표면들이 달라붙으려는 경향을 보인다는 것이다. 모세관

그림 11.14
(a) 기어 인도로 들어올린 관절 구조의 SEM 사진 (b) 하나의 관절의 확대 사진. Courtesy of Sandia National Laboratories.[23]

의 힘이 표면을 서로 당기고 붙게 되면, 표면은 계속 들러붙어 있게 된다. 수소-산소 결합과 반 데르 발스 힘은 붙어 버리는 문제를 해결하기 위한 메커니즘으로 제시되었다. 하나의 시도는 이산화탄소의 임계점 간조를 사용한다. 물을 메탄올로 대체하고 이후에는 고압의 액상 이산화탄소로 바꾼다. 온도가 올라가면, 이산화탄소는 기체가 되어 제거된다. t-부틸 알코올을 사용한 상변화 분리 기술은 이 문제에 대한 두 번째 방법이다. 구조에 있는 물을 t부틸 알코올로 대체하고, 상온 조금 밑으로 온도를 낮추어 얼린다. 이 알코올을 진공에서 승화시켜 건조한 구조를 얻어 낸다.

11.5 고배율 마이크로머시닝 : LIGA 주형 공정

표면 마이크로머시닝에 의해 제조되는 소자의 배율은 증착될 수 있는 얇은 층에 의해 제한된다. 이 절에서 설명된 대안적 공정인 LIGA는 두꺼운 포토레지스트를 주형으로 사용하여 금속 도금으로 채운다. LIGA[Lithography, galvanoformung (electroplating) and abformung (molding)] 공정은 50~500 ㎛의 두꺼운 고배율의 마이크로머신 소자를 생산한다.

그림 11.15의 개념적 공정은 표면 마이크로머시닝으로 강화된 기본 LIGA 공정을 나타낸

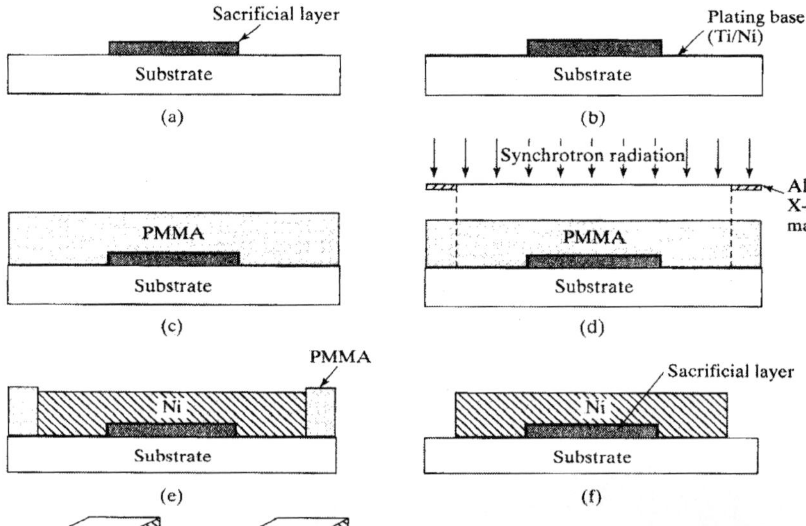

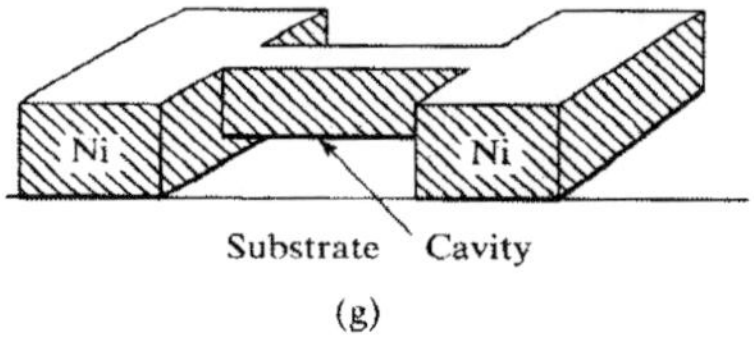

그림 11.15

방식용 산화층을 가지는 LIGA 공정 (a) 패턴된 방식용 산화막 (b) 티타늄 나이트라이드 도금 베이스가 가해졌다. (c) 두꺼운 PMMA 층이 증착되었다. (d) 엑스레이 리소그래피를 사용해 PMMA에 패턴을 정의한다. (e) 현상 후, 개방된 공동이 전기도금된 니켈로 채워진다. (f) PMMA와 도금 베이스를 제거한 구조 (g) 방식용 산화층을 제거한 완성된 주조 니켈 구조 (h) SEM 사진. Copyright 1998, IEEE. Reprinted with permission from Ref. [25].

다. 기판에 방식용 층이 증착되고 패턴되며, 그리고 스퍼터링된 티타늄/니켈과 같은 얇은 도금 베이스로 덮인다. 엑스레이에 민감한 포토레지스트인 50~500 ㎛의 두꺼운 PMMA(polymethylmethracrylate) 층이 표면에 증착된다. 싱크로트론 엑스레이 소스의 양자 일루미네이션을 사용하여 원하는 패턴을 두꺼운 PMMA 층에서 노출시킨다. 현상 후, 원하는 부분의 미세한 주형이 형성된다. 그리고 PMMA의 공동에 전기도금된 니켈이 채워진다. 퍼멀로이, 금, 구리, 그리고 여러 가지 다른 재료도 도금된다. PMMA와 베이스를 도금하는 전극, 또한 도금된 니켈 밑의 희생층의 제거로 제조는 완성된다. LIGA 공정을 사용하여 50 ㎛에서 수밀리미터 높이를 갖는 구조가 제조되었다.

그림 11.15(h)는 완성된 시험 소자의 예이다. 크기는 차이가 있어 지름 100 ㎛의 기어에 100 ㎛의 높이당 0.1 ㎛ 크기의 구조가 세워질 수 있다. 그러나 매우 폭이 좁은 소자는 PMMA 주형이 불안정하기 때문에 제조가 불가능하다. 그러므로 엑스레이 노출 시스템이 필요하다는 것이 일차적인 제약 사항이다. 게다가 엑스레이 마스크는 통상의 광학 리소그래피의 마스크보다 제조하기 힘들다.

11.6 실리콘 웨이퍼 접합

MEMS 소자를 만들기 위하여 실리콘에 실리콘 및 여러 다른 재료를 접합시키는 방법이 오랫동안 사용되었다. 접합으로 모순되는 실리콘 공정으로만 가능한 실리콘 소자의 접합이 가능하며, 특히 유리와 같이 실리콘 이외의 재료나 기판이 수반되는 소자의 접합 또한 가능해진다. 접합은 여러 센서의 패키징에 매우 중요한 공정이다.

11.6.1 점착성 있는 접합

많은 요구 사항을 충족시키는 가장 간단한 형태인 접합은 에폭시나 다른 본드의 접착층을 사용한다. 접착, 보호층으로 포토레지스트, 폴리아미드, 그리고 PMMA가 성공적으로 사용되었다. 필요할 때에는 산소 플라즈마가 이들 화합물을 제거할 수는 있지만 무기성 잔재 오염물이 남을 수 있다.

11.6.2 실리콘 합성 접합

실리콘-실리콘 직접 접합을 사용하여 실리콘 기판을 합성시키는 데 사용한다. 메커니즘이 명확하게 설명되지는 않았지만, 이 접합은 두 웨이퍼 사이의 물 분자를 내어 놓는 실리콘-산소-실리콘 접합의 형성이 수반된다고 추측하고 있다.

$$Si - O - H + H - O - Si \rightarrow Si - O - Si + H_2O \tag{11.1}$$

접합되어질 표면은 매우 부드럽고, 평평하며, 깨끗해야 한다. 그리고 마지막 세정 단계의 일부분으로, 표면은 대개 수화되어 O−H 그룹을 많이 포함하도록 한다. 웨이퍼의 중앙이 접합된다. 이것이 시작되면, 접합파가 웨이퍼를 가로질러 전 표면을 접합시킨다. 고온의 어닐링 단계가 접합력을 강하게 한다. 1000℃ 이상에서, 접합력은 실리콘 웨이퍼와 같아진다고 알려져 있다. 당연히, 어느 웨이퍼 면의 미립자 물질이 이 접합을 방해할 것이다.

액체 냉각을 위해 이방성 식각과 실리콘 합성 접합을 사용한 실험적 요각 열배출 공동의 형성이 그림 11.16에 나타나 있다. 여기서, 실리콘 웨이퍼를 관통하는 공동을 만들기 위하여 2단계 이방성 식각과 실리콘 합성 접합이 사용되었다. 공동이 있는 웨이퍼는 그 뒤 고열 전달 IC를 포함하는 웨이퍼에 합성 접합된다.

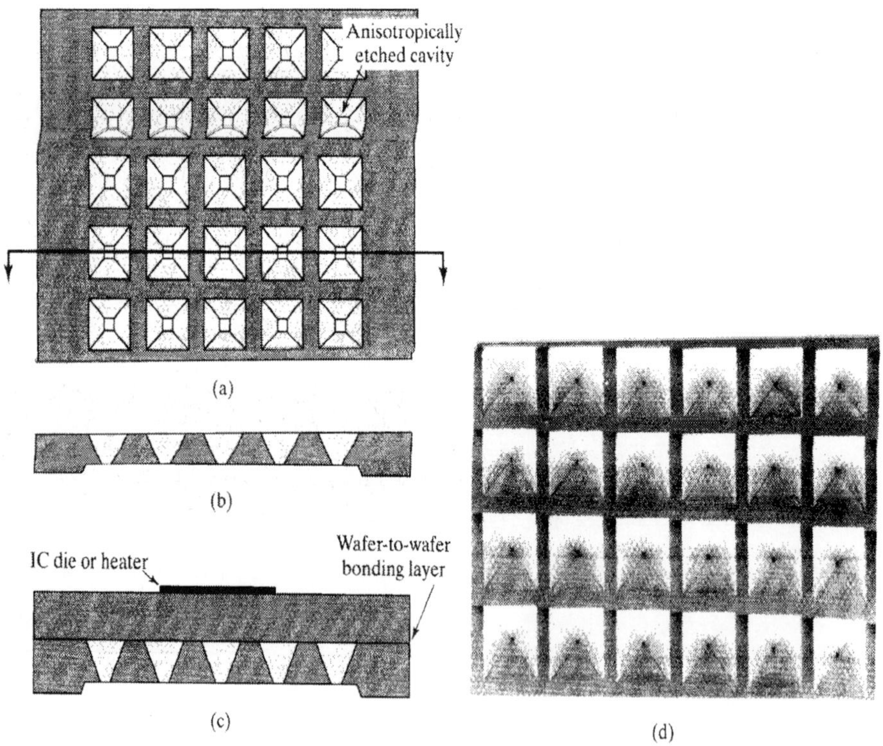

그림 11.16

요각의 공동 열 배출기 구조 (a) 공동이 식각된 실리콘을 위에서 본 그림 (b) 두 번째 식각 단계 후의 공동 단면도 (c) 열 소스가 위에 있는 두 번째 실리콘 웨이퍼에 공동 웨이퍼가 합성 결합되었다. (d) 420 공동/cm^2을 가지는 공동 배열의 SEM 사진. Copyright 1993, IEEE. Reprinted with permission from Ref. [27].

대안적 합성 접합 기술은 처음엔 각 웨이퍼 표면에 산화막을 형성한다. 그 뒤 접합은 금방 언급된 방법과 비슷하게 이루어진다. 이 두 번째 방법은 9장과 10장에서 언급된 SOI CMOS와 유전적으로 고립된 양극 기술에 필요한 유전체 기판 위의 실리콘 형성에 쓰인 기술이다. 또 다른 접합 기술은 기화된 금의 중간층을 사용하여 두 웨이퍼 간의 실리콘-금의 전도성 좋은 공융 혼합 접합을 형성하는 것이다.

11.6.3 양극성 접합

실리콘은 그림 11.17처럼 저온에서 전기장을 가한 양극성 접합 공정을 사용하여 유리에 접합될 수 있다. 실리콘 웨이퍼를 전기적 양극으로, 유리 기판을 음극으로 하여 1200V의 전압이 가해진다. 이 접합에 300~400℃의 온도가 가하여지고, 유리의 유동성 염 이온이 실리콘의 가상 전하에 의해 음극으로 이동하여 유리-실리콘 경계면에 고정 전하와 높은 전기장을 띠게 한다. 상승된 온도와 높은 전기장은 실리콘 웨이퍼와 유리 기판 사이에 화학적 결합을 형성케 한다. 열적 압력을 줄이기 위하여 실리콘과 비슷한 열팽창률을 갖는 유리를 사용한다. MEMS 기술에는 Corning 7740(Pyrex^{TM})과 7707, Schott 8329와 8330, 그리고 Iwaki 7570이 널리 쓰인다.

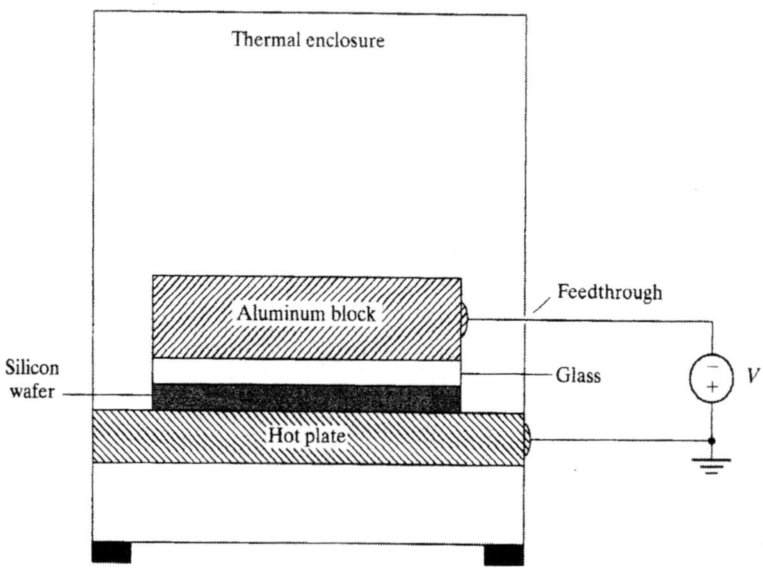

그림 11.17

조그만 오븐에 넣은 유리와 실리콘의 정전기적 결합

양극성 접합은 실리콘 웨이퍼들을 접합시키는 데에도 사용된다. 실리콘 웨이퍼의 한면에 얇은 중간 유리층이 스퍼터링된다. 두 번째 웨이퍼를 유리층과 접촉시켜서 두 웨이퍼를 양극성 접합시킨다. 유리층이 매우 얇기 때문에, 이 양극성 접합에는 훨씬 낮은 전압이 사용된다. 스핀온, 그리고 기화된 유리층이 양극성 접합에 성공적으로 사용되었다.

실리콘과 유리 기판의 접합으로 봉쇄된, 개방된 공동 구조가 양극성, 그리고 합성 접합을 사용해서 생산될 수 있다. 양극성 접합은 대기압 이하에서 수행될 수 있고, 밀봉된 공동의 압력이 접합시의 대기압과 온도를 반영하게 된다.

11.7 IC 공정 호환성

MEMS 소자에 VLSI 신호 처리 전력을 결합시키기 위하여, MEMS 제조 순서는 고밀도 IC 공정과 어떻게든 병합되어야 한다. 그러나 MEMS와 CMOS 또는 양극 공정간의 호환성이 언제나 큰 문제가 되어 왔다. MEMS 구조 형성을 위한 원래의 공정과 화학물은 클린룸 기술과 호환되지 않는다. 이로 인하여 습성 화학물에서 건성 공정으로의 전환이 이뤄졌다. 아직도 MEMS와 IC 공정을 병합하려는 시도에서 두 공정 순서를 분리하려는 경향이 있다. 예를 들어 전 처리 공정에서, CMOS 공정이 시작되기 전에 MEMS 구조의 제조는 이미 완성되어진다. CMOS 공정의 완료 후, 마지막 분리 단계가 수행된다. 후 처리 공정에서는, CMOS 공정이 먼저 완료되고 마지막에 MEMS 공정 단계가 추가된다. 현재 MEMS, 혼성 제조, 패키징 기술의 집적화로 MEMS 소자와 집적회로를 조합하는 경제적인 방법에 대한 많은 연구가 수행되고 있다.

11.7.1 전 처리 공정

전 처리 공정의 예로 Sandia CMOS 기술이 그림 11.18에 제시되어 있다. MEMS 소자가 형성될 부분에 공동을 식각하고 질화물 유전체로 입혀진다. 표면 마이크로머시닝 공정은 공동에 MEMS 소자를 형성하는 데에 사용되고, 이는 기계적 구조와 폴리실리콘 접촉 스터드간의 전기적 접합을 만드는 데 사용되는 첫 번째 폴리실리콘 상호 접속층을 포함한다. 스터드는 CMOS 회로에 계면 경로가 된다. 제조 후에, MEMS 공동은 희생 전 산화막으로 채워지고 CMP를 사용하여 평면화된다. 완성된 CMOS 회로는 질화물층에 의하여 보호되며, MEMS 공동에서 방식용 산화막이 제거되어 완전히 분리된 MEMS 소자를 완성한다. 이 전 처리 공정에서, CMOS 회로는 MEMS 제조와 관련된 고온 공정에 의해 불리해지지 않는다.

11.7.2 후 처리 공정

그림 11.19는 버클리 대학에서 개발된 CMOS 회로 완성 후 기계적 구조가 형성되는 공정이다. 내화성이 강한 텅스텐 금속화를 제외한 p우물 CMOS 공정이 CMOS 회로를 형성한다. MEMS 공정 중에 질화물 보호막이 CMOS 소자를 보호한다.

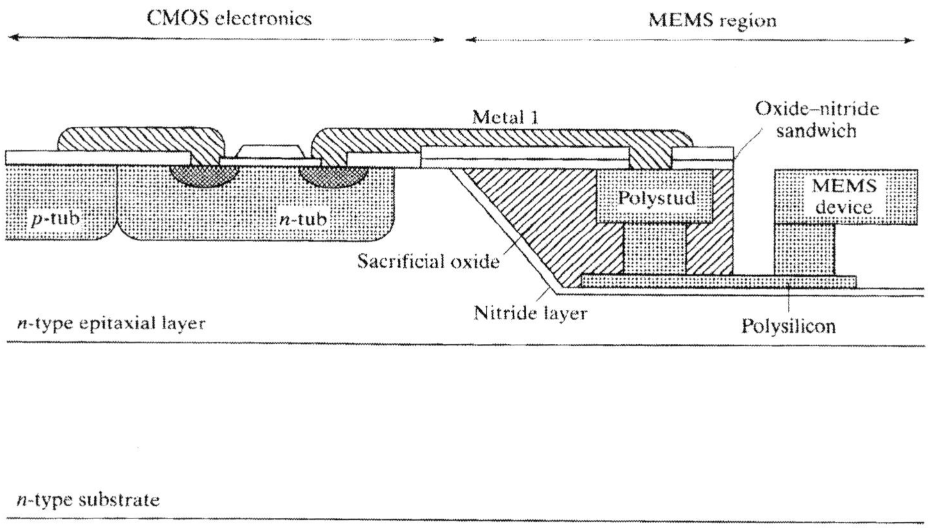

그림 11.18

전 공정된 MEMS 소자와 CMOS 전자 공학의 결합된 것의 단면도. MEMS 소자는 공동에 제조되는데, 이는 방식용 산화막으로 다시 채워지고 CMOS 공정 전에 CMP로 평면화된다. After J.H. Smith et al., Ref. [29].

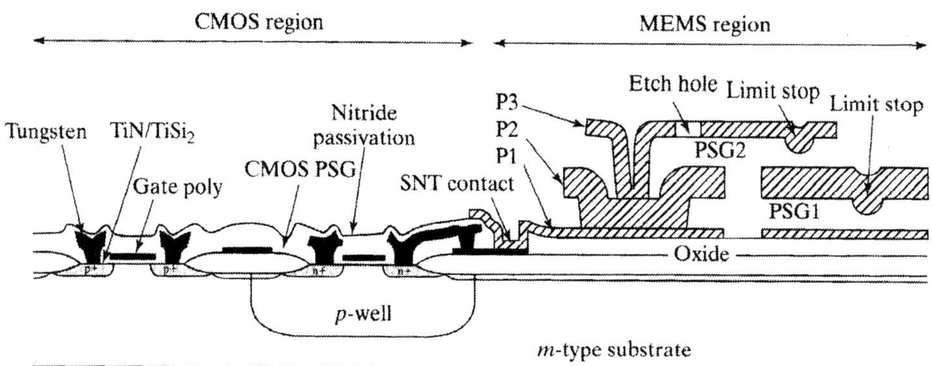

그림 11.19

전 공정된 MEMS 소자와 CMOS 전자공학의 결합 After J. M. Bustillo et al., Ref. [30].

MEMS 소자는 질화물과 산화막 고립 지역에 제조된다. 전자 기계적 소자와 활성 CMOS 회로 간의 상호접속은 집적회로의 폴리실리콘 게이트층과 MEMS 지역의 첫 번째 폴리실리콘층에 의해 이루어진다.

최근에는 과산화수소수에 의해 식각되는 폴리크리스털린 게르마늄층의 증착을 사용하는 후 처리 공정이 시도되었다. 구조상의 층은 폴리 Si−Ge로 형성된다. 증착은 450℃ 미만에서 될 수 있어 CMOS IC에 있는 알루미늄층과 호환 가능하다.

11.7.3 병합된 공정

표준 CMOS와 양극 제조 단계를 병합한 MEMS 공정에 대한 많은 방법이 개발되었다. 3개의 가능한 경우가 다음에 소개된다. 첫째로, 건식 공정이 CMOS 공정에 추가되어 MEMS 구조를 분리시킨다. CMOS 공정의 세 번째 금속층이 MEMS 소자의 정의에 식각 마스크로 사용된다. 이방성 RIE 방법으로 수직 트렌치 벽을 산화층에서 식각하고 비슷한 방법으로 실리콘을 식각한다. 트렌치간의 물질을 등방성 식각하여 분리한다.

그림 11.21은 미시간 대학에서 개발된 병합 공정 흐름도이다. 이는 칸막이를 여러 용도로 사용한다. 이 공정은 CMOS p우물을 정의하고 붕소를 주입하여 시작한다. 배리어 산화막이 증착되고, 창을 열어 깊은 p+ 식각 정지를 확산한다. 동시에 p우물이 약 5 ㎛에 드라이브인

그림 11.20

CMOS IC 기술에서 MES 소자를 형성하는 데 여러 이방성 건식 식각을 사용하는 예 (a) 실리콘 식각 단계를 위한 세 번째 금속층이 마스크로 패턴된 CMOS (b) 유전층의 RIE 후의 구조 (c) SF_6 플라즈마를 사용한 실리콘의 이방성 식각 (d) SF_6 플라즈마를 사용한 이방성 식각으로 대의 방출 완료. Copyright 1998, IEEE. Reprinted with permission from Ref. [10], After G. K. Fedder et al., Ref [33].

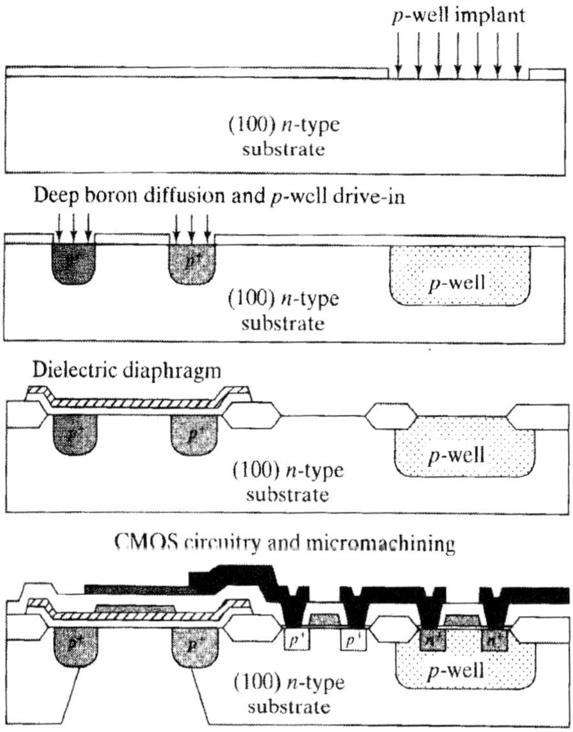

그림 11.21
표준 p우물 CMOS 공정, p+ 식각 정지, 그리고 마이크로머신된 칸막이를 병합한 공정 흐름도. Copyright 1998, IEEE. Reprinted with permission from Ref. [34].

된다. 다음으로, 2 ㎛ 깊이로 p형 확산을 사용하여 압력 칸막이 두께를 정의한다. 오목한 산화막을 사용하여 CMOS를 고립시키고, 칸막이에 산화막과 질화물 유전체층을 증착하고 패턴한다. 이 시점부터 표준 CMOS 공정이 계속되고, 필요하면 칸막이 지역에 폴리실리콘과 금속층이 패턴될 수 있다. 마지막 단계에서, 후면 EDP를 사용하여 칸막이를 식각한다. EDP 식각으로 인한 상호 접속 부식을 막기 위하여 크롬에 금을 금속화시킨다.

아날로그 소자가 병합된 양극-MEMS 공정을 개발하도록 하였다. 이 경우, 양극 회로에서 MEMS 지역의 폴리실리콘층까지 얕은 n+ 층을 밑에 깔게 된다. BiMEMS 공정은 실제 상업적으로 생산되는 몇 안 되는 병합된 공정이다.

요약

MEMS 기술은 여러 분야의 발전을 합쳐 자체적인 학과를 이루었다. MEMS는 오늘날 마이크로 일렉트로닉 연구의 가장 흥미로운 분야이다. 오늘날의 마이크로 머신시스템은 신호처리, 아날로그와 디지털 집적회로로 비전기적 요소인 압력, 온도, 화학 센서, 기계 기어, 작동기, 3차원 반사 구조 등의 계산 능력을 가지고 있으며, 생화학적인 적용도 시작되고 있다.

MEMS는 마이크로 일렉트릭 크기에 실리콘을 조각하거나 기계로 만드는 기술을 기본으로 한다. 벌크 마이크로머시닝은 실리콘에 여러 형태의 트렌치, 공동, 막을 실리콘에 이방성 습식 식각으로 만드는 기술이 개발된 60년대에 시작되었다. 이는 70년대에 들어, 불순물 의존성 식각 정지, 웨이퍼 분리 공정, 웨이퍼 합성 접착에 의해 계속 발전했다. 그 후 20년 동안, IC 공정의 정체 리소그래피 기능을 사용한 표면 마이크로머시닝이 새로운 광선, 콤, 마이크로 작동기, 순환식 구조를 형성했다. 이 기간에는 센서의 특성을 발전시킨 회로의 사용도 이루어졌다. 90년대에, 두꺼운 폴리머 주형, 전기도금, 표준 CMOS와 양극 공정을 사용한 여러 MEMS 제조 공정을 이용하여 고배율 구조를 생산 가능하게 되었다.

MEMS 제조와 표준 CMOS, 양극 공정을 병합하는 여러 방법이 개발되었다. 전, 후 처리 공정 기술은 MEMS 제조와 CMOS 공정 단계를 분리시켜 놓는다. 완전 병합된 공정 또한 개발되었다. 현재 제조는 환경과 클린룸 호환성 때문에 습식 화학물에서 플라즈마 기반의 건식 식각으로 변화되고 있다.

참고문헌

[1] Marc Madou, *Fundamentals of Microfabrication*, CRC Press, 1997.

[2] G. T. A. Kovacs, *Micromachined Transducers Sourcebook*, The McGraw-Hill Companies, Boston: 1998.

[3] R. S. Muller and R. T. Howe, eds., *Microsensors*, IEEE Press, New York: 1991.

[4] W. S. Trimmer, Ed., *Micromechanics and MEMS: Classic and Seminal Papers to 1990*, IEEE Press, New York: 1997.

[5] M. Elwenspoek and H. Jansen, *Silicon Micromachining, Cambridge University Press, Cambridge*, UK: 1998.

[6] R. F. Wolffenbuttel, Ed., *Silicon Sensors and Circuits: On-Chip Compatibility*, Chapman and Hall, London: 1996.

[7] J. B. Angell, S. C. Terry and P. W. Barth, "Silicon Micromechanical Devices," *Scientific*

American, pp 44–55, April 1983.

[8] K. Najafi, "Micromachined Micro Systems: Miniaturization Beyond Microelectronics," *Digest of the Symposium on VLSI Circuits*, pp. 6-13, June 2000.

[9] K. E. Peterson, "Silicon as a Mechanical Material," *Proceedings of the IEEE, no. 5*, pp. 420–457, May 1982.

[10] G. T. Kovacs, N. I. Maluf and K. E. Peterson, "Bulk Micromachining of Silicon," *Proceedings of the IEEE*, vol. 86, no. 8, pp. 1536-1551, August 1998.

[11] K. E. Bean, "Anisotropic Etching of Silicon," *IEEE Trans. Electron Devices*, vol. ED-25, no. 10, pp. 1185-1193, Octover 1978.

[12] E. Basous, "Fabrication of Novel Three-dimensional Microstructures by the Anisotropic Etching of (100) and (110) Silicon," *IEEE Trans. Electron Devices*, vol. ED-25, pp. 1178-1185, October 1978.

[13] D. B. Tuckerman and R. F. W. Pease, "High Performance Heat Sinking for VLSI," *IEEE Electron Device letters,* vol. EDL-2, no. 5, pp. 126–129, May 1981.

[14] S. T. Cho, K. Najafi and K. D. Wise, "Scaling and Dielectric Stree Compensation of Ultrasensitive Boron-Doped silicon Microstructures," *Proceedings of IEEE Micro Electro Mechanical Systems*, pp. 50–55, February 1990.

[15] P. B. Chu et al., "Controlled Pulse-etching with Xenon Difluoride," *Proceedings of Transducers '97,* Chicago, IL, June 1997. (*http://robotics.eecs.berkeley.edu/~pister/publications-/1997/ChuXeF2T97.pdf*)

[16] A. A. Ayon, R. Braff, C. C. Lin, H. H. Sawin, and M. A. Schmidt, "Characterization of a Time Multiplexed Inductively Coupled Plasma Etcher," *Journal of the Electrochemical Society*, vol. 146, no. 1, pp. 339–349, January 1999.

[17] D. Moser, M. Parameswaran and H. Baltes, "Field Oxide Microbridges, Cantilever Beams, Coils and Suspended Membranes in SACMOS Technology," Transducers 89, vol. 2, pp. 1019–1022, June 1990.

[18] R. T. Howe and R. S. Muller, "Polycrystaline-Silicon Micromechanical Beams," *Journal of the Electrochemical Society*, vol. 130, pp. 1420–1423, June 1983.

[19] J. M. Bustillo, R. T. Howe and R. S. Muller, "Surface Micromachining for Microelectromechanical Systems," *Proceedings of the IEEE*, vol. 86, no. 8, pp. 1552–1574, August 1998.

[20] M. Mehregany, K. J. Gabriel and W. S. N. Trimmer, "Integrated Fabrication of Polysilicon

Mechanisms," *IEEE Trans. Electron Devices*, vol.35, no. 6, pp. 719–723, June 1988.

[21] C. T-C. Nguyen and R. T. Howe, "CMOS Micromechanical Resonator Oscillator," *IEEE IEDM Digest*, pp. 199–202. December 1993.

[22] K. S. J. Pister, M. W. Judy, S. R. Burgett and R. S. Fearing, "Microfabricated Hinges," *Sensors and Actuators A*, vol. 33, pp. 249–256, 1992.

[23] *http://www. mdl.sandia. 혀/micromachine/images.html*

[24] N. Takeshima et al., "Electrostatic Parallelogram Actuators," *Proceddings of Transducers '91*, the 1991 International Conference on Solid-State Sensors and Actuators, IEEE Press, pp. 63–66, June 1991.

[25] H. Guckel, "High-aspect-ratio Micromachining via Deep X-ray Lithography," *Proceedings of the IEEE*, vol. 86. no. 8, pp. 1586–1593, August 1998.

[26] M. A. Schmidt, "Wafer-to-wafer bonding for microstructure formation," *Proceedings of the IEEE*, vol. 86, no. 8, pp. 1575–1585, August 1998.

[27] A. Goyal, S. H. Bhavnani, R. C. Jaeger, C. D. Ellis, J. S. Gooding and M. Azimi-Rashti, "Formation of Silicon Re-entrant Cavity Heat Sinks Using Anisotropic Etching and Direct Wafer Bonding," *IEEE Electron Device Letters*, vol. EDL-14, no. 1, pp. 29–32, January 1993.

[28] R. D. Nasby et al., "Application of Chemical-Mechanical Polishing to Planarization of Surface-Micromachined Devices," *Proceedings of the 1996 Solid-Sate Sensors and Actuator Workshop*, pop. 48–53, June 1996.

[29] H. Smith, et al., "Embedded Micromechanical Devices for the Monolithic Integration of MEMS with CMOS," *IEEE IEDM*, pp. 609–612, December 1995.

[30] J. M. Bustillo, G. K. Fedder, C. T-C. Nguyen and R. T. Howe, "Porcess Technology for the Modular Integration of CMOS and Polysilicon Microstructures," *Microsystems Technology*, vol. 1, pp. 30–41, 1994.

[31] J. M. Heck et al., "High Aspect Ratio Poly-Silicon-Germanium Microstructures," *Proceedings of Transducers '99*, Sendai, Japan, June 7–10, 1999.

[32] A. E. Franke et al., "Optimization of Poly-Silicon-Germanium as a Microstructural Material," *Proceedings fo Transducers '99*, Sendai, Japan, Jue 7–10, 1999.

[33] G. K. Fedder et al., "Laminated High-aspect-ratio Microstructures in a Conventional CMOS Process," *Proceedings of the IEEE International Workshop on Micro Electro Mechnanical Systems*, pp. 13–18, Fevruary 1996.

[34] E. Yoon and K. D. Wise, "A Multi-element Monolithic Mass Flowmeter with On-chip

CMOS Readout Electronics," *Digest of the IEEE Solid-State Sensor and Actuator Workshop*, pp. 161–164, June 1990.

[35] T. A. Core, W. K. Tsang and S. J. Sherman, "Fabrication Technology for an Integrated Surface-micromachnined Sensor," *Solid State Technology*, vol. 36, no. 10, pp. 39–40, 42, 44, 46-47, October 1993.

[36] T. J. Rodgers et al., "VMOS Memory Technology," *IEEE ISSCC Digest*, pp. 74–75, February 1977.

[37] K. Hoffman and R. Losehand, "VMOS Technology Applied to Dynamic RAMs," *IEEE Journal of Solid-State Circuits*, vol. SC–13, pp. 617-622, October 1978.

문제

11.1 <111> 평면이 <100> 평면과 54.74℃를 이루는 것을 보여라.

11.2 그림 11.3(b)의 홈의 밑에 있는 평면의 각도는 얼마인가?

11.3 10 마이크론 깊이의 v형 홈을 <100> 실리콘에 형성하려 한다. 마스크 개방의 폭은 얼마인가?

11.4 그림 11.12(b)의 관절 구조의 가능한 단면도를 그려라.

11.5 VMOS는 MOS 트랜지스터의 채널 길이를 줄이고 W/L 비를 증가시키려 홈을 사용하는 기술이다. 채널은 피라미드의 네 면에 형성되고, 길이는 에피택셜층과 확산에 의해 결정된다. VMOS가 발명되었을 때에는, 이 기술로 얻어질 수 있는 채널의 길이는 통상의 평면 리소그래피로 얻을 수 있는 것보다 훨씬 짧았다. 그림 P11.5는 <100> 실리콘을 이방 식각하여 VMOS 트랜지스터를 제조하는 것을 보여준다. 만약 p에피택셜층의 두께가 4 ㎛이고 n+ 매립층과 확산이 2 ㎛의 깊이라면, 트랜지스터 채널의 길이는 얼마인가?

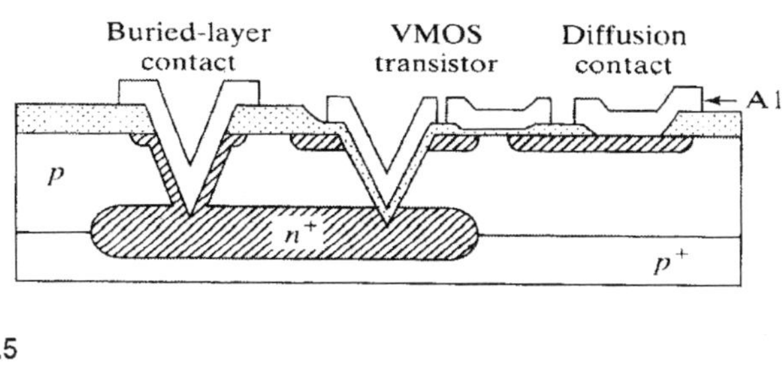

그림 P11.5

11.6 그림 P11.6은 <100> 실리콘에 v형 홈 고립을 사용해 양극 트랜지스터를 제조하는 것을 보여준다. 에피택셜층의 두께가 5 ㎛이고, 홈의 밑의 최소 고립 간격이 1 ㎛이라면, 표면에서의 최소 홈 고립 길이는 얼마인가? 이것이 다른 고립 공정에 대해 경쟁성 있어 보이는가?

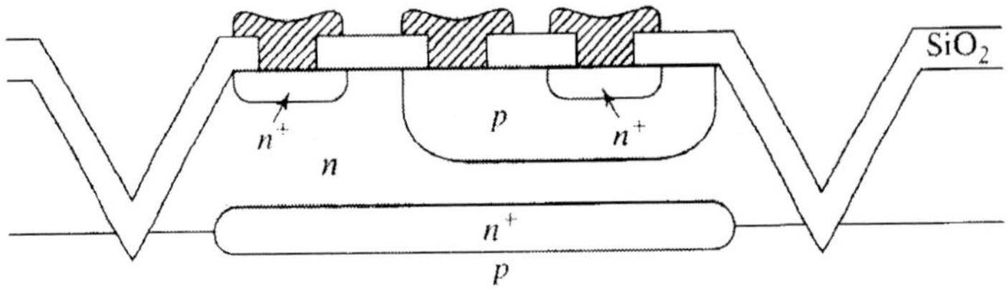

그림 P11.6

11.7 그림 11.9와 비슷한 네모난 밀폐된 공동을 생산할 수 있는 마스크의 윗면 그림을 그려라. 공동이 모서리를 따라 개방된다고 가정하라.

11.8 공동이 양극성 결합에 의해 대기압, 400℃에서 밀폐된다. 27℃에서 공동의 압력은?

11.9 밀폐된 공동이 상온에서 1 대기압을 가진다. 만약 밀폐가 양극성 결합으로 350℃에서 이루어졌다면, 결합 도중 필요한 압력은 얼마인가? 표면에서의 공동 크기는 옆면이 150 ㎛이고 깊이가 15 ㎛이라고 가정하라.

11.10 10×10 ㎛의 네모난 개방을 가지는 20×20개의 배열된 공동을 두께 500 ㎛를 갖는 <100> 실리콘 웨이퍼를 이방성 습식 식각하여 만들려고 한다. 10 ㎛ 공동 개방에 대해 가장 작은 중앙-중앙 간격은 얼마인가? 배열의 면적은?

11.11 그림 11.11의 구조의 측면 공명 주파수는 다음과 같다.

$$f_O = \frac{1}{2\pi}\sqrt{\frac{4E_y\, tW^8}{ML^3}}$$

폴리실리콘 박막에 잔여 압력이 없고, E_y는 young률이고, W, L, t는 고정점에 연결된 수직 지지대의 폭, 길이, 두께이고, M은 셔틀의 무게라고 가정하자. W = 2.5 ㎛이고 t = 2 ㎛일 때, 그림 11.11(a)의 설계도의 f_0를 예측하라. 폴리실리콘의 밀도가 실리콘과 비슷하다고 가정하라.

11.12 <100> 실리콘 웨이퍼가 네모난 개방을 통해 이방성 식각되어 <111>을 노출시킨다. 본문에서 언급되었듯이, 이상적 경사인 54.74°를 얻기 위해서는 무한대의 선택도가 필요하다.

(a) 실제 선택도가 400 : 1일 때의 실제 경사의 각도를 계산하라.

(b) 선택도가 20 : 1인 경우에 대하여 계산하라.

찾아보기

ㄱ

ㄴ

ㄷ

ㄹ

ㅁ

ㅂ

ㅈ